LANDSCAPE PLANTS OF SHENZHEN SUPPLEMENT (I)

深圳园林植物续集(一)

王文采题

中国林业出版社
China Forestry Publishing House
2004

编辑单位：深圳市人政府城市管理办公室
深圳市仙湖植物园管理处
深圳市城市管理科学研究所

编辑委员会：
主　任：吴子俊
副主任：叶　果
编　委：（以姓氏笔画为序）
叶　果　吴子俊　李沛琼　李　勇　李　楠
陈谭清　陈　涛　周远松　龚友夫　傅晓平
编著者：李沛琼　李　楠　张寿洲　周仁章　林有润
傅晓平　曾宋君　王亚玲
摄　影：李沛琼　李　楠　张寿洲　周仁章　王　斌
曾宋君　林有润　华达元　傅晓平　王勇进
王亚玲

图书在版编目（CIP）数据

深圳园林植物续集（一）/ 深圳市仙湖植物园编著.
北京：中国林业出版社，2004.6
ISBN 7-5038-3798-5

I. 深…　II. 深…　III. 亚热带－园林植物－深圳市
－图谱　IV. S68-64

中国版本图书馆 CIP 数据核字(2004)第 057186 号

深圳园林植物续集（一）

出版：中国林业出版社（100009　北京西城区刘海胡同 7 号）
统筹：李新芬　刘先银
文图编辑：杜建玲
美术设计：李新芬
发行：新华书店北京发行所
印刷：深圳中华商务安全印务股份有限公司
版次：2004 年 8 月第 1 版
印次：2004 年 8 月第 1 次
开本：889mm × 1194mm 1/16
印张：25
字数：625 千字
印数：1-4000 册
定价：398.00 元

前　言

深圳特区建市24年来，历届市委、市政府及城管办对园林绿化工作十分重视，提出要把深圳市建设成为“花园式、园林式的国际性现代化城市”的目标。经过多年不懈的努力，深圳市先后6次被评为全国、全省“绿化先进城市”；1994年被评为“国家园林城市”；1997年被评为“国家环保城市”；1999年被评为“国际花园城市”，使深圳这座新兴的城市在中国、乃至世界都享有盛誉。

深圳要达到“花园式、园林式”城市的目标，必须在有特色的乔、灌木和草本园林植物应用方面更加丰富，增加园林植物物种的多样性，才能使深圳市的园林绿化水平不断提高。为此，仙湖植物园在城管办的主持下，经过多年调查研究，在1998年出版了《深圳园林植物》一书，共收集了深圳的园林植物750种（品种），附有彩色图片约1000张。该书出版后，受到园林界（包括科研和教学部门）、园林植物生产部门及绿化工程等部门的欢迎，认为实用价值比较高。但也有不少读者认为该书收集和介绍的种类还不够丰富。根据读者的要求，仙湖植物园从2000年开始用了5年的时间继续调查和收集园林植物的种类，编写了《深圳园林植物续集》（一）。本书共收集了有观赏价值的园林植物1500多种（品种），附彩色图片约2000张，文字有60多万字。

该书的主要内容包括下列5个方面：

（1）对每一种乔、灌木及草本（包括在我市已普遍应用，但在《深圳园林植物》一书尚未收进的种类在内）均给予科学的名称，介绍其形态、特征、生态习性，应用价值、栽培及繁殖方法等；

（2）介绍一批国内外已有应用，而又适合在深圳栽培的优良的以及有特色的乔、灌木及草本植物；

（3）介绍一批仙湖植物园从国内外引进的、经过多年栽培试验获得成功的园林植物，其中包括国家级保护的珍稀、濒危植物的推广和应用；

（4）介绍一批既有观赏价值又有改善生态环境功能的园林植物；

（5）介绍一批深圳市野生的、有较高观赏价值的、可以进行驯化栽培和应用的乡土树种。

该书所收集的园林植物在用途方面有：乔、灌木及草本花卉、地被植物、绿篱植物、垂直绿化植物、色叶植物、室内观叶及观花植物和水生花卉等。

该书内容丰富，图片精美，图文并茂，是以应用为主题的大型园林植物方面的著作，可供深圳乃至我国热带和亚热带至暖温带地区的园林工作者及生产部门参考。

本书承蒙著名的植物学家、中国科学院院士王文采教授题写书名。在编写过程中，中国科学院植物研究所陈心启、郎楷永、李振宇、张宪春等教授协助鉴定植物标本，谷粹芝教授协助查阅文献；深圳洪湖公园李尚志高工协助鉴订睡莲科植物；仙湖植物园曾艳同志为本书的编写做了许多工作，在此对他们表示衷心的感谢。

编著者

2004年6月3日于深圳

Preface

Ever since the foundation of the Shenzhen city, every administration of the municipality and the Shenzhen Bureau of Urban Management (former Shenzhen Urban Management Office) places importance on urban landscape and greening, and set up the goal of developing Shenzhen into a garden-like modern international city. After many years of untiring efforts, Shenzhen has been awarded six times of national or provincial 'Advanced City of Greening', 'National Garden City' in 1994, 'National Environmental Protection City' in 1997, 'International Garden City' in 1999. Shenzhen as a rising city has won good fame in China and in the World.

To allow Shenzhen to achieve its goal of a garden-like city, the landscape has to be further enriched with trees, bushes, and ornamental herbs of distinguishing features, increasing diversity of landscape plants, so that the level of the landscape could keep increasing. Therefore, with the sponsor of Shenzhen Bureau of Urban Management, Shenzhen Fairy Lake Botanical Garden had conducted research and survey of many years and finally in 1998 published *Landscape Plants of Shenzhen*, which included more than 750 species or cultivars of garden plants in Shenzhen, with more than 1000 color pictures. The book is welcomed by the society of landscape (including those from research and education institutions), the producing sector of garden plants, and the engineering sector of greening, recognizing its relatively high value for practical use. But quite a number of readers found that the book is not good enough in the richness of garden plant species. Based on the request from readers, Shenzhen Fairy Lake Botanical Garden had launched a continuous survey and collection of landscape plants since 2000 till today, and has produced the sequel one of the *Landscape Plants of Shenzhen*. In this book there are more than 1500 species or cultivars of ornamental value garden plants, having about 2000 color pictures and more than 600,000 characters.

The main contents of this book include the following 5 aspects:

1. Every taxon of trees, bushes, and ornamental herbs (including what has been widely used in Shenzhen but not included in the previous book of *Landscape Plants of Shenzhen*) has a scientific name, introduction of morphological characteristics for identification, ecological habits, value of application, cultivating and breeding methods;
2. A number of trees and ornamental bushes and herbs which are excellent, having distinguished features, have been used home and/or abroad, and suitable for cultivation in Shenzhen;
3. A number of landscape plants introduced by Shenzhen Fairy Lake Botanical Garden from home and abroad and had been proved success after years cultivation experiments, including national protected rare, precious and endangered plants for spreading cultivation;
4. A number of landscape plants having both ornamental value and function of ameliorating ecological environment;
5. A number of Shenzhen indigenous plants having relatively high ornamental value and could be used in cultivation.

Landscape plants included in this book have the following usages: trees, bushes, and herbs of ornamental plants, ground cover plants, green fence plants, vertical greening plants, attractive leaf color plants, house ornamental plants having attractive leaves and flowers, and aquatic ornamental plants.

The book is of a jumbo landscape plants book with rich contents, beautiful pictures, excellent in both pictures and literary compositions, themed at applications, could be of reference for those in the field of landscape and production sector not only from Shenzhen but also from tropical and subtropical ranges of China.

This book is much indebted to the famous botanist, an academician of Chinese Academy of Sciences, Prof. Wang Wencai for handwriting the book title. The editors are also much indebted to Professors Chen Xinqi, Lang Kaiyong, Li Zhenyu, Zhang Xianchun, et. al., from the Institute of Botany of Chinese Academy of Sciences, for helping identification of plant specimen, to Prof. Gu Cuizhi for helping search of literature. Mrs. Zeng Yan had contributed a lot during the edition of this book for doing computer work. The editors are very grateful for all of them.

Editors

June 3, 2004 at Shenzhen

大叶木兰 (*Magnolia hanryi* Dunn)　木兰科

垂枝暗罗 (*Polyalthia longifolia* (Sonn.) Thw. 'Pendula') 番荔枝科

象腿树（*Moringa thouarsii*） 辣木科

印度黄檀（*Dalbergia sisso* Roxb.） 蝶形花科

非洲霸王树（*Pachypodium lamerei* Drake） 夹竹桃科

十字架树（*Crescentia alata* H. B. K.） 紫葳科

十字架树（*Crescentia alata* H. B. K.）长在树干上的花 紫葳科

火鹤花（*Anthurium scherzerianum* Schott） 天南星科

金边丝兰（*Yucca aloifolia* Linn. 'Marginata'） 龙舌兰科

目　录

蕨类植物 PTERIDOPHYTA

裸子植物 GYMNOSPERMAS

被子植物 ANGIOSPERMAS

垂穗石松　　石松科

Lycopodium cernnum Linn.

多年生草本。主茎直立，高30～50厘米，有时高大而近于攀援，基部有匍匐茎。叶稀疏，向下弯弓。侧枝多回二叉分枝，分枝上的叶密生，条状钻形，长2～3毫米，向上弯弓。孢子囊穗单生于小枝顶端，长圆形，长0.8～2厘米，下垂；孢子叶覆瓦状排列，阔卵形；孢子囊圆形，生于叶腋。孢子同形。

产于浙江南部、台湾、江西、湖南、福建、广东、海南、香港、广西、贵州、云南南部和四川。亚洲热带地区有分布。自然生于湿润、荫蔽的酸性土上，深圳的湿润山坡草丛中很常见。本种植株淡绿色，株形纤柔秀丽，适于盆栽，也是制作花篮、插瓶和插花的良材。

喜半阴湿润环境，忌强阳光直射，栽培须用肥沃的腐殖土。繁殖用孢子播种或分株法，也可于春季采集野生植株，进行盆栽，较易成活。

卷 柏　　卷柏科

Selaginella tamariscina (Beauv.) Spring

多年生草本，高5～15厘米。主茎直立，单一，顶端丛生小枝；小枝扇形，分叉，扁平，辐射开展呈莲座状。营养叶二形，背腹各2列，交互着生。腹叶卵状长圆形，斜向上，背叶长卵形，较宽。孢子囊穗生于枝顶，四棱形。

广布于全国各地。自然生于干旱的岩缝中。朝鲜半岛、日本及俄罗斯（远东地区）、印度、菲律宾有分布。深圳各地林中常见。本种植株小巧精致、姿态美异，适宜作盆栽供观赏。

耐半荫，在柔和阳光下生长良好，喜温暖，亦耐寒冷，极耐干旱，在干旱时叶内卷如拳，湿润时则开展。栽培须用肥沃、疏松的腐殖土。繁殖用孢子组织培养法。

垂穗石松

卷 柏

翠云草　　卷柏科

Selaginella uncinata (Desv.) Spring

多年生草本，植株长30～60厘米。茎横走，基部无关节，纤细，叉状分枝，分枝处生不定根。叶二型，背腹各2列，下面深绿色，上面蓝绿色，腹面的叶长卵形，长约2毫米，背面的叶长圆形，较大，长3～4毫米，向两侧平展，两种叶边缘均全缘。孢子囊穗四棱形，长0.6～1.2厘米；孢子叶4列，覆瓦状排列，卵状三角形，长约2.5毫米。

产于我国华东、华南和西南各地。自然生长在林下阴湿处或石上，深圳山林下有野生并有栽培。本种枝叶柔嫩，叶色碧蓝可爱，常自我繁殖成片，为良好的地被植物。

耐半荫，在明亮处或短时间柔和的阳光下生长良好，忌强阳光直射，喜温暖潮湿，不耐干旱，栽培须为肥沃、疏松、湿润但又排水良好的壤土。繁殖用分株法为主，也可用孢子播种法。分株在春季进行，极易成活。

具相同用途的有**小翠云** *Selaginella krasussiana* (Kunze) A. Braun 与翠云草的区别在于茎基部具关节。叶较小，全部绿色，腹面的叶与背面的叶边缘均有锯齿。原产非洲。热带、亚热带地区广为栽培。我国华南地区也普遍栽培或野化。

翠云草

小翠云

节节草

节节草　　木贼科

Equisetum ramosissimum Desf.

多年生草本，有横走的根状茎。地上茎高0.2～1米，直立，中空，基部分枝。有棱和沟，有节，每节又有2～5个小枝，叶退化。孢子囊穗生于分枝顶端，长圆形，长0.5～2厘米，无柄；孢子叶六角形，盾状着生，排列紧密，边缘生孢子囊。

广布于全国各地，北半球其他地方有分布。自然生长于溪边或潮湿之地。本种植丛葱绿密集，枝茎纤柔。适在庭园或山坡阴湿处成片种植，亦可作盆栽观赏。

耐半荫，在半日照处生长旺盛，性喜温暖潮湿，较耐寒，不耐干旱，栽培须用腐殖土和沙质壤土。繁殖用分株法和扦插法，春至秋季均可进行，成活率很高。也可用孢子播种法繁殖。

福建观音座莲　　观音座莲科

Angiopteris fokiensis Hieron.

多年生草本，植株高1.5米以上。根状茎块状。叶自根状茎顶端生出，为二回羽状复叶，长60厘米以上；叶柄粗壮，肉质，密生不规则的突起，长约50厘米；羽片5～7对，互生，长50～60厘米；羽片柄长2～4厘米；小羽片35～40对，对生或互生，平展，中部的小羽片披针形，长7～9厘米，顶端渐尖，基部截形或圆，边缘有

福建观音座莲

福建观音座莲的羽状复叶

三角形锯齿。孢子囊群生于叶下面脉上，长约1毫米。

产于福建、湖北、广东、香港、广西和贵州。自然生长于林下溪边。华南地区多有栽培，仙湖植物园也有栽培，生长旺盛。本种叶大而开展，叶色终年翠绿亮泽，植株姿态幽雅，为良好的观叶植物。适植于疏林下较阴湿处或盆栽作室内摆设。

耐半荫，喜高温湿润，较耐寒，喜肥沃，忌强阳光直射及干旱。栽培须用肥沃、疏松和排水良好之腐殖土。繁殖用孢子播种法或分株法。

华南紫萁　　紫萁科

Osmunda vachellii Hook.

多年生草本，植株高达1米。根状茎圆柱形，高出地面，顶部生叶。叶簇生，一回羽状复叶，长40～90厘米；羽片二型，中部以上的羽片不育，披针形，长15～20厘米，下部羽片能育，狭窄呈条形，宽约4毫米，深羽裂，有宽缺刻，裂片两面沿叶脉密生孢子囊，形成圆形小穗，排列在羽轴的两侧。

产于福建、广东、香港、海南、贵州和云南南部。印度、缅甸、越南有分布。自然生长在草坡和溪边荫处，耐火烧。本种叶丛终年翠绿不凋，外形美观，可供庭园栽植或盆栽供室内观赏。仙湖植物园有栽培。

耐半荫，在生长期须柔和光照，忌强阳光直射，尤其在夏季，性喜温暖多湿，栽培土质须为肥沃、湿润的酸性土。繁殖用分株法为主，于春、秋两季进行。也可用孢子播种法繁殖。

海金沙　　海金沙科

Lygodium japonicum (Thunb.) Sw.

多年生攀援草本，植株可攀1～4米。叶二型，不育叶轮廓为尖三角形，长宽各10～12厘米，排成二回羽状；小羽片掌状或3裂，边缘有钝齿；能育叶卵状三角形，长宽各10～20厘米；小羽片边缘生流苏状孢子囊穗；孢子囊穗长2～4毫米，疏生，暗褐色。

产华东、华南至西南各地，自然生长在山坡疏林下或灌丛中。本种攀援性强，倒垂的细枝婀娜多姿，适作吊盆栽培垂挂在花廊，十分幽雅，也可露地栽培作垂直绿化。

耐半荫，喜温暖湿润，耐寒，性强健。栽培须用肥沃和排水良好的沙质壤土。繁殖用孢子播种，也可挖采野生苗盆栽。

具相同用途的还有**小叶海金沙** *Lygo-*

华南紫萁

海金沙的不育叶

华南紫萁上部的不育叶和下部的能育叶

海金沙的能育叶

小叶海金沙

金毛狗，右上为其根状茎

dium microphyllum (Cav.) R. Br. 植株攀援，高5～7米。不育叶长圆形，长7～8厘米，排成一回羽状；小羽片卵状披针形，长1.5～3厘米，能育叶与不育叶同形，长8～10厘米；小羽片三角形或卵状三角形，边缘疏生孢子囊穗。产于福建、台湾、广东、香港、海南、广西和云南。东南亚有分布。仙湖植物园有栽培。

金毛狗　蚌壳蕨科

Cibotium barometz (Linn.) J. Sm.

多年生草本。根状茎粗大、横生，密被柔软的锈黄色长茸毛，顶端生一丛大叶；叶柄长达1.2米，棕褐色，基部有一大丛金黄色茸毛，毛长10余厘米；叶大，轮廓为广卵状三角形，长达1.8米，三回羽状分裂，革质，有光泽，上面绿色，下面灰白色。孢子囊群1～5对生于能育裂片下部小脉的顶端，棕褐色。

产于浙江、台湾、福建、江西、湖南、广东、香港、海南、广西、贵州、四川和云南，自然生长在山谷沟边及林下荫处。日本（琉球）、印度及东南亚有分布。深圳山林中有野生，仙湖植物园有栽培。本种的根状茎密被柔软的锈黄色毛茸，酷似一只金毛狗的头部，形态十分别致，其叶丛翠绿，叶形似凤尾，有高贵典雅的气质，为优良的观叶植物，适在庭园半荫处或疏林下种植。

耐半荫，在明亮或半日照的环境中生长良好，性喜温暖、湿润，忌干旱，喜肥，栽培须用富含有机质的沙质壤土，排水要良好。繁殖用分株法，于春至夏初进行，也可用孢子播种法繁殖。

桫椤　桫椤科

Alsophila spinulosa (Wall. ex Hook.) Tryon

树形蕨类植物，乔木状。茎直立，高2～6米，上部密生宿存的叶柄。叶顶生，大型，长1～3米；叶柄和叶轴有密刺；叶片三回羽状深裂；羽片17～20对，长30～50厘米；小羽片18～20对，长10～12厘米，几裂至羽轴；裂片披针形，有疏锯齿。孢子囊群生于小脉分叉点上。

产于福建、广东、海南、广西、云南东南部、四川南部和西藏东部，自然生长在密林中。喜马拉雅山南坡、印度、泰国、越南、菲律宾和日本有分布。深圳梧桐山、塘朗山等地有数十株至百株在山沟潮湿处构成优势群落。华南地区常有栽培。本种是国家保护的濒危物种。因株形美观别致，是名贵的园林风景树，观赏价值甚高。

耐半荫，成株须缓和的日照，冬暖、夏热、湿度大、云雾多的环境，栽培须用湿润、肥沃和排水良好的腐殖土。繁殖用孢子组织培养法育苗。

笔筒树　桫椤科

Sphaeropteris lepifera (Hook.) Tryon

树形蕨类植物，乔木状。茎干直立，粗壮，高可达10米，有清晰的椭圆形叶痕。叶大型，螺旋状生于茎顶；叶柄长40～50厘米，黄棕色；叶片轮廓为长圆形，长1.5～2.7米，三回羽状深裂；羽片16～22对，中部的长50～80厘米；小羽片20～26对，中部的长10～15厘米，无柄，先端尾状渐尖。孢子囊群生于叶背面侧脉的分叉处，每年4月和10月两次生出孢子囊群。

产台湾和福建（厦门），自然生长于山地林中。为国家保护的稀有物种之一，日本及菲律宾有分布。华南地区常有栽培，仙湖植物园也有栽培。本种的树形挺拔，

笔筒树用孢子播种5年生的植株

自然生长在林中的笔筒树

笔筒树的茎干

桫椤 (*Alsophila spinulosa* (Wall. ex Hook.) Tryon)

笔筒树（*Sphaeropteris lepifera* (Hook.) Tryon)

黑桫椤

大黑桫椤的茎干

大黑桫椤

树冠呈伞形，风姿绰约，树干还带有图案般的椭圆形大叶痕，为高贵的庭园风景树，有很高的观赏价值。

耐半荫，喜温暖和空气湿度大的环境，不耐干旱，不抗风，栽培土质须为肥沃的沙质壤土，经常要保持湿润。繁殖用孢子播种或用组织培养法。

具相同用途的植物还有下列2种:

（1）**黑桫椤** *Gymnosphaera podophylla* (Hook.) Copel. 植株高1～3米。主干短或几无主干。叶长2～3米，一回至二回羽状裂；叶柄紫红色。孢子囊群着生在叶背面侧脉近基部。

（2）**大黑桫椤** *Gymnosphaera gigantea* (Wall. ex Hook.) Ching 植株高2～5米。主干暗褐色，无叶痕，有宿存的黑褐色的叶柄。叶片为三回羽状裂。孢子囊群生于小羽片背面主脉与叶缘之间。产于广东、海南、广西和云南，自然生长在林下。印度北部和亚洲地区有分布。仙湖植物园有栽培。

华南鳞盖蕨　　碗蕨科

Microlepis hancei Prantl

植株高达1米。根状茎横走。叶柄长30～40厘米；叶一型；叶片的轮廓长卵形，长50～60厘米，三回羽状深裂；羽片10～16对，互生，中部的长13～20厘米，披针形，二回羽状深裂；一回小羽片14～18对；小裂片5～7对，基部上侧的长圆形，长约7毫米，向上的渐短。孢子囊群圆形，生于小裂片基部上侧近缺刻处。

华南鳞盖蕨

产于福建、台湾、广东、香港和海南。自然生长于林中或溪边湿地。日本（琉球）、印度东北部及中南半岛各国有分布。本种植株外形精致，叶形秀美，为良好的观叶植物。适在庭园的疏林下种植或盆栽，置花廊下及室内摆设。

耐半荫，在柔和的阳光照射下生长甚佳，喜温暖至高温多湿环境，尤须保持空气的湿度，栽培须用肥沃疏松和排水良好的腐殖土。繁殖用分株法，于春季进行，也可用孢子播种。

剑叶凤尾蕨　　凤尾蕨科

Pteris ensiformis Burm.

多年生草本，植株高30～50厘米，有根状茎。叶二型，簇生；能育叶轮廓为长圆状卵形，长10～25厘米，二回羽状；羽片3～6对，各羽片有侧生小羽片1～3对；小羽片线状披针形或披针形，顶端的一片特长；不育叶较小，羽片三角形，长1.5～2.5厘米，一回羽状；小羽片2～3对，长圆形。孢子囊群生于能育叶背面的边缘。

产于浙江、台湾、江西、福建、广东、广西、四川和云南，自然生长在溪边和林下潮湿地。亚洲热带地区有分布。本种叶丛细柔，秀丽多姿，在庭园中可露地植于林下或岩边阴湿地，也可盆栽。

耐半荫，喜温暖和空气湿度大的环境，忌干旱和强阳光直射，栽培须用富含腐殖质和排水良好之壤土。繁殖用分株法，于春季进行，也可用孢子播种法繁殖。

具相同用途的同属植物有下列7种:

（1）**银羽凤尾蕨** *Pteris ensiformis* Burm.'Victoria' 叶中间或连同侧脉均为银白色。栽培品种。

（2）**傅氏凤尾蕨** *Pteris fauriei* Hieron. 植株高50～90厘米。叶一型，叶片的轮廓卵状三角形，长25～45厘米，二回羽状深裂；羽片3～6对；裂片20～30对，互生或对生，镰刀状阔披针形，中部的长1.5～2.2厘米，顶端钝。孢子囊群线形，沿裂片边缘生长，仅裂片顶端不育。产于台湾、浙江、福建、江西、广东、广西和云南南部，自然生长在林下沟旁。越南北部及日本有分布。仙湖植物园有栽培。

(3) **疏裂凤尾蕨** *Pteris finotii* Christ 植株高可达2.5米。叶簇生；叶柄长约1米；叶片轮廓为阔三角形，长约1米或更长，三回深羽裂，自叶柄顶端分为3枝，中央一枝长圆状卵形，长约50厘米，柄长6～10厘米，侧生两枝较小；顶生小羽片三角形，长20～25厘米；篦齿状深裂；侧生

剑叶凤尾蕨

傅氏凤尾蕨

银脉凤尾蕨

疏裂凤尾蕨

线羽凤尾蕨

井栏边草

铁线蕨

银心大叶凤尾蕨

半边旗

鞭叶铁线蕨

小羽片6~8对，阔披针形，长20~27厘米；裂片13~20对，线状披针形，长3~7厘米；不育小羽片的裂片较宽。产于福建、广东、海南、香港及云南南部。自然生长在林下溪边。越南北部有分布。华南地区有栽培。

(4) **线羽凤尾蕨** *Pteris linearis* Poir. 植株高1~1.5米。叶一型；叶片的轮廓长圆状卵形，长20~30厘米，二回羽状深裂；羽片5~15对，对生，披针形，长15~25厘米，篦齿状深裂；裂片25~35对，互生，镰刀状长圆形，长2~3厘米，顶端钝或短尖。孢子囊群生于裂片边缘。产于台湾、广东、海南、广西、贵州和云南，自然生长在密林下阴湿处。亚洲热带地区及马达加斯加有分布。华南地区有栽培。

(5) **银心大叶凤尾蕨** *Pteris cretica* Linn.'Albolineata' 植株高约50厘米。叶二型，叶片的轮廓卵形，长约20厘米，一回羽状深裂；不育叶的叶柄较短，羽片3~5对，对生或为掌状；能育叶有羽片3~5对，对生，顶端的三叉羽片基部下延，全部羽片均为狭长圆形，顶端一片特长，绿色，中部有一条白色的宽带。栽培品种。仙湖植物园有栽培。

(6) **井栏边草** *Pteris multifida* Poir. 植株高20~50厘米。叶二型；不育叶的叶柄长15~25厘米；叶片轮廓卵状长圆形，长20~40厘米，一回羽状裂；羽片3对，对生，线状披针形，长8~15厘米，边缘有尖锯齿，顶端三叉羽片及上部羽片基部下延；能育叶叶柄较长，羽片4~6对，狭线形，长10~15厘米，仅不育部分边缘有锯齿。产于河北、河南、陕西及西南、华南、华东各地，自然生长于井边，岩隙或灌丛下。越南、菲律宾、日本有分布。深圳常见。

(7) **半边旗** *Pteris semipinnata* Linn. 植株高35~80厘米。叶一型，叶片轮廓为长圆披针形，长15~40厘米，二回半边羽状深裂；裂片6~12对，镰刀状阔披针形，长2.5~5厘米。产于台湾、福建、江西、广东、广西、湖南、贵州、四川和云南南部，自然生于疏林下荫处，深圳地区常见。日本和亚洲热带地区有分布。

铁线蕨　　铁线蕨科

Adiantum capillus-veneris Linn.

多年生草本，植株高15~40厘米。具横走的根状茎。叶密生；叶柄纤细，栗黑色，有光泽；叶片的轮廓为卵状三角形，长10~15厘米，中部以下为二回羽状，中部以上为一回羽状；羽片3~5对，互生，一回奇数羽状；小羽片2~4对，斜扇形或斜方形，长1.2~2厘米，外缘浅裂至深裂；裂片狭，能育裂片顶端截形，不育裂片顶端圆并有细齿。孢子囊群横生于能育裂片上缘。

产于华北、华东、华中、华南、西南至甘肃和陕西，自然生长于溪旁、石灰岩上或石灰岩洞底和滴水岩壁上。广布于非洲、欧洲、大洋洲及亚洲温暖地区。各地多有栽培。本种叶柄墨黑油亮，如钱线般的坚硬，故而得名，其叶色翠绿，叶形摇曳多姿，深受人们的喜爱，为优良的观叶植物，在庭园中宜植于假山的滴水岩壁上或池边，也可盆栽供室内摆设。

耐半荫，忌强阳光直射，性喜温暖至高温多湿，空气湿度越高生长越旺，栽培须用疏松、肥沃的腐殖土，排水要良好。繁殖用分株法为主，于春季进行，也可用孢子播种法繁殖。

具相同用途的同属植物有数十种和栽培品种，常见的有下列3种：

(1) **鞭叶铁线蕨** *Adianthus caudatus* Linn. 株高15~35厘米。根状茎直立。叶簇生，两面被长毛；叶柄栗色；叶片长10~30厘米，一回羽状；叶轴顶端常延生成鞭状，着地后生根；羽片28~32对，斜长方形或近三角形，上缘深裂成多数狭的裂片。孢子囊群生于裂片的顶端。产于台湾、福建、广东、海南、香港、广西、贵州和云南。自然生长在林下、山谷的石上及石缝中。广布于亚洲热带和亚热带地区，深圳常见有野生。

(2)**扇叶铁线蕨** *Adianthus flabellutatum* Linn. 植株高20~50厘米。根

状茎直立。叶簇生；叶柄亮紫黑色，长10～50厘米；叶轴和羽轴上有红棕色刚毛；叶片扇状，长10～25厘米，二回至三回的二叉分枝；羽片条状披针形；小羽片扇形或斜方形，外缘浅裂。孢子囊群生于裂片顶部。产于台湾、福建、江西、湖南、广东、海南、香港、广西、贵州、四川和云南。自然生长在阳光充足或半荫的山坡或林边。亚洲热带地区有分布。深圳常见有野生。

(3) **半月铁线蕨** *Adiantum philippense* Linn. 植株高15～50厘米。根状茎直立。叶簇生；叶柄长6～15厘米，栗色；叶片狭披针形，长12～25厘米，为奇数一回羽状复叶；羽片8～12对，互生，半月形或半圆肾形，顶端圆或下弯；能育叶边缘全缘，具2～4缺刻；不育叶边缘波状浅裂。孢子囊群生于能育羽片背面的上缘。产于台湾、广东、海南、香港、广西、贵州、四川和云南，自然生长在阴湿处或林下。亚洲热带地区广布，非洲及大洋洲也有分布。深圳常见有野生。

扇叶铁线蕨

半月铁线蕨

新月蕨

巢　蕨

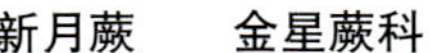

新月蕨　　金星蕨科

Pronephrium gymnopteridiforns (Hayata) Holtt.

植株高0.8～1.2米。根状茎长而横走，叶疏生；叶柄长28～80厘米；叶片宽卵形或长圆形，长40～80厘米；奇数一回羽状裂；羽片3～8对，无柄，中部羽片长圆披针形，长15～30厘米，顶端尾状，绿色，有光泽。孢子囊群圆形，着生在羽片背面小脉的中部，在侧脉之间排成2行。

产于台湾、广东、海南、广西、贵州和云南，自然生于沟谷密林下或山坡疏林下。菲律宾（吕宋岛）有分布。仙湖植物园等有栽培。本种株形秀丽，叶色亮绿，为良好的观叶植物。适植于园林的疏林下或盆栽置花廊下和室内供观赏。

耐半荫，性喜温暖至高温多湿环境，尤其是空气湿度要高，栽培须疏松、肥沃的腐殖土，保持湿润并排水良好。繁殖用分株法，于春季进行，并可用孢子播种。

巢　蕨　　铁角蕨科

Neottopteris nidus (Linn.) J. Smith

多年生常绿附生植物。根状茎盘结成鸟巢状。叶簇生；叶柄长约5厘米，黑棕色，木质，有光泽，无翅；叶片阔披针形，长0.8～1米，先端渐尖，中部最宽处9～15厘米，基部渐狭，但不下延。孢子囊群线形，长3～5厘米，生于叶背面上部小脉的上侧，彼此接近，叶片下部通常不育。

圆叶巢蕨

卷叶巢蕨

狭基巢蕨

产于台湾、广东、海南、香港、广西、贵州、云南和西藏。常成大丛附生在常绿阔叶林的树干上或岩石上。亚洲热带、大洋洲热带及东非洲均有分布。世界热带地区广为栽培。本种的株形呈鸟巢状，叶色常年碧绿光亮，为著名的观叶植物，通常悬挂于荫棚、花廊或室内花园中，也可地栽，植于庭园阴湿的林下、岩上或树杈上。

耐半荫，如有温和的阳光照射，生长亦佳，忌强阳光直射，性喜温暖多湿环境，不耐干旱和寒冷。栽培须用疏松、肥沃并排水良好的腐殖土，在干旱少雨的季节须经常喷水，以保持空气的湿度。繁殖用分株法（挖取自生的幼苗培植）于春至夏季进行。也可用孢子播种。

具相同用途的本属植物有下列4种：

(1) **圆叶巢蕨** *Neottopteris nidus* (Linn.) J. Smith 'Avis' 叶倒披针状长圆形，较原种的叶宽而稍短。栽培品种。

(2) **卷叶巢蕨** *Neottopteris antiqua* (Makino) Masam.'Osaka' 叶片披针形，边缘卷曲呈皱波状。栽培品种。

长叶巢蕨

长叶巢蕨的孢子囊群

(3) **狭基巢蕨** *Neottopteris antrophyoides* (Christ) Ching 叶片带状披针形，长0.8 ~ 1米，顶端突尖呈短尾状，基部渐狭并下延至叶柄；叶柄两侧有翅，翅几达基部。产于广东、广西、湖南、贵州和云南，自然生长于林中树干上或湿润岩壁上。越南和老挝有分布。我国南方多有栽培。

(4) **长叶巢蕨** *Neottopteris phyllitidis* (D. Don) J. Smith 叶片带状披针形，长1 ~ 1.2米，顶端渐尖，基部渐狭并下延；叶柄两侧具狭翅。产于海南、广西、贵州、云南和西藏。自然生长在林中树干上或岩石上。亚洲热带地区及尼泊尔、印度有分布。我国南方常有栽培。

苏铁蕨　　乌毛蕨科

Brainea insignis (Hook.) J. Smith

植株高1 ~ 3米。根状茎木质，短而粗壮，为直立或斜上的圆柱状主轴，单一或有分枝，与叶柄均密被红棕色钻形鳞片。叶多数，簇生于主轴顶部；叶柄长10 ~ 20厘米；叶片轮廓为长圆形，长0.6 ~ 1米，革质，一回羽状裂；羽片条状披针形，长10 ~ 15厘米，基部为不对称的心形，顶端渐尖，边缘有密细锯齿。孢子囊群初时生于羽片背面的网脉上，成熟时布满能育羽片背面的全部叶脉。

苏铁蕨

产于浙江、台湾、福建、广东、香港、广西、贵州和云南，自然生长在向阳的干旱山坡。亚洲热带地区有分布。深圳有野生和栽培。植株外形似苏铁，体态苍健英气，为优良的观叶植物。适合于庭园美化及作盆景。

喜光，性喜温暖至高热干燥气候，耐瘠薄，抗干旱，忌多湿积水，栽培对土质不择，但如为肥沃、湿润和排水良好的壤土则生长更旺盛。繁殖用分株法，于春季进行，也可用孢子播种。生长较缓慢。

乌毛蕨　　乌毛蕨科

Blechnum orientale Linn.

多年生草本，植株高0.5 ~ 2米。根状茎直立。叶簇生于根状茎顶端；叶柄长10 ~ 80厘米，坚硬；叶片卵状披针形，长达1米，一回羽状裂；羽片多数，二型，互生，无柄；下部羽片不育，极度缩小为圆耳形，长仅数厘米，向上的羽片能育，突然伸长，至中部的最长，线形，长10 ~ 30厘米，最上部的羽片渐短，不育。孢子囊群线形，连续，生于能育羽片背面紧靠主脉的两侧。

产于浙江、台湾、江西、湖南、福建、广东、海南、香港、广西、贵州、四川及云南，自然生长在疏林下、灌丛中、阴湿处或水沟旁。印度及亚洲热带地区有分布。在深圳的山坡疏林下十分常见。本种的自然繁殖力强，常生长成片，叶色苍绿，体态秀丽，为良好的观叶植物。适于在庭园疏林下种植，绿化及美化的效果俱佳。

耐半荫，性喜温暖至高温湿润气候，忌干旱和强阳光曝晒，栽培地须为肥沃、疏松的壤土，排水须良好。繁殖以分株法为主，于春季进行，成活率高，生长快速。

乌毛蕨

珠芽狗脊蕨（胎生狗脊蕨）　**乌毛蕨科**

Woodwardia prolifera Hook. et Arn.

多年生草本，植株高0.8 ~ 2.5米。具横走的根状茎。叶簇生；叶柄长0.3 ~ 1米，基部宿存；叶片的轮廓长卵形，长0.4 ~ 1.2米，二回羽状深裂；羽片5 ~ 9对，一回羽状裂；裂片10 ~ 14对，披针形，基部以阔翅相连，边缘有细齿。孢子囊群形似新月，生于裂片背面主脉两侧的网眼上，深陷叶肉内，在裂片的上面形成清晰的印痕。孢子在母株上发芽，生成小植株，然后脱落。

产于安徽、浙江、台湾、福建、江西、湖南、广东和广西，自然生长在林下阴湿地或溪边。日本南部有分布。本种株形秀美，孢子发芽时，在叶的裂片上长着无数的小植株，十分奇特有趣。适宜在庭园的疏林下或阴湿处种植。仙湖植物园有栽培，生长良好。

耐半荫，忌强阳光直射，性喜温暖至高温多湿，不耐干旱，栽培须用肥沃、疏松和排水良好的腐殖土。繁殖用分株法，于春季进行，植株上的萌生的小珠芽在适宜的土壤条件下亦可长成小植株。

珠芽狗脊蕨

贯 众

刺叶贯众

贯众　　鳞毛蕨科

Cyrtomium fortunei J. Smith

多年生草本，株高20～50厘米。根状茎直立。叶簇生；叶柄长10～25厘米；叶片轮廓为长圆披针形，长20～42厘米，奇数一回羽状裂；侧生羽片7～16对，互生，披针形，稍上弯呈镰状，中部的长5～8厘米，顶端渐尖，基部偏斜，边全缘，顶生羽片狭卵形，长3～6厘米。孢子囊群遍布羽片的背面。

产于河北、山西南部、陕西、甘肃及华东、华中、西南至华南各地，自然生长在林下或石灰岩缝中。朝鲜、泰国及越南北部有分布。各地多有栽培。本种植株秀美，叶色终年翠绿，为良好的观叶植物。适在庭园林下较湿润处种植或盆栽置花廊下及室内摆设。

耐半荫，忌强阳光直射，喜温暖至高湿润环境，性耐寒，不耐干旱亦不耐水湿，栽培须为肥沃、疏松和排水良好的沙质壤土。繁殖用分株法或用孢子播种。

具相同用途的有下列2种:

(1) **刺齿贯众** *Cyrtomium caryotideum* (Wall. ex Hook. et Grev.) Presl 植株高30～60厘米；叶柄长16～32厘米；叶片轮廓为长圆形，长25～48厘米；奇数一回羽状裂，侧生羽片3～7对，卵状披针形，向上弯成镰状，中部的长9～14厘米，先端尾尖，边缘有尖齿，基部宽楔形，上侧有三角形耳突，顶生羽片菱状卵形，二叉或三叉状，长10～16厘米。产于陕西和甘肃的南部、江西、台湾、湖北、湖南、广

全缘贯众

东和西南各省。各地多有栽培，仙湖植物园也有栽培。

(2)**全缘贯众**（镰叶贯众）*Cyrtomium falcatum* (Linn. f.) Presl 植株高30～40厘米。叶片轮廓宽披针形，长22～25厘米，奇数一回羽状；侧生羽片5～14对，斜卵形或卵状披针形，上弯，中部的长6～10厘米，先端长渐尖或尾状，基部偏斜，边全缘，顶生羽片卵状披针形，二叉或三叉状，长4.5～8厘米。产于华东各地及广东，各地常有栽培。

黑足鳞毛蕨　　鳞毛蕨科

Dryopteris fuscipes C. Chr.

多年生常绿草本，植株高50～80厘米。根状茎横卧。叶簇生；叶柄长20～40厘米；叶片的轮廓为卵状披针形或三角状卵形，长30～40厘米，二回羽状裂；羽片10～15对，披针形，中部的长10～15厘米，小羽片10～12对，三角状卵形，长1.5～2厘米。孢子囊群在小羽片中脉两侧各生1行。

产于华东各地、广东、广西及西南各地，自然生于林下。朝鲜半岛、日本和中南半岛各国有分布。本种植株外形端丽，叶色四季常绿，为优良的观叶植物。适在庭园的林下种植或盆栽供室内和花廊下摆设。

耐半荫，性喜温暖湿润环境，耐寒，但不耐干旱，栽培须用肥沃、疏松的腐殖土。繁殖用分株法，于春季至夏季进行。也可用孢子播种。

黑足鳞毛蕨

汝蕨

汝　蕨　　鳞毛蕨科

Rumohra adentiformis (G. Forst.) Ching

多年生草本。根状茎横走，与叶柄基部均密被褐色鳞片。叶稍密生，叶片轮廓为三角状披针形，四回羽状裂；羽片7～8对，有柄，基部一对最大，三角状卵形，具长柄。孢子囊群圆形，着生于羽片背面小脉的顶端或中部。

产于新西兰、新几内亚、非洲南部及南美洲（智利、巴西及古巴）。本种植株外形秀美，叶色四季葱绿，为优良的观叶植物。热带地区广为栽培，仙湖植物园也有栽培。宜植于庭园林下阴湿处或岩坡上，也可盆栽。其叶为插花的良材。

虹鳞肋毛蕨　　三叉蕨科

Ctenitis rhodolepis (Clarke) Ching

多年生草本，植株高0.8～1.4米。根状茎直立或斜升。叶簇生；叶柄长45～60厘米，上面有2条纵沟，基部以上被红棕色鳞片；叶片轮廓为三角状卵形，长45～90厘米，四回羽状裂；羽片8～10对，基部一片最大，三角形，长20～40厘米，第二对起的羽片为椭圆披针形，二回羽状裂；基部羽片的一回小羽片8～10对，二回小羽片10～12对，披针形，长3～4厘米；裂片7～10对，长圆形，长6～8毫米。孢子囊群圆形，生于小脉中部，每末回小羽片背面有3～5对。

产于台湾、福建、江西、湖北、广东、广西、贵州、四川和云南，自然生长于阔叶林下潮湿的岩石上。南亚和东南亚各国

虹鳞肋毛蕨

有分布。本种植株壮健，叶形多姿，色泽葱绿，为优良的观叶植物。适在热带和亚热带地区庭园的林下种植或植于阴湿处的岩上。

耐半荫，忌强阳光曝晒，性喜温暖多湿的环境，尤其须空气保持一定的湿度，不耐干旱和寒冷，栽培须用腐殖土。繁殖用分株法或用孢子播种。

黄腺羽蕨　　三叉蕨科

Pleocnemia winitii Holtt.

多年生草本，植株高2～3米。根状茎直立。叶簇生；叶柄长0.6～1米，上面有宽的浅沟，沟两旁有隆起的脊，疏被棕色短刚毛；叶片轮廓三角形，长1.2～2米，基部四回羽状裂，向上部三回羽状裂。叶二型；能育叶羽片稍狭，羽片约15对，基部一对最大，轮廓为三角形，长达60厘米，第二对羽片椭圆三角形，长达50厘米；基部羽片的第一回小羽片10～12对，二回小羽片12～14对；裂片7～10对，椭圆形，长5～7毫米。孢子囊群圆形，在叶背面主脉两侧各有1列或不整齐2列，着生在分离小脉的中部及连结小脉上。

产于台湾、福建、广东、香港、海南、广西和云南，自然生长在密林下，常构成稠密的层片。越南、泰国及印度东北部有分布。本种植株健壮，自我繁殖力强，在林下常为优势植物。适宜在庭园的密林下种植。

生态习性与繁殖方法与虹鳞肋毛蕨相同。

黄腺羽蕨

条裂三叉蕨

下延三叉蕨

下延三叉蕨　　三叉蕨科

Tectaria decurens (Presl) Cop.

多年生草本，植株高0.5～1米。根状茎短。叶簇生；叶柄长35～60厘米，上面有浅沟，两侧有宽翅。叶二型；叶片轮廓为椭圆形，长30～80厘米，奇数一回羽状裂；能育叶各部明显较狭窄，顶生裂片阔披针形，长20～25厘米，侧生裂片3～8对，披针形，长15～20厘米。孢子囊群圆形，生于叶背面联结的小脉上，在侧脉间有2行，在叶上面形成凸出的斑点。

产于台湾、福建、广东、海南、香港、广西和云南。自然生长山谷林下阴湿处或岩石旁。印度、锡金、缅甸、越南、菲律宾、印度尼西亚及日本（琉球）有分布。华南地区各植物园多有栽培。本种叶形奇异雅致，叶色亮绿，为优良的观叶植物。适植于庭园林下阴湿处或岩石旁，也可盆栽。

耐半荫，不宜置强阳光下曝晒，性喜高温多湿环境，尤其要求空气有一定的湿度，栽培须用腐殖土。繁殖用分株法，于春至夏初进行。也可用孢子播种。

具相同用途的同属植物有下列2种：

(1) **条裂三叉蕨** *Tectaria phaeocaulis* (Ros.) C. Chr. 植株高0.6～1.4米。叶簇生；叶柄长30～80厘米；叶片轮廓为椭圆形，长45～60厘米，基部二回至三回羽状裂；羽片5～7对，基部一对羽片最大，轮廓为三角状披针形，长约20厘米，下部有2～3对分离的小羽片，向上部的羽状深裂达1/2，中部羽片披针形，长约15厘米，羽状深裂达1/3～1/2；裂片三角形；基部羽片下侧的小羽片长10～12厘米，有裂片15对。孢子囊群圆形，生于裂片下面内藏的小脉顶端，在侧脉之间有2行，在叶上面形成凸起的斑点。产于台湾、福建、广东和广西。自然生长在密林下阴湿处。华南地区各植物园多有栽培。

三叉蕨

长叶实蕨

(2) **三叉蕨** *Tectaria subtriphylla* (Hook. et Arn.) Cop. 植株高50～70厘米。根状茎长而横走。叶稍密生；叶柄长20～40厘米；叶二型，不育叶轮廓为三角状五角形，长25～35厘米，一回羽状裂；能育叶较不育叶狭窄，其他形状相似；顶生羽片三角形，长15～20厘米，羽状裂；侧生羽片1～2对，基部一对羽片最大，三角状披针形，长约15厘米，第二对羽片椭圆形，长10～12厘米。孢子囊群圆形，生于叶背面小脉联结处，在两脉间有不整齐的2至多行。产于台湾、福建、广东、海南、香港、广西、贵州和云南，自然生长在山坡密林下阴湿处或岩上。华南地区各植物园多有栽培。

长叶实蕨　　实蕨科

Bolbitis heteroclita (Presl) Ching

多年生草本，根状茎横走。叶稍密生；叶柄长约15厘米或更长。叶二型；不育叶变化大，或为披针形的单叶，或为三出叶，或为一回羽状裂；顶生羽片较长大，披针形，顶端常有一延长能生根的鞭状长尾；侧生羽片1～5对，阔披针形，长10～15厘米；能育叶叶柄较长；叶片与不育叶同

华南实蕨

中华刺蕨

形而较小。孢子囊群初沿网脉分布，后满布能育叶背面。

产于台湾、福建、海南、广西、四川、贵州和云南，自然生长在密林下树干基部或岩石上。喜马拉雅山南坡、东南亚、越南、泰国、缅甸、印度和日本有分布。本种叶色浓绿亮泽，叶形多样，为良好的观叶植物。适宜在庭园的荫蔽处，林下阴湿地及岩石边种植。台湾、广州、深圳和香港等地有栽培。

耐荫，忌强阳光直射，性喜高温多湿，栽培地须保持空气湿度，不耐寒冷和干旱，土质宜用疏松和肥沃的腐殖土。繁殖用分株法，于春至夏季进行。也可用孢子播种。

常见栽培的还有**华南实蕨** *Bolbitis subcordata* (Cop.) Ching 根状茎横走。叶簇生；叶柄长30～60厘米；叶二型；不育叶轮廓椭圆形，长20～50厘米，一回羽状裂；羽片4～10对，顶生羽片基部3裂，先端延长入土生根，侧生羽片阔披针形，长9～20厘米，边缘有深波状裂片，缺刻内有一尖刺；能育叶与不育叶同形而较小；羽片长6～8厘米。孢子囊群初沿网脉分布，后满布能育叶背面。产于浙江、江西、台湾、福建、广东、香港、海南、广西和云南南部，自然生长于山谷水边密林下。

中华刺蕨　　实蕨科

Egenolfia sinensis (Baker) Maxon

多年生草本，植株高达1米或更高。根状茎横走。叶稍密生；叶柄基部宿存；叶二型；不育叶叶柄长15～30厘米；叶片轮廓为椭圆披针形，长50～70厘米，二回羽状裂，先端延伸呈长鞭状，顶部叶轴上有一大芽胞，着地后能生根；羽片16～20对或更多，披针形，长10～14厘米，边缘深羽裂达2/3，近顶端羽轴上有一小芽胞；裂片16～20对，椭圆形，长0.8～1.2厘米，全缘或微波状，缺刻底部有一小尖刺；能育叶叶柄与不育叶等长但较纤细；叶片狭披针形，长22～30厘米，先端尾尖，一回羽状裂；裂片10～14对，狭披针形，长4～5厘米。孢子囊群满布能育叶背面。

产于云南南部和贵州，自然生长于密林下，地生或攀附于岩石上和树干基部。印度、孟加拉国、越南、柬埔寨、缅甸、泰国和印度尼西亚有分布。我国华南地区植物园有栽培。

生态习性、用途和繁殖方法与长叶实蕨相同。

长叶肾蕨　　肾蕨科

Nephrolepis biserrata (Sw.) Schott

多年生草本。根状茎直立，生有匍匐茎。叶簇生；叶柄长10～30厘米；叶片轮廓为狭椭圆形，长70～80厘米或更长，一回羽状裂；羽片多数(约35～50对)，互生，中部羽片披针形，长9～15厘米，边缘有疏缺刻或粗钝齿。孢子囊群圆形，整齐地排成一行，生于背面叶缘至主脉的1/3处。

产于台湾、广东、香港、海南和云南东南部，自然生长于山坡林中。亚洲热带地区广布。华南地区时有栽培供观赏。本种叶色葱绿，叶形秀丽，为优良的观叶植物。宜植于庭园中的林下较阴湿处或盆栽。

长叶肾蕨

耐半荫，性喜温暖至高温湿润气候，忌干旱和强阳光直射，栽培须用富含有机质、疏松和排水良好的腐殖土。繁殖用分株法于春季进行。也可用孢子播种。

具相同用途的本属植物有下列2个栽培品种:

（1）**波士顿蕨** *Nephrolepis exaltata* Schott 'Bostoniensis' 叶簇生；叶柄长约5厘米；叶片的轮廓为带状披针形，长约30厘米，一回羽状裂；羽片多数而密生，中部的长约5厘米。为常见的栽培品种。

（2）**复叶波士顿蕨** *Nephrolepis exaltata* Schott 'Marshalii' 叶簇生；叶片轮廓为披针形，长20～30厘米，3～4回羽状裂；羽片较短，多数，甚密生。为常见的栽培品种。

圆盖阴石蕨　　骨碎补科

Humata tyermannii Morre

多年生草本，植株高约20厘米。根状茎长而横走。叶较疏生；叶柄长8～12厘米；叶片轮廓长三角状卵形，长宽均约10～15厘米，三至四回羽状深裂；羽片约10对，密生，基部一对最大，长5.5～7.5厘米，长三角形，三回羽状裂；一回小羽片6～8对，二回小羽片5～7对，深羽裂或波状浅裂；裂片近三角形，全缘。孢子囊群生于背面小脉顶端。

广布于华东和华南各地以及贵州、四

波士顿蕨

复叶波士顿蕨

川及云南，自然生长林中树干上或石上。越南北部及老挝有分布。本种株形密集，叶形美丽潇洒，我国南方时有栽培供观赏，仙湖植物园也有栽培。适宜植于林下或庭园中较阴湿处。

耐半荫，性喜温暖湿润，耐高温、土壤及空气均须保持一定的湿度，忌干旱及烈日曝晒。栽培土质须为富含有机质的腐殖土。繁殖用分株法，于春季进行，也可用孢子播种法。

中华双扇蕨　　双扇蕨科

Dipteris chinensis Christ

多年生草本，植株高60～90厘米。根状茎长而横走。叶大，呈圆扇形，长20～30厘米，宽30～60厘米，由中部裂成相等两扇，每扇又有4～6裂，顶部再有浅裂。孢子囊群圆形，细小，散布于网脉交叉点上。

产于西南各地及广西和广东南部。自然生于灌丛下，常附生在岩石上。中南半岛各国及缅甸有分布。在深圳七娘山也有分布。本种叶形奇特雅致，为良好的观叶植物。适于盆栽或植于庭园的疏林下。

耐半荫，性喜温暖和湿润气候，栽培须用肥沃和湿润的腐殖土。繁殖用分株法，切取带植株的根状茎另植或用孢子组织培养法繁殖。

圆盖阴石蕨

中华双扇蕨

线　蕨　　水龙骨科

Colysis elliptica (Thunb.) Ching

多年生草本，株高20～60厘米。根状茎长而横走。叶二型，不育叶的叶柄长8～25厘米；叶片轮廓为长圆状卵形或卵状披针形，长40～50厘米，一回羽状深裂；羽片6对，下部的狭长披针形，长10～15厘米，顶端长渐尖，基部下延在叶轴两侧形成狭翅，边全缘；能育叶和不育叶近同形，但叶柄较长，羽片远较狭或被毛。孢子囊群线形，在背面每对侧脉间各排成一行，伸达叶缘。

产于华东、华南各地以及贵州和云南，自然生长于山坡林下或溪边岩石上。日本和越南有分布。本种株形开展，羽叶丛生翠绿，为良好的观叶植物。可在庭园的林下及阴湿处种植，也可在建筑物周围的背阴处种植或盆栽，置于花廊下或室内供观赏。

耐半荫，忌烈日曝晒，喜温暖湿润，耐高温，须保持空气及土壤的湿度，不耐干旱，栽培须用腐殖土。繁殖用分株法，于春季进行，也可用孢子播种。

鱼尾星蕨　　水龙骨科

Microsorium punctatum (Linn.) Cop. 'Grandiceps'

多年生草本。根状茎短而横生。叶簇生；叶柄短或近无柄，长不及1厘米；叶片带状披针形，长30～50厘米，顶端呈扇状分裂，基部长渐尖而形成狭翅；羽片又有二至三回羽状裂；裂片边缘全缘或有粗齿。孢子囊群不规则地散生在叶片背面的上部。

栽培品种。本种叶形酷似鱼尾而得名。叶色四季晶莹翠绿，十分美丽，为珍奇的观叶植物。适宜盆栽，置庭园的花廊下及室内摆设。

耐半荫，性喜高温多湿，要求空气保持湿度，如过于干燥可适当地向叶面喷水，忌烈日曝晒，栽培土质须为腐殖土，排水要良好。繁殖用分株法，于春季进行，成长快速，也可用孢子播种法。

线　蕨

鱼尾星蕨

常见栽培的本属植物有下列2种:

(1) **江南星蕨** *Microsorium fortunei* (T. Moore) Ching　植株高0.3～1米。根状茎长而横生。叶柄长5～20厘米；叶片带状披针形或披针形，长20～60厘米，顶端长渐尖，基部渐狭并下延，边缘全缘，有软骨质边。孢子囊群圆形，沿背面中脉两侧各排成整齐的1行或不规则的2行。产于长江流域以南各地及陕西和甘肃。自然生长于林下溪边岩石上或树干上。华南地区多有栽培供观赏。

(2) **三叉星蕨** *Microsorium pteropus* (Blume) Ching　株高15～30厘米。根状茎横生。叶片3深裂或全缘，有时2叉；3裂叶的叶柄长达15厘米，上部有狭翅，密被鳞片；顶生裂片长达15～17厘米，侧生裂片较小；全缘叶为披针形，长6～15厘米。孢子囊群散生于叶背面叶脉的大网眼内。产于台湾、江西、福建、湖南、广东、香港、海南、广西、贵州和云南，自

江南星蕨

三叉星蕨

石 韦

然生长于山谷溪涧或河边岩石上。华南地区时有栽培。印度、越南、缅甸和马来西亚有分布。

石 韦　　水龙骨科

Pyrrosia lingua (Thunb.) Farw.

多年生草本，植株高10～30厘米。根状茎长而横生。叶二型；叶柄与叶片长短和大小变化很大；不育叶长圆形或长圆披针形，长10～20厘米，边全缘，上面绿色，下面淡灰色或淡棕色，被星状毛；能育叶长超过不育叶的1/3而狭于后者的1/3至2/3。孢子囊群在叶背面侧脉间整齐地排成多行。

产于台湾及长江流域以南各地，西至西藏东南部，自然生长于林下树干上或岩石上。印度东北部、越南、朝鲜半岛和日本有分布。本种植株开展，叶形秀美，为常见栽培的观叶植物。适宜于盆栽，置庭园荫处或室内摆设，或与其他蕨类植物配植。

耐半荫，忌烈日曝晒，喜温暖至高温湿润环境，注意保持空气及土壤的湿度，栽培须用腐殖土。繁殖用分株法，于春季进行，也可用孢子播种。

崖 姜　　槲蕨科

Pseudodrynaria coronans (Wall. ex Mett.) Ching

多年生草本。根状茎横生，粗大，肉质，密被长鳞片，弯曲的根状茎盘结成为一大块垫状物，由此生出一丛无柄的长叶，形成一个圆而中空的高冠。叶丛生，叶片轮廓为长圆状倒披针形，长0.8～1.2米或更长，一回羽状深裂；裂片多数，披针形，中部的长15～22厘米，顶端急尖或圆。孢子囊群4～6个生于背面侧脉之间，每一网眼内生1个。叶片下半部通常不育。

产于台湾、福建、广东、香港、海南、广西、贵州和云南，自然生长在林中的树干上或石上。越南、缅甸、印度、尼泊尔和马来西亚有分布。本种为大型的附生植物，株形酷似一巨型鸟巢，甚为壮观。叶挺拔，又似一片片巨型的羽毛，别具一格。具较高的观赏价值。在庭园中可植于大树的树杈上、阴湿的岩石上，或在花廊或棚架上悬挂，也可地栽。

耐半荫，性喜温暖至高温湿润环境，

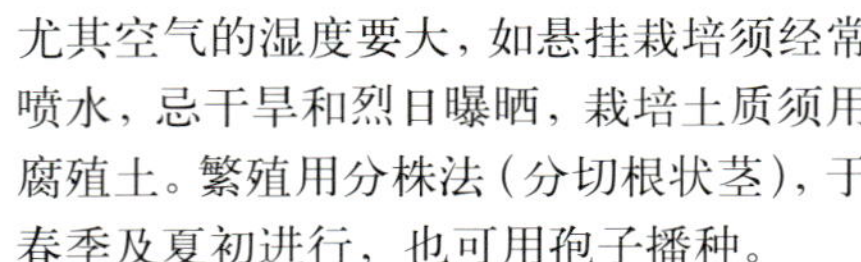

尤其空气的湿度要大，如悬挂栽培须经常喷水，忌干旱和烈日曝晒，栽培土质须用腐殖土。繁殖用分株法（分切根状茎），于春季及夏初进行，也可用孢子播种。

长叶鹿角蕨　　鹿角蕨科

Platycerium willinckii Hook.

多年生草本，根状茎肉质，横生，密被鳞片。叶2列，二型，基生不育叶直立，无柄，具宽阔的圆心形叶片，覆瓦状排列，质厚，肉质，密被星状毛，不久便干枯，变为褐色，覆盖于根状茎上，宿存，呈鸟巢状，以积聚腐殖质及保持根状茎的湿度；能育叶具短柄，下垂，近革质，绿色，长25～90厘米，4～5回叉状分裂，密被星状毛。孢子囊群生于裂片背面顶部的下面。

原产于亚洲热带，世界热带地区有栽培。在我国南方时有栽培。本种为大型的附生性气生植物，叶片形似鹿角，别具一格，为珍贵的观叶植物。适宜植于庭园的树干上或在花廊、花棚和树干等处悬挂，供观赏。

耐半荫，在明亮处或有柔和的阳光照射之地生长亦佳，忌强阳光直射，喜温暖至高温多湿，尤其空气湿度要高，栽培土质须为潮湿和排水良好的腐殖土。繁殖用分株法，分株时剪取幼苗另植，须连同圆形的不育叶一同剪下，植于阴湿处，于春季及夏初进行。也可用孢子播种。

崖 姜

长叶鹿角蕨

四川苏铁　　苏铁科

Cycas szechuanensis W. C. Cheng et L. K. Fu

棕榈状常绿植物，茎树桩状，易分蘖，一般高2米以下。叶痕宿存，深褐色，老茎叶痕成环状。大型羽叶多数，顶生，稍龙骨状或平展，羽叶长120～380厘米，宽46～64厘米，幼时被锈色毛；小羽片45～110对，深绿色或灰绿色，两面不同色，中部小羽片线状披针形，23～44厘米长，14～21毫米宽，中脉两面隆起或下面平，边缘平。雌雄异株。雌球果单生，无柄，由多数大孢子叶紧密包被成半球状；大孢子叶密被黄褐色绒毛，顶裂片不明显，几与侧裂片等大，柄基着生5～10枚光滑胚珠。种子黄色。花期4～5月，种子10～11月成熟。

原产福建东部，四川、福建、广东等地广泛栽培。本种羽叶挺拔，四季常青，寿命长，是寺院和庙宇以及庭院栽植的优良园林景观树种。

喜光，但也可耐半荫生条件，耐瘠薄，忌积水，喜疏松、排水良好、富含有机质的沙质壤土。繁殖用播种法，于春季进行，也可挖取吸芽扦插，于春、秋二季进行。

与本种近似的有以下几个种：

（1）**仙湖苏铁** *Cycas fairylakea* D. Y. Wang 本种茎老皮灰白色，光滑。羽叶上部常柔软下弯。大孢子叶顶裂片钻形至条形，比侧裂片稍大。广东深圳特有树种，生于常绿阔叶林下。本种喜荫，但也可忍受一定的光照，耐瘠薄，忌积水，喜疏松、排水良好、富含有机质的壤土。本种茎干较高，羽叶婆娑，更适合作大尺度的造景树种。

（2）**滇南苏铁** *Cycas diannanensis* Z. T. Guan et G. D. Tao 本种鳞叶坚硬，顶端刺化，小羽片平展或呈波状，大孢子叶顶裂片钻形至披针形；种子较小，2.5～3.2厘米，中种皮具明显皱纹。原产云南中部和南部，生于母岩为石灰岩至页岩和泥岩的坡地上生长的常绿林下。栽培特性同前。

（3）**贵州苏铁** *Cycas guizhouensis* K. M. Lan et R. F. Zou 本种株形较小，羽叶较短且窄，长80～210厘米，小羽片较狭窄，明显在叶轴处扭曲；大孢子叶顶裂片倒三角形，雄球果通常较大；种子较小，1.8～2.8厘米，中种皮近光滑或具浅凹脑纹。分布于贵州西南部、云南和广西西北部，生于石灰岩或石质坡地上的低矮丛林中。栽培和观赏特性同前。

（4）**昌江苏铁** *Cycas changjiangensis* N. Liu 可能是海南苏铁 *Cycas hainanensis* C.J. Chen 在干旱和火烧基地环境下的生态变型，植株矮小，茎多分枝，茎干呈树头状或球状，基部膨大，皮灰白色，光滑。分布于中国海南。其茎干多头，株形奇特，可作盆景材料。

滇南苏铁的雄球花

四川苏铁的雌球花

昌江苏铁

贵州苏铁雄株

仙湖苏铁雄株

仙湖苏铁的雌球花

贵州苏铁的雌球花

仙湖苏铁雄株（*Cycas fairylakea* D. Y. Wang）的雄株

华南苏铁

华南苏铁的雄球花

华南苏铁的雌球花

华南苏铁　　苏铁科

Cycas rumphii Miquel

棕榈状常绿植物，茎树干状，分枝或不分枝，一般高2~3米，原产地可高达10米，茎棕褐色，叶基宿存。大型羽状叶多数，顶生，中度龙骨状，长150~250厘米；小羽片镰状，75~100对，较宽，亮深绿色，排列较开，间距11~23毫米；中部小羽片线状披针形，20~28厘米长，12~16毫米宽，中脉两面稍隆起。雌雄异株。雌球花松散型，由无数大孢子叶螺旋状松散排列于大孢子叶轴上；大孢子18~35厘米长，被深灰和橘黄色毛，柄生7~8枚胚珠，成熟时垂吊于茎顶；孢子叶片狭三角形，具不规则齿。雄球果单生，狭卵状，长35~55厘米，浅黄褐色至橘褐色，被毛，几无柄，直立。种子橘黄色，中种皮顶部具浅沟槽。花期4~7月，种子次年成熟。

原产印度尼西亚至新几内亚间的太平洋岛屿或地区，生于海岸林下。本种适应性很强，是苏铁类植物中栽培较广的种类之一，同时也是世界各国热带和亚热带地区较常见的园林景观树种之一。深圳引种后生长良好。在暖温带至温带地区偶见栽培，霜冻严重时可使其叶受害，但天气转暖后会迅速复苏。繁殖用播种法，于春季进行，也可挖取吸芽扦插，于春、秋二季进行。

与本种近似的有**光果苏铁** *Cycas thouarsii* R. Brown ex Gaudichaud-Beaupre. 区别在于后者的新叶蓝绿色，小孢子叶具刺，种子中种皮平滑无纹饰。原产非洲东南部沿海地区，生于开阔的林中或林缘地带。光果苏铁生长很快，为速生苏铁种类之一，在良好的栽培环境或温室中，一年可生长2~4次。喜光，喜温暖潮湿，喜透气及排水良好的土壤，不抗霜冻。观赏特性同前种。

光果苏铁

攀枝花苏铁　　苏铁科

Cycas panzhihuaensis L. Zhou et S. Y. Yang

棕榈状常绿树，茎树干状，分枝或不分枝，高1~2（~3）米，一般茎粗25厘米以下，叶基宿存，茎棕褐色，密被橘褐色毛，茎顶密生黄褐色绒毛。大型羽状叶多数，顶生，长70~150厘米；小羽片70~125对，亚光灰蓝绿色，下被橘黄色毛；中部小羽片线状披针形，12~23厘米长，5~7毫米宽，中脉下面隆起。雌雄异株，雌球果单生，无柄，由多数大孢子叶紧密包被成半球状；大孢子叶15~ 24厘米长，被黄褐色或红褐色绒毛，柄基着生2~6枚胚珠；孢子叶片鳞形或卵圆形。雄球果单生，纺锤状或圆锥状圆柱形，长20~50厘米，宽10~15厘米，具柄，直立。种子无毛，橘红色。花期4~5月，种子10~11月成熟。

原产中国四川南部和云南北部，生于相当干燥和陡峭的石灰岩、页岩或沙质岩坡地的灌木丛或河谷中。本种喜光、耐干

光果苏铁雄株

攀枝花苏铁的雄株

攀枝花苏铁的雌球花

石山苏铁的雄株

石山苏铁的雌球花

锈毛苏铁

锈毛苏铁的新叶

旱，生长较快，加之羽叶挺拔，灰蓝绿色，别具特色，特别适合收藏或具有特殊意义的造景。繁殖用播种法，于春季进行，也可挖取吸芽扦插，于春、秋二季进行。

石山苏铁（六籽苏铁）　　**苏铁科**

Cycas sexseminifera F. N. Wei

棕榈状矮小常绿植物，茎树桩状，常膨大呈球状，或呈不规则形状或具地下茎，分枝或不分枝，一般高在1米以下，茎30厘米以下，茎表皮灰白色，光滑，老皮粗糙且龟裂。羽状叶顶生，5～30枚，羽叶长50～110厘米，挺直，平或稍呈龙骨状，新叶有毛后无毛；小羽片30～65对，亚光暗绿色，两面不同色，顶部刺化，中部小羽片线状披针形，7～26厘米长，6～13毫米宽，中脉两面稍隆起，边缘平或稍向下卷曲。雌雄异株，雌球果单生，无柄，由无数大孢子叶紧密包被成半球状；大孢子叶9～12厘米长，孢子叶片卵圆形，两侧羽状深裂，被褐色绒毛，柄基着生2～6枚光滑胚珠。雄球果单生，狭卵形至纺锤形，长12～26厘米，几无柄，直立，密被橘黄色毛。种子较小，18～25厘米长，黄色。花期4～5月，种子9～10月成熟。

原产于中国广西及越南北部山区，生于少土、裸露的石灰岩山坡地或岩石缝中。深圳引种后生长良好。本种适应性很强，耐旱、喜光，耐瘠薄，忌积水，喜疏松、排水良好、富含有机质的沙质壤土。本种植株矮小，茎如萝卜，株形独特，是制作盆景的绝好材料。繁殖用播种法，于春季进行，也可挖取吸芽扦插，于春、秋二季进行。

与本种近似的有**锈毛苏铁** *Cycas ferruginea* F. N. Wei 区别在于后者植株较大，羽叶长130～210 厘米，小羽片较长且宽，镰形，边缘反卷，羽片顶部多少下垂；大孢子叶片较宽阔，具明显宽阔的顶刺。原产中国广西、越南北部。生于几乎裸露的石灰岩石缝或悬崖上。深圳引种后生长良好，适应性很强，耐旱、喜光但也可忍耐一定的蔽荫，耐瘠薄，忌积水，喜疏松、排水良好、富含有机质的沙质壤土。本种体形较石山苏铁稍大，大型羽片如凤尾般舒展、垂下，姿态甚为优美，颇具观赏。栽培特性较前者更耐荫、喜潮湿。观赏特性同前种。

越南篦齿苏铁　　**苏铁科**

Cycas elongata (Leandri) D.Y. Wang

棕榈状常绿植物，茎树干状，分枝或不分枝，高可达几米至十余米，径可达1米以上，茎老皮灰白色，光滑。大型羽状叶多数，顶生，中度龙骨状，羽叶长110～170厘米，宽21～30厘米；小羽片68～133对，深绿色或灰绿色，顶部刺化，中部小羽片线状披针形，长12～18厘米，宽5～8毫米，中脉平或两面隆起，边缘平或稍向下卷曲。雌雄异株。雌球果单生，无柄，由无数大孢子叶紧密包被成半球状；大孢子叶7～15厘米长，两侧篦齿状深裂，被褐色绒毛，柄基着生1～2对光滑胚珠。雄球果单生，圆柱状卵圆形，长25～40厘米，宽10～15厘米，几无柄，直立，小孢子叶顶端刺化，刺长9～15毫米。种子黄色，具纤维层。花期6～7月，种子次年成熟。繁殖用播种法，于春季进行，也可挖取吸芽扦插，于春、秋二季进行。

原产越南沿海山区，生于有季节性干旱的林下或灌丛的砾质坡地上。深圳引种后生长良好，耐旱、喜光，但也可耐半荫生条件，耐瘠薄，忌积水，喜疏松、排水良好、富含有机质的沙质壤土。本种树形

越南篦齿苏铁景观，右上为其羽叶

越南篦齿苏铁的雄球花

越南篦齿苏铁的雌球果

德保苏铁

篦齿苏铁

独特、四季常青，寿命长，是不可多得的景观园林树种。作景观造林树种，可营造出热带、亚热带风光特色的景观。繁殖用播种法，于春季进行。

与本种近似的有**篦齿苏铁** *Cycas pectinata* Buch.-Ham. 区别在于后者的羽叶较长，达150～240厘米，小羽片较宽，达8～11毫米；雄球果较大，卵圆形，小孢子叶较窄，顶刺较长，达17～32厘米。原产中国云南、印度东北部、缅甸北部、泰国北部、老挝和越南。常生于林下较黏质的土壤中。栽培特性更耐荫、喜潮湿。观赏特性同前种。

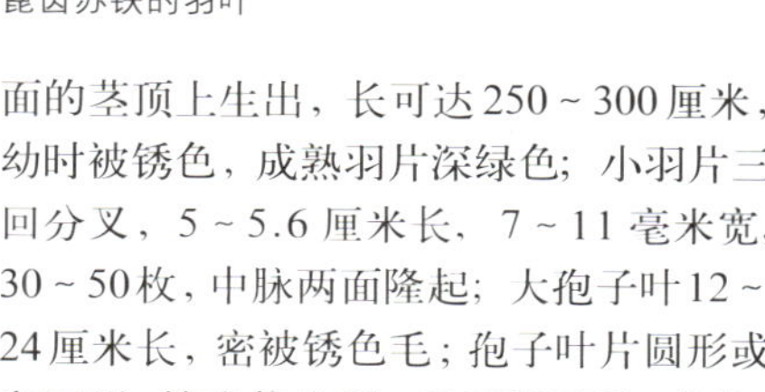
篦齿苏铁的羽叶

德保苏铁　苏铁科

Cycas debaoensis Y. C. Zhong et C. J. Chen

蕨状常绿植物，具地下茎或仅具很短的地上茎。大型羽状叶4～10枚，从近地面的茎顶上生出，长可达250～300厘米，幼时被锈色，成熟羽片深绿色；小羽片三回分叉，5～5.6厘米长，7～11毫米宽，30～50枚，中脉两面隆起；大孢子叶12～24厘米长，密被锈色毛；孢子叶片圆形或卵圆形，篦齿状分裂；种子卵圆形，黄色。

仅在广西西部和云南东部有少量分布，生于半干旱坡地或石灰岩山地灌丛。本种羽叶婆娑，四季常青，形态似蕨有似竹，大型多歧分叉的羽叶从近地面抽出，甚是奇特！是观赏苏铁种类中的珍品。

叉叶苏铁的雌株

叉叶苏铁的雄球花

叉叶苏铁的雌球果

喜半荫，但也可忍受一定的光照，耐瘠薄，忌积水，喜疏松、排水良好、富含有机质的壤土。繁殖用播种法，于春季进行。

与本种近似的有**叉叶苏铁** *Cycas micholitzii* Dyer 但后者的小羽片二回分叉，中脉上面隆起。呈星散状分布于中国广西、云南以及越南、老挝，生于有季雨林分布的低矮灌丛或季雨林下。本种耐荫，喜疏松、排水良好，富含有机质的壤土。本种羽叶挺拔，四季常青，似竹的羽状叶可营造出近似于竹林的景观！

大型双子铁　　泽米科

Dioon spinulosum Dyer

棕榈状常绿植物，树干圆柱形，不分枝，一般高0.3～3米，原产地最高可达十余米，老茎光滑，灰白色，茎基稍膨大。大型羽状叶多数，顶生，微龙骨状，羽叶长1.2～2米，宽30～40厘米；小羽片80～117对，着生于叶柄上部，亮绿色，基部几不收缩，边缘具5～8对不规则的短刺，顶部渐尖刺化，稍向下弯曲，中部小羽片15～20厘米长，1～1.5厘米宽。雌球果单生，由无数紧密包被的大孢子叶组成，短圆柱状卵形，35～50厘米长，柄长20～30厘米，成熟时垂吊于羽冠下；大孢子叶面阔三角形，密被白色绒毛。雄球果单生，圆柱状卵球形，长10～14厘米，宽4～6厘米，密被白色绒毛，具极短的柄，直立。种子黄色。

合意非洲铁

原产墨西哥，生于低海拔的热带常绿雨林下的石灰岩或悬崖上，原产地夏季炎热潮湿，冬季温暖且干旱。深圳引种后生长良好，可栽于疏林下，或有一定光照的室内，生长甚好。本种耐半荫，耐瘠薄，忌积水，喜疏松、排水良好、富含有机质的土壤。本种姿态优美，大型的雌雄球果垂吊于叶冠下，有如可爱的波斯猫爬在树干上，令人称奇！大型羽叶亮绿色，均匀地朝四周辐射散开，端庄华丽，令人叹为观止！是值得推广的林下耐荫植物。繁殖用播种法，于春季进行。

合意非洲铁的雄球花

合意非洲铁　　泽米科

Encephalartos gratus Prain

棕榈状常绿植物，茎干圆桶状，不分枝，高可达2.5米，茎80厘米，叶基宿存，茎基稍膨大。大型羽状叶120～200枚，顶

大型双子铁雄株

大型双子铁的雄球花

大型双子铁的雌球果

棘叶非洲铁

棘叶非洲铁的雌球果

生；羽叶长0.9～1.8米，宽34～44厘米；小羽片披针形，边缘具4～8齿刺，两面稍不同色，暗绿色，基部收缩，几无梗；中部小羽片18～26厘米长，2.3～3.5厘米宽。雌球果1至数枚，直立，顶生，圆柱状至圆锥状，55～68厘米长，深褐色；雌球果由无数紧密包被的大孢子叶组成，大孢子叶上部盾状膨大，呈圆台状伸出，成熟时深褐色。雄球果单生，卵状至纺锤状，长10～14厘米，宽4～6厘米，密被红褐色绒毛，具极短的柄，直立。种子黄色。

原产非洲莫扎比克和马拉维，生于河谷陡峭悬崖之上或萨瓦纳草丛中。本种适应性强，生长快，喜光，耐瘠薄，耐旱，忌积水，喜疏松、排水良好、富含有机质的沙壤土。深圳引种后生长良好。本种树姿雄伟，大型羽状叶四季常青，浓密且深情地装饰着似巨型菠萝般优美的茎干，高贵端庄，特别适合在开阔的草坪上孤植或作为主造景植物。

与本种近似的有：

（1）**刺叶非洲铁** *Encephalartos ferox* Bertol. f. 无茎或仅有很短的地上茎；小羽片长卵形，两侧具缺刻状裂齿，齿尖刺化；雌球果卵状，呈亮丽的橘红色。原产南非和莫桑比克，生于海滩上的常绿阔叶林至灌丛的中。本种适应性很强，是苏铁类植物中栽培最广的种类之一，深圳引种后生长良好。本种喜光，耐瘠薄，耐旱，忌积水，喜疏松、排水良好、富含有机质的沙土。本种羽叶浓密，常年郁郁葱葱，尤其是埋藏在绿叶丛中的橘红色的大型雌球果，真可谓“万绿丛中一点红”，颇具观赏价值！

（2）**棘叶非洲铁** *Encephalartos horridus* (Jacq.) Lehm. 茎干几近球形，羽叶蓝灰色，叶轴强烈下弯，小羽片3～5裂，裂片顶端刺芒化；雌球果灰黄绿色，卵状圆柱形。原产南非，生于干旱的由多肉植物组成的山脊或坡地灌丛中。本种强喜光，耐干旱和瘠薄，忌积水，喜疏松、排水良好，富含有机质的沙土。深圳引种后生长良好。本种株形奇特，羽叶灰蓝，是植物造景中难得的点缀材料，同时也是营造沙漠植物景观的理想材料。

刺叶非洲铁

摩尔大泽米（澳宝）　　**泽米科**

Macrozamia moorei F. Muell.

棕榈状植物，茎干粗壮高大，高2～7米，粗50～80厘米，叶基宿存，茎干常黑褐色。大型羽状叶约100～120枚集生于干顶，0.1～2.5米长，“V”形展开，具60～110对小羽片；小羽片线形，浅灰绿至灰色，具光泽，两面稍不同色，顶部刺化，羽基具胼胝。雌球果卵形，40～80厘米×14～19厘米；大孢子叶顶端膨大成盾状，具长达2～70毫米的刺。雄球果纺锤状，小孢子叶顶端刺2～25毫米长。种子卵状，种皮红色。

原产澳大利亚昆士兰中部，生于土层薄且瘠薄的石地上的干燥稀疏丛林中。本种喜光，耐瘠薄，耐旱，忌积水，喜疏松、排水良好、富含有机质的沙土。深圳引种

刺叶非洲铁的雄球花（*Encephalartos ferox* Bertol. f.）

摩尔大泽米

摩尔大泽米的雌球果

后生长良好。本种树形独树一帜，茎干粗壮、雄伟，羽叶蓬松、舒展，令人过目不忘！繁殖用播种法，于春季进行。

鳞秕泽米（墨西哥泽米、墨西哥铁、美洲铁） **泽米科**

Zamia furfuracea L. f.

从生状植物，具地下茎或头状地上茎。大型羽叶6～30枚集生茎顶，长50～150厘米；小羽片椭圆形至倒披针形，硬革质，全缘，密被锈色毛，松散排列于叶轴两侧，中羽片8～20厘米长；雌球果茶色至深褐色，卵状圆柱形，顶部骤尖，直立，具长柄；大孢子叶顶端膨大成盾状，紧密包被呈球果状。雄球果1～6枚，茶色至褐色，圆柱形至卵状圆柱形，松软，直立，具长柄。种子红色，长7～10毫米。花期6～7月，种子12月或次年成熟。

原产墨西哥，生于海岸至海拔200米之间的干旱沙地或石灰岩山坡地上的荆棘灌丛。本种适应性很强，喜光，但也可耐半荫，耐旱，耐瘠薄，忌积水，喜疏松、排水良好，富含有机质的沙质壤土。本种树姿造型优美，萌蘖能力很强，每年新叶抽出后嫩黄色，散发着诱人的光泽，这种情况可持续1～2个月；加之种子艳红色，有光泽，像熟透的石榴般从茶色厚实的大孢子叶盾片中探出，非常可爱！广东、海南引种后生长良好，是值得推广的园林景观植物。繁殖用播种法，于春季进行。

鳞秕泽米

鳞秕泽米的雄株

鳞秕泽米的雌株

鳞秕泽米的新生叶

与本种近似的有下列2种:

(1) **矮泽米** *Zamia pumila* L. 但后者植株矮小，小羽片条形，雌球果成熟时红褐色，很易区别。原产古巴、多米尼加等中美洲国家或岛屿。本种耐光，耐旱，耐瘠薄，忌积水，但在半荫条件下生长似乎更好，喜疏松、排水良好、富含有机质的沙质壤土。本种体形小，姿态优美，红褐色的雌球果形似手雷，甚是奇特！可作配景植物。

(2) **费氏泽米** *Zamia fischeri* Miq. 植株矮小，小羽片卵形至梨形，边缘具锯齿，纸质；雌球果成熟时灰绿色至灰色，很易区别。原产墨西哥。本种耐半荫，忌积水，喜疏松、排水良好、富含有机质的沙质壤土。本种体形小，羽片较大，可作配景植物。

矮泽米

矮泽米的雌株

费氏泽米的雌株

银杏（白果）　**银杏科**

Ginkgo biloba Linn.

落叶大乔木，高可达40米。叶扇形，顶端宽5～8厘米，在短枝上的叶具波状缺刻，在长枝上的2裂，幼树的叶较大而深裂。球花单性，雌雄异株；雄球花呈柔荑花序状，下垂；雌球花具长梗，梗端2分叉，每叉顶端生一盘状珠座，胚珠着生其上，通常仅一个叉端的胚珠发育成种子。种子俗称白果，椭圆形或近圆球形长2.5～3.5厘米，外种皮黄色，有臭味，中种皮白色，骨质，内种皮膜质，淡红褐色。胚乳（即可食部分）肉质，味甘，略苦。花期3～4月，9～10月果成熟。

原产于浙江天目山，自然生长在天然林中。本种为国家保护的稀有植物，但栽培甚广，我国大部分地区都有栽培，仙湖植物园也有栽培，生长良好。朝鲜、日本及欧、美各国也都有栽培。本种树形广阔，树姿挺拔壮观，春夏季叶色浓绿，秋季落叶前，叶色变金黄，十分美丽，为珍贵的园林风景树。

喜光，对气候适应性广，无论是在高温多雨或雨量稀少的地区均能适应，生长快速，也能在冬季寒冷的地区生长，但生长较缓慢。除不耐盐碱及过湿的土壤外，其他的土壤均能适应，不耐瘠薄和干旱，亦不耐湿涝，在深圳宜在凉爽、通风之地及郊野公园种植。用播种繁殖，于冬季或早春进行。

贝壳杉　**南洋杉科**

Agathis dammara (Lamb.) Rich.

常绿乔木，在原产地高38米。树冠圆锥形；枝条微下垂。叶革质，深绿色，长圆状披针形或椭圆形，长5～12厘米，先端斜圆，边缘增厚；叶柄长3～8毫米。球果近球形或宽卵圆形，长达10厘米；苞鳞先端增厚反曲。种子倒卵圆形，长约1.2厘米，种翅上部宽达1.2厘米。

原产马来西亚及菲律宾。我国长江流域以南均有引种栽培，仙湖植物园也有栽培。本种外形美观可作园林风景树。

喜光，喜温暖至高温湿润的气候，不耐寒，不抗风，不耐干旱和瘠薄，喜肥，栽培须植于阳光充足、避风和排水良好之地，土质须为富含有机质、肥沃之壤土。繁殖以播种为主，采集成熟种子，保存至翌年春播。生长快速。

银杏的叶

贝壳杉的叶

银杏（幼树）

贝壳杉

大叶南洋杉，右下为其叶

大叶南洋杉　　南洋杉科

Araucaria bidwillii Hook.

常绿乔木，在原产地高达50米，胸径1米。树冠塔形。大枝平展，侧生小枝密集下垂。叶卵状披针形或三角状披针形，长2.5～6.5厘米，具多数平行细脉，下面有多数气孔线。球果宽椭圆形或近球形，长达30厘米，中部苞鳞长圆状椭圆形或长圆状卵形，具明显的锐脊，中央的三角状尖头向外反曲。种鳞先端肥大外露；种子长椭圆形。花期3月，球果第三年秋后成熟。

原产大洋洲沿海地区，我国福建、广东、广西等地有栽培，仙湖植物园也有栽培，生长良好。本种树冠呈塔形，四季常绿，美丽壮观，适作庭园风景树。

喜光，不耐荫，喜温暖至高温湿润气候，不耐寒，不耐干旱，成年树能抗风，喜肥，须植于阳光充足、排水良好、湿润和肥沃之地，生长迅速。繁殖用播种法，于春季进行，播前须将种子破壳。

长苞铁杉　　松 科

Tsuga longibracteata Cheng

常绿乔木，高达30米。叶辐射伸展，线形，长约2厘米，上面平或下部微凹，有7～12条气孔线，微被白粉，下面中脉两侧各有10～16条灰白色气孔线，叶内有石细胞。球果直立，圆柱形，长2～5.8厘米，直径1.2～2.5厘米；中部种鳞近斜方形，熟时深红褐色，背面露出部分无毛；苞鳞长匙形，长0.9～2.2厘米，边缘有细齿。种

长苞铁杉

子三角状扁卵圆形，长4～8毫米，种翅较种子为长。花期3月下旬至4月中旬，球果10月成熟。

产于贵州（梵净山）、湖南南部、广东北部、广西东北部、福建南部及江西南部。自然生长在针叶树或针叶树阔叶树混交林中，是国家保护的濒危植物，各地时有栽培，在福建有人工栽培的纯林，仙湖植物园也有栽培，生长良好。本种树姿挺拔，四季常绿，枝叶茂密整齐，可用于营造风景林或作庭园风景树。

湿地松

长苞铁杉的叶

喜光，喜温凉潮湿、雨量充沛和云雾大的环境，耐寒，在深圳宜植于气候较凉爽通风的郊野公园的山坡上。用播种繁殖，播种前须浸种催芽，于春季进行，也可在3月间用短穗扦插繁殖。

湿地松　　松 科

Pinus elliottii Engelm.

常绿乔木，在原产地高30～36米。枝每年可生长3～4轮，小枝粗壮。针叶2针、3针一束并存，长18～30厘米，粗硬，深绿色有光泽，腹背两面均有气孔线，叶缘具细锯齿，叶鞘长约1.2厘米。球果常2～4个聚生，圆锥形，长6.5～16.5厘米，有梗；种鳞平直或稍反曲，直径5～7厘米。种子卵圆形，略具3棱，长约6毫米，黑色而有灰色斑点，种翅长0.8～3.3厘米，易脱落。花期春季，果次年秋季成熟。

原产于美国东南部。我国华东、华中至华南各地均有引种栽培，深圳也有栽培，生长十分旺盛。本种树干通直，树姿苍劲挺拔，适作庭园风景树和绿化树，也能在海边种植。单植或片植均有良好的观赏效果。

喜光，喜温暖湿润气候，但适应性甚强，能耐40℃高温，亦能抗-20℃低温，抗风力强，耐盐碱，栽培对土质不择。繁殖用扦插法和播种法，均于春至夏初进行。

湿地松的针叶

白皮松

华南五针松

白皮松的针叶

华南五针松的针叶

白皮松　　松科

Pinus bungeana Zucc. ex Endl.

常绿乔木，高达30米，胸径3米。幼树树皮灰绿色，平滑，成长树树皮淡灰色或灰白色，块片脱落露出粉白色内皮，白褐相间。针叶3针一束，粗硬，长5～10厘米，背部及腹部两侧有气孔线，边缘有细齿。球果卵圆形或圆锥状卵圆形，长5～7厘米，熟时淡黄褐色。种子近倒卵圆形，长约1厘米，种翅短，长约5毫米。花期4～5月，球果翌年10～11月成熟。

产于山西、河南、陕西、甘肃、四川和湖北，华北、华东及长江流域一带均普遍栽培，仙湖植物园也有栽培，生长良好，但较北方栽培的生长缓慢。本种树姿优美，树皮白色或褐白相间，极为美观，为优良的庭园风景树，在深圳适宜植于郊野公园较凉爽通风的山地。可单植、列植或片植。

喜光，喜冷凉气候，在温暖凉爽的地区生长亦佳，耐瘠薄和干旱，栽培地须为土层深厚、肥沃、湿润的壤土。通常用播种繁殖，于春季进行。

华南五针松　　松科

Pinus kwangtungensis Chun ex Tsiang

常绿乔木，高达30米。针叶5针一束，较粗短，长3.5～7厘米，直径1～1.5毫米，边缘有细齿，树脂道2～3。球果圆柱状长圆形或圆柱状卵形，长4～9厘米，径3～6厘米，熟时淡红褐色，微被树脂；柄长0.7～2厘米；种鳞楔状倒卵形，长2.5～3.5厘米。种子椭圆形或倒卵形，长0.8～1.2厘米。花期4～5月，球果翌年10月成熟。

产湖南南部、广东北部及中部、海南、广西和贵州南部，生于海拔700～1800米的山地针阔混交林中。越南北部有分布。华南及西南地区多有栽培，仙湖植物园也有栽培，生长良好。本种树形优美，树姿雄伟，适作园林风景树及绿化树，也是制作盆景的良材。

喜光，喜温暖多湿气候，抗风、较耐寒，栽培须植于土层深厚和富含有机质及排水良好之酸性土壤中，繁殖以播种为主，于春季进行。

长叶松　　松科

Pinus palustris Mill.

常绿乔木，高达40米。树冠阔圆锥形或近伞形。小枝橙黄色。叶3针一束，暗绿色，长30～45厘米，呈下垂状，横切面三角形。球果几无柄，圆柱形，长15～20厘米，有树脂，熟时暗褐色；种子大，长约1.2厘米，具长翅。

原产美国东南沿海一带。中国杭州、上海、无锡、福州、南京有引种栽培；仙湖植物园1998年引进。生长旺盛迅速。

喜暖热湿润的海洋性气候。在美国为重要的用材树种。枝条可作室内装饰用。树干通直，树姿苍劲挺拔，整齐优美，针叶柔美纤长。可作行道树或庭荫树；列植或群植观赏效果更佳。繁殖以播种为主，于春季及夏初进行。

长叶松

秃 杉（台湾杉）　杉 科

Taiwania cryptomerioides Hayata

常绿乔木，高达75米。大树之叶钻形，长3~5毫米，横切面四棱形，高宽几相等，四面均有气孔线；幼树或萌芽枝之叶锥形，长0.6~1.5厘米，侧扁。雄球花数个簇生枝顶；雌球花单生枝顶，球形，直立。球果椭圆形或短圆柱形，长1.5~2.2厘米，褐色；种鳞15~39，扁平，革质，发育种鳞内生2粒种子。种子长椭圆形或长椭圆状倒卵形，扁平，两侧具有窄翅。花期4~5月，球果10~11月成熟。

产于台湾、湖北西部、贵州东南部及云南西部。缅甸北部有分布。自然生长于山坡林中。华南、华中及西南各地时有栽培，仙湖植物园也有栽培，生长旺盛快速。本种为国家保护的稀有树种。其树冠形态优美，四季葱绿，适作园林风景树及绿化树。

喜光，幼树较耐荫，喜温暖湿润气候，耐高温，也较耐寒，喜酸性壤土。繁殖用播种和扦插法，均于春季进行。

秃杉

秃杉的叶

日本柳杉　杉 科

Cryptomeria japonica (Linn. f) D. Don

常绿乔木，高达40米。树皮红棕色。小枝细长下垂。叶直，长1~1.5厘米，先端通常不内曲，幼树及萌芽枝之叶长达2.4厘米。雄球花圆柱形，长约7毫米；雌球花圆球形。球果近球形，径1.5~2.5厘米；种鳞20~30枚，鳞尖先端向外反曲，发育种鳞内生2~5粒种子。花期4月，球果10~11月成熟。

原产日本。我国华东、华中及华南各地均有引种栽培，仙湖植物园亦有引种，生长良好。本种树冠呈广椭圆状伞形，自然形态优美。适在公园和绿地列植或群植，观赏效果俱佳。

喜光，喜温暖和湿润气候，栽植须土层深厚、肥沃、富含有机质的沙质壤土。繁殖以种子播种为主。收集种子层积处理于次年春播种。

日本柳杉

日本柳杉的雄球花

日本香柏　柏 科

Thuja standlishii (Gord.) Carr.

常绿乔木，在原产地高达18米。树皮红褐色。大枝开展，先端下垂，树冠宽塔形。生鳞叶的小枝较粗。鳞叶长1~3毫米，先端钝尖或微钝，中央的叶背部平，无腺点，有时有纵槽，两侧的叶稍短于中央的叶或等长，尖头内弯，揉之有香气。球果卵圆形，长8~10毫米，暗褐色；种鳞5~6对，仅中部2~3对发育生有种子。种子扁，两侧有窄翅。

原产日本。我国长江中下游各地多有栽培作庭园风景树及造林树，仙湖植物园也有栽培，生长旺盛。

喜光，喜温暖，耐寒性亦强，对土壤要求不严，栽培须为土层深厚、肥沃和排水良好的壤土。繁殖用种子播种，于春季进行。

日本香柏

日本香柏的叶

铺地柏

铺地龙柏

铺地龙柏的叶

红 桧

红桧的叶

鸡毛松

鸡毛松的叶

铺地柏　　柏 科

Sabina procumbens (Sieb. ex Endl.) Iwata et Kusaka

匍匐灌木，高75厘米。枝条沿地面扩展，褐色，枝梢向上斜展。叶全为刺形叶，三叶交叉轮生，线状披针形。长6～8毫米，先端渐尖，上面绿色，有两条白色气孔带中脉仅在下部明显，下面蓝绿色，沿中脉有细纵槽。球果近球形，直径8～9毫米，熟时黑色，被白粉，具2～3粒种子。种子长约4毫米，有棱脊。

原产日本。我国东北、华北、华东及西南等大城市多引种作园林观赏树，仙湖植物园也有引种，生长良好，但生长相对缓慢。在深圳适宜在郊野公园较凉爽之地种植。

喜光，喜温暖，极耐寒，亦耐高温，栽培须肥沃、湿润但排水良好之壤土。繁殖用种子播种，于春季进行。

具相同用途的有**铺地龙柏** *Sabina chinensis* (Linn.) Ant.'Kaizuca Procumbens' 植株平铺，无直立主干。叶二型，刺叶生于幼枝上，鳞叶生于老枝上，壮龄树兼有刺叶和鳞叶；刺叶三叶交互轮生，披针形，长0.6～1.2厘米；鳞叶三叶轮生，紧密，披针形，长2.5～5毫米。球果圆球形，直径6～8毫米。栽培品种。各地多有栽培。

红 桧　　柏 科

Chamaecyparis formosensis Matsum.

常绿大乔木，高达57米。树皮淡红褐色，生鳞叶的小枝扁，排成一平面。鳞叶菱形，长1～2毫米，先端锐尖。背面有腺点和纵脊。球果长圆状卵圆形，长1～2厘米，种鳞5～6对，顶部具少数沟纹，中央微凹，有小尖头。种子扁，倒卵圆形，长约2毫米，红褐色。

原产台湾。为国家保护的稀有树种。华南地区常有栽培。仙湖植物园也有栽培，生长十分旺盛快速。本种为亚洲东部最高大的树木。其树干通直，树姿伟岸挺拔，树冠呈宽塔形，十分壮观。适作园林风景树或列植作园道树。在郊野公园种植生长更佳。

喜光，喜温暖湿润，较耐寒，亦耐高温，栽培对土质要求不严，但以土层深厚、肥沃之壤土为佳。繁殖用种子播种，于春季进行。

鸡毛松　　罗汉松科

Dacrycarpus imbricatus (Blume) de Laubenf.

常绿乔木，高达30米。枝条开展或下垂，小枝密生。叶二型，螺旋状排列，老枝或果枝之叶鳞片状，长2～3毫米，先端内曲，两面有气孔线，生于幼树或萌生枝和小枝枝顶之叶线形，质软，排成两列，近扁平，长6～12毫米，两面有气孔线。雄球花穗状，生于小枝顶端，长约1厘米。雌球花单生或成对生于小枝顶端，通常仅1

个发育。种子卵圆形，成熟时肉质，假种皮红色。花期4月，种子10月成熟。

产于海南、广西北部、云南东南部及南部。生于山谷的林中。越南、菲律宾及印度尼西亚有分布。仙湖植物园有栽培，生长旺盛。本种树姿挺拔，树冠呈椭圆状伞形，十分优雅，宜在公园或绿地单植、列植或与其他树种配植。

喜光，喜温暖和湿润气候，不耐干旱和瘠薄，栽培须土层深厚、肥沃、富含有机质之壤土。繁殖用播种法，也可用扦插法，均于春季及夏初进行。

兰屿罗汉松　　罗汉松科

Podocarpus costalis Presl

常绿小乔木或灌木状，枝条平展。叶集生于小枝上端，革质，线状披针形或线状椭圆形，长5～7厘米，先端圆或钝，基部渐窄成短柄。雄球花单生叶腋，穗状圆柱形，长2.3～3厘米。雌球花单生；梗长约5毫米。种子椭圆形，长9～10毫米，成熟时假种皮深蓝色；种托肉质，圆柱状长圆形，长约1～1.3厘米。

兰屿罗汉松

兰屿罗汉松的叶

产于我国台湾(兰屿岛)。菲律宾有分布。自然生长在山坡林中。仙湖植物园有栽培，生长十分旺盛。本种树冠呈长圆状圆锥形，树姿优美，适作园林风景树。

喜光，喜凉爽湿润气候，耐高湿，不耐干旱。栽培须为土层深厚、肥沃和排水良好之壤土。繁殖用种子育苗，于春季进行。

篦子三尖杉　　三尖杉科

Cephalotaxus oliveri Mast.

乔木，高达4米。树皮灰褐色。叶线形，质硬，排成平展的两列，紧密，通常中部以上向上方微弯，长1.5～2.5厘米，中脉不明显，下面气孔带白色。雄球花6～7聚生成头状，径约9毫米。雌球花由数枚交互对生的苞片组成；胚珠通常1～2发育成种子。种子核果状，包于红色假种皮之中，倒卵圆形，卵圆形或近球形，长约2.7厘米，直径约1.8厘米，顶端中央有小凸尖。

产于江西、湖北、湖南、贵州、四川及云南。越南北部亦有分布。自然生长于阔叶林或针叶林中。仙湖植物园有栽培，生长良好。本种树冠圆伞形，树姿雄伟挺拔，叶色终年亮绿，果熟期，红色的种子密生于绿叶丛中，十分美丽，为珍贵的庭园风景树。

喜光，喜温暖湿润气候，较耐寒，不耐干旱和瘠薄，栽培宜植于土层深厚、肥沃和排水良好之地。繁殖用种子播种育苗，于春季进行。

南方红豆杉　　红豆杉科

Taxus wallichana Zucc. var. *mairei* (Lemce et Lévl.) L. K. Fu et N. Li

常绿乔木，高达16米。叶排成两列，线形，长2～3.5厘米，微弯成镰形，上面深绿色，有光泽，下面有两条气孔带，沿中脉两边有1至数条角质乳头状突起，中脉明显。雄球花淡黄色，圆球形，单生叶腋。种子生于杯状红色肉质的假种皮中，倒卵圆形，长7～8毫米，微扁，上部常具二钝棱脊，先端具突起的钝尖头，种脐椭圆形。

篦子三尖杉

南方红豆杉

南方红豆杉的叶及种子

产于华东、华中、华南、西南各地以及河南、陕西和甘肃，自然生长在山坡林中。长江流域以南多有栽培。仙湖植物园也有栽培，生长良好。本种树冠呈圆伞形，树姿美观，在秋季种子成熟期，具红色的杯状假种皮的种子镶嵌在绿叶丛中，观赏价值甚高。适在庭园及郊野公园植作观赏树。

喜光、喜冷凉湿润气候，耐寒，不耐瘠薄和干旱，栽培须为土层深厚、富含有机质和排水良好的壤土。繁殖用种子播种，采收成熟的种子，洗去假种皮，沙藏至翌年春季播种。

香木莲　　木兰科

Manglietia aromatica Dandy

常绿大乔木，高可达35米，胸径1.2米；树皮灰色。各部揉碎有芳香，故名香木莲。是国家二级保护树种。新枝淡绿色，除芽被白色平伏柔毛外，全株无毛。叶薄革质，倒卵状长椭圆形或倒披针形，长15～19厘米，宽6～7厘米。花被片3轮9片，白色，花梗粗壮，花期5～6月；果期9～10月。聚合果鲜红色，近球形或卵状球形，直径1～8厘米，蓇葖果厚木质，成熟时沿腹缝开裂，种子红色。

原产于云南东南部、广西西南部。生于海拔900～1600米的山地、丘陵常绿阔叶林中。本种树形圆锥形，美观。叶常绿，树干通直，全株都有香味；花大芳香，纯白美丽，果鲜红色，是庭园绿化的好树种。

喜光，仅幼苗期须遮荫，喜温暖湿润气候，不耐干旱，怕积水，对土质要求不严，一般红壤、山地黄壤，水肥条件较好的山坡地，低丘陵地可栽培。一般用种子播种繁殖，宜即采即播、或用嫁接方法繁殖，在2～3月进行。

香木莲

香木莲的花

桂南木莲（仁昌木莲）　　木兰科

Manglietia chintii Dandy

常绿乔木，高达20米，胸径60厘米。芽、幼枝有红褐色短毛。叶革质，倒披针形或窄倒卵状椭圆形，长12～15厘米，宽2～5厘米。花柄较细长，向下弯垂，长4～7厘米，花被片9～11，3轮，白色；雄蕊红色多数。聚合果卵形，长4～5厘米。花期4月下旬至5月下旬，果期9～10月，种子红色。

产于广西西北部、西南部及中部，广东东部、北部，湖南南部、云南东南部，生于海拔700～1300米石灰岩山地林中。本种枝叶茂密，叶青绿，树冠宽广，花白色，果红色下垂，是庭园绿化的优良树种。

喜温暖气候和肥沃深厚的酸性黄壤或红黄壤。多见于山谷潮湿处。不耐干旱，幼年耐荫，后喜光。多用种子繁殖，随采随播，发芽率高。

桂南木莲

桂南木莲的花

桂南木莲的果

灰木莲　　木兰科

Manglietia glauca Blume

常绿乔木，高达26米，胸径达1米；树冠浓绿。小枝绿色。花蕾长圆柱形，花大白色、花被片9，3轮，长8～8.5厘米，宽3～4厘米；雄蕊紫红色。雌蕊群圆柱形，心皮露出面具一纵沟，先端具外弯的花柱，胚珠8～10个。花期2～4月，果

灰木莲

灰木莲的花

大果木莲的花

大果木莲的果

期9～10月。

原产越南及印度尼西亚爪哇等地；我国引入栽培。广东、广西南部及海南有小面积栽培，生长良好；仙湖植物园引种生长良好，3～4年已开花。树冠伞形，花大而繁茂，花期长（2个月），可作行道树及庭园绿化树种。是值得推广的树种之一。

幼年耐荫，后喜光，喜暖热气候和肥沃温润的酸性土壤，不耐干旱。用种子繁殖，宜随采随播，或及时沙藏，翌年2～3月播种。

大果木莲　　木兰科

Manglietia grandis Hu et Cheng

常绿乔木，高12米；小枝粗壮、淡灰色、无毛。叶大、革质、椭圆状长圆形，或倒卵状长椭圆形，长20～35.5厘米，宽10～13厘米。花被片9（3轮），外轮紫红色，内轮白色。雌蕊群卵圆形。聚合果长圆状卵圆形，红色、果大，长10～12厘米，直径9～10厘米，果梗粗壮，长1.5厘米，直径1.3厘米。花期4～5月，果期9～10月。

产于云南、广西南部，生于海拔800～1500米山地常绿阔叶林中。本种花大，红色，美丽；叶大，绿色；果大，红色。常绿，可作庭园观赏树种。是国家保护的濒危树种。

喜光，幼苗期须遮荫。喜温暖潮湿气候，不耐干旱，常生长在沟谷、较低洼处，要求相对湿度80%以上环境，生长良好。一般用种子繁殖，随采随播发芽率较高。

大果木莲

红花木莲

红花木莲　　木兰科

Manglietia insignis (Wall.) Blume

常绿乔木，高达30米，胸径40厘米。叶革质，倒披针形，长圆状椭圆形，长10～26厘米，宽4～10厘米。花芳香，花蕾长圆状卵形，花梗粗，花被片红色，3轮，9～12片。聚合果鲜时紫红色，卵状长圆形；种子红色。花期5～6月，果期8～9月。

产于西藏东南部，生于海拔600～2000米林中，多生于花岗岩、沙岩、板岩发育的山地黄壤的常绿阔叶林中。耐荫，喜湿润深厚肥沃土壤生长。本种花色美丽，可作庭园绿化观赏树种。是国家保护的濒危物种。可用种子繁殖或嫁接繁殖。

马关木莲　　木兰科

Manglietia maguanica Chang et B. L. Chen

常绿乔木，高达15～20米，胸径达50～60厘米。小枝绿色，干后褐色。叶革质，长圆状披针形，或倒卵状长椭圆形，上面亮绿，下面苍绿色，长24～30厘米，宽5.6～7.5厘米。花被片9，3轮，外轮3片紫红色带绿色，内两轮6片中上部紫红色，基部白色；雌蕊群长椭圆形。聚合果长圆柱形，成熟时红色。花期4～5月，果期9～10月。

产于云南东南部（马关县）海拔1600～1900米常绿阔叶林中。本种花被

红花木莲的花

红花木莲的花（*Manglietia insignis* (Wall.) Blume)

红花木莲（*Manglietia insignis* (Wall.) Blume) 的果

马关木莲

马关木莲的花

马关木莲的果

片紫红色，花大艳丽，枝叶繁茂，常绿，树冠美丽，果鲜红色。是优良的庭园观赏树种。

喜光，幼苗时须遮荫，喜温暖湿润、肥沃沙质土壤环境，生长良好。可用种子繁殖，宜随采随播，集中盆播，营养袋育苗，1.5～2.0米高定植，成活率高。

大叶木莲　　木兰科

Manglietia megaphylla Hu et Cheng

常绿乔木，高达40米，胸径达1米。

大叶木莲

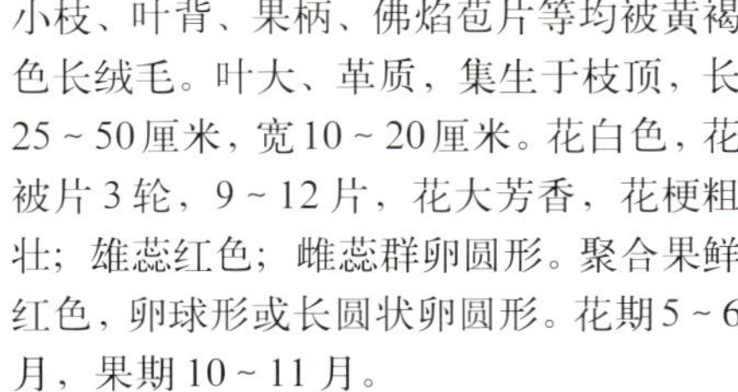

小枝、叶背、果柄、佛焰苞片等均被黄褐色长绒毛。叶大、革质，集生于枝顶，长25～50厘米，宽10～20厘米。花白色，花被片3轮，9～12片，花大芳香，花梗粗壮；雄蕊红色；雌蕊群卵圆形。聚合果鲜红色，卵球形或长圆状卵圆形。花期5～6月，果期10～11月。

产于云南东南部和广西南部，生于海拔450～1500米山地常绿阔叶林中，属国家三级保护树种。本种叶大茂密，树冠美丽，花大芳香，速生、不怕水湿，是优良的绿化、庭园观赏树种。

属中性树种，多生于潮湿的沟谷或水沟旁，处于荫蔽湿润环境，成熟中后期喜光，生长迅速。用种子繁殖，随采随播发芽达75%，苗期须遮荫。

毛桃木莲的花

大叶木莲的花

大叶木莲的果

毛桃木莲　　木兰科

Manglietia moto Dandy

常绿乔木，高达20米，胸径60厘米。最大特征是新枝、芽、叶柄、花蕾、花梗、果柄均被锈色长绒毛。花白色、芳香，花梗细长，外弯或下垂。花3轮9片；雄蕊群红色；雌蕊群淡绿色，卵圆形；聚合果卵球形或长卵形。花期5～6月，果期10～12月。

产于广东、广西、湖南、贵州等山区林中，生于海拔400～1200米林中。树形美观，枝叶繁茂，树冠宽广，花乳白色、芳香，果红，是优良的绿化树种。

为广东乡土树种，生长迅速，年平均生长可达80～100厘米。自然生长于山坡中下部及沟旁，要求水肥较好或中等。有机质2%～4%的条件生长良好。可用种子繁殖。栽培同其他木莲属。

毛桃木莲的果

卵果木莲

长喙木莲

长喙木莲的花

长喙木莲的果

卵果木莲的果

卵果木莲　　木兰科

Manglietia ovoidea Chang et B. L. Chen

常绿乔木，高10～15米，胸径30～40厘米。小枝粗壮；叶革质，狭椭圆形或椭圆形，长13～14厘米，宽4～5厘米；托叶痕为叶柄的1/2。花被片淡黄绿色，3轮，9～11片，肉质。花蕾、聚合果均卵形或近球形。花期4～5月，果期10～11月。

产于云南马关县海拔1700～2000米常绿阔叶林中。本种枝叶繁茂，浓绿；树冠锥形，花大艳丽。是理想的庭园观赏绿化树种。

喜光，属阳性树种；但幼苗时期需遮荫。自然生长于阔叶林中下部，山沟湿润处，山地黄壤较为肥沃的酸性土壤环境。可用种子繁殖。方法与其他种类相同。

长喙木莲　　木兰科

Manglietia rostrata D. X. Li et R. Z. Zhou

常绿乔木，树高达20米，胸径35厘米。嫩枝淡绿色，老枝灰色；嫩枝、芽、叶柄、果柄、叶背面均被淡金黄色长柔毛。叶革质，狭倒卵状椭圆形，长19～22厘米，宽5～8厘米，先端长急尖或长渐尖，基部楔形。花白色，芳香，花被片3轮9片；雄蕊群红色，雌蕊群绿色，卵形，柱头淡红色向外弯曲。聚合果成熟时鲜红色，长椭圆形或卵状椭圆形，果柄长3～3.5厘米。蓇葖果木质，卵状椭圆形，背缝开裂，顶端具长喙，长0.8～1厘米。花期4～5月，果期9～10月。

产于云南省麻栗坡县茅草坪乡，生于海拔1000～1200米山地常绿阔叶林中。树形美丽，枝叶茂盛，花大美丽，芳香；适应性强，生长迅速。仙湖植物园1997年引种，现已树高7～8米，胸径10～15厘米。是值得推广的绿化树种。

喜光，喜温暖湿润气候，生长颇速，耐旱忌积水，喜肥沃、土壤富含有机质和疏松的酸性土壤。繁殖用播种法，将种子除去假种皮随采随播。

乳源木莲　　木兰科

Manglietia yuyuanensis Law

常绿乔木，高15～20米，胸径达30～40厘米。叶革质，倒披针形，狭倒卵状长圆形或狭长圆形，先端稍弯的尾状渐尖或渐尖。基部楔形，边缘稍背卷。花白色、芳香、单生枝顶，花被片3轮9片，外轮3片带绿色，中、内轮花被片纯白色，肉质。雄蕊群紫红色；雌蕊群椭圆状卵圆形；聚合果卵圆形，成熟时红色，种子红色。花期4～5月，果期9～10月。

产于安徽、浙江南部、湖南、江西、福建、广东北部、云南东南部，生于海拔700～1200米常绿阔叶林中。树形广伞形，枝叶繁茂浓绿，分布广，适应性强，耐寒，是优良的庭园绿化树种。

北亚热南端至中亚热带南部均有分布，喜温暖湿润气候环境，偏阴性，幼林耐荫。天然更新良好。适宜土层深厚、潮湿、肥沃或排水良好酸性土壤生长。自然生长在沟谷地、山沟中、下部的山坡。用

乳源木莲的花

乳源木莲的果

柏林含笑

柏林含笑的花

柏林含笑的果

种子繁殖，种子红色，除去红色假种皮，随采随播或湿润沙藏后播种。

柏林含笑（云南苦梓、九里香）　**木兰科**
Michelia bailina Law et R. Z. Zhou

常绿乔木，高达15米，胸径25厘米；树皮黑褐色。叶背面、叶脉、芽、叶柄、花蕾及细嫩部分均密被黄褐色竖起柔毛。叶革质，长椭圆形或倒卵状椭圆形，长18～25厘米，宽9～11厘米，先端短渐尖，基部阔楔形；叶面淡绿色，无毛，背面被淡黄褐色柔毛。花被片6，2轮白色，极芳香（又称九里香）。雄蕊群白色；雌蕊群淡绿色卵形。聚合果长卵形，蓇葖果两瓣全裂，顶端具喙。种子红色。花期3～4月，果期8～9月。

产于云南省东南部的麻栗坡、马关等县，生于海拔200～1000米的石灰岩山地常绿阔叶林中。本种树形美观，枝条下垂，花极香，适应性强，耐旱，要求土壤条件不严，生长较速，是优良的庭园绿化树种。

喜光，喜温暖气候，适应性强。但肥力充足则生长繁茂，富含有机质的肥沃湿润土为佳。用播种法繁殖，采成熟种子，去假种皮，随采随播。

乐昌含笑（南方白兰花、广东含笑、景烈白兰）　**木兰科**
Michelia chapensis Dandy

常绿大乔木，高达30米，胸径达1米。叶薄革质，倒卵形，狭倒卵形或长圆状倒卵形，先端骤狭短渐尖或短渐尖，尖头钝，基部楔形或阔楔形，上面深绿色有光泽，下面苍白色；叶柄无托叶痕。花被片6，2轮，淡黄色，芳香；雄蕊群狭圆柱形，心皮卵圆形。聚合果穗状，果卵圆形，顶端具短细弯尖头，基部宽。花期3～4月，果期10～11月。

乐昌含笑

乐昌含笑的花

产于江西南部、湖南西南部、广东北部、广西东北部及东南部，生于海拔500～1500米的阔叶林中。越南也有分布。本种树冠宽广，圆锥形或广伞形，枝条向上举，枝叶繁殖，生长迅速，适应性广。花香、淡黄色，花多，是很受欢迎的绿化庭园观赏树种。仙湖植物园于1997年引种，现已高达6.5～7.5米，胸径15～16厘米，是值得推广应用的绿化树种。

喜温暖、湿润气候环境，喜光，但幼苗须遮荫，幼树耐荫，中后期喜光。天然更新良好，适宜土层深厚湿润，肥沃环境生长良好。用种子繁殖。

台湾含笑（乌心石、台湾白兰花）　**木兰科**
Michelia coporessa (Maxim.) Sarg.

常绿乔木，高达17米，胸径达1米，树皮灰褐色平滑。芽、嫩枝、叶柄及叶两面中脉均被褐色平伏短毛。叶薄革质，倒卵状椭圆形或狭椭圆形，先端急短尖，尖头钝或尖；叶柄上无托叶痕。花蕾被金黄色平伏绢毛；花梗被平伏柔毛；花被片淡黄白色或基部带淡红色，芳香，9～12片。雌蕊群被金黄色细毛；聚合果穗状，蓇葖果长圆形或卵圆形，背缝开裂，顶端有短尖。花期1～2月，果期10～11月。

台湾含笑

台湾含笑的花

产于台湾省，生于海拔200～2600米阔叶林中。日本也有分布。本种适应亚热带与南亚热带气候，经华南植物园及仙湖植物园引种生长良好。开花时间长（1～2个月），花多、芳香，枝叶繁茂，树形美观。为优良的庭园绿化树种。

喜光，喜温暖湿润气候条件，不耐干旱，不耐强光曝晒，夏季温度高时有枯顶现象。繁殖用播种法或嫁接法繁殖，可用黄兰或火力楠作砧木于春季进行。

紫花含笑　　木兰科

Michelia crassipes Law

常绿小乔木或灌木，高2～5米，树皮灰褐色。芽、嫩枝、叶柄、花梗均密被红色褐色或黄褐色长绒毛。叶革质，披针形或窄长椭圆形，长7～13厘米，宽2～4厘米，先端长渐尖或尖，基部楔形。托叶痕达叶柄顶端。花被片6，2轮，紫红色或深红色，芳香。花梗粗短，长3～4毫米；雌蕊群长8毫米，柄长约2毫米，不伸出雄蕊群，心皮卵形。聚合果穗状，果柄粗短；蓇葖果扁卵圆形或扁圆球形，被毛；种子红色。花期4～5月，果期8～9月。

紫花含笑，右下为果

紫花含笑的花

多花含笑

多花含笑

多花含笑

产于湖南南部、广西东北部、广东北部，生于海拔300～1000米的山谷密林中。本种含苞待放时，花芽顶部露出一点紫红色花瓣，非常鲜艳；花开放时，有浓郁的香蕉味，花紫红色，芳香美丽，是优良的庭园绿化树种。可以群栽或单独栽培或盆栽，还可提取香精。

属中性树种。在自然条件下常生长在常绿阔叶林下，耐荫，但在全日照下生长良好。喜温暖湿润气候，一般长于山谷上部，沟两旁较多，繁殖用种子播种或嫁接方法繁殖。

多花含笑　　木兰科

Michelia floribunda Finet et Gagnep

常绿乔木，高达20米，胸径25～30厘米。小枝被灰白色平伏柔毛。叶革质，窄卵状椭圆形，披针形，窄倒卵状椭圆形，长7～12（14）厘米，宽2～4厘米，先端渐尖或尾状渐尖，基部宽楔形或圆形，上面深绿色，有光泽；中脉凹入，常有白色毛，下面苍白色，被白色平伏长毛。网脉细密，两面稍凸起；托叶痕为叶柄长的1/2。花蕾窄椭圆形或窄卵状椭圆形，稍弯曲，被金黄色平伏柔毛，花被片3轮，11～13片，白色芳香，匙形或倒披针形；长2.5～3.5厘米，宽4～7厘米，先端有小突尖。雌蕊群长约1厘米，密被银灰色微毛。聚合果长2～6厘米，扭曲。果扁球形或长圆形，先端微尖，有白色皮孔。花期2～4月，果期8～9月。

产于云南，四川西南部、中部，湖南，湖北西部，生于海拔800～2700米林中。缅甸亦有分布。树冠伞形，枝叶繁茂，浓绿美观，花多，花期长，是优良庭园绿化树种。自然分布北亚带南部至中亚热带气候区，能耐寒-15～1.7℃不冻害。南亚热带，广东亦能生长良好。需在夏季高温时喷水降温，水肥适中时亦能生长良好。

喜光，属中性偏阳树种，常与常绿及落叶树种混生。前期幼苗及幼树需在半荫环境生长。后期需要阳光生长良好。繁殖用种子繁殖，方法与其他含笑属种类相同。

高大含笑（广南含笑）　　木兰科

Michelia giganta R. Z. Zhou et D. X. Li

常绿大乔木，树高达35米，胸径达2米。树皮灰褐色；嫩枝绿色，老枝褐色。叶革质，狭长椭圆形，长12～18厘米，宽2.5～3.5厘米，先端渐尖，基部狭楔形，叶面深绿色，叶背面具凸起圆点，两面均被白色微毛，网脉纤细，两面凸起；叶柄细长，1～1.5厘米，无托叶痕。花芳香，花被片6，2轮，白色。雄蕊黄色；雌蕊群粗壮，红色，长2.5～3.5厘米，雌蕊群柄长1厘米，密被褐色微毛，心皮卵形，花柱较长。聚合果穗状，长15～20厘米。两瓣开裂，卵圆形，每蓇葖果具种子1～3粒，红色。花期2～3月，果期9～10月。

产于云南省广南县珠街黑枝果乡；生于海拔1500～1700米的石灰岩山地常绿阔叶林中。树形美观，枝叶繁茂，树冠广

高大含笑

伞形或塔形，树干高大，雄伟通直。花芳香，是优良的造林绿化树种。

喜光，喜温暖湿润气候，较耐旱适应性强。仙湖植物园于1997年引种，现已树高4～5米，胸径5～8厘米。可用种子繁殖，随采随播，种子发芽率达70%～80%。

咕山含笑　　木兰科

Michelia gushanensis D. X. Li et Law

常绿乔木，高20～25米，胸径50～60厘米。小枝绿色，被微毛；芽、叶柄、嫩枝、佛焰苞片被金黄色绒毛。叶革质，倒卵状椭圆形或长椭圆形，长14～20厘米，宽3.5～4.5厘米，先端长渐尖或渐尖基部阔楔形，叶面深绿色，无毛，叶背淡绿色，具凸起小圆点，新鲜时网脉不明显，干时两面凸起；叶柄粗短，具槽沟，托叶痕只有2毫米。花芳香，花被片白色，6

高大含笑的花

高大含笑的果

片，2轮，狭倒卵形；雄蕊多数，黄色。雌蕊群绿色，圆柱形，长3.5～4厘米，超出雄蕊群1.5～2.0厘米。聚合果长15～20厘米，成熟时鲜红色，两瓣全裂。花期2～3月，果期9～10月。

产于云南省广南县黑枝果乡咕鲁山村，生于海拔1600～1700米石灰岩山地阔叶林中。仙湖植物园有栽培，生长旺盛。本种树形圆锥形，美观，枝叶繁茂，花多而芳香美丽，是优良的庭园观赏树种。

喜光、喜温暖湿润气候，但怕高温，不耐干旱，肥沃湿润，土壤疏松山地生长良好。用种子繁殖，随采随播种。

咕山含笑，右下为果

香籽含笑（黑枝苦梓、香仔楠）　　**木兰科**

Michelia hedyosperma Law

常绿乔木，高达20～25米，胸径达60厘米。小枝黑色，老枝浅褐色。芽、幼叶柄、花梗、花蕾及心皮均密被平伏短绢毛，其余无毛。叶揉碎有八角气味，薄革质，倒卵形或椭圆状倒卵形，长6～13厘米，宽5～5.5厘米，先端渐尖，基部宽楔形，两面鲜绿色，有光泽，无毛。花蕾长圆形，长2厘米；花芳香，花被片9，3轮，外轮膜质，条形，内2轮肉质，窄椭圆形；雄蕊约25，花药侧向开裂；雌蕊群卵形，心皮10，背面有5条纵裂棱，花柱外卷。聚合果果梗较粗；长1.5～2厘米，蓇葖果灰黑色，椭圆形，先端具短尖，基部收缩成柄，长2～8毫米，果瓣质厚，熟时向外反卷。种子1～4。花期3～4月。果期9～10月。

产于广西西南部大青山、海南、云南西双版纳。生于海拔300～1000米的山坡、沟谷林中。在深圳栽培，生长良好。

喜深厚肥沃的沙壤土。喜光树种。木

香籽含笑

香籽含笑的花

材纹理直，材质优良，生长较快，仙湖植物园栽培5年生，树高7～8米，胸径16～20厘米。用种子繁殖，随采随播，发芽率达70～80%，可作华南地区山地造林、绿化树种。枝叶繁茂，树冠优美，花芳香，可作为庭园绿化和行道树种。

新宁含笑　　木兰科

Michelia xinningia Law et R. Z. Zhou

常绿乔木，高达20米，胸径达30厘米。树皮灰褐色。嫩枝绿色，老枝黑褐色。芽、嫩枝、叶背、叶柄均被金黄色长柔毛。叶革质，狭长椭圆形，长12～18厘米，宽4.5～5.5厘米，先端渐尖或短渐尖。基部楔形或阔楔形，叶背中脉被褐色柔毛，无托叶痕。花芳香，白色，花被片3轮，9片，倒卵形；雄蕊红色，花药侧向开裂。雌蕊群长1.6厘米，柄长1.5～2.0厘米，心皮16～20枚。聚合果穗状，种子卵圆形。花期4～5月，果期9～10月。

产于湖南新宁县紫云山及舜皇山，生于海拔800～1500米林中。本种枝叶繁茂，叶背面被金黄色柔毛，在阳光照射下显得异常美丽，花香，是优良的庭园观赏绿化树种。深圳有栽培，生长旺盛。

喜光，喜温暖湿润气候，宜栽培在土层深厚肥沃、排水良好的山坡地。用种子繁殖，播种法与其他含笑属种类相同。

新宁含笑的花

新宁含笑的果

云山含笑　　木兰科

Michelia yunshanensis Law et R. Z. Zhou

常绿乔木，高达15米，胸径达35厘米。小枝具白色皮孔，密被白色柔毛；老枝黑褐色。叶革质，狭椭圆形，先端短急尖，基部楔形，长15～20厘米，宽4～6厘米，叶面深绿色，背面淡绿色，被白色平伏柔毛；网脉细密。花芳香，花梗粗短，长4～8毫米，径4～6毫米；密被白色平伏柔毛。花被片9～12，白色，狭倒卵形，基部狭长；雄蕊群红色，花药侧向开裂；雌蕊群圆柱形，被银白色柔毛，雌蕊群柄长约4毫米，心皮卵圆形，花柱向外弯曲。花期2～3月，果期9～10月。

产于湖南新宁紫云山及舜皇山。生于海拔800～1500米林中。本种枝叶浓绿，树冠美丽，花芳香，生长较快，是优良的绿化观赏树种。本种习性与繁殖方法与新宁含笑相同。

绢毛木兰　　木兰科

Magnolia albosericea Chun et C. Tsoong

常绿灌木或小乔木，高4.6～7.6米。叶革质，狭椭圆形或倒披针状椭圆形，长18～40厘米，宽6～15厘米，先端渐尖具钝头，基部楔形，上面深绿有光泽，叶背苍白色，具白色柔毛。花被片9，白色；雌蕊群长倒卵形，具柔毛。蓇葖果长倒卵形，长5厘米。花期4～5月，果期8～9月。

原产于海南省海拔300～390米的山坡、溪旁、杂木林中。本种叶色浓绿，花大芳香，是良好的木本花卉和园林风景树。

喜光，喜温暖湿润的气候，在排水良好、肥沃湿润的土壤中生长旺盛。耐半荫，不耐干旱和寒冷。繁殖用播种法，采成熟种子，随采随播。于夏季进行嫩枝扦插繁殖的成活率较高。

云山含笑

绢毛木兰

云山含笑的花

绢毛木兰的花

黄山木兰的花

黄山木兰的果

黄山木兰　　木兰科

Magnolia cylindrica Wilson

落叶乔木，高可达9米。叶膜质，椭圆至倒卵状椭圆形，长7.6～15厘米，宽2.5～5厘米，上面暗绿光滑无毛，下面具软毛，后几无毛，先端钝或稍尖。花被片9，白色，外轮3瓣小，狭长萼片状。花丝粉红色。雌蕊无毛，花梗密被毛。蓇葖果柱状，长5～7.6厘米。花期3月，果期8月。

分布于安徽、浙江、江西、湖北、福建等省。生于海拔600～1700米的亚热带山地疏林中。该树树形挺拔，花繁盛，为早春开花的优良观赏树木。在深圳地区可以植于较凉爽和半荫的坡地。

喜光，喜温凉多雾的山地。适应性强，耐寒，耐干旱和瘠薄，不耐积水。在肥厚疏松、富含腐殖质和排水通畅的沙壤土中生长良好。仙湖植物园栽培的黄山木兰，每年春天花朵繁盛。栽培上多采用嫁接繁殖，以黄兰为砧木，进行枝接或芽接，成活率较高，也可以扦插繁殖。

广南木兰　　木兰科

Magnolia guangnanica Law et S. C. Yang

常绿乔木或小乔木，高达10米，胸径30厘米；树皮褐色。嫩枝密被灰白色长毛，老枝灰褐色。叶厚革质，卵状长椭圆形或椭圆形，长18～30厘米，宽7～10厘米。先端渐尖或短急尖，基部楔形或阔楔形，叶面深绿色，叶背面淡绿色，被白色弯曲柔毛，中脉，侧脉在叶面凹下，两面网脉凸起，托叶痕达叶柄顶端。花蕾卵形，绿色，花芳香，花被片9，白色，肉质，凹弯；雄蕊白色；雌蕊群长椭圆形，密被白色平伏柔毛或绢毛，柱头短弯曲。聚合果绿色，椭圆体形，长4～5厘米，蓇葖果9～10枚，具胚珠2个。花期5～6月，果期9～10月。

广南木兰的花

广南木兰的果

产于云南省广南、马关、西畴等县。生于海拔800～1500米的山地常绿阔叶林中。树形美观，叶片较大，枝繁叶茂，花大芳香，适应性强，花期长，一年中开花2次，是优良的庭园观赏绿化树种。

喜光，喜温暖湿润气候，宜栽培在湿润，肥沃，土壤疏松山坡地或排水良好环境，生长迅速。繁殖用播种法，随采随播，也可扦插繁殖。

大叶木兰

大叶木兰　　木兰科

Magnolia henryi Dunn

常绿乔木，高6～15米。叶倒卵状长圆形，长20～63.5厘米，宽7.6～22.9厘米，革质，幼时微具毛，成熟后秃净无毛；先端锐尖、钝或圆，基部楔形或钝。花被片9～12（12），白色，芳香，直径5～10厘米；雌蕊群椭圆状卵球形，无毛。花梗粗壮，向下弯曲，10～12.7厘米长。蓇葖果圆柱形或倒卵状圆形。花期4～5月，果期8～9月。

原产于云南南部、东南部及缅甸东北部、泰国南部、老挝北部，生长于海拔600～1500米的山地、丘陵沟谷地带。本种叶形奇大而浓绿，花大而芳香，是良好的热带城乡庭院观赏绿化树种。

喜潮热环境，在土层深厚、潮湿、有机质含量高的酸性土壤中生长良好。耐荫，不耐干旱和寒冷。用播种法进行繁殖，采收成熟种子，随采随播；圃地需排水良好，苗期要遮荫。

大叶木兰的花

馨香玉兰，左下为果

馨香木兰　　木兰科

Magnolia odoratissima Law et R. Z. Zhou

常绿小乔木或大灌木，高4～6米；嫩枝密被灰褐色长毛。叶革质，卵状椭圆形或狭椭圆形，先端渐尖，基部楔形，上面深绿色，下面淡绿色，被白色弯曲毛，叶片长8～14厘米，宽4～7厘米；叶柄长1.5～3.0厘米，托叶痕达叶柄顶端。花蕾卵形，花白色，极芳香，直径8～10厘米，花被片9，3轮，肉质，无毛，匙形。果圆柱形，长5～7厘米，直径2～3厘米。花期5～7月，第二次开花8～9月，果期9～10月。本种花极香，开花时间长，一年中开花两次。繁殖栽培比较容易。适应性强，适应范围广，可作香料，是城乡、庭园、风景名胜地区绿化树种。

喜光，喜温暖湿润气候，原产地相对湿度80%以上，多雾，林下生长。栽培在全日照或半日照条件下均能生长良好。对土壤要求不严；但土质肥沃沙质壤土、排水良好为佳。耐荫、耐干旱、怕积水。繁殖多用种子播种，也可以用嫁接和扦插方法繁殖。

多瓣紫玉兰　　木兰科

Magnolia polytepala Law et R. Z. Zhou

落叶灌木，高1.5～2米，常丛生。嫩枝绿色，老枝紫褐色，无毛；芽和花蕾被白色长柔毛。叶纸质，卵圆形或卵状椭圆形，长8～14厘米，宽4～8厘米，先端渐尖或长渐尖，基部楔形；叶上面绿色，下面淡绿色，中脉，侧脉被褐色平伏柔毛。花芳香，花被片12～16片，最外轮被片3，花萼状，披针形，淡绿色带紫色晕，内3～4轮，9～12片，肉质，倒卵状长椭圆形，深紫色；雄蕊60～70枚，深红色；雌蕊群红色，长椭圆形，长约1厘米，超出雄蕊群，花柱与心皮等长。聚合果圆柱形，种子卵形。花期3月下旬至4月下旬，果期9～10月。

馨香玉兰的花

产于福建武夷山，生于海拔500～1200米的常绿阔叶林中。本种枝叶繁茂，花朵美丽而芳香，是优良的观赏绿化树种。

喜光，喜温暖湿润气候，喜欢在半荫蔽的环境生长，怕强光照。适于生长在阴坡和湿润山谷。繁殖用播种或嫁接方法。

长叶木兰　　木兰科

Magnolia paenetalauma Dandy

常绿灌木，高1～3米，有时为小乔木。可达11米。叶薄革质，狭长椭圆形、狭长倒卵状椭圆形或倒卵状披针形，长15～23厘米，宽5～7.6厘米，两面光亮，先端长渐尖，基部楔形或渐狭。花被片9，白色，夜间芳香；雌蕊椭圆形具短柔毛；花梗纤细，微弯，长约2.5厘米。蓇葖果椭球形至长椭圆形。花期4～7月，果期9～10月。

原产于广西西南部和广东西部海拔420米的森林和灌木丛中，常靠近溪水边生长。本种树形优雅，叶色亮绿，花白色，芳香，可作为园林风景树。

喜光，喜温暖湿润的气候，耐荫，不耐干旱和寒冷，对土质选择不严，在肥沃、排水良好的土壤中生长旺盛。繁殖用播种法，采成熟种子，随采随播。

多瓣紫玉兰的花

玉兰（玉堂春、白玉兰、木兰）　　木兰科

Magnolia denudata Desr.

落叶乔木，高5～15米。叶互生，倒卵形或倒卵状椭圆形，长10～18厘米，宽6～12厘米，顶端圆，有突尖，背面被光泽的白色长柔毛，冬芽及花梗密被淡灰色长绢毛。花先叶开放，花白色，芳香，花被片3轮，9片，有时基部带粉红色，长7～10厘米；花梗显著膨大，密被淡黄色长绢毛；2～3月花期。聚合果圆柱形，长13～15厘米；果厚木质，红色。种子红色，8～9月成熟。

原产黄河流域以南至广东北部，西南部至云南，我国热带、亚热带至温带地区多有栽培。本种在春季开花，花大而多，花色纯白，散发阵阵清香。花后发叶，分枝广展，形成幽雅美丽的椭圆形树冠，是

长叶木兰的花

玉兰的花

红花山玉兰的花

红脉玉兰的花

红运玉兰的花

玉灯玉兰的花

丹馨玉兰的花

长花玉兰的花

美丽玉兰的花

优良的木本花卉和园林风景树。

喜光，喜温暖湿润气候，适应性强，耐寒、耐干旱和瘠薄。从温带到南亚热带均能生长。在南亚带栽培时，夏季高温季节，宜适喷水降温，秋季多浇水以增加土壤湿度均能生长良好。繁殖用播种法，随采随播，发芽率高；或用嫁接法，以黄兰为砧木，于初春萌动前进行。在我国的栽培历史已有2500年，有许多的栽培品种和变种。

本种栽培变种和杂交种很多。花被片有红、紫红、深红、黄、白等。常见的有如下列各栽培品种：

(1) *Magnolia delavayi* Franch.'红花山玉兰' 花被片红色或粉红色。

(2) *Magnolia denudata* Desr.'玉灯玉兰' 花被片纯白色，3~4轮，12~33片。

(3) *Magnolia denudata* Desr.'红脉玉兰' 花被片白色，3轮9片；外轮3片花被片基部具淡紫色脉纹。

(4) *Magnolia denudata* Desr.'黄鸟玉兰' 花被片白色，3轮9片，雄蕊白色，雌蕊绿色，花蕾时淡绿色，芽被褐色短柔毛。枝条黑褐色。

(5) *Magnolia denudata* Desr.'红运玉兰' 花被片红色。3轮9片。

(6) *Magnolia denudata* Desr.'丹馨玉兰' 花被片桃红色，宽短，花圆形。

(7) *Magnolia denudata* Desr.'长花玉兰' 花被片桃红色，较长，基部紫色。

(8) *Magnolia denudata* Desr.'美丽玉兰' 花被片紫红色，花朵较大。

(9) *Magnolia denudata* Desr.'阔瓣玉兰'花被片外面淡紫色，内面白色，花瓣较宽大。

(10) *Magnolia denudata* Desr.'红元宝玉兰' 花被片深紫红色，宽短，花形圆。

(11) *Magnolia denudata* Desr.'香型玉兰'花被片淡紫色，被片具明显脉纹，3轮9片。

(12) *Magnolia denudata* Desr.'蜡质玉兰' 花被片白色，外具红色中脉，外轮花被片萼片状，具蜡质油腺点。

(13) *Magnolia denudata* Desr.'飞黄玉兰' 花被片黄色或淡黄色，9~10片。

二乔木兰　　木兰科

Magnolia soulangeana Soul.-Bod.

落叶乔木或灌木，高3~10米。分枝直立生长。叶互生，倒卵形，长6~15厘米，顶端急尖，2/3以下渐狭为楔形。花

阔瓣玉兰的花

先叶开放，花被片9枚，外面紫色，内面白色，长10～15厘米。春季（通常2～3月）为开花期。果倒卵形，长1～1.5厘米，红色，种子秋末冬初成熟。

本种是**玉兰** *Magnolia denudata* Desr. 和**紫玉兰** *Magnolia liliflora* Desr. 的杂交种，我国温带至亚热带地区广为栽培，约有30多个品种。本种花大色艳，花多且花期长，每年春节过后进入盛花期，紫花绽开，满园生辉。花期以后新叶萌生，满目清翠，又是一番春意。为著名的木本花卉及园林风景树，单植、列植和群植均有良好的景观效果。尤其是种植大片的纯林，花期的景观更是璀灿耀目。

喜光，喜温暖湿润气候，适应性特强，耐寒，耐旱，耐瘠薄，耐半荫，对土壤要求不严。在肥沃、富含有机质的壤土中，则生长更茂盛。开花更多，但排水必须良好。在深圳仙湖植物园种植多年经验证明，本种完全适应南亚热带夏季高温潮湿气候，秋季干旱也能适应。生长快速旺盛。繁殖宜用扦插法或嫁接法，于春季萌动前进行。也可用高压法；在华东及西南地区结籽较多，可用播种法繁殖，采收成熟种子，除去假种皮，随采随播。栽培品种甚多，常见栽培的有下列4种：

（1）*Magnolia soulangeana* Soul.-Bod.‘常春二乔木兰’花被片外面粉红色，花被片直径较宽大，内面白色。

（2）*Magnolia soulangeana* Soul.-Bod.‘红霞二乔木兰’花紫红色，佛焰苞片被灰白色长绢毛。

（3）*Magnolia soulangeana* Soul.-Bod.‘紫霞二乔木兰’花桃红色。

（4）*Magnolia soul-angeana* Soul.-Bod.‘紫二乔木兰’花被片外面基部紫红色，内面白色。

红元宝玉兰的花

飞黄玉兰的花

香型玉兰的花

蜡质玉兰的花

二乔木兰

二乔木兰的花

常春二乔木兰的花

紫霞二乔木兰

紫霞二乔木兰的花

红霞二乔木兰

红霞二乔木兰的花

紫二乔木兰，右下为其花蕾

合果木的花

合果木的果

合果木

合果木（山桂花、山白兰、拟含笑、山缅桂）　**木兰科**

Paramichelia baillonii (Pierre) Hu

常绿大乔木，树高25～35米，胸径达1米。芽、嫩枝、叶柄和叶背密被白色平伏长毛。叶纸质，椭圆形、卵状椭圆形或披针状椭圆形。先端渐尖，基部楔形。花芳香，淡黄色，花被片18～21，6片1轮，披针形，花药侧向开裂。雌蕊群狭卵圆形，心皮完全合生，密被淡黄色柔毛。聚合果肉质，椭圆柱形，成熟后不规则小块状开裂脱落，木质化的心皮中肋扁平，弯钩状，宿存于粗壮的果轴上。花期8～10月，果期翌年2月。

为国家三级重点保护植物。产于云南南部至西部，生于海拔500～1500米季雨林中。印度、缅甸、泰国和越南亦有分布。本种树干通直，生长迅速，材质坚硬，耐磨性强，树形美观，高大雄伟，花芳香，可作庭园绿化及造林树种。

喜光，喜温暖湿润气候，分布区为南亚热带与热带北缘气候区，相对湿度75%～85%以上。土壤为砖红壤性黄壤，排水良好，生长迅速。本种对肥力要求不高，在土壤瘠薄的山脊上亦能生长尚好。仙湖植物园1998年引种，6年平均树高6.7米，最高7.7米，胸径13.0厘米。最大胸径15.5厘米。是值得推广的造林绿化树种。用种子繁殖，随采随播；营养袋育苗，成活率高。

焕镛木

焕镛木　**木兰科**

Woonyoungia septentrionalis (Dandy) Law

常绿乔木，高达18米，胸径40厘米。树皮灰色，小枝绿色。叶革质，椭圆状长圆形或倒卵状长圆形，先端圆钝或微缺，基部楔形，叶两面无毛，托叶痕几乎到叶柄顶端。花单性异株，单生枝顶；雄花花被片5～6，近相似，被片白色带淡绿色。雄蕊群白色，倒卵圆形，花药线形，侧向开裂。雌花花被片11～14，极不相似，白色，花线状倒披针形，雌蕊群无柄，倒卵圆形，心皮9枚，合生，每心皮2胚珠。聚合果小，近球形，背缝开裂，花期5～6月，果期8～9月。

产于广西北部、贵州东南部及云南东南部。生于海拔300～500（800）米的石灰岩山地常绿阔叶林中。花美丽芳香，枝叶浓绿，是优良的庭园观赏绿化树种。是国家二级重点保护濒危树种。

喜光，喜温暖湿润气候。不耐干旱，怕积水。喜欢排水良好山坡地，土壤较肥沃、湿润环境生长良好。用种子繁殖，随采随播，方法同其他木兰科种类相同。

焕镛木的果

焕镛木 (*Woonyoungia septentrionalis* (Dandy) Law) 的雄花

焕镛木 (*Woonyoungia septentrionalis* (Dandy) Law) 的雌花

番荔枝　　番荔枝科

Annona squamosa Linn.

落叶小乔木，高3～5米。树皮灰白色。叶2列，椭圆状披针形或长圆形，长6～18厘米，上面亮绿，下面白绿。花单生或2～4朵聚生或与叶对生，长约2厘米，青黄色，下垂，外轮花瓣肉质，长圆形，被毛，内轮花瓣微小；心皮多数，连成一球形或心脏形的聚合浆果。聚合果直径5～10厘米，黄绿色，被白粉霜。花期5～6月，果期6～11月。

原产美洲热带，全球热带地区常有栽培。我国浙江、台湾、福建、广东、香港、海南、广西及云南等地亦有栽培，深圳地区亦常见栽培。本种树姿婆娑，花有香味，果实形状奇特，外形似个大荔枝，有观赏价值。除为著名的热带水果外，还可作庭园的观果树种和绿化美化树种。

喜光，喜高温湿润气候，不耐寒，不耐干旱及贫瘠，对土壤适应性较强，但以肥沃和排水良好的沙质壤土最为适宜。繁殖用播种法为主，种子可随采种随播，也可贮存至翌年春季再播。还可用嫁接法繁殖，以同属的其他种类作砧木，成活率颇高。

常见栽培的同属种类有下列2种：

（1）**圆滑番荔枝** *Annona glabra* Linn. 常绿乔木，高达10米。叶卵形至长圆形，长6～15厘米，叶面亮绿。花有香味，外轮花瓣淡黄色，内面近基部有红斑，长2～3.5厘米，内轮花瓣较短而狭。果心脏形，长8～10厘米，初时绿色，成熟时淡黄色，光滑。花果期4～8月。

原产美洲热带，热带地区常有栽培。我国浙江、台湾、福建、广东、香港、海南和云南等地也有栽培。在深圳栽培，生长旺盛。

（2）**刺果番荔枝** *Annona muricata* Linn. 常绿乔木，高达8米。叶倒卵状长圆形或椭圆形，长5～18厘米。花淡黄色，长约3.8厘米，外轮花瓣厚，内轮花瓣较薄。果卵圆形，长约10厘米，幼时有弯刺，刺逐渐脱落而残存小突体。原产美洲热带，热带地区多有栽培。我国台湾、福建、广东、香港、海南、广西及云南等也有栽培。在深圳栽培生长繁茂。

番荔枝，右下为其果

圆滑番荔枝

刺果番荔枝

圆滑番荔枝的花

圆滑番荔枝花的内部形态

圆滑番荔枝的果

刺果番荔枝的花

刺果番荔枝的果

假鹰爪

假鹰爪的果

假鹰爪　　番荔枝科

Desmos chinensis Lour.

直立灌木。上部枝条蔓性。除花外，全株无毛。叶纸质，互生，长圆形，长4~13厘米，顶端急尖，基部圆，稍偏斜，上面有光泽，下面粉绿色；叶柄甚短，长约2毫米。花芳香，黄色，单朵与叶对生或互生，下垂；花梗细，长2~5.5厘米；萼片卵形，长3~5毫米，被毛；花瓣6，排成2轮，外轮3片较大，长圆披针形，长6~9厘米，两面被微毛。果念珠状，直径约5毫米，成熟时红色。花期夏至冬季，果期6月至翌年春季。

产于云南、贵州、广东、香港、海南和广西等地及亚洲热带其他地区。广东全省各地皆有分布，在深圳的山地、山谷林缘灌丛中很常见。本种枝条茂密，柔软而微微下垂，体态飘逸，花芳香，色彩清雅、形态别致，为良好的木本花卉，又是本地区的乡土树种。华南地区植物园常有栽培，生长良好，宜作庭园绿化和美化树种。

喜光，在半日照处能正常生长，喜高温湿润气候，不耐干旱和寒冷，栽培土质须为富含有机质和排水良好的壤土。繁殖用播种法，于春季进行。

垂枝暗罗（印度塔树）　　**番荔枝科**

Polyalthia longifolia (Sonn.) Thw. 'Pendula'

常绿小乔木，高2~8米。枝条下垂。叶互生，线状披针形，长10~18厘米，翠绿色，边缘呈波状。花腋生或与叶对生，淡黄绿色，花瓣6片，2轮；雄蕊多数。果为一聚合的浆果。

栽培品种。树形宝塔状，故又名“印度塔树”。其枝叶下垂，树姿整齐飒爽，叶色四季翠绿，是名贵的树种，有极高的观赏价值，适合于庭园美化。单植、丛植或列植均甚美观。在深圳栽培，生长良好。

喜光，喜高温多湿气候，不耐寒，不耐干旱，不耐涝，栽培地须日照充足，排水力求良好，土质须为富含腐殖质的沙质壤土。对植株基部以上的枝条不可随意修剪，但生长不均匀的枝条可加以修剪，以保持树形，若要矮化树形，可剪去主干顶部，能多生侧枝，树形便可横向扩展。繁殖用播种法，于春季进行。

具相同用途的有**长叶暗罗** *Polyalthia longifolia* (Sonn.) Thw. 常绿大乔木，高可达18米。枝条稍下垂，枝叶茂密，树冠整齐，观赏价值极高。原产印度和斯里兰卡。我国台湾、福建、海南、广东等地有栽培，深圳仙湖植物园也有栽培，生长良好。

沉水樟　　樟 科

Cinnamomum micranthum (Hayata) Hayata

常绿乔木，高5~15米，最高可达40米。叶互生，长圆形或卵状椭圆形，长7~12厘米，两侧稍不对称，羽状脉4~6对，下面脉腋有小腺窝。圆锥花序顶生，长3~5厘米；花白色，花被筒呈钟形，花被裂片6，上面密被毛，能育雄蕊9枚。核果椭圆形，长1~2.5厘米。果托边缘全缘。

产于台湾、浙江、福建、江西、广西和广东。越南北部有分布。自然生长在山

垂枝暗罗

长叶暗罗

沉水樟，左下为其叶形

天竺桂，右上为其叶形

清化桂

清化桂结果

清化桂叶形

坡或山谷林内。本种在我国种群的数目较少，属国家保护的濒危植物。近年来，林业部门或植物园在进行栽培，或用播种繁殖育种试验，仙湖植物也在进行此项工作。并用组织培养繁殖获得成功。该种树形高大，树姿健壮，为优良的绿化树和庭园观赏树。可推广应用。

喜光，幼树较耐荫，喜高温多湿，不耐干旱，因根系发达，故抗风力强，喜土层深厚、肥沃的壤土，经栽培，其幼树生长较慢，成年树在阳光充足的条件下，年生长量可达1米，属速生树种，在仙湖植物园内栽培的植株，生长旺盛。繁殖用播种法，于春季进行，也可用扦插法和组织培养繁殖。

有相同用途的还有下列3种:

（1）**天竺桂** *Cinnamomum japonicum* Sieb. 常绿乔木，高可达20米。叶近对生，卵状长圆形，叶脉为离基三出脉。聚伞花序排列成伞形状；花淡黄色。核果椭圆形，长约1.5厘米，果托边缘全缘。产于江苏（上海）、浙江（岙山、普陀）及台湾。朝鲜半岛和日本也有分布。本种为濒危物种。在仙湖植物园栽培，生长十分旺盛。适宜于沿海地区栽培。

（2）**清化桂** *Cinnamomum loureiri* Nees 常绿乔木，高10余米。叶大，对生，长椭圆形，长15～22厘米，亮绿，离基三出脉。原产越南。1996年引进种子，在仙湖植物园栽培。种子发芽率高，幼苗期生长良好，成树生长快速，现已开花结果。开花期夏季，结果期秋季；果于次年3月成熟。种子发芽率高，移栽成活率也高。为优良的造林树、庭园风景树及行道树。

（3）**锡兰肉桂** *Cinnamomum verum* J. Presl 常绿乔木，高达10米。叶对生，卵形或卵状披针形，长11～16厘米，上面亮绿色，下面淡绿白色，离基三出脉。原产斯里兰卡，亚洲热带地区多有栽培。我国台湾、福建、广东及云南也有引种。用种子繁殖发芽率高，生长快速，深圳也有栽培，但多利用其幼树作盆栽，供室内美化。

锡兰肉桂幼树作盆栽，左下为其叶形

香叶树　　樟 科

Lindera communis Hemsl.

常绿乔木，高4～20米。叶互生，椭圆形、卵形或宽卵形，长5～8厘米，有光泽，下面被褐色疏柔毛，羽状脉6～8对。花单性，雌雄异株，排成伞形花序，花序单一或2枚腋生，有5～8朵花。花黄白色，花被片6，长约2.5毫米；能育雄蕊9。核果卵形，长约1厘米。夏季开花，秋季果熟。

产于台湾、福建、湖北、湖南、广东、广西、贵州、四川和云南。中南半岛也有分布。在深圳各山坡林中常见，为本地区的乡土树种。本种树形壮健开阔，绿荫效

香叶树

香叶树的叶形

香叶树的果

果好，适宜作园林风景树或绿化树。

喜光，喜温暖至高温多湿气候，不耐干旱，抗风，栽培地须为土层深厚、肥沃的壤土，排水要良好。繁殖用播种法，于春季及夏初进行。

山苍子　　樟 科

Litsea cubeba (Lour.) Pers.

落叶小乔木，高8～10米。叶互生，长圆形或披针形，长4～11厘米，上面绿色，下面灰绿色，羽状脉每边6～10条。伞形花序单生或簇生，先开花后长叶或与叶同时开放；花淡黄白色，花被片6，雄蕊9。果球形，直径约5毫米，成熟时黑色。花

豺皮樟

山苍子

期2～3月，果期4～8月。

产于华东、华南及西南各地。东南亚各国有分布。自然生长于疏林、山地灌丛中及向阳山坡。深圳各山地、林边常见。该种树姿优美，叶柔之有香味，春季盛花期开花繁密，只见花不见叶（通常花先叶开放），有一定的观赏价值，可作庭园风景树及绿化树。

豺皮樟开花

豺皮樟的果

山苍子盛花期

山苍子的花

山苍子的果

喜光，耐半荫，耐干旱和贫瘠，栽培不择土壤，但在肥沃湿润之地生长十分旺盛。繁殖用播种法，夏、秋季均可进行。其自播能力甚强，繁殖与栽培均较容易。

有相同用途的本属植物还有**豺皮樟** *Litsea rotundifolia* (Nees) Hemsl. var. *oblongifolia* (Nees) Allen 常绿灌木，高2～3米。叶卵状长圆形或倒卵状长圆形，长2.5～5.5厘米。伞形花序常3个簇生于叶腋；花小，黄白色，花被裂片6。果球形，直径约6毫米，成熟时灰蓝黑色。

产于华东、华中及华南。越南有分布。自然生长在灌木林中或疏林中，在深圳的山野间常见。自播能力强，在向阳处或半阴处均生长旺盛。

柳叶桢楠　　樟 科

Machilus salicina Hance

常绿乔木，高3～8米。叶生于枝条稍端，线状披针形，长4～12厘米，羽状脉

柳叶桢楠，右下为其叶形

每边6～8条。聚伞状圆锥花序长约3厘米，生于新枝上端；花黄色，花被筒倒圆锥形，花被裂片被绢毛。果序生于小枝先端，结果后，新枝继续生长，至开花期再长出新叶。果球形，直径0.7～1厘米，熟时紫黑色。花期2～3月，果期4～6月。

产于广东、广西、贵州和云南。越南也有分布。自然生于河边或溪边林中。本种枝茂叶密，树冠宽阔，生长迅速，病虫害甚少，为优良的园林风景树。因该树种喜生于水边，故又可作护堤植物。

喜光，喜高温多湿气候，不耐干旱，抗病虫害、抗风，栽培地的土质宜为土层深厚、肥沃、湿润之壤土。繁殖用播种法，于春季进行。1996年，仙湖植物园自广西凭祥引进种子进行播种，发芽率高，幼苗期生长良好，容易管理。

红毛山楠（毛丹）　　樟 科

Phoebe hungmaoensis S. Lee

常绿乔木，高可达25米。芽、小枝、嫩叶均被红褐色长柔毛。叶倒披针形，长10～15厘米，上面有光泽，下面被毛。圆锥花序生于当年生枝的中下部，长8～18厘米；花淡黄色，花被片两面被灰黄色短柔毛；能育雄蕊9，排成3轮，有退化雄蕊。果椭圆形，长约1厘米，宿存花被片硬革质，紧贴于果上。花期4～5月，果期6～9月。

产于海南和广西南部及西南部。越南有分布。自然生长在荫蔽的杂木林中、山谷林中和溪涧边半荫处。广州和深圳都有栽培，生长良好。本种树形壮健，树冠呈椭圆伞形，树姿优美，枝密叶茂，四季亮绿，生长迅速，为优良的庭园风景树和绿荫树。

红毛山楠

红毛山楠的叶形

耐半荫，在阳光充足处生长亦佳，喜高温多湿气候，不耐寒冷和干旱，栽培地的土壤须为肥沃、土层深厚和湿润之壤土。繁殖用播种法，于春季及夏初进行。

飞燕草　　毛茛科

Consolida ajacis (Linn.) Schur.

一年生草本，株高1～1.5米（在原产地高达3米）。茎疏被反曲的柔毛。叶互生；叶柄几不明显；叶片轮廓为卵形，长

红毛山楠5年生的植株

飞燕草

大翠雀花

威灵仙

柱果铁线莲

5~7厘米，3全裂，裂片又有2~3全裂，全部裂片均为细线形，宽约1毫米。总状花序长7~15毫米。有多花；花有单瓣和重瓣；萼片5，花瓣状，上面的1枚具钻形长距，有桃红、淡红、白、紫和紫蓝等色；花瓣2，合生，瓣片与萼片同色；无退化雄蕊。果长约2毫米。春末至夏季开花。

原产南欧，温带地区栽培普遍，我国台湾、福建（厦门）、广东（广州和深圳）等地区也有栽培。本种叶细如丝，花有多种色彩，盛花期宛如群鸟飞舞，令人赏心悦目。适合于花坛栽培，园林美化或盆栽。

本种原产于温带地区，喜光、喜温暖干爽气候，忌高温多湿，在深圳栽培，由于气温偏高，宜植于郊野公园山坡等凉爽之地。秋冬或早春采用播种繁殖（宜直播，无须移植，以免影响开花期），也可用成株和腋芽扦插，于春季进行。

大翠雀花　　毛茛科

Delphinium hybridum Hort.

一或二年生草本，株高60~80厘米。叶互生，叶片轮廓近宽卵形，长7~9厘米，羽状3深裂，裂片边缘又有浅裂。总状花序长30~45厘米，花密集，重瓣；萼片花瓣状，上面1枚延伸成距，有紫色，紫红色、淡蓝色或粉红色等；花瓣2，与萼片同色。花期春至夏季。

原产西亚。我国台湾、福建（厦门）及广东（广州、深圳）有栽培。本种花色姹紫或碧蓝，似彩燕落满枝头，形态别致可爱，适合在庭园或广场布置花坛及盆栽。

喜光，喜温暖凉爽环境，忌高温多湿，在深圳栽培，因夏季气温高，湿度大，须设法遮荫并置通风凉爽处，其余季节不宜过于荫蔽，如日照不足，则植株徒长而不开花，栽培土质须为富含有机质的沙质壤土。繁殖用播种法，于秋冬季进行。因本种为直根系，不耐移植，以直播为佳。

威灵仙　　毛茛科

Clematis chinensis Osbeck

半落叶木质藤本。叶互生，为一回羽状复叶；小叶5片，狭卵形或三角状卵形，长2~6厘米，先端渐尖，基部宽楔形，几无毛。花序圆锥状，顶生或腋生，具多数花；花的直径约1.4厘米；萼片4，花瓣状，白色；无花瓣；雄蕊多数。瘦果狭卵形，长约3毫米，羽毛状的花柱长达1.8厘米。夏秋季为开花期。

产于长江流域中、下游及以南各地。越南也有分布。自然生长于山坡林边或灌丛中。上海、福建（厦门）、广东（广州和深圳）、广西等地有栽培。本种花色洁白，叶色浓绿，茎的攀援能力强，宜作棚架、篱笆、花门等的垂直绿化，有较高的观赏价值。

喜光，在半日照的环境亦能生长良好，喜温暖、湿润气候，耐高温和多湿，栽培土质以富含有机质、排水良好的壤土为宜。繁殖用播种法，于春季进行。

本属植物在国外的园林中应用较多。有相同用途的还有**柱果铁线莲** *Clematis uncinata* Champ. 羽状复叶有5小叶；有时为二回复叶；小叶卵形或狭卵形，长达11厘米；花白色，长约1.2厘米。瘦果近圆柱形，长约6毫米，羽毛状花柱长达2厘米。产于华南和长江中下游各地及陕西南部。自然生于山地疏林中。深圳的各地丛林中亦有分布。深圳仙湖植物园有栽培。

荷 花　　睡莲科

Nelumbo nucifera Gaertn.

多年生水生植物。根状茎（俗称莲藕），横生，肉质，膨大，内有多数纵行的通气孔道，节间缢缩，生黑色鳞片，下生须状不定根。叶圆盾形，直径25~40厘米，全缘或稍波状，上面光滑，有白粉，下面叶脉从中央放射状伸出；叶柄长1~2米，

翠微夕照

粉川台

佛座莲

点绛唇
玛瑙红
赛玫瑰
东湖春晓
粉红莲
唐招提寺莲
红映朱莲
粉楼台
白海莲
娇容三变
红盏托珠
银红千叶

中空，外面散生小刺。花梗与叶柄等长或稍长，也生小刺；花直径10~20厘米，芳香；花瓣有单瓣或重瓣，色彩因品种不同而异，由外向内渐变小，有的变成雄蕊；雄蕊着生在花托之下；雌蕊之花柱极短，着生在花托之孔内；花托（莲蓬）海绵质，圆形，直径5~10厘米。果皮革质，坚硬，熟时红色。种子（莲子）卵形，种皮红或白色。花期6~8月，果期8~10月。

原产我国南北各地及亚洲东部及南部和大洋洲。为著名的水生花卉。世界各地普遍栽培，荷花花大色艳，芳香四溢，叶色苍翠，形似小伞，是园林美化水面的优良花材。

喜光，不耐荫，喜温暖及高温气候，喜水湿，不耐干旱及寒冷，抗大气污染，但在有毒的污水中不能生长，宜植于相对稳定的静水中，有涨有落的湖水对其生长不利。繁殖用分藕法，于春季进行。

我国栽培荷花有悠久的历史，品种近200余。在《深圳园林植物》一书第38页已介绍4个品种。本书再从深圳栽培的近200个栽培品种选出14个较美丽的品种，介绍如下：*Nelumbo nucifera* Gaertn.'翠微夕照'、*Nelumbo nucifera* Gaertn.'粉川台'、*Nelumbo nucifera* Gaertn.'佛座莲'、*Nelumbo nucifera* Gaertn.'点绛唇'、*Nelumbo nucifera* Gaertn.'东湖春晓'、*Nelumbo nucifera* Gaertn.'红映朱莲'、*Nelumbo nucifera* Gaertn.'娇容三变'、*Nelumbo nucifera* Gaertn.'玛瑙红'、*Nelumbo nucifera* Gaertn.'粉红莲'、*Nelumbo nucifera* Gaertn.'粉楼台'、*Nelumbo nucifera* Gaertn.'红盏托珠'、*Nelumbo nucifera* Gaertn.'赛玫瑰'、*Nelumbo nucifera* Gaertn.'唐招提寺莲'、*Nelumbo nucifera* Gaertn.'白海莲'、*Nelumbo nucifera* Gaertn.'银红千叶'。

萍蓬草　　睡莲科

Nuphar pumilum (Hoffm.) DC.

多年生水生草本。具横生而肥厚的根状茎。叶宽卵形或卵形，长6~17厘米，先端圆，基部心形，上面光滑亮绿，下面紫红色，密生柔毛；叶柄长20~50厘米。花单生，直径3~4厘米；花梗长40~50厘米；萼片花瓣状，黄色；花瓣细小，长5~7毫米；柱头盘状，10浅裂，淡黄色或带红色。浆果卵形，长约3厘米。花期5~7月，果期7~9月。

产东北、华北、华东至广东。日本及欧洲有分布。各地多有栽培，仙湖植物园也有栽培。本种可观叶又可赏花，适用于庭园水面美化，可与睡莲等水生植物配植。

喜光，耐半荫，喜温暖水湿，耐高温，也耐寒，对土壤不择，适应性强，一次种植后，只要保持一定水位，不使其干涸或水暴涨，即可自然繁殖，不须年年种植。繁殖用分株法，于春季进行。

睡 莲　　睡莲科

Nymphaea tetragona Georgi

多年生水生草本。根状茎肥厚、短粗。叶卵心形或卵状椭圆形，长5~12厘米，基部具深弯缺，裂片急尖，稍开展或重合，全缘，上面光亮，下面带红色，两面无毛，具小点；叶柄长达60厘米。花直径3~5厘米；花梗细长；花萼长2~3.5厘米，萼片革质，宿存，花瓣白色或顶端带淡红色，内轮花瓣不变为雄蕊；雄蕊比花瓣短；雌蕊的心皮与半沉没的杯状肉质花托贴生，柱头具5~8辐射线。浆果球形，直径2~2.5厘米，为宿存花萼所包。花期6~8月，果期7~10月。

我国南北各地均有分布。俄罗斯（西伯利亚）、欧洲、美国、朝鲜半岛、日本、越南和印度也有分布。全球从温带到热带均有栽培。本种叶色翠绿，常飘浮于水面，花色洁白，高贵典雅，为庭园水面珍贵的水生花卉。

喜强光，稍荫蔽即生长不良，喜温暖水湿，耐寒，亦耐高温，对土质不择，但喜富含有机质的壤土。繁殖用分株法，也可用播种法，于春季进行。

本属植物约35种，广泛分布在温带和热带。栽培品种很多。在《深圳园林植物》一书第39页已介绍了4种，本书再选出7个美丽的种和品种介绍如下：**奥玛斯特睡**

萍蓬草

睡 莲

奥玛斯特睡莲

克露玛蒂娜睡莲

达本纳睡莲

紫睡莲

齿叶睡莲（白花）

印度红睡莲

莲 *Nymphaea* ‘Almost Black’、**克露玛蒂娜睡莲** *Nymphaea* ‘Chromatella’、**达本纳睡莲** *Nymphaea* ‘Dabena’、**紫睡莲** *Nymphaea* ‘Dir Geo T.Moore’、**齿叶睡莲** *Nymphaea lotus* Linn. 此种花色有白、红和粉红。**玛格丽特睡莲** *Nymphaea* ‘Margaret Randig’、**印度红睡莲** *Nymphaea rubra* Roxb.。

红叶小檗　　小檗科

Berberis thunbergii DC. ‘Rose Glow’

落叶灌木，高1～2米。幼枝紫红色，老枝灰棕色，有细刺。叶到卵形或长圆形，长0.5～2厘米，紫红色。花排成伞形花序或近簇生；萼片6，排成2轮；花瓣6，黄色。浆果长椭圆形，长约1厘米，成熟时红色。春末夏初开花，秋季果熟。

原种产于日本，我国有栽培。红叶小檗为栽培品种，其枝条细长，幼枝、叶及浆果均呈红色，花为金黄色，与红叶相衬更显明艳美丽，适合于庭园美化及盆栽。

喜光，喜温暖至高温气候，耐干旱，不耐荫，如过于荫蔽则叶色不红，栽培地须为湿润、肥沃之沙质壤土或壤土。繁殖用播种法，于春、秋两季进行，也可用扦插法，于早春未萌芽前进行，定植后须去顶，促使侧枝萌发。

齿叶睡莲（红花）

红叶小檗

小果十大功劳　　小檗科

Mahonia bodinieri Gagnep.

常绿灌木，高1～2米。茎少分枝。羽状复叶有小叶11～17片；小叶革质，卵状椭圆形至披针形，长5～17厘米，基部常不对称，每边有3～10个粗大刺齿。总状花序长10～20厘米，数枚簇生茎顶；花多，黄色；萼片9；花瓣6，顶端2裂；雄蕊6。浆果卵形，长8～9毫米，成熟时紫黑色。春季开花，秋季果熟。

产于浙江、湖南、广东、广西、贵州和四川。自然生长于林下、林缘和灌丛中。深圳有栽培。本种枝叶平展，层层叠叠，嫩叶有粉红至淡绿等色彩，开花期金黄色的花序簇生枝顶，艳丽而高雅，是庭园美化和盆栽的优良木本花卉及观果植物，有些地区将其栽作绿篱。深圳仙湖植物园有栽培，生长良好。

喜光，耐半荫，阳光充足或稍荫蔽之地均能生长良好；不耐干旱和水湿，栽培地须为富含腐殖质、疏松和排水良好之壤土。繁殖用播种法，于秋季进行，也可用扦插法，于春季进行。

有相同用途的本属植物还有下列两种：

（1）**阔叶十大功劳** *Mahonia bealei* (Fort.) Carr. 小叶9～15，卵形或长圆形，长3.5～11厘米，基部常不对称，每

玛格丽特睡莲

红叶小檗开花

小果十大功劳

小果十大功劳彩色的嫩叶

小果十大功劳的花序

阔叶十大功劳

阔叶十大功劳结果

十大功劳

十大功劳结果

边有2～6个粗齿。总状花序数枚至10数枚簇生茎顶，长5～15厘米。产于陕西、河南、华东及华南各地及四川。本种在欧洲、美国、墨西哥和日本等温暖地区已广为栽培作观赏植物。深圳也有栽培。

（2）**十大功劳** *Mahonia fortunei* (Lindl.) Fedde 小叶7～9片，披针形，长5～13厘米，每边有5～10个刺状齿。总状花序4～10枚簇生茎顶，长3～7厘米。产于广西、四川、贵州、湖北、江西和浙江。各地有栽培作观赏植物，深圳也有栽培，生长良好。

金线吊乌龟　　防己科

Stephania cepharantha Hayata

落叶草质藤本。块根团块状或近圆锥状，露出地面，灰色，有许多突起的皮孔。小枝紫红色。叶螺旋状着生，三角状扁圆形或近圆形，长4～10厘米，顶端钝，基部圆或截形，边缘全缘；叶柄盾状着生。花单性，雌雄异株；雌雄花序均为头状花序，具盘状花托；雄花序梗丝状；雌花序梗较粗壮；雄花有6萼片，长1～1.5毫米，花瓣3或4，长约0.5毫米；雌花有1萼片，长0.8毫米，花瓣2，小于萼片。核果宽倒卵形，长约6.5毫米，熟时红色。花期4～6月，果期6～7月。

秦岭南坡以南以及江苏、浙江和台湾均有分布，自然生长于村边、旷野、林缘等土层深厚之地。各地多有栽培，深圳仙

金线吊乌龟

金线吊乌龟的块根

湖植物园也有栽培。本种小头状花序的外形酷似一只微型小龟，被一根丝状花序梗悬挂，犹如一根金线吊着一只小龟，故而得名。其团块状根直径可超过30厘米，常露出地面，形状奇异；枝叶甚茂密，攀爬力强，适在公园或庭园中作矮篱或围篱的垂直绿化，也可盆栽作观赏。

耐半荫，喜温暖至高温湿润气候，不耐寒冷和干旱，也不耐瘠薄，栽培土质须为肥沃、疏松和排水良好的沙质壤土。繁殖用播种法，采收成熟种子，宜即采即播，也可用分株法，于春季换盆时进行。

同属植物有**小叶地不容** *Stephania succifera* Lo et Y. Tsoong 块根圆球状，露出地面。叶三角状圆形，长和宽均5～9厘米，顶端具小突尖，基部截形或微凹。雄花序为复伞形聚伞花序，单个或几个生于叶腋；雌花序紧密呈头状。核果长约6毫米。产于海南。在山林下较常见。仙湖植物园有栽培，生长十分旺盛。

千金藤　　防己科

Stephania japonica (Thunb.) Miers

落叶木质藤本。全株无毛。根条状。叶互生，近三角状圆形或三角状宽卵形，长4～8厘米，顶端有小凸尖，基部近圆形，下面粉白色；叶柄盾状着生。复聚伞花序腋生；小聚伞花序密集呈球状；花单性，

小叶地不容

小叶地不容块根

千金藤

粉防己的叶及果

雌雄异株；雄花有萼片6或8，花瓣3～4，黄色，宽倒卵形，长约1毫米；雌花的萼片与花瓣各3～4，大小和形状与雄花相似。核果近圆形，长约8毫米，成熟时红色。花期4～5月，果期6～7月。

产于河南南部、四川、华中及华东各地。朝鲜半岛、日本、菲律宾（汤加群岛）、印度尼西亚、印度和斯里兰卡有分布。自然生长在村边及旷野灌丛中。仙湖植物园有栽培，生长良好。本种枝叶十分繁茂，分枝的攀爬能力甚强。花甚小，不显，但一球果序中因成熟期不同而有绿、黄、橙红和红等多种色彩，除可作棚架的垂直绿化外还可观果。

喜光，在半日照条件下生长良好，性喜温暖湿润，耐高温，不耐寒冷和干旱，栽培土质须为疏松、肥沃和排水良好之壤土。繁殖用播种法，于春季进行。

与本种近似的种类有**粉防己** *Stephania tetrandra* S. Moore 根圆柱状。叶宽三角状圆形，长4～7厘米，顶端有凸尖。花序在长而下垂的小枝上腋生，排成总状；雄花萼片1轮，4片；花瓣5，黄色。产华东和华南各地。

猪笼草　　猪笼草科

Nepenthes mirabilis (Lour.) Druce

多年生攀援草本，茎长0.5～3米，节上生不定根。叶互生，基生叶几无柄，披针形，长约10厘米，顶端的卷须短于叶片，瓶状体长2～6厘米，具2狭翅，瓶盖着生处有距2～8条；瓶盖卵形，内面密生腺体；茎生叶具柄，叶片长圆形或披针形，长10～25厘米，全缘，两面具紫红色斑点，卷须与叶片等长，具瓶状体或无；瓶状体淡绿色，长10～16厘米，被毛，具2纵棱，瓶内下半部有水，在入口处有多数腺体，瓶盖着生处有距1～2条；瓶盖卵形，内面有腺体。总状花序顶生或与叶对生，长20～50厘米；花单性，雌雄异株；花被片4，红色或紫红色；雄花的雄蕊柱具花药1轮；雌花的子房椭圆形，密被毛。蒴果栗色，果爿4。种子丝状。花期4～11月，果期8～12月。

猪笼草

猪笼草瓶状体的形态，左侧为其雄花序

产于广东南部和海南。中南半岛至大洋洲北部有分布。自然生长在沼池，山坡灌丛中、草地或林下。各地多有栽培。本种为食虫植物，瓶状体内能分泌黏液、引诱昆虫入内，然后将误入的昆虫分解吸收。其形态奇特，深受人们喜爱。宜植于庭园棚架之下，让其攀援而上，其一个个的小瓶体，形似猪笼，悬挂其间，极富情趣。

喜光，在半荫处亦能生长良好，但不宜过于荫蔽，喜高温多湿，不耐干旱和寒冷。土质须为肥沃、湿润之壤土，栽培地的繁殖用播种、扦插和高压法，均于春季进行。

栽培品种和杂交种很多，在深圳常见的有下列各种：

（1）**阿拉塔猪笼草** *Nepenthes* ‘Alata’ 瓶状体长约10厘米，褐红色。栽培品种。

（2）**阿鲁卡西猪笼草** *Nepenthes* ‘Alocasia’ 瓶状体长12～13厘米，黄绿色，密生褐红色斑纹。栽培品种。

（3）**红颈猪笼草** *Nepenthes* garden hybrid 瓶状体长约10～11厘米，瓶体绿褐色，瓶颈褐红色。园艺杂交种。

（4）**绿猪笼草** *Nepenthes* garden hybrid 瓶状体长10～12厘米，全为绿色。园艺杂交种。

荜 拔　　胡椒科

Piper longum Linn.

攀援藤本，长达数米。叶互生，下部

阿拉塔猪笼草

阿鲁卡西猪笼草

红颈猪笼草

绿猪笼草

的卵圆形或几为肾形，向上渐次为卵形至卵状长圆形，长6～12厘米，上面无毛，下面疏被单毛，顶端骤尖，基部阔心形，叶脉7条，全部基出。穗状花序与叶对生；花单性，雌雄异株，无花被；雄花序长4～5厘米，雄花具雄蕊2枚；雌花序长1.5～2.5厘米；子房卵形，柱头3。浆果下部嵌生于花序轴中并与之合生。

原产尼泊尔、印度、斯里兰卡、越南和马来西亚及我国云南南部。自然生长在杂木林中。福建、广东、广西有栽培，通常作药用。本种叶色终年翠绿亮泽，攀援力强，宜在庭园较阴处的墙壁、花棚、花架、拱门等作垂直绿化。

耐半荫，忌强阳光直射，喜高温多湿，不耐干旱和寒冷，栽培地宜为肥沃、疏松和排水良好之壤土。繁殖用扦插法，于春、夏两季进行。

具相同用途的本属植物还有下列3种:

（1）**蒌叶** *Piper betle* Linn. 常绿攀援藤本。叶阔卵形至卵状长圆形。长7～15厘米，顶端渐尖，基部心形或浅心形，上面无毛，背面沿脉被短毛，叶脉最内的一对离基生出。雄花序长达15厘米；雌花序长3～5厘米。原产印度尼西亚，我国东起台湾西至云南南部均有栽培，广东南部及香港亦普遍栽培。

（2）**毛蒌** *Piper pubescens* (Benth.) Maxim. 常绿攀援藤本。叶卵形或卵状披针形，长5～11厘米，顶端急尖或渐尖，基部浅心形，两侧常不等，两面被毛，叶脉最内的一对离基生出。雄花序长7厘米；雌花序长4～6厘米。产于广东、海南、香港及沿海各岛屿、广西至西南各地。自然生于林中。广州和深圳的植物园有栽培。

（3）**假蒟** *Piper sarmentosum* Roxb. 多年生草本或半灌木，直立或上部攀援状，高0.5～1米。叶宽卵形或近圆形，长和宽均7～14厘米，顶端骤急尖，基部浅心形、圆、截形或渐狭，无毛，最内的一对叶脉离基生出。雄花序长1.5～2厘米；雌花序长6～8毫米。产于我国南部至西南部。亚洲热带地区有分布。自然生长在疏林中或村旁，常匍匐地面。在庭园中，可在疏林下或林边植作地被。

胡 椒　　胡椒科

Piper nigrum Linn.

常绿木质攀援藤本。茎于节上生不定根。叶丛生，革质，亮绿，揉之有香味，卵形至卵状长圆形，长10～15厘米，顶端急

毛 蒌

荜 拔

蒌 叶

假 蒟

胡 椒

皱叶椒草

西瓜皮椒草

尖，基部圆，常偏斜。穗状花序与叶对生；花杂性同株，无花被；雄蕊2枚；柱头3～4裂。浆果球形，直径3～4毫米，成熟时红色，未熟的干后变黑色。花果期6～10月。

原产东南亚，热带地区广泛栽培，仙湖植物园也有栽培。本种未成熟的果实干后皱缩变黑，即常用的黑胡椒；成熟的果实脱去果皮，即常用的白胡椒。本种叶色翠绿，攀援性强，除作药用和调味品外，叶及果均有观赏价值，可在园林中种植供观赏。

喜光、喜高温高湿。不耐寒冷和干旱，栽培土质以富含有机质、疏松和排水良好之壤土为佳。繁殖用播种法和分株法，于春季进行。

钝叶椒草　　胡椒科

Peperomia obtusifolia (Linn.) A. Dietr.

多年生草本，茎短，高20～30厘米。叶互生，肉质、厚、卵状圆形，长5～6厘米，先端钝圆，基部广楔形，亮绿色。穗状花序带红色，顶生或腋生。

原产中美洲至南美洲，热带地区广为栽培。本种叶型美观，四季碧绿，为良好的观叶植物。适合在庭园阴处片植，也可盆栽，置于花廊之下或花架上，亦可悬挂，美化效果甚佳。

耐半荫，在稍明亮处亦能生长良好，喜高温多湿，不耐干旱和寒冷，要求土质肥沃、疏松和排水良好。繁殖用扦插法或分株法，于春秋二季进行。

具相同用途的有**花叶椒草** *Peperomia obtusifolia* (Linn.) A. Dietr.'Golden Gate'叶脉面上有黄白色斑。栽培品种。

皱叶椒草　　胡椒科

Peperomia caperata Yunck.

多年生草本，植株高约20厘米。茎短小，带肉质。叶卵形，长5.5～6.5厘米，先端急尖，基部圆，浓绿色，有明显的皱纹。穗状花序白色，长约8厘米，细瘦，直径3～4毫米；花两性，极小，常与苞片一同着生于花序轴的凹陷内。开花期夏季。

原产于巴西，热带地区普遍栽培。本种叶色四季常绿而有光泽，叶面呈皱摺状，姿态殊雅。不开花时可观叶，开花时观花及观叶并举。适宜在庭园荫处片植，美化效果甚佳，也可盆栽，供室内摆设或置于庭园花廊下、花架上或悬挂。

耐半荫，忌强阳光直射，在稍明亮处亦生长良好，喜高温湿润也能耐旱，不耐寒冷，栽培土质须富含有机质和排水良好之沙质壤土。生性强健，无须特殊管理。繁殖用扦插法或分株法，春、夏、秋三季均可进行。

具相同用途的还有**西瓜皮椒草** *Peperomia sandersii* C.DC. 叶上面有西瓜皮状的斑纹。原产南美洲。

垂椒草　　胡椒科

Peperomia serpens Loud.

多年生草本，茎匍匐，长可达30多厘米或更长。叶互生，卵形，长4～5厘米，绿色，全缘，顶端急尖，基部微心形。穗状花序白色。开花期夏季。

原产秘鲁，热带地区普遍栽培，本种枝柔叶美，匍匐地面或悬垂，生长快速。宜在庭园阴处作地被或盆栽。悬挂于花棚，让其枝蔓下垂，富自然之美。

耐半荫，在稍明亮处亦能生长良好，忌强阳光直射，喜高温多湿，忌干旱，不耐寒冷，栽培土质要求疏松、肥沃和排水良好，在干旱季节须常加喷雾和浇灌，以保持叶面和土壤的湿度。繁殖用扦插法，于春季进行。

具相同用途的有**斑叶垂椒草** *Peperomia serpens* Loud.'Variegata'叶缘有白色宽边，上面有时有白色斑。栽培品种。

垂椒草

钝叶椒草

花叶椒草

斑叶垂椒草

蕺 菜

三白草

蕺菜（鱼腥草） 三白草科

Houttuynia cordata Thunb.

多年生草本，具地下根状茎，株高30～60厘米。茎下部伏地，节上生不定根。叶互生，心形，长4～10厘米，上面绿色，下面紫红色，有腺点。穗状花序顶生或与叶对生，长约2厘米，在花序的基部有4片白色的总苞片，形似花瓣。蒴果长2～3毫米。花期4～7月。

产长江流域及以南各地，北达陕西和甘肃。亚洲东部和东南部广布。自然生长在沟边、溪边或林下湿地。各地栽培作药用。深圳也有栽培。本种叶色亮绿、枝叶茂密，适宜在池边、溪边的潮湿地或林下荫湿处作地被。

耐半荫，喜温暖至高温多湿环境，耐寒，不耐干旱，栽培土质宜为水湿、肥沃之壤土。繁殖用分株法，全年均可进行。

三白草 三白草科

Saururus chinensis (Lour.) Baill.

多年生湿生草本，具根状茎，株高0.5～1米。茎下部伏地，常带白色，上部直立，绿色。叶互生，宽卵形至卵状披针形，长10～20厘米，顶端渐尖，基部心形，茎上部的2～3片叶子于花期常为白色，呈花瓣状。总状花序与叶对生和顶生；花白色，两性，无花被；雄蕊6；雌蕊具3～4心皮，花柱4。果近球形，表面多疣状突起。花期4～6月。

产于河北、山东、河南及长江流域以南各地。日本、菲律宾至越南有分布。自然生长低湿沟边、地塘边或溪旁。各地多有栽培作药用，仙湖植物园也有栽培。本种茎上部的叶呈白色与下部的绿叶相衬，给人以淡雅素净之感，适宜在庭园潮湿地或池边成片种植。

喜光，在半荫处生长良好，喜温暖至高温多湿，栽培地土质须为肥沃、水湿之壤土。繁殖用分株法，全年均可进行。

荷包牡丹 罂粟科

Dicentra spectabilis (Linn.) Lem.

多年生草本，株高40～70厘米。茎带红色。叶的轮廓为三角形，长达20厘米，二回三出全裂，一回的裂片具细长柄，二回的裂片具短柄或无柄，三回的裂片全缘或有1～3浅裂。总状花序顶生；花多数，生于一侧，下垂，两侧对称；萼片2，早落；花瓣长约2.5厘米，外面2个玫瑰红色，下部囊状，向上变狭，内面2个狭长，白色，仅顶部带红色，在中部之上缢缩；雄蕊6，分成两束；雌蕊条形。1～6月为开花期。

原产我国北方及日本和俄罗斯（西伯利亚），各地普遍栽培。本种叶形仿如牡丹之叶，花形似一小荷包，故而得名。其叶丛碧绿，花朵玲珑可爱，色彩淡雅。适宜在山石前丛植，点缀园景，或盆栽摆设。

喜光，亦耐半荫，耐寒，忌高温高湿，在炎热的地区栽培须置凉爽和通风处，栽培土质要求富含腐殖质、疏松和湿润之沙质壤土。繁殖以分株法为主，于秋季进行，亦可用扦插法，枝条和根均可用作插条。

象腿树

荷包牡丹

荷包牡丹的花序

象腿树 辣木科

Moringa thouarsii

常绿乔木，高达7米。树干有脂液，肥厚，光滑，常弯曲，基部肥大。叶对生，为二回羽状复叶；小叶细小，椭圆状镰刀形，长约1.5厘米，粉绿色或蓝绿色。圆锥花序

象腿树开花

象腿树的花序

腋生；花黄色，花萼5裂，花瓣状；花瓣5枚，不相等，下部的外弯，上部1枚直立；雄蕊2轮，发育的5枚生于花盘的边缘，与5枚退化雄蕊互生。果为一蒴果。秋季开花。

原产于热带非洲，热带地区多有栽培，深圳亦有栽培。本种树干粗大，形似象腿，故而得名。其树姿扶疏，造型美伦美奂，为名贵之园林风景树。

喜光，喜高温高湿气候。不耐水湿，过于水湿则根部易腐烂，栽培地须日照充足，排水良好，土质以沙质壤土为佳。因树冠分枝稀少，不可随意修剪，要注意保持树形的美观。繁殖用播种法，于春季进行。

羽衣甘蓝　　十字花科

Brassica oleracea Linn. var. *acephala* f. *tricolor* Hort.

二年生草本，株高30~40厘米。叶肥厚，圆匙形，平滑，被白粉，下部叶呈粉蓝绿色，边缘有波状皱褶；叶柄有翅，上部叶至中心叶的色彩极丰富，有紫红、粉红、白色、奶黄色，黄绿色等。春季开花。开花时连总状花序高可达1.5~2米。小花数十朵，黄白色。

原产西欧，各地普遍栽培，深圳栽培亦很普遍，栽培品种很多。本种叶片具有丰富而美艳的色彩，十分珍雅，是冬季和春季重要的观叶植物。适用于布置花坛和盆栽摆设。

喜光，喜凉爽气候，耐寒，忌高温多湿，喜肥沃之土壤。繁殖用播种法，于秋季进行。

具相同用途的同属植物有下列栽培品种：

（1）**皱叶羽衣甘蓝** *Brassia oleracea* Linn. var. *acephala-crispa* Hort. 叶呈皱波状，叶色多种。

（2）**裂叶羽衣甘蓝** *Brassia oleracea* Linn. var. *acephala-partita* Hort. 叶二回羽状深裂。下部叶粉蓝绿色，上部至中心叶有各种色彩。

（3）**紫包菜** *Brassia oleracea* Linn.

裂叶羽衣甘蓝

羽衣甘蓝

羽衣甘蓝

羽衣甘蓝

羽衣甘蓝

羽衣甘蓝

羽衣甘蓝

皱叶羽衣甘蓝

裂叶羽衣甘蓝

裂叶羽衣甘蓝

紫包菜

小球甘蓝

赤叶甘蓝

香雪球

香雪球

紫罗兰

var. *capitata* Linn. f. *purpurea* Hort. 叶紫蓝色，有白粉，下部叶稍开展，中心叶包成圆球形。

（4）**小球甘蓝** *Brassia* sp. 生于茎上的叶平展，有长柄。茎在叶以下生出许多螺旋状排列显圆球形的芽。有绿色和深紫红色等不同品种。

香雪球　　十字花科

Lobularia maritima (Linn.) Desv.

一年生草本，植株低矮，高5～12厘米。叶披针形，被绵毛。总状花序多数，每一花序由10数朵花排成圆球形，全株有花多至数百朵；花细小，直径约5毫米，花冠白色或紫红色，花瓣4，芳香。花期冬季至翌年春季。

原产欧洲地中海岸，各地普遍栽培。本种的花芳香清雅，美丽而脱俗，尤适合于布置花坛及盆栽摆设。

喜光、喜凉爽气候，栽培地排水要良好，忌高温多湿，土质以肥沃、疏松的沙质壤土最佳，平时要保持一定的湿度。繁殖用播种法，春、秋、冬三季均可进行。

紫罗兰　　十字花科

Matthiola incana (Linn.) R. Br.

二年生草本，株高20～40厘米，全株被灰白色柔毛。叶披针形，全缘。总状花序顶生或腋生；花紫红色，芳香，园艺品种甚多，有单瓣和重瓣，花色丰富，有桃红、深红、粉红、白、淡紫、金黄或奶黄等。开花期在春季。

原产欧洲地中海沿岸，各地普遍栽培。本种花色丰富，多姿多彩，且有芳香，为布置花坛之良材。

喜光，栽培地须日照充足，过于阴蔽则徒长而不开花，喜凉爽气候，耐干，不耐水湿，不耐荫，忌高温多湿，土质以肥沃、疏松的沙质壤土为佳。繁殖用播种法，于秋季和初冬（8～10月）进行。

大花三色堇（鬼脸花）　　**堇菜科**

Viola wittrockiana Gams ex Kappert

二年生草本，茎高15～20厘米，多分枝，略呈匍匐状。叶心脏形或椭圆形，边缘浅波状。花单生叶腋，直径约4厘米，花色多种多样，有单色、双色或三色等；花萼5，绿色；花瓣5，近圆形，假面状，覆瓦状排列，下面1瓣有距。花期11月至次年2月。

原产欧洲，各地广为栽培，园艺杂交种极多，其亲本主要是**三色堇** *Viola tricolor* Linn. 花色丰富多彩，有纯色品种，也有斑色品种，不胜枚举。本种的每一朵

大花三色堇

大花三色堇

大花三色堇

大花三色堇

小花三色堇

大花三色堇

大花三色堇

小花三色堇

花似一个京剧人物的脸谱，十分奇异，故又名“鬼脸花”或“人面花”。各地普遍用于小盆栽，深圳市栽培亦十分普遍。多出现在秋、冬两季。

喜光，喜凉爽气候，耐寒、耐半荫，不耐高温和多湿，栽培须肥沃、湿润和疏松的沙质壤土。繁殖用播种法，于晚秋进行。

同属植物还有园艺杂交种**小花三色堇** *Viola* garden hybrid 又名杂交香堇。茎高3~8厘米。花较小，直径约2.5厘米，有黄、蓝、紫、白等色镶嵌。

黄花倒水莲　　远志科

Polygala fallax Hemsl.

落叶灌木或小乔木，高2~3米。单叶互生，披针形或椭圆状披针形，长8~17厘米，先端渐尖，基部楔形，两面被毛。总状花序长10~15厘米，下垂；萼片早落；花瓣黄色，侧瓣长圆形，长约1厘米，龙骨瓣盔状，有鸡冠状附属物。蒴果近球形，直径1~1.4厘米。花期5~8月，果期8~10月。

产于长江流域以南各地，自然生长在山谷林下或水边丛林中。深圳山林中有分布。本种的花序大，着花甚多，盛花期一串串黄灿灿的圆锥形的花序悬于枝梢，明艳耀目，为优良的灌木花卉。在庭园中，适植于假山边，墙边及岩石园或湖边等地。

耐半荫，在半日照处生长亦佳，喜湿润至水湿，忌干旱，栽培土质须为肥沃而湿润的壤土。繁殖用种子播种，于春季进行。

黄花倒水莲

小花三色堇

大座莲　　景天科

Aeonium arboreum Webb et Berth.

半灌木或灌木，株高40~50厘米。老茎木质化，上部多分枝。叶具短柄，密生枝端，叶片倒卵状披针形，长5~7厘米，顶端圆，中间微凹，边缘红色，有纤毛。花序为圆锥状聚伞花序；花黄色。花期2~3月。

原产非洲加纳利群岛，世界各地广为栽培。本种植株姿态奇雅，具独特的风格，为珍稀的肉质观叶植物。适宜盆栽或植于庭园有遮雨设备的花廊下供观赏，也可与山石组合制造成盆景。

喜光，喜温暖，不耐寒，不耐高温，要求夏潮冬干的环境，忌积水，在深圳夏季多雨，高温闷热，容易引起落叶甚至烂根死亡，故要求置于凉爽、通风和较干燥之地，栽培土质须为富含有机质和排水良好的沙质壤土。繁殖用扦插法和播种法。均于春季进行。

具相同用途的还有**黑法师** *Aeonium arboreum* Webb et Berth.‘Atropurpureum’ 叶棕红色。栽培品种。

大座莲

黑法师

明 镜

燕子掌

长寿花

明 镜　　景天科

Aeonium tabuliforme Webb et Berth.

多年生多浆植物，株高约6厘米。叶柄极短；叶紧密覆瓦状排列于枝顶，呈莲座状，叶片卵形，长2～3厘米，肉质，青绿色；边缘有纤毛。花淡黄色，开花前植株常死亡。

原产非洲加纳利群岛，热带地区时有栽培，深圳仙湖植物园也有栽培。本种叶片紧密螺旋状着生，整个植物酷似一朵重瓣的小莲花，姿态十分高雅别致。适合盆栽或植于半干旱的岩石缝中供观赏，亦适宜在室内栽培。

喜光，耐半荫，喜温暖半干旱环境，不耐高温，通常于夏季高温季节进入休眠状态，此时不宜大量浇水和施肥。繁殖用播种法。于春季进行。

景天树（玉树）　　**景天科**

Crassula arborescens Willd.

常绿灌木，高0.8～1米。茎圆柱形，灰绿色，多分枝。叶对生，肥厚肉质，椭圆形，长3～3.5厘米，深绿色，有光泽，基部圆，顶端急尖，边红色，全缘。聚伞花序顶生，具多花；花冠红色。

原产南非，各地普遍栽培。本种叶片翠绿，肥厚，形状似翡翠玉配，故又名“玉树”，盆栽枝叶繁茂，丰盈满盆，充满喜庆，故人们又称它为“发财树”。适宜盆栽在庭园中摆设，也可地栽。

景天树

喜光，喜温暖至高温干燥环境，极耐干旱，忌水湿，栽培要求疏松、肥沃和排水良好之沙质壤土。繁殖用扦插法，可用嫩枝或叶片扦插，插前须将插穗晾干，于春、秋二季进行。

具相同用途的还有**燕子掌** *Crassula protulacea* Linn. 与景天树极易混淆，区别在于本种的叶顶端圆，花淡粉红色或白色。

长寿花

长寿花　　景天科

Kalanchoe blossfeldiana Poelln.

多年生肉质草本，株高10～30厘米。叶对生，卵形或椭圆形，长3～6厘米，深绿色，肥厚肉质，边缘有粗锯齿。花多而密，排成顶生的伞房花序；花冠高脚碟状，花色因品种而异，有绯红、鲜红、桃红、粉红、橙红、黄和白等色；花瓣4片，卵形。开花期冬至翌年春末。

长寿花

原种产于马达加斯加，栽培品种很多，有高性品种和矮性品种，花色多种多样，花朵细密，簇拥成团，花期持久，有的可长达半年，是布置花坛的优良花卉，也可盆栽摆设。整体观赏效果极佳，是新年和春节常见的花卉。

喜光，耐半荫，即使有柔和的散光照射亦能生长良好，喜温暖，凉爽，耐干旱，忌水湿，栽培土质要求肥沃、疏松的沙质壤土。矮性品种，在夏季高温季节通常处于休眠状态，应置凉爽通风处。繁殖用扦插为主，也可用叶扦和播种，全年均可进行。

长寿花

与本种近似和具相同用途的植物有**伽蓝菜** *Kalanchoe laciniata* (Linn.) DC.直立草本。株高可达1米。叶长8～10厘米，羽状深裂，裂片披针形，边缘全缘或有不规则的钝齿至浅裂。聚伞花序长10～30厘米。具多数花；花冠黄色或橙红色。几乎全年均可开花。产于台湾、福建、广东、广西和云南。亚洲和非洲热带广为栽培。深圳也有栽培。

长寿花

长寿花

玉吊钟

玉吊钟的花

长寿花

长寿花

伽蓝菜

玉吊钟　　景天科

Kalanchoe fedtschenkoi Hamet et Parrier 'Rosy Down'

多年生肉质草本，株高40～80厘米。茎最初匍匐，以后直立。叶对生，肉质，椭圆形，长5～8厘米，蓝绿色，边缘白色或有不规则的白色或粉红色斑块，有锯齿，先端圆，基部微心形。圆锥花序顶生，有多数花；花下垂；花萼筒状，淡玫红色；花冠橙黄色。冬末至翌年春季为开花期。

原产马达加斯加，热带地区时有栽培，深圳也有栽培。本种叶色对比鲜明，花多而花期持久，花色美艳高雅，是布置花坛、美化庭园的观叶与观花并举的优良肉质花卉，也可盆栽摆设。

喜光，耐半荫，在柔和的阳光照射下生长理想，喜温暖干爽环境，极耐干旱而不耐水湿，栽培土质要求肥沃、疏松和排水良好的沙质壤土。夏季高温多湿时节须置凉爽、通风和有遮雨的地方，以保证越夏。繁殖用扦插法为主，全年均可进行。

落地生根　　景天科

Kalanchoe pinnata (Linn. f.) Pers.

多年生草本，株高0.4～1.5米。单叶对生，叶片长圆形或椭圆形，肉质，长6～8厘米，顶端钝，边缘有圆齿，圆齿的底部通常生芽，芽长大后落地即生成一小植株。圆锥花序顶生，长10～40厘米；花多数，下垂；花冠钟形，长达5厘米，裂片4，淡红色或淡绿色；雄蕊8。果包在宿存的花萼及花冠内。花期冬至翌年春季。

原产印度至我国南部。我国各地有栽培或野化，深圳也有栽培。本种花色艳丽，枝叶翠绿，肥厚多汁，其叶缘每一个圆齿背后均可生芽，落地后即生成一新的小植株，故名“落地生根”。这一特性，使人们对它有特别的兴趣。是南北各地常见的花卉，适宜于布置岩石园或花坛，也可盆栽供观赏。

喜光，夏日忌强阳光直射，喜温暖至高温干爽气候，耐干旱，不耐多湿，宜植于通风处，对土质不择，如用富含腐殖质和排水良好的沙质壤土最佳。用不定芽繁殖，母株上的叶长出的芽到一定时间即自行脱落，在土壤中长大成苗，也可取叶片平铺在土壤上，生根后即可进行栽培。

同属植物还有：

（1）**大叶落地生根** *Kalanchoe daigremontiana* Hamet et Perr. 叶长三角形，长约10厘米；花红色。原产南非。

（2）**柱叶落地生根** *Kalanchoe tubiflora* (Harvey) Hamet 叶圆柱形，长7～9厘米，3枚轮生，幼时绿色，成熟后紫褐色，有深色斑纹，在叶的顶端，有小齿，齿间生出若干小植株，小植株自行脱离母株，落地后长成新的植株。花橙红色，下垂。原产南非。

落地生根，左上为花序

大叶落地生根

柱叶落地生根

柱叶落地生根叶顶端的芽

柱叶落地生根的花序

趣蝶莲　景天科

Kalanchoe synsepala Baker

多年生肉质草本，茎甚短。叶对生，密生茎顶，呈莲座状，叶片椭圆形或卵状椭圆形，长10～13厘米，绿色，肥厚肉质，边缘紫红色，有不规则的细齿。主枝在叶腋处通常生出细长的分枝，每一分枝顶端均能长出新芽，新芽一旦接触地面，下部生根，即可长成一新的植株。聚伞花序生于分枝顶端，有多数花；花高脚碟状，白色；花瓣4，反卷。春末夏初为开花期。

原产马达加斯加，世界各地广为栽培。本种在分枝顶端能长小植株，十分奇特而有趣味，常引起人们的好奇。其花序美丽洁雅，花期持久，为良好的观花与观叶植物。

喜光，喜温暖干爽，耐高温，忌水湿，栽培地须日照良好又无积水之地，宜通风干燥，土质须为富含有机质之沙质壤土。自我繁殖力强，枝条顶端的小植株接触地面即发根，此时可将连接植株的枝条切断即成一新的植株。

趣蝶莲

趣蝶莲的花序

唐印　景天科

Kalanchoe thyrsiflora Harv.

多年生肉质草本，成株高可达1米。幼时叶密生呈莲座状，叶片椭圆形，长10～15厘米，绿色，被白粉。有红色的边缘。

原产非洲，热带地区多有栽培。广东（广州）和深圳（仙湖植物园）也有栽培。本种是本属植物中较为大型的种类。适宜种植在庭园中作点缀或作盆栽供摆设。

喜光，在半荫处生长正常，喜温暖干爽环境，耐干旱，忌水湿，在夏季高温多湿的条件下，须置于有遮雨及通风凉爽处。繁殖用扦插法，于春、秋二季进行。

万点星　景天科

Sedum acre Linn.

多年生肉质草本，植株高15～20厘米。分枝多，枝条带蔓性。叶细小，倒卵状椭圆形，及0.5～0.8厘米，肥厚，肉质，翠绿色。花单生叶腋，花极多，几乎每一片叶腋均能生花；花细小，直径约6毫米，花瓣5。夏季为开花期。但春末或夏初亦能开花。

万点星

唐印

原产欧洲及北非，各地广为栽培，深圳也有栽培。本种花色艳丽，盛开期酷似繁星闪烁，人见人爱，适合于布置花坛及盆栽摆设。

喜光，喜温暖干爽气候，极耐干旱，忌水湿，栽培地要求通风和排水良好，土质须为沙质壤土。繁殖用扦插法，春、夏、秋三季均可进行，极易成活。

凹叶景天　景天科

Sedum emarginatum Migo

多年生草本，茎柔弱，长15～30厘米，在节上生不定根。叶对生，稍肉质，匙状

凹叶景天

翡翠景天

倒卵形至宽倒卵形，长1～2厘米，顶端圆，有微凹，基部渐狭，有短距。聚伞花序顶生，有多数花；花瓣5，黄色。花期5～6月，果期6～7月。

产于长江流域各省区及陕西、甘肃。自然生长于山坡阴湿处或附生在树干上。深圳仙湖植物园有栽培。本种枝蔓细长悬垂，叶色翠绿，适宜于盆栽，悬挂于花廊或花架之下，供观赏。

耐半荫，在柔和阳光照射下生长理想，忌强阳光直射，喜温暖湿润环境，不耐高温，栽培宜置于通风凉爽处，土质须为富含有机质和排水良好之沙质壤土。繁殖用扦插法，于春、秋两季进行。

翡翠景天　　景天科

Sedum morganianum E. Walth.

多年生草本，茎肉质，匍匐，长可达50厘米。叶近轮生，密集，肉质，圆柱状披针形，长约1厘米，灰绿色。

原产墨西哥，世界各地多有栽培。因其植株酷似人工塑造的工艺品，每一片叶又似一块小型翡翠；一个枝条就像一串翡翠珠。造型高雅趣致，为美丽的观叶植物。适宜盆栽，作花廊、花架和室内的垂吊花卉。

喜光，光照不足，茎、叶徒长，影响观赏效果，喜高温干爽环境，忌水湿，过于水湿，茎叶易腐烂。繁殖用扦插法，于春、秋两季进行。

垂盆草　　景天科

Sedum sarmentosum Bge.

多年生肉质草本，茎匍匐或斜生，长

垂盆草

10～25厘米，近地面的节生不定根。叶3枚轮生，叶片肥厚，倒披针形至长圆形，长1.5～2.5厘米，顶端急尖，基部楔形，有距。聚伞花序有3～5分枝；花少数，无花梗；花瓣5，黄色。花期5～7月，果期8月。

产于东北、华北及长江流域各地。朝鲜半岛和日本有分布。各地多有栽培。深圳也有栽培。自然生长在沟边、山谷林下或山坡石上。本种叶色翠绿，茎有较多的分枝，是园林中良好的地被植物，但其叶肥厚多汁不能践踏，宜在封闭式绿地上种植。也可盆栽，置于花廊和花棚作垂吊观叶植物。

耐半荫，喜温暖气候，在高温地区亦生长良好，耐干旱、耐寒、耐瘠薄，栽培土质以肥沃、排水良好的沙质壤土为佳。繁殖用扦插法，于夏初及秋季进行。

虎耳草　　虎耳草科

Saxifraga stolonifera Meerb.

多年生草本，有细长的匍匐茎。株高15～45厘米。叶基生，叶片圆形或肾形，长2～7.5厘米，有不明显的浅裂及锯齿，两面被毛，上面绿色，下面红紫色，有斑点。圆锥花序顶生，花稀疏；萼片5，不等大；花瓣5，白色，上面3个小，下面2

虎耳草

捕蝇草

个大；雄蕊10。春、秋两季为开花期。

产于我国秦岭以南各地及台湾。朝鲜半岛和日本有分布。自然生长在山坡阴湿处。各地广为栽培。深圳栽培也很普遍。本种植株小巧，叶形奇特，花似小型的飞蝶，玲珑可爱。适宜在庭园中的池边、溪旁和岩石旁等阴湿处种植，也可盆栽悬挂于花廊和花架之下或供室内摆设。

耐半荫，忌暴晒，喜温暖凉爽，不耐高温和干燥，在深圳宜植于凉爽及通风良好之地，经常喷雾以保持空气的湿度，栽培要求富含有机质、排水良好和湿润之沙质壤土。通常于夏季高温季节休眠，秋季恢复生长。繁殖用分株法，于春、秋两季进行。生长快速。

捕蝇草　　茅膏菜科

Dionaea muscipula Ellis

多年生草本，植株低矮，高4～8厘米。叶基生，密生呈莲座状；叶柄宽大呈叶片状；叶片近圆形，分成两半呈蚌壳状，在边缘密生长刺毛，一旦有昆虫进入，叶片即闭合，叶面上的腺分泌黏液，将昆虫分解吸收。花序伞形，顶生，长可达30厘米；花白色。

原产北美洲东南部，各地多有栽培。本种为食虫植物，其形态特殊，富趣味性，深受人们喜爱。适合于盆栽，供观赏。

耐半荫，喜温暖凉爽气候，忌高温多湿，在深圳栽培，夏季须置通风凉爽处，否则越夏困难，冬和春季气候较冷凉，可置阳光下，其余时间应置半荫处，栽培材料可用苔藓或泥炭土，长期保持湿润。繁殖以分株法为主，也可用播种法和叶插法，均于秋至冬季进行。

瓶子草　　瓶子草科

Sarracenia purpurea Linn. 'Heterophylla'

多年生草本，无茎。叶全部根生，圆筒状，长15～25厘米，筒状叶上部粗，至

瓶子草

长叶瓶子草

下部收缩变细，顶端有盖，盖上及瓶口有美丽的花纹，瓶内能分泌特殊液体，瓶口能分泌蜜汁，用以引诱昆虫前来吸食，小昆虫一旦滑落瓶中，便会被液体溺死，然后将昆虫分解吸收。成熟植株开紫色花，花期春至夏季。

原种产于北美洲东部，此为栽培品种。各地常有栽培，深圳也有栽培。本种为食虫植物，形态奇特，叶似瓶子，瓶口酷似眼镜蛇颈部，故又名“眼镜蛇花”，妙趣横生。适合盆栽观赏。

耐半荫，喜温暖至高温气候。盆栽时，盆中要滞水保湿，水质要洁净，不可污染。繁殖用分株法为主，其成熟植株能生出幼株，在冬末早春将幼株分出另植。即可成活。

在深圳栽培的还有**长叶瓶子草** *Sarracenia leucophylla* Rafin. 圆筒状叶长可达30厘米或更长。仅筒的上部稍扩大，下部不明显收缩。原产北美洲，性喜冷凉。

石竹　　石竹科

Dianthus chinensis Linn.

二年生或多年生草本，株高约30厘米。茎簇生，直立。叶对生，线状披针形，长3～6厘米。花顶生于分枝的枝端，单生、双生或数朵组成圆锥状聚伞花序，花的直径3.5～4厘米，花瓣5，边缘有浅齿裂，花色有鲜红、淡红、玫红、粉红、白、淡紫，另有他色斑纹镶嵌，喉部有须毛，瓣片基部具长爪，花下有披针形的苞片。雄蕊10。蒴果长圆形。秋季播种，冬至翌年春季开花，春季播种，初夏开花。

原产我国东北、华北和长江流域。朝鲜也有分布。自然生长在山坡、田边和路边。世界各国广为栽培。本种盛花时花团锦簇，五彩缤纷，绚丽美艳，深受人们喜爱，适用于布置花坛、丛植于庭园路两旁及草坪边缘，美化效果甚佳，也可盆栽摆设。

喜光，喜凉爽干燥环境，不耐高温高湿，耐寒亦耐瘠薄，栽培土质以沙质壤土最佳。繁殖以播种法为主，也可用扦插法。

与本种近似又常见栽培的还有下列2种：

（1）**五彩石竹** *Dianthus barbatus* Linn. 花直径2.5～3厘米，集成球状的聚伞花序；花下有细长如线状的苞片。产于欧洲和亚洲温带。

（2）**三寸石竹** *Dianthus heddewigii* Hort. 植株低矮。花的直径5～6厘米。花丰富，花色绚丽，较石竹有更高的观赏价值。园艺杂交种。

石 竹

石 竹

石 竹

石 竹

石 竹

石 竹

石 竹

石 竹

石 竹

香石竹

香石竹

香石竹

香石竹

香石竹

香石竹

瞿 麦

宿根霞草

香石竹（康乃馨）　　**石竹科**

Dianthus caryophyllus Linn.

多年生半灌木状草本，矮性株高20～40厘米，高性株高60～70厘米。茎簇生，绿色，被白粉。叶对生，线状披针形，灰绿色。花单生或数朵簇生，直径5～7厘米，大花型直径达10厘米，重瓣或半重瓣，花色有粉红、紫红、黄、白、桃红、橙红，有的还有深色的镶边，有浓香味。冬至翌年5月为盛花期，其他季节均可开花。

原产南欧至印度，世界各地广为栽培。本种花色丰富，色彩艳丽诱人，花香扑鼻，人见人爱。盛花期又适逢母亲节，是象征母亲的花。相传美国维吉尼亚的一位孝女，名安娜·乔维丝，在她故去母亲的追悼会上，奉献了一束香石竹，从此，每逢母亲节向母亲奉献香石竹的惯例流传全世界。香石竹又适宜于布置花坛、盆栽摆设及作切花等。

喜光，喜温暖或冷凉气候，忌高温多湿。须植于凉爽、日照充足而又通风良好处，土质须为富含有机质、肥沃和排水良好之沙质壤土。繁殖用播种法，在早春及秋季进行。也可用扦插法，全年均可进行。近年来多采用组织培养法育苗。

瞿 麦　　**石竹科**

Dianthus superbus Linn.

多年生草本，高50～60厘米。茎丛生，直立。叶对生，线形或线状披针形，先端尾尖。花单生、双生或数朵集生成圆锥状聚伞花序；花萼筒长2.5～3.5厘米，绿带紫色，萼下有卵形苞片4～6片；花瓣5，粉紫色，边缘有流苏状细线形裂片，基部具长爪；雄蕊10。蒴果长筒形。春至夏季为开花期。

广布于全国各地。欧洲和亚洲其他温带国家有分布。自然生长在山坡草丛中。各地区也有栽培。本种花形清秀，花色素雅与翠绿色的叶丛相配衬，十分自然。适用于布置花坛或盆栽供观赏。

喜光，喜温暖及冷凉气候，不耐高温高湿，栽培须在通风、光照充足之地，稍耐干和耐寒。繁殖用播种法，于春季及夏初进行。

宿根霞草（满天星）　　**石竹科**

Gypsophila paniculata Linn.

多年生草本，株高50～90厘米。茎多分枝，枝干较纤细。叶对生，线状披针形，长3～5厘米。花极多数，数朵排成一小球形聚伞花序，再排成一大型的圆锥花序；小花白色，有重瓣或半重瓣的不同品种，依栽培时间不同，全年均可有花。

原产欧洲地中海沿岸，世界各地普遍栽培。本种雪白的小花球数以千计，均匀分布，酷似天空上的繁星，故又名“满天星”，将新鲜的花阴干即成天然干燥花，为

剪夏罗

露 花

鹿角海棠

宝 绿

插花及切花的良材，又适宜植于庭园及布置花坛。

喜光，喜温暖凉爽气候，忌高温多湿，在开花后要避免浇水过多或较长时间的淋雨，否则根部会腐烂，适当的干旱，能促进开花。半重瓣品种可用播种、扦插或分株法繁殖。重瓣品种很少结籽，故用扦插、分株或组织培养法繁殖。播种期在春、秋、冬三季。扦插和分株在春及秋季进行。

剪夏罗　　石竹科

Lychnis coronata Thunb.

多年生草本。根簇生，稍肉质。株高30～50厘米。叶椭圆状倒披针形，长5～10厘米，基部楔形，顶端渐尖，无毛；无叶柄。二歧聚伞花序具数花；花梗很短；花的直径4～5厘米；花萼筒状，长约2厘米；花冠粉红色或橙黄色，花瓣5，倒卵形，爪不外露，顶端具不整齐的浅齿，中部稍凹。雄蕊10，不外露。蒴果长圆形，长约2厘米，花期6～8月，果期7～9月。

产于江苏、浙江、江西和四川。自然生长于疏林下或灌丛草地。世界各地广为栽培，深圳仙湖植物园也有栽培。其花色艳丽，枝叶茂密，适作观花地被及布置花坛，也可盆栽摆设。

耐半荫，喜温暖湿润环境，耐寒，不耐干旱，土质须为疏松、肥沃和排水良好的壤土。繁殖用播种法，于春秋二季进行，也可用分株法，于秋季花后进行。

露 花　　番杏科

Aptenia cordifolia (Linn. f.) Schw.

多年生肉质草本，茎高15～20厘米，呈半匍匐状，有棱，绿色。叶对生，肥厚，卵心形，长2～2.5厘米，亮绿色。花单生于枝顶或腋生，两性，直径1.3～1.5厘米；花萼管状，绿色，4裂；花瓣多数，红色，有光泽；雄蕊多数。春至夏初为开花期。

原产南非，世界各地有栽培。仙湖植物园也有栽培。本种枝叶茂密翠绿，花色柔美晶莹，与翠绿色的肉质叶丛相互衬托，格外清雅脱俗。宜植于庭园阴凉通风及有遮雨的花坛之中，也适合于盆栽或作吊盆悬挂。

喜光，耐半荫，喜温暖凉爽，忌高温高湿，在夏季高温季节，通常进入半休眠状态，此时要注意保持通风及干爽，使盆土不过于干旱即可，以避免腐烂。在春季生长旺季要充分浇水，保持湿度。土质要疏松、肥沃、排水良好的沙质壤土。繁殖用扦插法，于春、秋两季进行。

鹿角海棠　　番杏科

Astridia velutina (Dinter.) Dinter.

肉质常绿灌木，高约30厘米。分枝有的节，枝间明显，嫩枝绿色，老枝褐色。叶交互对生，线形，长2～3.5厘米，三棱状，肉质，绿色，被短绒毛。花有短梗；1朵或数朵生于枝顶，直径约4厘米；花瓣多数，粉红色，中心白色，有的全为白色。冬季至翌年春季为开花期。

原产非洲西南部的干旱地区，世界各地有栽培。本种的叶在节上交互对生，形似鹿角，造型独特，花色亮丽淡雅，适宜植于庭园干爽通风、有遮雨的花坛上或作盆栽摆设。

喜光，耐半荫，在柔和的阳光照射下生长亦佳，喜温暖，耐干旱，忌高温多湿。在夏季高温季节通常呈休眠或半休眠状态，此时要节制浇水，冬季为生长旺季，要保持湿润，栽培土质须为肥沃、疏松并排水良好之沙质壤土。繁殖用播种法和扦插法，于春、秋二季进行。

宝绿（牛舌花）　　番杏科

Glottiphyllum linguiforme (Linn.) N. E. Br.

多年生肉质草本，茎短或几不明显。叶对生，2列，舌状，长7～8厘米，宽2～3厘米，绿色，厚肉质，无毛，有光泽。顶端稍外反或向上反。花单生于叶腋；花梗长约3厘米；花冠黄色，直径4～6厘米；花瓣多数；雄蕊多数。冬季或春季至夏初为开花期。

原产南非干旱地区，各地多有栽培，仙湖植物园也有栽培。本种叶色翠绿光亮，呈半透明状，花色金黄耀灿，适植于有遮荫的花槽中供观赏，也适用于盆栽摆设。

耐半荫，在柔和的阳光下生长亦佳，喜温暖，耐干旱，忌高温高湿，不耐寒，冬季须置于阳光充足处越冬。夏季高温则进入半休眠状态，此时，如过多浇水往往导致根、叶腐烂，应置凉爽通风处并节制浇水。生长季节在春季和秋季，此时可施肥及保持土壤湿度。栽培土质须为肥沃、疏松和排水良好的沙质土。繁殖用扦插法，插穗须稍晾干方可插入沙床中，也可用分株法。均于春季进行。

龙须海棠　　番杏科

Lampranthus spectabilis (How.) N. L. Br.

多年生肉质草本，高可达50厘米。分枝稍木质，平卧。叶对生，长圆锥形，三棱状，长5～8厘米，宽4～6毫米，绿色，

龙须海棠

马齿苋树

松叶牡丹（花单瓣）

松叶牡丹（花重瓣，洋红色）

斑叶马齿苋树

松叶牡丹（花重瓣，粉红色）

马齿牡丹

被白粉。花单生茎顶或腋生；花梗长5～8厘米；花冠直径4～6厘米，花瓣多数，花色有紫红、粉红、红、白和黄等，有金属光泽。冬季或春至夏初为开花期。在中午烈日照射时开放，夜间闭合。

原产南非南部，各地有栽培。本种枝叶茂盛，枝条柔弱，花大色美，并有丝质的感觉，适用于布置花坛或盆栽及作吊盆悬挂。

喜光，喜温暖干燥，忌高温高湿，耐干旱，不耐寒冷，栽培土质须为肥沃、疏松和排水良好之沙质壤土。春季至初夏及秋季为生长期，此时可充分浇水和施肥，夏季高温则进入半休眠状态，此时宜置半荫和通风处，并节制浇水。繁殖用扦插法为主，也可用播种法，均于春季进行。

马齿苋树　　马齿苋科

Portulacaria afra (Linn.) Jacq.

常绿多浆肉质小乔木，通常高1～2米，最高可达4米。分枝多，老枝淡褐色，嫩枝绿色，节间明显。叶对生，密生于枝的上部，翠绿色，倒卵状三角形，长约1厘米，顶端截形，基部楔形，肉质，肥厚。花极小，顶生或腋生，桃红色。

原产南非及澳大利亚，世界各地普遍栽培。本种叶色青翠碧绿，矮小的乔木树形，很像盆景，适宜于盆栽摆设，也可在庭园中露地栽培。

喜光，在半荫处亦能生长良好，喜温暖至高温，耐干旱，忌湿涝，不耐寒，要求排水良好和肥沃的土壤。栽培管理简便。繁殖用扦插法，全年均可进行，但以春、秋两季为好，极易成活。

具相同用途的有**斑叶马齿苋树** *Portulacaria afra* (Linn.) Jacq.'Variegata' 叶中间淡绿色，周围淡黄色。栽培品种。

松叶牡丹（半支莲）　　**马齿苋科**

Portulaca grandiflora Linn.

一或二年生肉质草本，也有多年生的，高10～20厘米。茎匍匐，绿色。叶互生，近圆柱形，长1～2.5厘米，绿色，肉质。花单生于茎顶，花型有单瓣、半重瓣和重瓣，花色有红、粉红、洋红、黄、白或一花多色。蒴果成熟时盖裂。种子很多而细小。春末至秋季为开花期，但花朵寿命短，通常上午开花，午后即谢，现已有全日开花之新品种。

原产巴西，世界各地广为栽培。本种花色鲜艳玫丽，花多，花期持久，栽培品种多。适合群植于草坪边缘、布置花坛、屋顶、阳台及点缀岩石园等，也可盆栽摆设。

喜光，喜温暖至高温干爽环境，耐干旱，不耐湿涝，对土质不择，但须排水良好。适应性强，栽培管理简便。繁殖用播种法和扦插法。春、夏、秋三季均可进行。

具相同用途的同属植物有**马齿牡丹** *Portulaca oleracea* Linn.'Wildfire' 茎匍匐。叶长椭圆形，长1～1.5厘米，扁平，肉质，顶端圆，基部楔形。花数朵簇生茎顶，单瓣，花瓣5片，花色有红、橙红、桃红、黄和白等色，花的直径3.5～4厘米。但每日只开1朵花，上午开花下午即谢。为园艺杂交种，各地广为栽培。

土人参　　马齿苋科

Talinum paniculatum (Jacq.) Gaertn.

一年生或多年生草本，高30～50厘米。茎直立，基部木质，上部肉质，有少数分枝。叶互生或近对生，稍肉质，长椭圆形或倒卵形，长5～10厘米，全缘。圆锥花序顶生或腋生，常二叉状分枝，具细长花序梗；花小，直径约6毫米，淡紫红色。花期春至夏季，果期夏至秋季。

原产热带美洲，我国中部和南部有栽培或野化。常见于阴湿地。本种花很小，但开花期长，花色尚艳丽，可用于布置花坛或植于庭园较阴处，也可盆栽。

耐半荫，在半日照处生长亦佳，喜高温多湿，不耐干旱，不耐寒，栽培土质须为肥沃和排水良好的壤土或沙质壤土。繁殖用播种法或扦插法，于春、秋二季进行。

栽培品种**斑叶土人参** *Talinum paniculatum* (Jacq.) Gaertn.'Variegatum' 与原种的区别在于叶边缘有乳白色斑纹。为良好的观叶植物之一。

土人参

竹节蓼

何首乌

何首乌盛花期

竹节蓼　　蓼 科

Muehlenbeckia platyclada (F. Muell.) Meissner

常绿灌木，株高2～3米。多分枝，嫩枝扁平，有节，呈叶状，绿色，老枝暗灰褐色，圆柱形。叶退化，幼枝上的叶互生，披针形，长约1厘米，早落。总状花序簇生于幼枝的节上；花小，淡红色或带绿色。果为浆果，红色。夏季为开花期。

原产所罗门群岛，热带地区多有栽培，我国各地均有栽培。本种植株繁茂、嫩枝扁平亮绿，形态奇特，适宜作庭园美化。

耐半荫、忌强阳光直射，喜温暖湿润和通风环境，不耐寒，栽培土质须为肥沃和排水良好的壤土。繁殖用扦插法，取其嫩茎在阴处晾干，至表面有皱缩时，方可插入沙床中。于春至夏初进行。

何首乌　　蓼 科

Polygonum multiflorum Thunb.

多年生缠绕藤本。根末端膨大成肉质块根，外面黑色，内面红色。茎多分枝，基部木质化。叶互生，卵心形，长5～7厘米。圆锥花序具多数花，顶生或腋生；花小，白色或淡绿色，花被5深裂，外面3片较大，背部具翅，果时增大，直径为6～7毫米；雄蕊8。瘦果卵形，具3棱，长2.5～3毫米，包于宿存花被内。花期8～10月，果期9～11月。

产于陕西南部、甘肃南部及华东、华中、华南及西南各地，自然生长于山谷灌丛中或林缘。各地多有栽培作药用，仙湖植物园也有栽培，生长良好。本种枝多蔓长，叶色翠绿，盛花期开花极多，色彩淡雅。宜植于庭园之墙垣或叠石之旁，以及植于棚架之下，垂直绿化效果甚佳。

喜光，在半荫环境生长亦佳，喜温暖湿润环境，亦耐高温，忌湿涝，栽培土质宜为肥沃和排水良好之壤土。繁殖用播种法，于春季进行，也可用扦插法，于秋季进行。

杠板归　　蓼 科

Polygonum perfoliatum Linn.

多年生蔓性草本，茎有倒生刺。叶盾状着生，三角形，长4～6厘米。花序穗状，顶生和腋生；花白色或淡红色，花被5裂，裂片在果时增大，肉质，变为深蓝色；雄蕊8。瘦果球形，黑色。花果期3～5月。

产于华北、华中、华东各地及广东。俄罗斯（西伯利亚）、朝鲜半岛、日本、马来西亚、菲律宾及印度有分布。自然生长于山谷灌丛中及水沟旁。仙湖植物园有栽培。本种分枝柔软，常利用其倒刺攀于其他植物之上，其叶形奇异，花被在果时膨大，包被果实，初时白色，后变粉红色至成熟时变为深蓝色，富色彩变化，颇具观赏价值，宜植于庭园中灌木之下，或在绿篱边列植，以观果为主。

杠板归

红柄甜菜

喜光，喜温暖至高温湿润，耐寒，耐干旱，栽培对土质不择。繁殖用播种法，于夏、秋季进行。

红柄甜菜　　藜 科

Beta vulgaris Linn. 'Dracaenifolia'

一年生草本，茎红色，高30～40厘米。叶绿色，基生叶长圆形，长20～30厘米，边全缘或波状，茎生叶互生，较小，叶脉红色；叶柄长，亦为红色。花2～3朵团集，很小。花期夏季，果期秋季。

栽培品种。原种产南欧，是蔬菜的一种，可食用。本栽培品种的茎、叶柄及叶脉均为红色，为观赏植物，冬季及次年春季生长旺盛，是最佳的观赏季节。适宜丛植于庭园或作盆栽供摆设。

喜光，喜温暖，不耐高温，如在高温季节，应放置于通风凉爽处，栽培土质应排水良好和疏松肥沃，排水不良及过于密植而引致通风不良时，极易腐烂。繁殖用播种法，于秋、冬季及早春进行。

绿帚（地肤）　　**藜 科**

Kochia scoparia Schrad. var. *sieversiana* (Pall.) Ulbr. f. *trichophylla* (Hort.) Schinz et Thell.

一年生草本。植株密丛生，高0.3～1米，轮廓呈卵球形，分枝甚多而纤细。叶线形，长2～5厘米，淡绿色，无毛。花1～3朵腋生，甚小，淡绿色，秋后全株变为红紫色。花期6～9月，果期7～10月。

原产亚洲中部和南部及欧洲，各地普遍栽培，深圳亦常有栽培。本种植丛轮廓

绿 帚

白苋草

呈卵球形，枝叶细密柔软，淡淡的绿色令人赏心悦目。适宜群植于庭园的一角或路旁作一年生绿篱以及布置花坛，也可盆栽摆设，作观叶植物，可修剪成圆、方、圆锥等造型。

喜光、喜温暖气候，耐干旱，对土质不择，一般土质或偏碱性土亦能生长。繁殖用播种法，于春末夏初进行。

白苋草　　苋 科

Alternanthera ficoidea (Linn.) Pal. 'Variegata'

多年生草本，植株高约20厘米。茎半蔓性，分枝多。叶对生，椭圆形，长3~3.5厘米，内卷或平张，绿色，有宽的白色边缘，顶端圆或钝。花两性，结成球状花序，单生在苞片腋内；苞片白色，干膜质，宿存；花被片亦为干膜质。

栽培品种。原种产于美洲热带，各地均有栽培。该植物植丛密集矮化，叶色优雅，适宜在庭园中的草地边缘列植或丛植，作地被或构成图案、布置花坛等。

喜光，栽培地须日照充足，日照不足容易徒长，叶色不良，亦不能形成密集矮化的植丛，喜高温，耐旱，浇水不宜过多，耐修剪。繁殖用扦插法为主，春至秋季均可进行。

同属植物还有**红龙苋** *Alternanthera dentata* (Moench) Schegyr. 'Ruliginosa' 叶椭圆披针形，长4~6厘米，先端渐尖，幼叶暗紫绿色，成熟叶紫红色或暗紫色。球状花序生于叶腋的具短柄，生于枝顶的具长柄。栽培品种，各地栽培甚广。

鸡冠花　　苋 科

Celosia cristata Linn.

一年生草本，高20~90厘米。茎红色。叶互生，披针形，长5~13厘米，绿色或带紫红色，全缘，顶端渐尖。花序顶生，扁平似鸡冠状；苞片、小苞片和花被片均为红色、绯红色、紫红色、橙红色、淡红色、白色、黄色或两色相间等，有丝绒质的光泽，干膜质，中部以下的苞片腋内多花，以上少花或无花。胞果卵形，长约3毫米，盖裂，内有多枚黑色的种子。全年均能开花。

原产亚洲热带，世界普遍栽培。本种花序硕大，形状奇异，色彩丰富，尤以红色、紫红色和绯红色者更为美艳，适宜大面积栽培，美化庭园，或布置花坛，矮性品种适作盆栽摆设。

喜光，喜干热气候，忌阴湿积涝和通风不良，不耐寒冷，栽培土质须为疏松、肥沃和排水良好之沙质壤土。繁殖用播种法，全年均可进行，但以春和夏季最佳。

同属植物有下列2种:

（1）**凤尾鸡冠花** *Celosia plumosa* Hort. 为三角形大型圆锥花，花色十分丰富。栽培品种。

（2）**青箱** *Celosia argentea* Linn. 花序为穗状，圆柱形；苞片、小苞片和花被片均为银白色或粉红色。原产欧洲、朝鲜半岛、日本和印度。我国南北各地都有栽培或野化。深圳仙湖植物园也有栽培。

红龙苋（幼叶）

红龙苋（花期）

青 箱

鸡冠花（红色）

鸡冠花（橙红色）

凤尾鸡冠花

凤尾鸡冠花

凤尾鸡冠花

千日红

千日粉

千日白

千日红　　苋 科

Gomphrena globosa Linn.

一年生草本，高20~60厘米，茎有分枝。叶对生，长椭圆形，长5~13厘米，两面被毛。花序为球形，1~3个顶生，直径2~2.5厘米，基部有2片叶状总苞；苞片和小苞片均干膜质，紫红色，花被片外面密生白色绵毛；每一苞片内有1朵小花。胞果近球形。春末、夏至秋季为开花期。

原产美洲热带，世界各地广为栽培。本种花期长，因花序之苞片、小苞片和花被片均为干膜质，故叶萎而花不凋，花色更是经久不退。适合于布置花坛或在庭园中大片种植，美化环境并增加色彩之美，也可盆栽摆设。

尖叶洋苋

喜光、日照须足，否则不易开花或开花减少，喜高温，耐干旱，性强健，对土质不择，只须排水良好。繁殖用播种法，春至秋季均可进行。

栽培品种有高性或矮性，花色有粉红、白、淡橙等色。常见的有下列2个栽培品种:

（1）**千日粉** *Gomphrena globosa* Linn. var. *rosea* Hort. 花序粉红色。

（2）**千日白** *Gomphrena globosa* Linn. var. *alba* Hort. 花序白色。

尖叶洋苋　　苋 科

Iresine herbstii Hook. ex Lindl. 'Acuminata'

多年生草本，高40~80厘米。茎和分枝紫红色。叶对生，卵形，长5~7厘米，先端渐尖，褐红色或紫红色，叶脉色较艳。穗状花序顶生或腋生，数枚再排成圆锥状；花很小，花被片5，淡褐色。夏、秋季为开花期。

栽培品种。本种全株红艳美丽，为良好的观叶植物，适宜在庭园稍阴处种植。

耐半荫、喜温暖，耐湿，不耐干旱，不耐高温酷热，栽培地宜为稍荫蔽和通风凉爽，土质须为肥沃、疏松和排水良好之壤土。繁殖用扦插法，于春、秋两季进行。

天竺葵　　牻牛儿苗科

Pelargonium hortorum Bailey

半灌木，高30~60厘米。全株有特殊味道。茎直立，多分枝或不分枝，具明显的节，密被毛。叶互生，绿色，圆形或肾形，直径3~7厘米，顶端圆，基部心形，边缘浅波状，具圆齿，两面被毛，上面在中部有暗红色马蹄形环纹。伞形花序腋生，具多花；花瓣5，红色、橙色、粉红或白色，长1.2~1.5厘米，下面3片通常稍大。花期冬至翌年春季。

原产非洲南部。世界各地普遍栽培，我国各地也有栽培。本种枝叶青翠，花团锦簇，色彩丰富，是冬、春季布置花坛、盆栽摆设、美化庭园的优良花卉。

喜光，不耐荫，喜温暖冷凉环境，耐寒、耐干旱，不耐水湿，不耐高温，在夏季高温季节通常进入休眠状态，开花时忌强阳光直射，栽培土质要求富含有机质、疏松及排水良好之壤土。繁殖用扦插法为主，秋季至次年春季均可进行，也可用播种法，采收成熟种子后，宜随采随播。

本属植物约有250种，分布于热带地区，我国无野生种。已知引进栽培的有6种，在《深圳园林植物》一书第47页已介绍3种和1栽培种，下面再介绍常见栽培的2种和1栽培品种:

（1）**金边天竺葵** *Pelargonium hortorum* Bailey 'Robert Fish' 叶边缘淡黄色，边缘内有一暗红色的马蹄形环纹。花红色。栽培品种。

（2）**蔓天竺葵**（盾叶天竺葵） *Pelargonium peltatum* (Linn.) L'Herit. 多年生草本。茎蔓性，长0.5~1.3米，多分枝；叶近圆形，叶柄盾状着生。花色有红、粉红、洋红、蓝等多种颜色。适用于布置凉台及岩石的垂直绿化及美化。原产南非。

（3）**香叶天竺葵** *Pelargonium graveolens* L'Herit. 半灌木，高约1米。全株有香味。叶近圆形，掌状5~7中裂至深裂，裂片边缘有不规则的齿裂。花玫瑰色或粉红色。原产南非，我国各地有栽培。叶

天竺葵

天竺葵

金边天竺葵

蔓天竺葵

可蒸馏香叶醇，也可作调味品食用。

感应草　　酢浆草科

Biophytum sensitivum (Linn.) DC.

一年生草本，高5～20厘米，无分枝。羽状复叶多数，集生于茎顶，具小叶12～28片，触之即下垂；小叶片长圆形，长0.3～1.5厘米，由下部向上部逐渐增大，顶端2枚最大，且一侧具耳。花数朵排成伞形花序；花瓣5，黄色；雄蕊10。蒴果椭圆形，长4～6毫米。花果期7～12月。

产于台湾、广东、广西、贵州和云南。亚洲热带有分布。自然生长在山坡草地和林下阴处。也有栽培供药用。本种植株小巧玲珑，叶片触之即下垂，十分有趣，适宜于盆栽供观赏。

耐半荫，忌强阳光直射，喜高温湿润环境，不耐寒冷，栽培土质须为富含有机质，肥沃、疏松和排水良好之壤土。繁殖用播种法。于春末夏初进行。

感应草

大花酢浆草

蔓天竺葵植于阳台

香叶天竺葵

红叶酢浆草

紫叶酢浆草

大花酢浆草　　酢浆草科

Oxalis bowiei Lindl.

多年生草本，高10～15厘米。根状茎匍匐并有肥厚的纺锤形的块茎。地上茎短缩或无茎。叶基生，多数；叶柄长7～10厘米；小叶3片，宽倒卵形，长1～2厘米，先端圆，中间微凹，基部宽楔形。伞形花序具5～12朵花，花玫红色，或淡紫色，直径3～4厘米。花期夏至秋季，花后休眠。

原产南非，各地多有栽培。本种叶色青翠，花大，花期持久，花色艳丽，花姿柔美可爱。适合于布置花坛、在庭园稍荫蔽处片植和丛植，也可盆栽摆设。

耐半荫，忌强阳光直射，喜温暖凉爽环境，不耐寒冷，耐高温，喜湿润，栽培土质须为肥沃、疏松和排水良好之壤土。繁殖用分株法，也可用播种法，均于春季进行。

具相同用途的同属植物有下列2种：

(1)**红叶酢浆草** *Oxalis hedysaroides* H.B. et K.'Rubra' 小叶卵形，紫红色。花黄色。栽培品种。

(2)**紫叶酢浆草** *Oxalis violacea* Linn.'Purpule Leaves' 小叶倒三角形，上面暗紫色，下面紫红色。花粉红色。栽培品种。

凤仙花　　凤仙花科

Impatiens balsamina Linn.

一年生草本，高0.4～1米。茎直立，肉质，绿色。叶互生，披针形，长4～12厘米，先端长渐尖，边缘有锐齿；叶柄两侧有数个腺体。花单生或数枚簇生叶腋，有红、粉红、橙红、粉紫、白、黄等色，有单瓣也有重瓣；萼片2；花瓣5，旗瓣圆，2枚翼瓣2裂，最下面1枚唇瓣基部延伸成细长的距。蒴果纺锤形。花果期夏至秋季。

原产中国和印度，世界各地均有栽培，栽培品种很多，花色及花形丰富，株形也有高和矮之别，花瓣有单瓣和重瓣，为良好的草本花卉。适宜于布置花坛，在庭园中群植、列植或盆栽均有良好的观赏效果。

喜光，在半荫环境生长正常，喜温暖或高温湿润气候，不耐干旱和寒冷，耐瘠薄，对土质要求不严，性强健，栽培容易。繁殖用播种法，于春至夏季进行。

与本种近似的有**华凤仙** *Impatiens chinensis* Linn. 茎下部平卧，生不定根，上部直立。叶对生，线状长圆形，长2～10厘米，边缘疏生小齿，几无叶柄。花粉红

凤仙花

新几内亚凤仙花

新几内亚凤仙花

凤仙花

新几内亚凤仙花

新几内亚凤仙花

华凤仙

新几内亚凤仙花

新几内亚凤仙花

色或白色。产于华东、华南及云南。越南、缅甸和印度有分布。自然生长于水沟旁或沼泽地。深圳梧桐山及郊野的水湿处亦常见，属本地区的野生花卉，可栽培驯化。

新几内亚凤仙花　　凤仙花科

Impatiens hawkeri W. Bull

多年生草本，株高15～50厘米。叶互生，披针形，长7～8.5厘米，先端渐尖，边缘有细齿，叶脉红色；叶柄短，长不及1厘米。花单生于叶腋，直径4～5厘米，有距，花色有红、紫红、粉红、桃红、玫红等。几乎全年均可开花。

原产非洲新几内亚，各地普遍栽培，深圳亦广为栽培。本种花色艳美，璀灿缤纷，花期持久，观赏价值甚高，为良好的草本花卉。栽培品种很多。适宜在日照不足之处布置花坛和大堂等，美化效果甚佳。

耐半荫，忌强阳光直射，但须照射柔和之阳光，过于荫蔽易徒长，喜温暖凉爽环境，夏季高温季节，力求置于阴凉通风

和氏凤仙花

玛丽凤仙花

非洲凤仙花

非洲凤仙花

非洲凤仙花

不同花色的非洲凤仙花配植

非洲凤仙花

重瓣非洲凤仙花

处，忌高温多湿，否则易腐烂，栽培土质须为富含有机质、排水良好的沙质壤土。繁殖殖用扦插法，于春、秋两季进行。

用途和生态特性相同的本属植物有下列4种:

（1）**和氏凤仙花** *Impatiens holstii* Engl. et Warb. 又名玻璃翠，多年生草本。高20～40厘米，茎肉质，半透明，绿色或有红色条纹。叶具肉质柄；叶片翠绿，边缘具尖细齿，齿间具一刚毛。花色有粉红、砖红、白或双色等。原产东非。

（2）**玛丽凤仙花** *Impatiens marianae* Rchb. 多年生草本。叶互生，密集，卵形，长约5厘米，先端急尖，浓绿色，在侧脉之间有美丽的镰状三角形的白斑，边缘的细齿亦为白色；叶柄甚短。花单生叶腋，淡玫红色，长约2厘米。为高雅的花叶并艳的草本花卉。原产印度东北部阿萨姆。

（3）**非洲凤仙花** *Impatiens walleriana* Hook. f. 半灌木状草本。全株无毛。茎直立，枝绿色，高20～60厘米。叶互生，卵形，长约5厘米，顶端急尖，边缘有细疏钝锯齿；叶柄长约2厘米。花腋生，平布于植丛的顶端；花色有桃红、紫红、橙红、粉红等，有的还带白色或深色斑，有单瓣和重瓣。花期特长，几乎全年均可开花，以春季和秋季为盛花期。原产非洲。栽培品种很多。

（4）**重瓣非洲凤仙花** *Impatiens walleriana* Hook. f.'Fiestia Mix' 花重瓣。栽培品种。

紫雪茄花　　千屈菜科

Cuphea articulata

常绿灌木，植株低短，高30～60厘米。茎多分枝，枝条斜展。叶对生，长卵形或椭圆形，长2～4厘米，先端急尖，基部近圆形或渐狭，全缘。花单生于两枚对生叶的叶柄之间；花萼筒状，绿色，长约7毫米，有12条棱，基部一侧膨大；花冠左右对称，直径7～8毫米，花瓣6，不相等，粉紫色；雄蕊11。蒴果椭圆形，包藏于萼管内。全年均可开花，盛花期在春末、夏至秋季。

紫雪茄花

紫雪茄花作地被

原产中美洲，世界各地多有栽培。深圳地区栽培十分普遍。本种枝叶繁茂，全年繁花似锦，像满天星斗，十分美丽悦目。用途甚广，可在庭园中丛植、列植，布置花坛，作矮绿篱或作地被，也可植于花槽之中或盆栽摆设等，均有较好的观赏效果。

喜光，在半日照或稍荫蔽处亦能生长，但日照充足生长更旺盛，喜高温，不甚耐寒，忌湿涝，土质须为肥沃和排水良好的沙质壤土。繁殖用播种为主，也可用扦插法，均于春季进行。

多花紫薇　　千屈菜科

Lagerstroemia floribunda Jacq.

落叶小乔木，高约4米。小枝密被黄色柔毛。叶互生或近对生，革质，椭圆形或长椭圆形，长10～16厘米，顶端急尖，基部近圆形。圆锥花序顶生，长可达50厘米，有多数花；花瓣淡红色至紫色，以后渐变为白色，圆卵形，有皱，具短柄。蒴果卵形，顶端圆。花期8～9月。

原产于亚洲热带，我国南方有栽培，深圳也有栽培，生长良好。本种树冠呈圆伞形，叶色浓绿，花期持久，为优良的木本花卉。宜作园林风景树。

喜光，在半日照的条件下仍生长良好，喜温暖至高温气候，对土质不择，但以富含有机质、排水良好之壤土为佳。繁殖用扦插法，于春季进行。

多花紫薇

南紫薇

具相同用途的同属植物有**南紫薇** *Lagerstroemia subcordata* Koehne 叶纸质，长圆形或长圆披针形，长2～9厘米，两面近无毛，顶端渐尖。圆锥花序顶生，长5～15厘米，具多数花；花细小，直径约1厘米，白色。产于华东、华中及华南。日本（琉球）有分布。自然生长在山坡林缘或溪边。福建（厦门）及深圳仙湖植物园有栽培。

八宝树　　海桑科

Duabanga grandiflora (Roxb. et DC.) Walp.

常绿乔木，高可达20余米。枝条稍下垂，螺旋式或轮生于树干上。叶大，长圆形，长12～15厘米，顶端急尖，基部心形，侧脉20～24对；叶柄短，长4～8毫米。花5至多朵排成顶生伞房花序；花长2.5～2.8厘米，直径3～4厘米；花瓣6，近白色，卵形，长2.5～3厘米；雄蕊多数。蒴果长3～4厘米，成熟时从顶端向下开裂。花期春至夏初。

原产我国云南南部和亚洲东南部及中南半岛和印度。自然生长在山谷和旷地，在原产地十分常见。台湾、福建、广东及广西等地区都有栽培，深圳仙湖植物园也有栽培。本种树姿高大雄伟，树冠椭圆形，较疏松，宜作园林风景树和绿化树。

八宝树

滨海月见草

滨海月见草的花

喜光，喜高温多湿环境，不耐寒冷和干旱，栽培地宜阳光充足和排水良好，土质须为富含腐殖质之壤土。繁殖用播种法，于春末至夏初进行。

滨海月见草　　柳叶菜科

Oenothera drummondii Hook.

多年生草本，株高30～40厘米。茎、叶被白色或紫红色柔毛。基生叶灰绿色，狭倒披针形，茎生叶披针形，长2～4厘米，先端渐尖。花单生叶腋，鲜黄色，直径5～7厘米；花梗长6～7厘米，被毛；萼筒状，顶端有4裂片；花瓣4，宽倒卵形，长约3厘米，顶端微凹；雄蕊8。蒴果圆柱形。花期5～8月，果期7～10月。

原产美国大西洋沿岸及墨西哥湾沿岸。广东和福建有栽培并已野化，在深圳的海边也有野生。本种植丛茂密，花大，花期持久，花色美艳，为良好的草本花卉。适宜在庭园中片植，丛植或布置花坛，也可盆栽供观赏。

八宝树的叶

倒挂金钟

喜光，喜高温多温环境，耐盐碱，耐干旱，不耐荫，栽培要求富含有机质和排水良好的沙质土。繁殖用播种法，宜在秋末冬初进行。

倒挂金钟　　柳叶菜科

Fuchsia × *hybrida* Hort. ex Sieb. et Voss.

常绿灌木或半灌木，株高0.3～1.5米。枝细长而开张，或粗壮而直立。叶对生或轮生，卵形至卵状披针形，边缘有疏齿。花单生于枝条上部叶腋，下垂，具细长的花梗；花萼筒状，顶端4裂，裂片常反折，红色、白色、粉红色、玫红色、淡蓝色等；花瓣4，通常呈含苞待放状，极少张开，有白、粉红、橙红、玫红、绯红、鲜红、橘黄、紫及淡蓝等多种色彩，花型有单瓣亦有重瓣。在深圳的开花期在冬、春季。

园艺杂交种，世界各地普遍栽培。有栽培品种很多，深圳仙湖植物园引进栽培的约有30个品种。本种株形多样，有披散开展的，也有稍坚挺而直立的。花色更是缤纷多彩，形如彩色的小钟悬挂枝梢，潇洒飘逸，形态俊秀，为优良的木本花卉。适宜于庭园美化或盆栽摆设。

冬季喜日照充足，温暖湿润，夏季须半荫、凉爽、干燥及通风，忌曝晒及淋雨而过湿，土质要求富含有机质、疏松和排水良好的沙质壤土。繁殖用扦插法，于春、秋二季进行。

金边瑞香　　瑞香科

Daphne odora Thunb. 'Aureomarginata'

常绿灌木，高1.5～2米。丛生。叶互生，多生于枝上部，长椭圆形，长3～4厘米，深绿色，有黄色的边缘。花十数朵组成顶生的紧密的呈头状的伞形花序，无总花梗，芳香；花萼管状，顶端4裂，外面玫红色，内面白色，无花瓣。春季和夏初为开花期。

栽培品种，各地有栽培。本种叶色美

倒挂金钟

倒挂金钟

倒挂金钟

金边瑞香

丽，花团锦簇，芳香悦人。适合于庭园栽培或盆栽。深圳也有栽培。

喜光，耐半荫，喜冷凉气候（在深圳市因气温高，不宜在平地栽培），喜湿润，不耐干旱，不耐高温。繁殖用扦插法，于春、夏两季进行。

有相同用途的还有**瑞香** *Daphne odora* Thunb. 叶无黄色边缘，产于我国华东及日本。

深圳市还有一野生种**白瑞香** *Daphne papyracea* Wall. 叶披针形；花白色，芳香。产华南、华中及西南。在深圳市见于山坡次生林下，较喜荫。

澳洲坚果　　山龙眼科

Macadamia integrifolia Maiden et Betche

常绿乔木，高可达15米。叶革质，3枚轮生或近对生，长圆形或倒披针形，长10～30厘米，先端急尖，基部渐窄，边缘全缘或具疏齿，成龄树的叶近全缘。总状花序腋生或近顶生，长8～20厘米；花被筒状，长0.8～1.1厘米，白色。果球形，直径约2.5厘米，顶端有短尖。种子球形，种仁白色。花期4～5月(深圳)， 果期7～9月。

原产澳大利亚昆士兰。中部和东南部的热带雨林中，世界热带地区多有栽培，我国云南（西双版纳）、福建（厦门）、广东（广州、深圳）、海南及台湾等省均有栽培。本种的果实为著名的热带干果，种仁可食用。树姿椭圆伞形，枝叶茂密，常年碧绿，可作庭园风景树及大型盆栽。

喜光，喜温暖湿润环境，耐高温，耐干旱，抗风力强，因是深根性，不耐移植，栽培土质要求土深厚，富含有机质之壤土。繁殖用播种、扦插和高压等方法，均于春秋二季进行。

锡叶藤　　五桠果科

Tetracera asiatica (Lour.) Hoogl.

常绿木质藤本，多分枝，枝条粗糙。叶革质，甚粗糙，长圆形，长3～11厘米，几无毛或有稀疏刚毛。圆锥花序顶生或腋生；花白色，芳香，直径0.7～1厘米；萼片5，宿存；花瓣5，早落；雄蕊多数。果长圆状卵形，长0.5～1厘米，无毛。花果期4～7月。

产于广东和广西。中南半岛有分布。自然生长在灌丛或疏林中。在深圳较常见。本种叶面甚粗糙，古时，民间用来擦锡器和工具，故名“锡叶藤”。其枝叶茂密，叶色浓绿，攀援力较强，适合于作棚架植物或植于岩石旁让其自然攀援。仙湖植物园有栽培，生长良好。

喜光，在半荫环境亦能正常生长，喜高温湿润气候，稍耐干旱，不耐湿涝，栽培不择土壤，只须排水良好。繁殖用播种法，于春季进行。

光叶海桐　　海桐科

Pittosporum glabratum Lindl.

常绿灌木，高1.5～3 米。叶互生，集生于枝顶，薄革质，亮绿，窄长圆形或倒披针形，长5～10厘米，先端急尖，基部楔形，无毛。伞形花序1～4个簇生于枝顶

澳洲坚果

澳洲坚果的果

锡叶藤

叶腋，多花；花瓣淡黄色，分离，倒披针形，长0.8～1厘米，芳香。蒴果椭圆形，长2～2.5厘米，成熟时红色，3爿裂，有宿存花柱。开花期春末夏初。

产于广东、海南、广西、湖南和贵州。深圳亦有分布。自然生长于林中沟边。本种枝叶茂密浓绿，春末夏初，花开满树，芳香扑鼻，为优良的木本花卉。是本地区的乡土树种。宜作庭园美化树种。仙湖植物

光叶海桐

光叶海桐的花序

园有栽培。

喜光，在半荫环境亦可正常生长并开花结实，喜温暖至高温湿润，不耐干旱，稍耐寒，栽培土质须为富含有机质的壤土。繁殖用播种法，于春至夏季进行。

斑叶海桐　　海桐科

Pittosporum tobira (Thunb.) Ait. 'Variegata'

常绿灌木，高0.5～2米。叶革质，倒卵形或倒卵状披针形，长4～5厘米，顶端圆，基部渐狭，有不规则的乳黄色边缘或乳黄色斑。花序近伞形，生于枝顶，多花；花瓣5，白色，后变黄色，芳香，长约1～1.2厘米。蒴果近球形，直径近1厘米，成熟时红色，3爿裂。春末夏初开花，秋至初冬果熟。

为栽培品种。本种枝叶十分茂密，树姿壮健，春末夏初，繁花似锦，香味袭人，为优良的木本花卉。适宜作庭园美化树种，并可密植作绿篱。

斑叶海桐

光叶海桐的果

喜光，喜温暖湿润，耐高温，耐干旱和贫瘠，对土质不择，但以稍湿润和排水良好的沙质壤土为宜。繁殖用播种法，于春至夏季进行。

红 木　　红木科

Bixa orellana Linn.

落叶灌木或小乔木，高2～7米。小枝和花序有腺毛。叶互生，卵心形，长8～20厘米，先端渐尖，基部心形，上面绿色，下面有赤褐色鳞片，嫩叶揉搓后，可见红色素。圆锥花序顶生，长5～10厘米；花粉红色或白色，直径4～5厘米；萼片外面有赤褐色鳞片；花瓣5，长约2厘米。蒴果卵形，长2.5～4厘米，成熟时鲜红色，密生长刺。开花期8～10月，果期10月至翌年4月。

原产热带美洲，我国台湾、福建、华南各地及云南有栽培。本种树姿婆娑，开花期花色洁净素雅，花后结果，果实鲜红，聚结成球，给人以喜庆的感觉，十分美观。观果期长可达半年，为优良的庭园美化树种。在深圳栽培较多，生长良好。

红木，右下为其花

红木的果实

喜光，耐半荫，喜高温多湿环境，性强健，生长快速，栽培土质须为土层深厚、肥沃之沙质壤土。繁殖用播种法或高压法，于春至夏季进行。

海南大风子　　大风子科

Hydnocarpus hainanensis (Merr.) Sleum.

常绿乔木，高6～9米。叶互生，薄革质，狭长圆形，长9～15厘米，先端渐尖，基部楔形或圆形，边缘有不规则的波状齿，两面无毛。总状花序腋生或顶生，长1.5～2.5厘米，有15～20朵花；花单性，雌雄异株；萼片4；花瓣4，长2～2.5毫米，分离，雄花有雄蕊12枚，雌花有退化雄蕊15枚及子房。浆果球形，直径4～5厘米，果皮革质，密生褐色绒毛。开花期春末至夏季，果期夏至秋季。

产于海南和广西。越南有分布。自然生长在常绿阔叶林中。福建（厦门）、广东（广州、深圳）有栽培。生长良好，本种树姿清秀，枝叶微下垂，新叶呈红色，为优良的园林风景树。

喜光，喜高温多湿，不耐寒冷和干旱，栽培不择土壤，但以富含腐殖质和排水良好的壤土为宜。繁殖用播种法，宜随采随播。

具相同用途的同属植物有下列两种：

海南大风子

海南大风子发出红色的新叶，左下为其叶形

泰国大风子，右下为其花序

泰国大风子的果实

（1）**泰国大风子** *Hydnocarpus anthelmintica* Pierre 叶卵状长圆形，长10～30厘米，顶端.渐尖，基部圆，边全缘。花萼和花瓣均5片；雄花有雄蕊5枚。原产泰国、越南和印度。台湾、福建（厦门）、广西（南宁）、广东（广州和深圳）、海南及云南（西双版纳）有栽培，生长良好。

（2）**印度大风子** *Hydrocarpus kurzii* (King) Warb. 叶披针形或长圆状披针形，长10～20厘米，先端渐尖，基部宽楔形，边缘呈波状。花萼4片；花瓣8片。

产于云南南部。越南、老挝、缅甸及印度（阿萨姆）有分布。自然生长在密林中。我国台湾、福建（厦门）、广东（广州和深圳）等地有栽培，生长良好。

印度大风子

长叶柞木　　大风子科

Xylosma longifolium Clos

常绿小乔木，高4～7米。树干和枝上均有刺。单叶互生，革质，长圆状披针形或披针形，长5～12厘米，深绿色而有光泽，顶端渐尖，基部宽楔形，边缘有锯齿，两面无毛。总状花序长1～2厘米；花小，单性，雌雄异株，淡绿色，直径2.5～3.5毫米；萼片4～5；花瓣缺；雄花有多数雄蕊；雌花仅具子房。浆果球形，直径4～6毫米，黑色。花期4～5月，果期6～10月。

产于福建、广东、广西、贵州和云南。印度、越南和老挝有分布。自然生长于山地林中。仙湖植物园有栽培，生长良好。本种树姿美观，终年翠绿，树干和枝长满长刺，宜作庭园观赏树及绿化树。

喜光，稍耐荫，喜温暖湿润环境，耐高温，喜肥，不耐瘠薄和干旱，亦不耐湿涝。栽培土质须为富含有机质、肥沃和排水良好之壤土。繁殖用播种法，也可用当年生枝扦插繁殖，于春末至夏初进行。

具相同用途的有**柞木** *Xylosma racemosum* (Sieb. et Zucc.) Miq. 叶宽卵形、卵形或椭圆状卵形，长4～8厘米。产于秦岭以南和长江流域以南各地。朝鲜半岛和日本有分布。通常生于村落附近的灌丛中或林边，深圳有野生也有栽培。

印度大风子的叶形

长叶柞木

长叶柞木的叶形

柽 柳　　柽柳科

Tamarix chinensis Lour.

落叶灌木或小乔木，高4～5米。树皮红褐色。枝条细长而下垂。叶很小，钻形或卵状披针形，长1～3毫米。总状花序生于绿色的幼枝上，再组成顶生的大圆锥花序，下垂；花密生，粉红色，后期变为黄白色，花瓣5，宿存。蒴果长约3.5毫米。由春季至秋季，陆续开花3次。

产于华北至长江流域，长江流域以南至福建、广东、香港、广西、云南等地区均有栽培。本种干红枝绿，枝叶纤细如垂丝，花色美丽而花期持久。适植于盐碱地的池边、湖边、河滩及庭园中供观赏。

喜光，不耐荫，耐干旱和高温，亦耐

柽 柳

柽柳的花序（花后期由粉红色变为黄白色）

寒冷，极耐盐碱，栽培无须特殊管理。繁殖用扦插法，极易成活，全年均可进行。也可用播种、高压法和分株法进行繁殖。

常见栽培的还有**桧柽柳** *Tamarix juniperina* Bge. 叶长圆状披针形，长1.5～1.8毫米，干膜质。总状花序长3.5～6厘米，侧生于去年生的枝上。花瓣5，粉红色。原产于东北、华北、华东、甘肃和云南。各地有栽培。

翅茎西番莲　　西番莲科

Passiflora alata × quadrangularis

攀援草质藤本，长10～15米。茎四棱形，具窄翅。卷须生于叶腋。叶长圆形，长7～13厘米，先端急尖，基部圆形，边缘全缘，无毛。花序仅存1花，与叶对生；花大，直径可达10厘米；萼片5，长约4厘米，外面绿色，内面紫红色；花瓣5，稍长于萼片，紫红色；副花冠由多数丝状体组成，长7～8厘米，白色与蓝色相间；雄蕊5；子房卵球形，柱头3裂。浆果椭圆形，长8～10厘米，成熟时橙黄色。花期夏至秋季。果期秋至冬季（深圳）。

为园艺杂交种。本种攀援力甚强，花期持久，开花甚多，花硕大，色彩艳丽，姿态殊雅，为极美丽的藤本花卉。适宜于在

桧柽柳

庭园中作花棚及花廊的美化或植于假山上作垂直绿化。

耐半荫，在较荫蔽或较明亮处均能生长良好，喜高温多湿，不耐干旱和寒冷，性强健，生长快速，栽培土质须富含腐殖质、疏松和排水良好之沙质壤土。繁殖用扦插法或播种法，于春、秋二季进行，极易成活。

有相同用途的本属植物有下列6种：

（1）**掌叶西番莲** *Passiflora* ‘Amethyst’ 茎圆柱形，长7～8米，无翅。叶掌状3～5深裂，长8～10厘米。花直径7～8厘米；花萼5，紫蓝色；花瓣5，与花萼等大，同色；副花冠的丝状体长为花冠的1/3，上部蓝色下部褐红色。栽培品种。

（2）**蝙蝠西番莲** *Passiflora capsularis* Linn. 茎长5～7米。叶长5～7厘米，顶2深裂，基部心形。花的直径3～3.5厘米；花萼及花瓣均为黄白色；副花冠的丝状体亦为黄白色，长及花冠的1/2。浆果椭圆形，长3.5～4.5厘米，成熟时红色。原产

翅茎西番莲

美洲热带。

（3）**紫花西番莲** *Passiflora violacea* Vell. 叶掌状3～5深裂，裂片倒披针形，中间的1片长约10厘米，两侧的渐短。花的直径8～9厘米；花萼与花冠堇紫色，副花冠的丝状体长为花瓣3倍，下半部深紫色，其余与花瓣同色。原产热带美洲。

（4）**黄果西番莲**（黄鸡蛋果）*Passiflora edulis* Sims ‘Flavicarpa’ 叶掌状3深裂，长7～13厘米。花的直径约6厘米；萼与花冠均白色，副花冠的丝状体下部紫色，上部白色，稍长于花冠。浆果椭圆形或近圆形，长约6厘米，未熟时绿色，有白点，成熟后黄色。栽培品种。

（5）**毛西番莲** *Passiflora foetida* Linn. var. *hispida* (DC. ex Triana et Planch.) Killip 全株被粗毛。叶掌状3中裂，长8～9厘米。花的直径约2.5厘米，花萼与花冠均白色，副花冠的丝状体直，下部紫色，其余白色，与花瓣几等长。果为宿存的三回羽状全裂的苞片所包，卵球形，直径约1.5厘米，橙黄色。原产南美洲，栽培或野化。

（6）**三角西番莲** *Passiflora suberosa* Linn. 叶掌状3中裂至深裂，裂片披针形。花小，直径约1.5厘米；萼与花冠均淡绿

掌叶西番莲盛花期

掌叶西番莲

蝙蝠西番莲

蝙蝠西番莲的果

毛西番莲

毛西番莲的花与果

色；副花冠的丝状体淡绿色，长及花瓣的1/3。果成熟时蓝紫色。原产巴西。栽培或野化。

观赏瓜　　葫芦科

Cucurbita pepo Linn.var. *ovifera* Alef.

一年生攀援藤本，茎被半透明糙毛。卷须多分枝。叶广卵形或卵圆形，浅裂，边缘有不规则的锐齿，基部心形，两面被糙毛。花单性，雌雄同株，单生，花冠黄色，被短毛；基部呈钟状；雄花有雄蕊3；雌花具1子房。果实形状、大小及颜色变化极丰富，因品种不同而异，形状有圆、扁圆、椭圆、梨形、琵琶形等，表面光滑，有棱或突起，色彩有白、黄、橙黄、有条纹和色斑或双色和三色等。开花期一般在夏季，果熟期在秋、冬季。

紫花西番莲

黄果西番莲的花

黄果西番莲的果

三角西番莲

观赏瓜类原产热带，泛指果形奇特、色彩鲜艳、有观赏价值的该类植物。栽培品种甚多。其果形多样，玲珑可爱，果色持久不变，为优良的观果植物。适合作荫棚、花廊及围篱的美化和垂直绿化，亦可作盆栽摆设。藤蔓干枯后，可将果采下，置室内观赏，耐存放，不易变色和腐烂。

喜光，喜温暖至高温、湿润环境，不耐寒冷，栽培土质须为肥沃及排水良好之壤土。繁殖用播种法，于秋、冬至翌年早春进行。

观赏瓜

观赏瓜

观赏瓜

观赏瓜

观赏瓜

观赏瓜

观赏瓜

各式观赏瓜的果实

瓠 子

瓠 子　　葫芦科

Lagenaria siceraria (Molina) Standl. var. *hispida* (Thunb.) Hara

一年生攀援藤本，茎及分枝被黏质长柔毛。叶卵状心形或卵状肾形，长、宽均为10～35厘米，不裂或3～5浅裂，顶端急尖，基部弯缺开裂，边缘有不规则锯齿，两面均被柔毛；卷须上部2歧。花单性，雌雄同株，单生，黄色；雄花有3枚雄蕊；雌花具圆柱形子房，柱头3。果实圆柱状，直或稍弯，长60～80厘米，绿白色。春季及夏初开花，夏至秋季结果。

全国各地普遍栽培作蔬菜食用。本种攀援力强，结果甚多，绿白色圆柱形的果实自棚架垂下，潇洒自如，令人产生丰收的喜悦心情。为良好的观果植物。适植于棚架、花廊或大树旁供观赏。

具相同用途的有下列2个栽培品种：

（1）**白蒲瓜** *Lagenaria siceraria* (Molina) Standl. var. *alba* Hort. 果卵状椭圆形，下部膨大，向上渐渐收窄，白色。栽培品种。

（2）**佛手葫芦** *Lagenaria* sp. 果圆杓形，深绿色，下部膨大，顶端有钝的实头，表面有不规则的隆起，在中部向上骤缩成长柄状。原产地不详。

白蒲瓜

马尾丝瓜　　葫芦科

Luffa cyindrica (Linn.) Roem. 'Horsetail Suakwa'

一年生攀援藤本。卷须2～4歧。叶片轮廓为三角形或近圆形，长、宽均为10～20厘米，掌状5～7裂，基部弯缺开裂。花单性，雌雄同株，黄色；雄花10～20朵排成总状花序，每花有雄蕊5枚；雌花单生，子房圆柱形。果实圆柱形，绿色，直或稍弯，长0.8～1米，表面有深色条纹。花果期夏、秋季。

栽培品种。各地普遍栽培。一般用作蔬菜的丝瓜（原种）果长30～50厘米，而本种的果长可达0.8～1米。如植于花棚或

佛手葫芦

马尾丝瓜的雌花

马尾丝瓜的果实

花廊，让其自然攀援生长，到夏、秋季结果期，其长长的果实自棚架或花廊上垂下，十分可爱，有较好的观赏和美化效果。

喜光，喜温暖至高温多湿，不耐干旱和寒冷，喜水湿，通常多植于湖边，栽培土质须为肥沃的壤土。繁殖用播种法，于春季进行。

木鳖子　　葫芦科

Momordica cochinchinensis (Lour.) Spreng.

多年生草质大藤本，具块根。茎长达15米。叶卵状心形，长10～20厘米，不裂或3～5中裂；卷须粗壮，不分歧。花单性，雌雄异株，淡黄色；雄花单生叶腋或3～5朵排成短总状花序，若为单生，在花梗顶端生一大苞片；雄蕊3枚；雌花单生叶腋，在花梗中部有一兜状苞片，子房长圆形，密生刺毛。果实卵球形，长12～15厘米，成熟时橙红色，肉质，密生具刺尖的突起。花期6～9月，果期8～12月。

产于华东、华中、西南至华南等地。中南半岛和印度有分布。自然生长在山沟及林缘，各地多有栽培作药用。本种攀援力甚强，枝繁叶茂，花色淡雅，花姿美观，果形似铜锤，未熟时深绿色，有观赏价值，成熟后为橙红色，色彩更加美丽。为优良的观花与观果并举的垂直绿化植物。适植于棚架及花廊。

木鳖子的花与叶

木鳖子未成熟的果实

喜光，过于荫蔽则生长不良，喜温暖至高温湿润环境，宜通风，忌湿涝，栽培要求肥沃、土层深厚、排水良好之壤土。繁殖用播种法，于春至夏初进行。

蛇 瓜　　葫芦科

Trichosanthes cucumerina Linn.

一年生攀援藤本，茎多分枝。叶圆形或肾状圆形，长8～16厘米，3～7浅裂至中裂，裂片形状多变，两侧不对称，边缘具疏齿，基部深心形。卷须2～3歧，具纵纹。花单性，雌雄同株；雄花组成总状花序，常有1朵雌花伴生；花冠白色，花瓣5，周边有流苏，流苏与花瓣等长；雄蕊3，退化雌蕊1；雌花单生，花瓣似雄花，子房棒状，长2～3厘米，密被毛。果实长圆柱形，长1～2米，扭曲至卷曲，幼时灰白色，有深绿色条纹，成熟时鲜红色。花期夏季，果期秋至冬季。

蛇 瓜

木鳖子成熟的果实

原产印度，我国各地有栽培。本种的枝蔓攀援力强，花洁白，花瓣周边长满流苏，姿态俊俏淡雅。其果色有花纹，形态扭曲蜿蜒，酷似长蛇，幼果可食用，果由白变绿，再变为橙黄至深红。因此，在同一棚架上生有不同生长阶段的果实，就有不同的颜色，十分美丽，为优良的观果植物和垂直绿化植物。

喜光，喜高温，不耐干旱和寒冷，栽培土质须为肥沃和排水良好的壤土和沙质壤土。繁殖用播种法，于春季进行。

常见栽培的同属植物还有**栝楼** *Trichosanthes kirilowii* Maxim. 多年生攀援藤本。花单性，雌雄异株。果实圆形或椭圆形，长7～10厘米；成熟时淡黄褐色。产辽宁、华北、华东、中南、西南和陕西、甘肃。自然生长在山坡林下或灌丛中。朝鲜半岛、日本、越南和老挝有分布。各地均有栽培。

蛇瓜攀于棚架，红色的为成熟的果实

栝 楼的叶与果，左上为其花

银星秋海棠

丽格秋海棠

丽格秋海棠

丽格秋海棠

银星秋海棠　　秋海棠科

Begonia argenteo-guttata Hort. ex Bailey

多年生灌木状草本，高约1米。根为须根。茎粗壮，有节，多分枝。叶斜卵形，长11～14厘米，先端渐尖，基部心形，一侧向外扩展，上面绿色，有多数密生的白色斑点，背面微带红色，边缘有疏齿。花多数，排成聚伞状圆锥花序，单性，雌雄同株；花被片淡粉红色，交互对生；雄花有多数雄蕊；雌花具1子房。蒴果有翅，玫瑰红色。全年均可开花。

原产巴西，全世界均有栽培。本种的叶色碧绿，再配上多数银白色斑点，清丽高雅；花序大而多花，花色亮丽，令人赏心悦目，为优良的草本花卉。宜在庭园较荫蔽处片植或丛植，亦可盆栽在花廊下或室内摆设及布置花坛。

耐半荫，喜温暖湿润，忌干燥和强阳光直射，夏季高温进入半休眠状态，此时应保持荫凉和通风，进行修剪并停止施肥，栽培要求富含有机质和排水良好的壤土或腐殖土。繁殖以扦插法为主，也可用分株法，均于春、秋二季进行。

与本种近似的有下列2种：

（1）**竹节秋海棠** *Begonia maculata* Raddi 灌木状草本，高约1米。叶上面绿色，有少而稀的白色斑点，背面深红色，边缘有锯齿，花红色也有白色。原产巴西。

（2）**大红秋海棠** *Begonia coccinea* Hook. 多年生灌木状草本，高20～60厘米。叶上面亮绿色，没有白色斑点，下面红褐色，边缘有疏齿。花红色。原产巴西。

球根秋海棠

不同品种的球根秋海棠混植

丽格秋海棠　　秋海棠科

Begonia elatior Hort. ex Steud.

多年生草本，不具球根。株高约20厘米。叶的轮廓近圆形或宽卵形，边缘5～7浅裂，有锯齿，亮绿色。花硕大，花型及花色丰富，通常重瓣，有红、桃红、橙黄、橙红、粉红、黄和白等色。开花期冬至翌年春季。通常不结籽。

本种是**球根秋海棠** *Begonia tuberhybrida* Voss. 与野生秋海棠的杂交种。花的品味高雅华贵。适宜于盆栽摆设。

耐半荫，喜冷凉，属短日照植物，日照14小时以下易开花，可用电照方法调节开花期，忌高温，栽培地须荫凉通风，土质须为肥沃的腐殖土，排水须良好。在深圳宜在秋季栽培。繁殖用叶插或枝插法，枝插于秋季进行，冷凉地区可在夏季进行，叶插于秋冬季进行。

近似种有**球根秋海棠** *Begonia tuberhybrida* Voss. 株高约20～30厘米，具较大的球状块茎。叶斜卵形，基部深凹。花有单瓣和重瓣，花色亦有黄、白、橙红、粉红、红、紫红等多种色彩。为园艺杂交种。

丽格秋海棠 (*Begonia elatior* Hort. ex Steud.)

丽格秋海棠 (*Begonia elatior* Hort. ex Steud.)

竹节秋海棠 (*Begonia maculata* Raddi)

凹脉秋海棠 (*Begonia fernandoi-costa* Irmsch.)

大红秋海棠

虎斑秋海棠

牛耳秋海棠

铁十字秋海棠

独活叶秋海棠

地毯秋海棠

眉毛秋海棠

悬铃叶秋海棠

葡萄叶秋海棠

铁十字秋海棠　　秋海棠科

Begonia masoniana Irmsch.

多年生草本，有根状茎。叶均基生，具长柄；叶片轮廓为斜卵形或近斜圆形，长10～15厘米，先端急尖，基部深心形，两侧不等大，边缘有密齿，上面深绿色，中央沿叶脉有不规则的红褐色图案式环纹，表面有皱纹及刺毛，下面淡褐绿色，沿脉被刺毛。花葶高35～50厘米；花多数，排成圆锥状二歧聚伞花序，花的直径约1厘米，淡黄绿色；雄花有花被片4；雌花有花被片3；子房被紫色长毛。夏季开花，秋季结果。

原产墨西哥，世界各地广为栽培。本种的叶上面有红褐色图案式的环纹，色调对比清晰，形态独特，花多，但花较小，不甚显著，因而以观叶为主。适宜在庭园较荫蔽处片植和布置花坛，也常盆栽供观赏。

耐半荫，忌高温多湿，喜散射阳光及荫凉通风环境，喜温暖，亦不耐干旱和寒冷，忌强阳光直射，栽培土质须为富含有机质和排水良好之壤土或腐殖土。繁殖用叶插法，秋季将叶片剪下，从基部沿叶脉纵切成数片，每片须有交叉的叶脉，平铺或将尖端斜插入沙床，保持湿度及散射光照，即可发根，但发根较缓慢。

具相同用途的同类植物有下列8个园艺杂交种：

（1）**眉毛秋海棠** *Begonia boweri* R. Ziesenh. 叶的轮廓斜宽卵形，基部心形，边缘5～7浅裂。花葶长，花瓣粉红色。原产巴西。

（2）**虎斑秋海棠** *Begonia boweri* R. Ziesenh.'Tiger' 叶斜卵形，绿色，掌状脉白色，脉间有白色斑。花淡红色。栽培品种。

（3）**凹脉秋海棠** *Begonia fernandoi-costa* Irmsch. 叶卵形，长9～11厘米，亮绿色，厚，无毛，叶脉明显下凹，基部微偏斜。花白色。原产巴西。

（4）**独活叶秋海棠** *Begonia heracleifolia* Cham. et Schldl. 叶轮廓为圆形，5～9波状裂，被毛，基部心形，不偏斜。花粉红色。原产南美洲及墨西哥。

（5）**悬铃叶秋海棠** *Begonia platanifolia* Schott 叶的轮廓近圆形，掌状5深裂，裂片边缘有细齿和缺刻，上面绿色，有的有白色短纹或点，下面淡绿微染紫红色。花白色。原产巴西。

（6）**牛耳秋海棠** *Begonia sanguinea* Raddi 叶的轮廓为宽椭圆形，长12～14厘米，偏斜，厚，近革质，上面亮绿色，下面紫红色。花粉红色。原产巴西。

首长蟆叶秋海棠

银色蟆叶秋海棠

红斑蟆叶秋海棠

三色蟆叶秋海棠

圣诞蟆叶秋海棠

（7）**地毯秋海棠** *Begonia imperialis* Lem. 叶的轮廓为卵形，沿掌状脉及侧脉为灰白色。花白色。原产墨西哥。

（8）**葡萄叶秋海棠** *Begonia × peculata* 叶的轮廓斜卵形，边缘5浅裂，裂片边缘有锯齿或缺刻，基部心形，不偏斜。花白色。园艺杂交种。

蟆叶秋海棠　　秋海棠科

Begonia rex Putz.

多年生草本，根状茎匍匐，株高20～30厘米。叶及花均自根状茎生出。叶全部基生，斜卵形，顶端急尖或渐尖，基部心形，偏斜，边缘具波状齿，上面绿色或灰白色，有各种色彩图案式的花纹，下面紫红色，沿叶脉密被毛。花粉红色或红色。

原产印度。本种的叶面有各式形似图案的斑纹点缀，多姿多彩，美丽可爱，是良好的观叶植物。适合在庭园荫蔽处种植或盆栽供观赏。

耐半荫，忌强阳光直晒，喜温暖湿润，忌高温高湿，夏季须植于通风凉爽处，栽培要求土层深厚、肥沃和排水良好的沙质壤土。繁殖用分株法和播种法，于早春进行，也可用叶插法，于秋季进行。

栽培品种甚多，常见的有下列5种:

（1）**首长蟆叶秋海棠** *Begonia rex* Putz.‘Chief’ 叶上面灰白色，沿掌状脉有黑褐色的斑纹延伸至叶片中部，斑纹间有红晕，边沿为黑褐色。栽培品种。

（2）**三色膜叶秋海棠** *Begonia rex* Putz.‘Kotobuki’ 叶上面灰白色，中心部分红色，沿掌状脉有黑褐色斑纹延伸至叶面的1/3～2/3。栽培品种。

（3）**银色蟆叶秋海棠** *Begonia rex* Putz.‘Lilian’ 叶上面灰白色，沿掌状脉有细而短的黑褐色斑纹。栽培品种。

（4）**圣诞蟆叶秋海棠** *Begonia rex* Putz.‘Merry Christmas’ 叶周边绿色，并有灰白色斑点，周边以内为灰白色，叶脉褐色，沿叶脉有黑褐色斑纹，斑纹延伸至叶面的2/3，中心部分有的有红晕。栽培品种。

（5）**红斑蟆叶秋海棠** *Begonia rex* Putz.‘Yuletide’ 叶周边白色，周边以内红色，沿叶脉有黑褐斑纹，斑纹延伸至叶面的1/3～2/3，边缘有不规则的红斑。栽培品种。

四季秋海棠　　秋海棠科

Begonia semperflorens Link et Otto

多年生草本，有须根。茎直立，高15～30厘米，光滑，带肉质，多由基部分枝。叶卵形或卵圆形，长7～10厘米，顶端骤急尖，基部浅心形或圆，微偏斜，边缘有锯齿及毛，叶色有亮绿，紫红或绿带红晕等色。花单性，雌雄同株，有红色、大红色、粉红色及白色等，因品种不同而异。蒴果黄绿色，成熟后黄褐色，有翅。开花期全年。

原产巴西，世界各地普遍栽培，园艺品种很多，其花及叶均美丽娇艳，花期持久，可四季开花，深受欢迎。适用于布置花坛和花径，也常用于盆栽摆设。

耐半荫，喜温暖湿润环境，忌干燥和积水，夏季忌强阳光曝晒和雨淋。冬季喜阳光充足，不耐寒冷，气温低于10℃则生长缓慢。繁殖用播种、扦插和分株等方法，除分株法于春季换盆时进行外，其余均于春、秋二季进行。播种宜即采即播，隔年种子发芽率甚低。

栽培品种很多，常见的有下列5种:

（1）**大叶四季秋海棠** *Begonia semperflorus* Link et Otto ‘Red Pearl’ 叶较大，长达10厘米，亮翠绿色。花红色。

大叶四季秋海棠

淡红四季秋海棠

红花四季秋海棠

白花四季秋海棠

紫叶四季秋海棠

不同品种的四季秋海棠混植作花径

粉花四季秋海棠

紫叶四季秋海棠

（2）**淡红四季秋海棠** *Begonia semperflorens* Link et Otto 'Scandinavian Pink' 叶较小，长7～8厘米，绿色。花淡红色。

（3）**红花四季秋海棠** *Begonia semperflorens* Link et Otto 'Scandinavian Red' 叶较小，长7～8厘米，绿色，带紫红色晕，边缘紫红色。花大红色。

（4）**白花四季秋海棠** *Begonia semperflorens* Link et Otto 'Scandinavian White' 叶较小，长7～8厘米，绿色。花白色。

（5）**紫叶四季秋海棠** *Begonia semperflorens* Link et Otto hybr. 叶长7～8厘米，暗紫绿色，花有白色和粉红色。

（6）**粉花四季秋海棠** *Begonia semperflorens* Link et Otto hybr. 叶长7～8厘米，绿色，花淡粉红色。

金琥　　仙人掌科

Echinocactus grusonii Hildm.

多年生肉质植物，茎圆球形，单个或数个成丛。直径最大者可达1米有余，顶部密生金黄色绵毛，有21～37直棱，棱上有排列整齐的刺座，刺座长金黄色硬刺，每一刺座有辐射状刺8～10条，刺长约3厘米，另有中刺3～5条，长约5厘米，稍弯，较粗。花单生于球体顶部的绵毛周围，两性，钟形，长4～6厘米，花被筒有鳞片，花被片多数，黄色，外轮萼片状，内轮花瓣状。浆果被鳞片及黄色绵毛，基部孔裂。种子黑色，4～11月为开花期。

原产墨西哥中部干燥炎热的沙漠地区。本种球体色彩碧绿，外形规整圆大，气势雄壮，在规则的直棱上，象牙色的刺丛排列有序，在球顶金黄色绒毛的周围，是生花的部位，在开花期开着一圈圈黄灿灿钟形的花朵，给人以金碧辉煌，雍容华贵之感。金琥的寿命极长，据说可活上百年。是公园和植物园温室中不可缺少的观赏植物。栽培品种很多。

喜光，栽培地须阳光充足，如阳光不足，球体变长圆，但在夏季高温季节可适当遮阴，保持通风，土质须为含石灰质的沙壤土并加入适量的腐熟有机肥（如鸡粪），不耐水湿，不耐寒冷，温度太低，球体会生黄斑。繁殖用播种法为主，全年均可进行。也可采用嫁接法，于春季进行嫁接时，切除球顶的生长点，促其萌生仔球，待子球长到直径1厘米左右，即可切下，用**量天尺**（三棱柱）*Hylocereus undatus* (Haw.) Britt. et Rose 作砧木，将仔球嫁接其上，嫁接苗成活率高，生长快速。在球体长大到砧木承受不住时，就可切下种植。

金琥

令箭荷花　　仙人掌科

Epiphyllum ackermannii Haw.

多年生肉质草本，全株绿色。茎肉质，扁平，多分枝，无刺，有一条两面突起的中肋，边缘粗齿状，刺丛生于齿凹处。叶退化。花单生于枝侧的刺座上，无花梗，两

金琥的花、球体的棱及丛刺

令箭荷花

昙 花

宵待孔雀

性，大型，直径约8厘米，漏斗状，无香味；花被筒疏生鳞片；花被片多数，外轮萼片状，绿色，内轮花瓣状，有红、白、黄、紫红或双色等；雄蕊多数；子房弯曲，被红色鳞片。开花期夏至秋季。

原产墨西哥。世界各地常见栽培，有多个栽培品种。本种枝茎清秀，形状奇异，花姿娇艳，花期持久，人见人爱。适用于盆栽，摆设于庭园、会场、宾馆大堂或居室。

耐半荫，性喜高温，要求通风干爽，栽培土质不择，只须排水良好，沙砾土或沙质壤土均可生长，忌积水，否则易腐烂，但亦不宜过于干旱而导致茎枯萎。栽培时最好设支架，以免伸长的枝倾倒折断。

同属植物还有下列2种：

（1）**昙花** *Epiphyllum oxypetalum* (DC.) Haw. 茎高2~6米，主茎圆柱形，木质化，老时呈褐色，多分枝；分枝绿色，扁平，边缘波状或具深圆齿。花单生于分枝侧的刺座上，漏斗状，长25~30厘米，于夜间开放，瞬间即闭，花被片多数，外轮萼片状，绿白色或带红晕，内轮花瓣状，白色。原产墨西哥及南美洲，世界各地广泛栽培。

（2）**宵待孔雀** *Epiphyllum pittieri* 茎的形态与昙花相似。清晨（约6时许）开花，开花时间约2小时，后即闭合。花被片狭窄呈线状长圆形，白色。原产墨西哥。

量天尺（三棱柱）　　**仙人掌科**

Hylocereus undatus (Haw.) Britt. et Rose

攀援肉质灌木，长3~15米。多分枝，分枝3棱形，长20~50厘米，浓绿色，有节，节间生气根，棱常翅状，边缘波状或圆齿状，刺座排列在棱边，每一刺座上生1~3根硬刺。花漏斗状，长25~30厘米，朝开午闭；花被片多数；萼状花被片黄绿色，线形，长10~15厘米，反曲；瓣状花被片白色，长圆状倒披针形，长12~15厘米，顶端具1芒尖。浆果椭圆形，长7~12厘米，红色。花果期7~12月。

量天尺

量天尺的花

原产中美洲至南美洲北部，世界各地广为栽培。我国台湾、福建南部、广东南部、海南及广西有栽培或野化。本种常藉气根攀援于树干、岩石或墙上，可作垂直绿化植物。其花硕大，盛花期着花甚多，美丽淡雅，又为优良的观赏植物。也常作为砧木，用以嫁接其他仙人掌类植物。其花在广东一带作蔬菜食用，或晒干作为煲汤的佐料，商品名叫“霸王花”。果亦可食用，味甜。

喜光，在半日照或稍荫蔽处亦能生长良好，喜高温，耐干旱，不耐湿涝，否则根和茎易腐烂，栽培土质须为排水良好之壤土。繁殖用扦插法，全年均可进行。

栽培品种**火龙果**（红龙果）*Hylocereus undatus* (Haw.) Britt. et Rose ‘Fon-Lon’花夜间开放，翌晨凋谢。果硕大，椭圆形或卵形，长10~13厘米，红色至粉红色，果肉白色或红色，可食用。我国台湾及越南等地大量栽培作经济水果在市场上出售。亦可作观赏植物，可观花及观果。

胭脂掌（肉掌）　　**仙人掌科**

Opuntia cochenillifera (Linn.) Mill.

肉质灌木或小乔木，高2~4米（在原产地高可达9米）。主干圆柱形，直径15~20厘米，分枝很多，有节，茎节椭圆形至狭倒卵形，长8~40厘米，厚而平坦，无毛，暗绿色，边缘全缘，表面散生刺座；刺座不突出，生灰白色绵毛，偶有倒刺。叶钻形，早落。花近圆柱状；花托长2.5~3.5厘米，暗绿色；花被片直立，红色；萼状花被片近半圆形，长0.5~1.2厘米；瓣状花被片卵形，长1.3~1.5厘米。浆果椭圆球

火龙果植株及其果实

胭脂掌开花

胭脂掌的果实

形，长3~5厘米，红色，表面有稍突起的刺座，无刺。花果期6月至翌年2月。

原产墨西哥，世界热带地区广泛栽培。在我国台湾、福建、广东、海南、香港、广西和贵州亦常见栽培。本种分枝茂密，全株呈暗绿色，茎节肉质，扁平如掌，形态奇异，在庭园中宜植于山石旁、建筑物前及花坛中心，观赏效果甚佳，亦可密植作绿篱。

喜光，耐半荫，喜高温，极耐干旱，忌湿涝，对土质不择，在沙土或沙质壤土中均能生长，但必须排水良好。繁殖用扦插法，于夏季进行，取生长良好的茎节，晾2~3日，待切口干燥后方可插入沙床。

本种在《深圳园林植物》一书第67页被误订为仙人掌 *Opuntia dollenii* (Ker-Gawl.) Haw. 在此更正。

常见栽培的还有：

（1）**白毛掌** *Opuntia leucotricha* P. DC. 肉质灌木或小乔木，高3~4米。茎节卵形或长圆形，长约25厘米，绿色，密被灰色软毛和黄色钩毛，每一刺座有白色刺1~3，刺呈长毛状，长5~8厘米。花深黄色，直径6~8厘米。原产墨西哥。

（2）**单刺仙人掌** *Opuntia monacantha* (Willd.) Haw. 肉质小乔木，高2~7米。主茎及老枝呈圆柱状，淡褐色；分枝多数，有节，茎节倒卵形或倒披针形，长10~30厘米，鲜绿而有光泽，无毛，疏生刺座，刺座上长短绵毛、倒刺毛和刺；刺针状，单1。花直径5~7.5厘米；萼状花被片黄色，外面中肋红色；瓣状花被片

白毛掌

黄色。浆果紫红色。原产南美洲，世界各地广泛栽培。

（3）**多刺团扇** *Opuntia spinosissima* Mill. 肉质小乔木。主干圆柱形，分枝多；分枝幼时椭圆形，后长成长椭圆形，长10~20厘米，节不明显，绿色，密生突起的刺座，每一刺座有数硬刺，中刺特长。原产美国西南部和牙买加，热带地区时有栽

单刺仙人掌，右下为其花

单刺仙人掌盛花期

培，深圳仙湖植物园也有栽培，生长良好。

（4）**仙人掌** *Opuntia stricta* (Haw.) Haw. var. *dillenii* (Ker-Gawl.) Berson 肉质丛生灌木，高1.5~3米。分枝多，绿色至蓝绿色，茎节宽倒卵形，倒卵状椭圆形或近圆形，长10~35厘米，无毛；刺座疏生，每一刺座有3~10根黄色的硬刺。花直径5~6.5厘米；萼状花被片倒卵形，长1~2.5厘米，黄色，中肋绿色，瓣状花被片匙状倒卵形或倒卵形，长2.5~3厘米，黄色。浆果卵球形，长4~6厘米，无毛，熟时紫红色。原产墨西哥东海岸和美国南部、东南部至南美洲北部。我国南方沿海地区常见栽培，在广东、广西南部和海南沿海常逸为野生。

多刺团扇

仙人掌

仙人掌的花

蟹 爪

蟹 爪

蟹 爪　　仙人掌科

Schlumbergera truncata (How.) Moran

多年生肉质植物，高30～50厘米。多分枝，通常向外铺散或下垂；茎节扁平，倒卵形，长3.5～5厘米，鲜绿色，两端有2～4尖齿，边缘有尖齿状缺刻，顶端截形，刺座上有短刺毛1～3根。花1～2朵生于茎节顶端，花冠漏斗状，长6.5～8厘米，有玫瑰红、粉红、紫红、橙黄及白等色，因品种不同而异，花开后花瓣反卷。果梨形，光滑，暗红色。花期2～4月。

原产巴西东部，各地广泛栽培。本种的茎节因具尖齿而形似蟹爪，故而得名。其株形优美，早春花开满株，艳丽多彩，十分美丽，适宜于盆栽，置室内及庭园之花廊下摆设。

耐半荫，忌强阳光直射，喜温暖，耐干旱，但在花蕾初现时不能过干，须保持湿润，花蕾形成后则应减少浇水，过湿花蕾易脱落，开花时应置冷凉通风处，花后休眠期应保持盆土干燥，休眠过后可恢复正常浇水。繁殖可用茎节直接扦插，或用量天尺、仙人掌等作砧木嫁接。

与本种近似的有**巴西蟹爪** *Schlumbergera bridgesii* (Lem.) Lofgr. 茎节边缘波状或有1～2钝齿，无尖齿。原产巴西。

蟹 爪

巴西蟹爪

大苞白山茶　　山茶科

Camellia granthamiana Sealy

常绿灌木或小乔木，高2～4米。树皮白色。叶革质、亮绿，椭圆形，长8～11厘米，顶端急尖或短尾状，基部宽楔形或圆，无毛。花白色，单生枝顶，直径10～14厘米；苞片及萼片12，革质，宿存；花瓣8～10；雄蕊多轮。蒴果球形，直径4～6厘米，被宿存的苞片及萼片所包。开花期10～11月，果期12月至翌年2月。

产于广东东部、南部及其邻近岛屿和香港，自然生长于疏林下。深圳也有分布。为国家保护的濒危物种。本种株形美观，叶色终年亮绿，花硕大，花色洁白素雅，为名贵的木本花卉。宜作庭园的观赏树种。

耐半荫，在明亮处生长亦佳，喜高温湿润，尤喜空气湿度大的生境，耐寒，耐瘠薄，栽培对土质不择，但以肥沃、土层深厚和排水良好的壤土为佳。繁殖用播种法，秋季采集成熟的种子，晾干后即行播种，贮存时间不宜过长，否则发芽率会降低。也可用扦插法和嫁接法，均于春季进行。

大苞白山茶

玉牡丹山茶花　　山茶科

Camellia japonica Linn. ‘玉牡丹’

常绿灌木或小乔木，高1～3米。叶革质，卵状椭圆形或卵状披针形，长7～13厘米，有光泽。花通常单生于叶腋，大型，直径达8～10厘米，白色，重瓣。冬至次年春季为开花期。

原种产于我国、日本和朝鲜半岛，各地多有栽培，以云南栽培最鼎盛。深圳也有栽培，但数量及栽培的品种均较少。本种为一园艺品种，花大而花色洁白淡雅，花期甚长，为优良的木本花卉，适合于庭园美化。

喜半荫，喜凉爽气候，耐寒，不耐高温炎热气候，在深圳栽培宜植于凉爽之地，避免强阳光直射，土质须为肥沃、疏松和排水良好之沙质壤土。繁殖用播种、扦插和嫁接法。均于春、秋两季进行。

同属植物的园艺品种多不胜数，栽培历史悠久，在珠江三角洲常见的还有下列2个栽培品种:

（1）**花鹤龄山茶花** *Camellia japonica* Linn.‘花鹤龄’ 花重瓣，白色，外边数花瓣间红色。

（2）**花蝴蝶山茶花** *Camellia japonica* Linn.‘花蝴蝶’ 花重瓣，花瓣红白相间。

玉牡丹山茶花

花鹤龄山茶花

花蝴蝶山茶花的花

防城金花茶

小花金花茶　　山茶科

Camellia micrantha S. Y. Liang et Y. C. Zhong ex Liang et al.

常绿灌木，高1.5～3米。叶嫩时深紫红色，老后深绿色，革质，椭圆形至倒卵形，长10～15厘米。花1～3朵顶生或腋生，直径1.5～2厘米，淡黄色带红色；萼片5，长3～4毫米；花瓣6～8，近圆形，长0.7～1厘米，两面被短柔毛。蒴果扁球形，3瓣裂。花期10～12月。

原产广西南部，自然生长在常绿阔叶林间。广西和深圳等地有栽培，生长良好。本种的叶色亮绿，嫩时呈红色，富色彩美，花朵娇小玲珑，淡黄色而带红晕，惹人喜爱，为优良的木本花卉。适宜于园林美化或盆栽。繁殖用播种法或用组织培养法育苗。

同属植物还有**防城金花茶** *Camellia nitidissima* Chi var. *phaeopubisperma* S. Y. Liang et Z. H. Tang 与原变种金花茶 *Camellia nitidissima* Chi（见《深圳园林植物》第70页）很相似，区别在于本变种的叶较短，长椭圆形至卵状长椭圆形，长10～14厘米，先端钝尖。种子被黄褐色柔毛。产于广西防城，深圳有栽培，生长良好。

三色茶梅　　山茶科

Camellia sasaqua Thunb. □ricolor□

常绿灌木，高0.5～1.5米。叶椭圆形至长圆形，长3～7厘米。花无柄，单瓣，花瓣白色，边缘粉红色；雄蕊多数，花药

小花金花茶

南山茶的花

黄色。秋季、冬季至次年春季为开花期。

原种**茶梅** *Camellia sasaqua* Thunb. 花淡红色，单瓣。原产我国和日本，但园艺品种很多，有单瓣、重瓣和各种花色的品种。为十分名贵的木本花卉。是秋、冬、春季园林美化的最佳品种之一。

三色茶梅

茶　梅

喜半荫，在全日照、半日照或半荫环境中均能正常生长，喜温暖、湿润气候，较耐寒，不耐干旱和瘠薄，土质须为肥沃、疏松和排水良好的沙质壤土，地栽和盆栽均可，但用盆栽的较多。繁殖用扦插法或嫁接法，于春、秋二季进行。

南山茶（广宁油茶）　　山茶科

Camellia semiserrata Chi

常绿小乔木，高8～12米。叶椭圆形，长9～12厘米，无毛，边缘1/2或1/3以上有尖齿。花顶生，红色，无梗，直径7～8厘米；苞片及萼片11片；花瓣6～7片，长4～5厘米；雄蕊多数，排成5轮，长2.5～3厘米。蒴果卵球形，直径4～8厘米，3～5室。开花期1～2月，至翌年秋季果熟。

产广东及广西东南部，自然生长在山坡疏林中。深圳于1996年引进栽培，现已连续5年开花结果。本种是我国栽培的红花油茶中花较大、果亦较大的种类，盛花期灿烂而绚丽，花姿绰约，为优良而名贵的木本花卉及庭园风景树。

喜光，喜高温多湿气候，不耐干旱和瘠薄，稍耐寒，栽培地须阳光充足，排水良好和土层深厚，土质以疏松肥沃的沙质壤土或壤土为佳。繁殖用播种法，于春季进行。

粉花重瓣茶梅

红花重瓣茶梅

南山茶，右上为其果

大头茶　　山茶科

Gordonia axillaris (Ker-Gawl.) Endl.

常绿乔木，高3～10米。叶革质，倒披针形，长6～14厘米，边缘上半部有浅锯齿或全缘，先端钝。花单生于枝顶叶腋，直径7～10厘米；花萼有5萼片，宿存；花瓣5片，白色。宽倒卵形，先端凹，长3.5～5厘米。蒴果木质，长椭圆形，长2.5～3.5厘米，5片，开裂。种子上端有歪翅。花期9月至翌年1月。

产于台湾、广东、香港、海南和广西。越南有分布。自然生长在山坡林中，是深圳山野间常见的一种野生木本花卉，各公园亦时有栽培。本种枝叶四季常青，开花期甚长，花朵洁白素雅。适宜作园林风景树和坡地的水土保持树种。

喜光、喜温暖至高温气候，抗风力强，耐干旱，耐空气污染，栽培地的土质须为肥沃、富含腐殖质的沙质壤土，日照要充足，排水要良好。繁殖以播种为主，于春季进行，也可用扦插法。于春、秋两季进行。

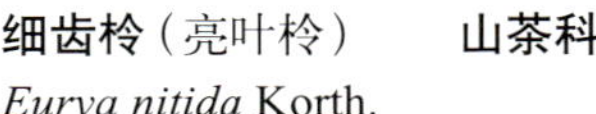

细齿柃（亮叶柃）　　**山茶科**

Eurya nitida Korth.

常绿灌木或小乔木，高1～3米，全体无毛。叶互生，长圆形或卵状长圆形，长4～7厘米，上面亮绿，边缘有钝齿。花细小，白色，单性，雌雄异株；雄花1～3朵腋生；雌花1～4朵腋生。果球形，直径3～4毫米。冬季开花至翌年夏季果熟。

细齿柃

细齿柃叶形

水东哥

水东哥的果

大头茶

产于我国长江流域以南各地。中南半岛各国、印度、斯里兰卡、菲律宾、印度尼西亚和日本有分布。自然生长在山坡灌丛中或林中。深圳各地灌丛中常见。本种叶色亮绿，四季常青，枝繁叶茂，冬季开花期，星星点点的白花与绿叶相映成趣，充满生机。适作园林绿化植物或密植作绿篱。

喜光，在半荫处亦能生长旺盛，耐寒，不耐干旱，对土质不选择，但以肥沃、富含有机质的壤土为佳。性强健，在仙湖植物园栽培生长良好。

水东哥　　水东哥科

Saurauia tristyla DC.

常绿乔木，高3～6米。叶互生，倒卵状长圆形，长10～28厘米，亮绿色，先端骤急尖，基部近圆形，边缘有刺状细齿。聚伞花序1～4枚，腋生或生于老枝叶痕腋部；花淡红色，直径0.8～1厘米；萼片5，长约4毫米；花瓣5，上部反折；雄蕊多数。浆果球形，直径0.5～1厘米，成熟时白色。花果期3～12月。

产于云南、贵州、广西、广东、香港和海南。自然生长在山谷沿水沟边的疏林中。深圳沟谷林中十分普遍。本种枝叶茂密，树冠广阔，叶色亮绿，白色的浆果密集簇生于老枝上，似一串串洁白珍珠，晶莹可爱。其根部吸收水力强，叶的蒸腾作用强，在干热的季节，可调节温度及空气湿度。为优良的绿荫树和观果植物。

耐半荫，性喜高温多湿，不耐干旱，栽培地须肥沃和阴湿，宜在溪旁、湖边及山沟坡上种植。繁殖用播种法，于春季进行。

桂叶黄梅　　金莲木科

Ochna kirkii Oliv.

常绿灌木或小乔木，高1～3米。叶互生，革质，长椭圆形，长8～9厘米，先端渐尖，有针状突尖，基部圆，边缘刺状疏齿；叶柄几不明显。花黄色，排成伞形花序；萼片5，成熟后变为红色，宿存；花瓣5，授粉后与雄蕊一同脱落。心皮3～10，每一心皮结成一核果状的果，环列在花托之上。成熟时黑色。花期夏至秋季，果期秋至初冬。

原产热带非洲，世界热带地区多有栽培，在我国台湾、广东（广州和深圳）也有栽培，生长良好。本种的花期较长，着花甚多，盛花期花色金黄灿灿，花瓣脱落后，留下萼片及膨大的子房；宿存的萼片渐渐变为鲜红，此时满树鲜红，似又是一次盛花期。从夏至冬季全株色彩变化万千。环列在花托上的果酷似卡通米奇的头，故又称它为“米老鼠树”，十分珍奇雅致，为优良的观花和观果并举的木本花卉，适用于庭园美化及大型盆栽。

喜光，在半日照环境下生长亦佳，如日照良好，开花越盛，性喜高温湿润及多肥，不耐干旱，栽培对土质不择，但须排水良好。繁殖用播种法，于春至夏季进行。

水翁　　桃金娘科

Cleistocalyx operculata (Roxb.) Merr. et Perry

常绿乔木，高可达15米。分枝多，嫩枝扁。叶椭圆形，长11～17厘米，两面有透明腺点。圆锥花序生于无叶的老枝上，很密；花2～3朵簇生，白色；雄蕊多数，长于花瓣2～3倍。浆果宽卵形，长1～1.2厘米，成熟时紫黑色。花期5～6月，果期6～9月。

产于广东、海南、香港、广西及云南。中南半岛至印度尼西亚和澳大利亚有分布。自然生长在山谷湿润处及水边。本种在深圳山地水沟边或溪流边十分常见。其树姿高大壮健，树冠开阔，枝繁叶茂，绿荫效果甚佳，花与果均可观赏，宜作园林的风景树和绿荫树。

喜光，喜高温和水湿，耐半荫，不耐干旱，抗风，栽培地须为湿润或水浸之地，喜酸性土。繁殖用播种法，于春季进行。

水翁，左下为其花序

水翁的果

众香　　桃金娘科

Pimenta racemosa (Mill.) J. Moore

灌木或小乔木，高2～3米。叶椭圆形，长5～8厘米，革质，亮绿色，揉之有浓的芳香味。花序总状；花冠白色。

喜光，喜高温多湿气候，不耐干旱和寒冷，栽培须肥沃、排水良好之沙质壤土。在深圳栽培，生长良好。繁殖用扦插法和播种法，于春季和夏初进行。

原产美洲热带，热带地区多有栽培。本种分枝繁茂，树冠呈伞形，加之叶和花都有香味，宜植于庭园和绿地作观赏树。

桂叶黄梅

桂叶黄梅的花

桂叶黄梅的宿萼及果

众香

众香的叶形

金叶红千层

金叶红千层幼枝及叶

金叶红千层（金叶串钱柳）　　**桃金娘科**

Callistemon × hybridus 'Golden Ball'

常绿小乔木或灌木，株高2-5米。叶紧密互生，线形，长2.-2.5厘米，幼叶金黄色，老叶黄绿色，揉之有香味，故又称"黄金香柳"。夏至秋季开花，花序长圆柱形，下垂，雄蕊多数，红色。

栽培品种，热带地区多有栽培。本种树冠呈椭圆状伞形，株形飒爽美观，为优良的观叶及观花树种。适作园林风景树及行道树。深圳有栽培，生长旺盛快速。

喜光，光照充足叶色亮丽，性喜高温湿润，栽培须为排水良好及肥沃之砂质壤土，不耐干旱，春夏季生长期须充分浇水。繁殖用扦插及高压法，春、秋两季均可进行。

小花蒲桃

小花蒲桃（红鳞蒲桃）　　**桃金娘科**

Syzygium hancei Merr. et Perry

常绿小乔木，高5～10米。叶椭圆形，长4～7厘米，有光泽，有腺点。圆锥花序腋生，长1～1.5厘米，多花；花白色，花瓣4，长约1毫米；雄蕊长于花瓣。果球形，直径5～6毫米，成熟时黑色，顶端具宿存萼片。花期7～9月，果期8至翌年2月。

小花蒲桃的叶形

小花蒲桃的花序

产于广东、香港及海南。自然生长于疏林中，在深圳的山坡林中分布普遍，为本地区的乡土树种。本种树冠广阔，几呈圆形，姿态壮健，绿荫效果甚佳。其叶色四季常绿且有光泽，为良好的园林绿荫树和观赏树。

喜光，喜高温湿润气候，耐半荫，在湿润、肥沃、土层深厚的壤土中生长迅速壮健。繁殖用播种法，于春末、夏初进行。播种时，采收成熟的种子，洗去果肉，即可播下，数天后发芽，发芽率高。

具相同用途的植物有下列种类：

（1）**轮叶蒲桃** *Syzygium grijsii* (Hance) Merr. et Perry 灌木，高1.5～2米。叶对生或3枚轮生，狭长圆形或倒披针形，长1.5～3.5厘米，有腺点。聚伞花序顶生，长1～1.5厘米，少花；花瓣长2毫米；雄蕊长5毫米。果的直径长4～5毫米，顶端具宿存萼片。花期夏至秋季。产于浙江、江西、福建、广东和广西。自然生长于灌丛中。广州有栽培，生长良好。

（2）**香蒲桃** *Syzygium odoratum* (Lour.) DC. 常绿乔木，高可达20米。叶长圆形至披针形，长3～7厘米，顶端尾状，上面有许多腺点，有光泽，揉之有香味。圆锥花序顶生或近顶生，长2～4厘米，多花；花瓣长3～4毫米，白色。果直径6～7毫米，有白粉，顶端具宿存萼片。花期5～8月。产于广东、广西及海南。深圳也有野生。深圳仙湖植物园有栽培。用种子繁殖，可大批量育苗。

（3）**狭叶蒲桃** *Syzygium tsoongii* (Maxim.) Merr. et Perry 小乔木，高1～5米。叶对生，线状椭圆形，长3.5～5厘米，上面有许多细腺点，下面灰白色。圆锥花序顶生，长约3厘米；花瓣长约2毫

小花蒲桃的果

轮叶蒲桃

轮叶蒲桃的花序及叶形

香蒲桃，右下为其花序

米。果直径5～7毫米，顶端有宿存萼片。产于海南各地。广州有栽培。生长旺盛。花期5～6月。

（4）**方枝蒲桃** *Syzygium tephrodes* (Hance) Merr. et Perry 小乔木，高可达6米。小枝四棱形，老枝圆形。叶披针形，长2～5厘米，几无叶柄。圆锥花序顶生，长3～4厘米；花有香气，花瓣长约2毫米。果长3～4毫米，灰白色，顶端有宿存萼片。产于海南。越南有分布。广州有栽培，生长旺盛。花期5～6月。

（5）**肖蒲桃** *Acmena acuminatissima* (Bl.) Merr. et Perry 乔木，高10～15米。叶椭圆披针形，长5～12厘米，顶端长尾状渐尖。浆果卵球形，直径0.6～1厘米，成熟时紫黑色，顶端无宿存萼片。产于广东和广西。印度和菲律宾有分布。深圳有栽培，并有百年树龄的古树3株。仙湖植物园也有栽培。

用种子繁殖的香蒲桃一年生苗

狭叶蒲桃

方枝蒲桃

狭叶蒲桃发新叶

方枝蒲桃发新叶

肖蒲桃，右下为其叶

红胶木

红胶木　　桃金娘科

Lophostemon confertus (R. Br.) P. G. Wilson et Waterhouse

乔木，高达20米。树皮平滑，易脱落。叶假轮生，聚生枝顶，长圆形或倒披针形，长7～15厘米，上面多腺点，下面灰白色。聚伞花序腋生，长2～3厘米，有花3～7朵；花白色，长约6毫米。果半球形，直径0.8～1厘米。花期5～7月，果期7～9月。

原产于澳大利亚，热带地区多有栽培。我国广东和广西也有栽培。本种树形美观，花色洁白素雅，为优良的庭园绿荫树和行道树，亦是优良的造林树种。

喜光，喜高温多湿气候，对土质不择，但喜肥沃之土壤。在土层深厚、肥沃的沙质壤土中生长良好快速。繁殖用播种法，在春、秋两季进行。

红胶木的叶形

宝莲花　　野牡丹科

Medinilla magnifica Lindl.

常绿灌木，株高2～3米（盆栽为0.5～1米）。分枝四棱形。叶对生或轮生，几无柄；叶片卵状椭圆形，长10～20厘米，近革质，浓绿色，全缘，具3～5条基出脉，侧脉平行。聚伞花序组成大型圆锥花序，长可达20厘米，腋生，下垂；总苞片及苞片均大型，粉红色；花多数，粉红色。夏季为开花期。

原产菲律宾，热带地区多有栽培。我国台湾、福建、广东、香港、海南和广西等地也有栽培。本种花序硕大，小花层层排列成圆锥形花序。花色绚丽，姿态殊雅，为珍贵的木本花卉。适合于庭园较荫蔽处栽培或盆栽置花廊下摆设供观赏。

耐半荫，喜高温多湿，不耐寒冷和干旱，冬季须注意防寒并减少灌水，栽培土质须为疏松、肥沃和排水良好之腐殖土。繁殖用高压法，因发根率低，宜用生根素处理，于春至夏季进行。

宝莲花

细叶野牡丹

细叶野牡丹　　野牡丹科

Melastoma intermedium Dunn

常绿小灌木。茎匍匐上升或直立，长30～60厘米，分枝披散。叶片略厚，椭圆形，长2～4厘米，顶端急尖或钝，基部近圆形，全缘，基出脉5条，上面密被糙伏毛。聚伞花序顶生，有花3～5朵，花瓣紫色，菱状倒卵形，长2～2.5厘米；雄蕊10，5长5短。蒴果坛状。花期4～6月。

产于贵州、广西、广东、福建和台湾。生于田边矮草丛中或山坡。本种为亚热带地区的乡土植物，茎分枝多，叶色亮绿，花美色艳，为良好的地被植物及木本花卉。

喜光，在半荫环境生长亦佳，喜温暖湿润气候，不耐干旱，栽培土质宜为肥沃、疏松和排水良好的壤土。繁殖用扦插法，于春季和夏季进行。

蒂杜花　　野牡丹科

Tibouchina urvilleana (DC.) Cogn.

常绿灌木，株高0.3～1米。茎四棱，被毛。叶对生，卵形，长6～10厘米，两面密被短毛，基出脉3条。短聚伞花序再排成顶生的圆锥花序；花的直径4～5厘米，淡紫色或紫蓝色，花瓣倒卵状三角形；雄蕊10，5长5短。夏至秋季为开花期。

原产巴西，世界热带地区普遍栽培，在深圳亦有栽培。本种一朵花只开1天即谢，但花谢花开，络绎不绝，开花期相对较长，其叶色翠绿，花色艳丽，珍雅殊美，为优良的木本花卉。适合于丛植作绿篱、布置花坛或盆栽。

喜光，在荫蔽处生长不良，亦不开花，性喜温暖湿润，不耐高温，夏季宜置阴凉通风处，栽培以富含有机质和排水良好的沙质壤土为佳。繁殖用扦插法或高压法，在春、秋两季进行。

蒂杜花

小叶榄仁

小叶榄仁的叶形

虎颜花（熊掌）　　**野牡丹科**

Tigridiopalma magnifica C. Chen

多年生草本，茎极短，有根状茎。叶基生，叶片膜质，心形，长20～30厘米，顶端圆，边缘有不规则细齿，基出脉9条，上面无毛，下面密被糠秕。蝎尾状聚伞花序腋生；花梗长20～30厘米，钝四棱；花萼具5棱；花冠绯红色；雄蕊10，5长5短。蒴果漏斗状杯形，花期1～2月。果期3～4月。

产于广东西南部，自然生长于山谷密林下阴湿处，河边或岩石积土上。福建（厦门）、广东（广州、深圳）等地有栽培。本种叶片大型，外形酷似熊掌，故常有“熊掌”之称，其花色美艳，观赏价值较高，适宜在庭园荫蔽处栽培或盆栽置花廊下摆设。

虎颜花

三色小叶榄仁

三色小叶榄仁的叶形

耐荫，忌强阳光直射，性喜高温多湿，不耐干旱和寒冷，栽培须富含有机质、湿润但排水良好之壤土。繁殖用分株法，于春季进行。

小叶榄仁　　**使君子科**

Terminalia mantalyi H. Perrier

落叶乔木，树高5～15米。分枝多，通常轮生，开展。叶密生于小枝的顶端，叶片倒披针形，长3～4厘米，顶端圆，基部楔形，亮绿色。

竹节树

原产热带非洲。热带地区多有栽培，我国台湾、福建、广东、香港、广西等地均有栽培。本种树姿优雅，树冠呈圆锥状塔形，分枝层次分明，独具风格，为高级的庭园风景树和行道树。在深圳栽培生长旺盛快速。

喜光，在半荫处栽培生长亦佳，喜高温多湿，栽培地要求土层深厚和排水良好之壤土。繁殖用播种法或嫁接法。春至夏季为播种期，播种前先用温水浸种，待种皮软化后再播种。嫁接繁殖于早春进行。

具相同用途的有**三色小叶榄仁** *Terminalis mantalyi* H. Perrier ‘Tricolor’ 叶有白色或淡黄色的斑。栽培品种。繁殖用嫁接法，用榄仁树 *Terminalia catappa* Linn. 或小叶榄仁作砧木，于春季进行。

竹节树　　**红树科**

Carallia brachiata (Lour.) Merr.

常绿乔木，高7～10米，基部有支柱根。叶对生，近革质，叶形变化大，长圆形、椭圆形至倒卵状披针形，长4～8厘米，顶端急尖或渐尖，基部楔形，全缘，亮绿色；叶柄长6～8毫米。聚伞花序腋生；花很小，白色，花瓣长约2毫米。果实近球形，直径4～5毫米，顶端具宿存萼齿。花期冬至次年春季，果期夏季。

产于广东、广西及香港。印度、缅甸、泰国、越南、马来西亚、斯里兰卡、马达加斯加及澳大利亚有分布。自然生长在山谷杂木林中。深圳梧桐山、七娘山等地均有分布，有时生于村落附近。福建（厦门）、广东（广州和深圳）有栽培，生长良好。本种树冠呈圆伞形，树叶碧绿亮泽，宜作庭园绿化树和风景树。

喜光，但在半荫处生长正常，对土壤不苛求，在石坡及岩石裸露的溪旁也能正常生长，抗风，耐贫瘠，喜湿润、肥沃的壤土，惟生长缓慢。繁殖用扦插法和播种法，于秋季或次年春季进行。

竹节树的叶形及幼果

黄牛木

岭南山竹子

岭南山竹子盛花期，右下为其花序

黄牛木的叶及花

黄牛木　　金丝桃科

Cratoxylum cochinchinense (Lour.) Bl.

落叶乔木，高5～18米。树皮灰黄色，树干下部有簇生的长刺。分枝对生，淡红色。叶对生，椭圆形或披针形，长3～10厘米，近革质，顶端渐尖，基部楔形，无毛，下面有腺点。聚伞花序有花2～3朵；花的直径1～1.5厘米，花瓣粉红色；雄蕊多数，合成3束。蒴果椭圆形，长0.8～1.2厘米，棕色，被宿萼包被。花期4～5月，果期6～8月。

产于广东、香港、广西和云南南部。中南半岛及东南亚有分布，深圳各地杂木林中常见，为本地区的乡土树种。本种树冠呈圆伞形，树姿优美，叶色翠绿，开花时节，粉红色的小花密布，艳丽悦目，为优良的木本花卉。宜作园林风景树和绿化树。

喜光，在半荫处生长亦佳，喜高温湿润环境，栽培土质须为土层深厚，富含有机质和排水良好的壤土。繁殖用播种法，于春季进行。

岭南山竹子　　藤黄科

Garcinia oblongifolia Champ. ex Benth.

常绿乔木，高5～10米，具黄色树脂。分枝对生。叶对生，近革质，长椭圆形至倒披针形，长5～10厘米，顶端急尖，基部楔形，微偏斜。花单性，雌雄异株，单生或排成伞形式聚伞花序；花冠直径约3毫米，花瓣4，橙黄色或淡黄色；雄花具多数雄蕊；雌花的退化雄蕊合生成4束；子房卵球形。浆果圆球形，直径2～3.5厘米，成熟时黄色。花期4～5月至10～12月果熟。

产于广东、香港、海南和广西。越南北部有分布，自然生长在山谷密林或疏林中。深圳梧桐山、七娘山等山谷中较常见，为本地区的乡土树种。本种树冠广阔，树姿壮健，叶色亮绿，分枝排列有序，为良好的庭园绿化树。仙湖植物园有栽培，生长良好。

喜光，耐半荫，喜高温湿润环境，栽培土质须为土层深厚、富含腐殖和排水良好的壤土。繁殖用播种法，于春季进行。

同属植物有**大叶藤黄** *Garcinia xanthochymus* Hook. f. ex T. Anders. 又名歪歪果。叶两行排列，椭圆形或长方状披针形，长20～34厘米，侧脉多至35～40对。花两性，花瓣5。浆果圆球形，顶端突尖，通常偏斜。花期3～5月，8～11月果熟。产于云南南部及广西西南部。缅甸、泰国、中南半岛及喜马拉雅山东段有分布。自然生长在潮湿的密林中，广东（广州）有引种栽培，生长旺盛，快速，每年均开花结实。

福木（小叶福木）　　**藤黄科**

Garcinia spicata Hook. f.

常绿乔木，高3～5米。分枝对生，叶对生。椭圆形，长6～8厘米，顶端急尖，基部宽楔形，革质，深绿色，有光泽。花单性，雌雄同株，淡黄色；雄花排成长约15厘米的穗状花序；雄蕊多数，排成5束；

大叶藤黄

大叶藤黄的浆果

福木

福木的叶形

福木的浆果

雌花簇生，具退化雄蕊和子房。浆果球形，直径2.5～3厘米，成熟时黄色，花期5～8月，果期 7～9月。

原产于菲律宾，热带地区多有栽培。我国台湾、福建（厦门）、广东（广州和深圳）等地均有栽培。本种树冠呈狭圆锥形，苍劲端正，枝叶浓密茂盛，叶色亮绿，为优良的园林风景树和观赏树。列植、片植或单植均有良好的观赏效果。

喜光，在稍荫处生长亦佳，喜高温湿润环境，抗风力强（因属深根性），耐盐碱，栽培土质须富含有机质之壤土。繁殖用播种法，在春至夏季进行。也可用高压法。

文定果（南美假樱桃）　**椴树科**

Muntingia calabura Linn.

常绿小乔木，树高可达6米。分枝多，呈水平开展或微下垂。叶互生，排成2列，卵状椭圆形，长6～8厘米，先端渐尖，基部斜心形，边缘有锯齿，两面密被小星状毛。花白色，腋生，花瓣5，具短柄。浆果球形，直径约1厘米，具长柄，成熟时红色。全年均开花结果，春季为盛花期。

原产美洲热带。我国台湾及华南地区有栽培。深圳仙湖植物园也有栽培。本种树冠广阔，树姿呈圆伞形，枝繁叶茂，终年青绿，果熟期，鲜红的果实酷似成熟的樱桃，不但可观赏，还可诱鸟。适宜作庭园观赏树。

喜光，在荫蔽处生长不良，喜高温湿润，不耐干旱和瘠薄，栽培对土质不择，但以富含有机质和排水良好之壤土为佳。繁殖用播种法、扦插法和高压法，均可在春、秋二季进行。

蚬 木　　椴树科

Burretiodendron hsienmu Chun et How

常绿大乔木，树高可达30多米。叶互生，厚革质，椭圆状卵形或宽卵形，长9～18厘米，绿色，有离基三出脉，顶端尾尖或渐尖，基部近圆形，全缘。花单性，雌雄异株，排成2或3歧的聚伞花序；花瓣5，白色；雄花有多数雄蕊，合成5束，有退化子房；雌花有多数退化雄蕊，亦合成5束；雌蕊长约6毫米，柱头5裂。蒴果椭圆形，熟时裂为5爿。3月开花，6月果熟。

产于广西南部、云南东南部。越南西北部有分布，自然生长在石灰岩山地林中。本种树冠广阔，树姿雄伟，树干通直，叶色亮绿，为高级的园林绿化树和风景树。仙湖植物园有栽培，生长良好。为国家保护的濒危植物。

喜光，幼龄树（5～6龄树）耐荫，10年树龄以上须全日照才能生长正常，喜温暖至高温湿润环境，稍耐寒，栽培土质须土层深厚、富含有机质和排水良好之壤土。繁殖用播种法，种子的寿命短，宜即采即播。

蚬 木

蚬木的叶形

文定果

文定果的花

文定果结实期

破布叶

破布叶（布渣叶） 椴树科

Microcos paniculata Linn.

常绿乔木，高5～10米。叶互生，卵形或卵状长圆形，长8～15厘米，绿色，粗糙，顶端渐尖，基部近圆形，基出脉3条，边缘具不明显的锯齿。圆锥花序顶生；花淡黄色；花瓣5；雄蕊多数。核果倒卵球形，长约1厘米。开花期6～8月，果期7～9月。

产于广东、香港、广西和云南。越南、印度和印度尼西亚有分布。自然生长在山地疏林中。深圳梧桐山、七娘山和塘郎山等地的山坡及疏林中常见，为本地区的乡土树种。本种树冠广阔，树姿健壮，终年翠绿，盛花期黄色的花序密布，清雅悦目，为良好的木本花卉。适作园林风景树和绿化树。

喜光，在半日照的环境下生长良好，喜高温湿润，抗风，栽培不择土质，但以土层深厚，富含腐殖质和排水良好之壤土为佳。繁殖用播种法，于春至夏初进行。

破布叶的花序

破布叶的果实

山杜英 杜英科

Elaeocarpus sylvestris (Lour.) Poir.

常绿小乔木，高6～8米。叶互生，倒披针形，长4～10厘米，顶端渐尖，基部楔形，两面无毛，边缘有浅锯齿，侧脉7～9对。花白色，排列为长4～6厘米的总状花序；萼片无毛；花瓣倒卵形，长5～6毫米，上半部撕裂，裂片约10条；雄蕊15。核果椭圆形，长1～1.5厘米，绿色，成熟时为黄色。开花期4～5月。8～10月果熟。

产于浙江、台湾、福建、江西、湖南、广东、广西、贵州及云南。越南、老挝有分布。自然生长在常绿阔叶林中。深圳有栽培，生长良好。本种树姿苍劲，老叶叶色变红，富色彩美。宜作庭园风景树及绿化树。

喜光，在半日照处生长亦佳，喜温暖至高温湿润环境，耐寒，抗风，栽培对土质不择，但在土层深厚、富含有机质和排水良好之壤土中生长极旺盛。繁殖用播种法，于春季进行。

山杜英

山杜英的叶形

具相同用途的同属植物有下列2种：

（1）**显脉杜英** *Elaeocarpus dubius* A. DC. 叶披针形，长5～7厘米，顶端渐尖至尾状渐尖，基部阔楔形或近圆形。总状花序长3～5厘米；花有毛。核果长1～1.3厘米。产于广东各地及广西、云南。越南有分布。自然生于山地常绿阔叶林中。广州一些苗圃有栽培。

（2）**中华杜英** *Elaeocarpus chinensis* (Garden. et Champ.) Hook. 叶卵状披针形，长5～8厘米，下面有黑色的腺点。总状花序长3～4毫米；花瓣无毛。产于浙江、江西、广东、广西、贵州和云南。越南、老挝有分布。自然生长在常绿阔叶林中。深圳的山坡林中亦常见。

锡兰橄榄 杜英科

Elaeocarpus serratus Linn.

常绿乔木，株高可达10米。叶互生，椭圆状披针形，长10～14厘米，革质，绿色，有光泽，顶端急尖，基部宽楔形，边缘有疏齿。总状花序顶生和腋生，长约10厘米；花淡黄绿色，花瓣顶端撕裂状。核果椭圆形，长3～3.5厘米。花期6～8月，果期8～11月，

原产于印度和斯里兰卡。热带地区

显脉杜英

中华杜英

锡兰橄榄

锡兰橄榄的核果

多有栽培。我国台湾、福建（厦门）、广东（广州及深圳）等地也有栽培，生长十分旺盛。本种树姿挺拔壮健，叶色亮绿，老叶叶色变红，果实形似橄榄，十分可爱，为优美之园林风景树。在台湾中部和南部广为栽培。

喜光，在半日照处亦能正常生长，喜高温多湿，栽培不择土壤，但须土层深厚和排水良好，繁殖用播种法，于春季进行。

槭叶瓶干树　　梧桐科

Brachychiton acerifolius (G. Don f.) Macarchur

常绿乔木，树高可达12米。树皮绿色，树干直，树冠伞形。叶互生，轮廓为半圆形，长12～16厘米，掌状7～9中裂，裂片再有2～4羽状深裂，裂片先端锐尖。圆锥花序；花萼鲜红色，无花瓣。

原产澳大利亚，热带地区有栽培。我国台湾、福建（厦门）、广东（广州和深圳）也有栽培。本种树姿殊雅，叶形奇特，四季葱绿，花色艳丽，为高级的木本花卉，可赏花和观叶。适作园景树。

喜光，喜温暖，耐高温，不耐寒，栽培土质须为湿润、肥沃和排水良好之壤土。幼树生长缓慢，须加强管理并常修剪下部之分枝，成树后可粗放管理。繁殖用播种法，于春、秋二季进行。

槭叶瓶干树（幼树）

昆士兰瓶干树，右下为其叶形

在深圳栽培的还有下列2种:

（1）**昆士兰瓶干树** *Brachychiton rupestris* (Lindl.) Schum. 树干灰褐色，粗壮，中部膨大，直径可达1米或更粗。叶线形，长6～10厘米，宽约1厘米，不裂或掌状5～7深裂。花未见。原产澳大利亚昆士兰。

瓶干树的一种

（2）**瓶干树的一种** *Brachychito* sp. 树干灰褐色，中部不膨大，通直。叶掌状5～7深裂，分裂几达基部，裂片线形，长3～10厘米。顶端渐尖，也有部分叶线形，长7～8厘米，不裂。叶的形状与昆士兰瓶干树相似，很可能为同一种植物。树形的区别是可能是树龄的关系，尚待进一步研究。

山芝麻　　梧桐科

Helicteres angustifolia Linn.

常绿小灌木，高约1米。叶互生，狭长圆形或狭披针形，长3.5～5厘米，顶端急尖，基部圆形，上面亮绿，无毛，下面被灰白色至淡黄色星状毛。聚伞花序有2至数朵花；花瓣5，不等大，紫色；雄蕊10，退化雄蕊5。蒴果卵状长圆形，长1～2厘米，密被星状毛。全年均开花结果。

产于台湾、福建、江西、湖南、广东、香港和广西。印度、中南半岛和亚洲东南部有分布。自然生长在山地和丘陵地灌丛中。深圳各山地亦较常见。仙湖植物园内有栽培。本种终年翠绿，开花不断，紫色的小花十分美丽优雅，为常见的灌木花卉。

喜光，在半日照环境生长亦佳，适应性强，耐寒，耐干旱和瘠薄，栽培不择土壤，但以肥沃和排水良好的壤土为宜。繁殖用播种法，于春、秋两季进行。

山芝麻，左下为其花序

瓶干树的一种（叶形）

蝴蝶树

蝴蝶树　　梧桐科

Heritiera parvifolia Merr.

常绿乔木，高可达30米。有板状根。小枝密被鳞秕。叶互生，椭圆状披针形，长6~8厘米，近革质，顶端渐尖，基部近圆形，上面亮绿色，下面被银白色或褐色鳞秕。圆锥花序腋生，密被锈色星状毛，具多数花；花细小，单性，长约4毫米，白色或黄色，仅有花萼，无花瓣；雄花有8~10雄蕊及不育雌蕊；雌花具雌蕊及不育雄蕊。果一侧有长翅，呈鱼尾状，长4~8厘米。花期5~6月，果期7~9月。

原产海南。为热带雨林的主要树种。本种枝繁叶茂，终年翠绿，树姿壮健，树干通直，基部的板状根别具一格，为优良的庭园风景树和绿荫树。在海南、广东（广州和深圳）、福建（厦门）等地均有栽培，生长良好快速。

喜光，日照不良生长欠佳，喜高温多湿气候，不耐寒冷，不耐干旱，抗风力强，栽培不择土质，但以土层深厚、肥沃的壤土为宜。繁殖用播种法，于春至夏季进行。

翻白背叶树　　梧桐科

Pterospermum heterophyllum Hance

常绿乔木，树高可达20米。叶互生，革质，幼树枝上的叶盾形，长约20厘米，掌状3~5深裂，成长树上的叶狭倒卵形或长圆形，长7~15厘米，顶端渐尖或钝，基部斜圆形或斜心形，背面银白色，边缘全缘。花单生或2~3朵组成腋生的聚伞花序；花瓣5，白色，长约2.5厘米，两面被毛。蒴

蝴蝶树的叶

果木质，长圆形，长约6厘米。花期秋季。

产于福建、广东、海南和广西。自然生长于山地林中。厦门、广州和深圳均有栽培。本种树姿高大壮健，生长迅速，银白色的叶背在微风吹拂下，闪闪烁烁，别具特色，为优良的园林风景树和绿化树。

喜光，性喜高温多湿，不耐寒，耐干旱和贫瘠，栽培须为土层深厚和排水良好之沙质壤土。繁殖用播种法，于春季进行。

翅苹婆　　梧桐科

Pterygota alata (Roxb.) R. Benn.

常绿大乔木，高可达30余米。叶大，

翻白背叶树

翻白背叶树的叶形

卵形，长13~35厘米，顶端急尖，基部心形或近圆形，有时近截形，边全缘，有明显的基出脉。圆锥花序腋生；花单性，稀疏，红色；萼钟状，长17~20毫米；5深裂，裂片披针形，无花瓣；雄花有雄蕊约20，有退化雌蕊；雌花有5束不育雄蕊。果木质，扁球形，直径约12厘米。种子顶端有翅。花期8~9月，果期12月。

产于海南。越南、印度、菲律宾有分布。自然生长在疏林中。我国福建（厦门）、广东（广州及深圳）有栽培，生长快速。

本种树姿高大挺拔。树冠呈椭圆伞形，枝叶茂密，叶色浓绿，花的色彩灿烂，为高级的园林风景树。

喜光，在半日照环境生长亦佳，但过于荫蔽则生长不良，喜高温多湿气候，不耐干旱和寒冷，亦不耐贫瘠，栽培土质须为土层深厚、富含腐殖质和排水良好之壤土。繁殖用播种法，于春末夏初进行。

翅苹婆

翅苹婆的叶形

白花异木棉盛花期

白花异木棉的叶及花

白花异木棉　　木棉科

Ceiba insignis (Kunth) Gibbs et Semir

落叶大乔木，高10～15米。树干下部膨大，幼树树皮浓绿色，密生圆锥状皮刺。分枝多，侧枝斜展。叶为掌状复叶，互生，有小叶5～9片；小叶椭圆形或倒卵状长圆形，长10～14厘米，顶端渐尖，基部钝，边缘有锯齿。总状花序顶生；花冠乳白色或乳黄色，中心处带黄褐色，花瓣5；花丝合生成雄蕊管包围花柱。蒴果椭圆形，长约10厘米，内含棉毛及种子。开花期10～12月，果期1～3月。

原产热带美洲。世界热带地区时有栽培。本种树冠宽阔呈圆伞形，花先叶开放，盛花期只见花不见叶，淡雅悦目，花期过后，发出新叶，又是一片青翠，为高级的热带木本花卉。适宜于庭园的美化和绿化。

美丽异木棉盛花期

喜光，在半日照处亦能正常生长，喜高温多湿，不耐寒冷和干旱，抗风力较强，栽培不择土壤，但须排水良好。繁殖用嫁接法，以木棉为砧木，于早春进行。生长迅速。与本种近似的有**美丽异木棉** *Ceiba speciosa* (St-Hil.) Gibbs et Semir 花冠淡紫红色，近中心处白色或乳黄色。原产美洲热带，热带地区栽培甚广。在深圳栽培亦相当普遍。

作者在《深圳园林植物》一书中（见96页）曾误认为上述两种为同一种植物，在此更正。

箭叶秋葵　　锦葵科

Abelmoschus sagittifolius (Kurz) Merr.

多年生草本，高0.4～1米。具萝卜状肉质根。叶形多样，下部的叶卵形，中部以上的卵状戟形、箭形至掌状3～5浅裂或深裂，长3～10厘米，两面被毛。花单生于叶腋；花萼佛焰苞状，长约7毫米；花冠直径5～7厘米，黄色或红色，中心暗紫色；花瓣5，倒卵状长圆形。蒴果椭圆形，长约3厘米。花期5～10月。

美丽异木棉的叶

美丽异木棉的花

箭叶秋葵

黄秋葵

产于广东、香港、海南、广西、贵州和云南。中南半岛、印度、缅甸、马来西亚及澳大利亚有分布。自然生长在丘陵、草坡和松林下。深圳仙湖植物园有栽培，生长旺盛。本种花色黄艳，花姿清秀，叶形多变，是良好的观赏花卉，适作庭园美化。

喜光，在半日照处生长正常，喜高温湿润，耐干旱和瘠薄，栽培不择土壤，但须排水良好。繁殖用播种法和扦插法，于春及夏季进行。

与本种近似并具相同用途的有**黄秋葵** *Abelmoschus moschatus* (Linn.) Medic. 一或二年生草本。高约1米。叶3～5深裂或浅裂。产于台湾、江西、湖南、广东、香港、广西和云南。中南半岛、泰国和印度有分布。自然生长在山坡灌丛中或草地。深圳山野间及村边常见野生。热带、亚热带地区多栽培供观赏。

大风铃花

大风铃花　　锦葵科

Abutilon × hybridum

常绿灌木，高1～2米。叶互生，长7～11厘米，掌状3浅裂，裂片边缘有不规则锯齿。花单生于叶腋，下垂；花萼杯状，5裂；花冠红色，有深色脉纹，花瓣5，扇形；雄蕊柱红色，不伸出花冠之外。花期夏季。

园艺杂交种。本种花色艳丽，花姿美观，酷似红色的风铃迎风招曳，为良好的木本花卉。适宜于庭园种植或盆栽。深圳仙湖植物园有栽培，生长良好。

喜光，日照不足生长不良，性喜高温湿润，不耐干旱和寒冷，栽培土质须为富含腐殖质的沙质壤土，排水要良好。繁殖用扦插法和高压法，于春、秋两季进行。

苘 麻　　锦葵科

Abutilon theophrasti Medic.

一年生半灌木状草本，株高50～80厘米。枝条被柔毛。叶互生，圆心形，长8～12厘米，两面密被星状柔毛。花单生于叶腋；花萼杯状，密被绒毛，顶端5裂；花冠黄色，直径2～2.5厘米，雄蕊柱无毛；心皮15～20，轮状排列，密被毛。分果扁球形，直径约2厘米，分果爿被粗毛，顶端具2长芒。花期6～10月。

我国南北各地均有分布。自然生长田野间和草坡上。越南、日本、印度、及欧洲、北美洲各国有分布。仙湖植物园有栽培。本种枝密叶大，花色金黄，分果形似磨盘，别具风味。适于庭园种植或荒地绿化。

喜光，在温暖湿润气候环境中生长旺盛，耐寒、耐干旱和瘠薄，栽培不择土壤，适应性强。繁殖用播种法，于春季进行。

苘 麻

蜀 葵　　锦葵科

Althaea rosea (Linn.) Cavan.

二年生直立草本，高约2米。茎密被刺毛。叶互生，圆心形，直径6～16厘米，掌状5～7浅裂，下面被星状毛。花腋生，单朵或数朵簇生，排列呈总状花序式；花萼钟状，直径2～3厘米；花冠大，直径6～10厘米，有红、紫、白、黄、粉红和黑紫等色，单瓣或重瓣。蒴果盘状，直径约2厘米，被毛，分果爿多数，花期2～8月。

原产我国西南地区，全国各地广泛栽培供观赏。本种植株挺立，叶绿花繁，花大色艳，自主茎下方叶腋逐渐向上绽开，花期可持续2～3个月。适合庭园美化，沿建筑物列植或在门前花槽中丛植和作花坛背景及大型盆栽等。

喜光，在半荫环境生长亦佳，喜温暖，耐高温，但在高温季节，主茎通常停止生长，亦耐寒，栽培土质须排水良好、肥沃之壤土。繁殖用播种法，秋、冬季和早春均可进行。

蜀葵（重瓣）

紫叶槿　　锦葵科

Hibiscus acetosella Welw. ex Hiern

常绿灌木，高1～3米。全株暗紫红色。枝条直立，长高后常弯曲。叶互生，轮廓近宽卵形，长8～10厘米，掌状3～5浅裂至深裂，裂片边缘有波状疏齿。花单生于枝条上部叶腋，直径8～9厘米，花冠绯红色，有深色脉纹，中心暗紫色，花瓣5，宽倒卵形。蒴果圆锥形，被毛。花期夏至秋季。

原产热带非洲，热带地区多有栽培，深圳仙湖植物园也有栽培。本种全株均呈暗紫红色，花色较浅，与叶色甚调和，显得格外优雅。适在庭园中丛植或作大型盆栽，观叶与观花并举。

喜光，喜高温多湿，不甚耐寒，亦不

蜀葵（单瓣）

紫叶槿

紫叶槿的花

耐干旱和贫瘠。对土质不择，但以肥沃、疏松的沙质壤土生长最佳，排水须良好。繁殖用播种法，于春、夏、秋三季进行，如用扦插法则在春和夏季进行，也可用分株法，全年均可进行。

红秋葵　　锦葵科

Hibiscus coccineus (Medic.) Walt.

多年生直立草本，高1～3米。茎红色，带白霜，基部半木质化。叶互生，掌状5深裂，裂片狭披针形，长6～14厘米，顶端渐尖，基部楔形，两面无毛，边缘有不规则锯齿。花单生于枝上部叶腋，有12枚线形的小苞片；花萼钟状，长约4厘米，具5裂片；花冠玫瑰红色或洋红色，花瓣倒卵形，长7～8厘米，外面疏被毛。蒴果球形，直径约2厘米，花期7～9月。

原产美国东南部。我国北京、上海、南京、厦门、广州和深圳等地有引种栽培。本种植株高大，茎、叶柄和花梗均呈红色，花大色艳，花期较长，为良好的草本花卉。适宜丛植于建筑的四周和草地周围等处供观赏，也可作花坛背景植物。

喜光，喜温暖湿润环境，有一定的耐寒力，在夏季高温地区，宜植于凉爽通风处，喜肥，栽培土质须是土层深厚、肥沃和排水良好之壤土。繁殖用播种法和分株法，于早春进行。

美芙蓉

美芙蓉

美芙蓉　　锦葵科

Hibiscus garden hybrid

多年生半灌木状草本，高40～80厘米。叶互生，卵状心形，长8～10厘米，边缘有锯齿。花单生于茎上部叶腋或多朵排成伞房花序。花大，直径15～20厘米；花瓣宽倒卵形，有绉摺，有鲜红、粉红或白色，中心均为深红色，也有纯白和纯乳黄色；雄蕊柱较短，长2～3厘米。

园艺杂交种，热带地区有栽培。在我国台湾、厦门、广州和西双版纳等地有栽培。本种花硕大，色彩缤纷，甚为美丽。适合庭园美化、布置花坛或盆栽。

喜光，光照不足则生长不良也不开花，喜高温湿润，不耐寒，冬季正是休眠期，需置温暖避风处越冬，并减少浇水，栽培土质须为富含有机质和排水良好之沙质壤土。繁殖用播种法和分株法，均于春季进行。

本种曾在《深圳园林植物》第101页误定为**杂交朱槿** *Hibiscus hybridus* Hort. 它与朱槿近似，但有区别，主要的区别在于：① 朱槿是灌木，该种是多年生半灌木状草本；② 朱槿的花单生，该种的花有单生也有多朵排成伞房花序的；③ 朱槿的雄蕊柱长，该种的雄蕊柱很短。

木芙蓉　　锦葵科

Hibiscus mutabilis Linn.

落叶灌木或小乔木，高2～5米。小枝、叶柄、花梗、花萼和叶的两面均被星状毛。叶轮廓为宽卵心形或圆心形，直径10～15厘米，掌状5～7裂，裂片三角形，顶端尖，边缘具波状圆齿。花单生于枝上部叶腋，

红秋葵

木芙蓉盛花期

木芙蓉的花（白色，单瓣）

木芙蓉的花（粉红色，半重瓣）

美丽芙蓉

木芙蓉的花（淡粉红色，单瓣）

木芙蓉的花（白色，后变为红色，重瓣）

有线形苞片8片，花冠直径约8厘米，花瓣5，近圆形，白色或粉红色，后变红色，外面被毛。蒴果扁球形，直径约2.5厘米，密被毛，花期5～10月。

原产我国湖南，现全国各地均有栽培。日本和东南亚各国也有栽培。本种花大色丽，花期持久，是我国久经栽培的木本花卉。可在园林中片植、列植或在建筑物四周、湖边、路边等地种植，美化环境的效果甚佳。

喜光，耐半荫，喜湿润环境，耐寒也耐高温，耐水湿，不耐干旱和贫瘠，在肥沃和临水地栽培生长最旺。性强健，长势旺，萌发力强，栽培易成活。繁殖用播种法和扦插法，均于春季进行，高压法于春和夏季生长期进行。

园艺栽培品种相当丰富，花色有白色、粉红色、黄色或红白相间等，花型有单瓣、重瓣或半重瓣。

同属植物近缘种还有**美丽芙蓉** *Hibiscus indicus* (Burm. f.) Hochr. 花具4～5枚卵形小苞片；花大，直径达10厘米，粉红色或白色。产广东、海南、广西、云南和四川。自然生长在山谷灌丛中。印度、越南及印度尼西亚有分布或栽培供观赏。

朱 槿　　锦葵科

Hibiscus rosa-sinensis Linn.

常绿灌木，高1～3米。小枝被星状毛。叶互生，卵形至阔卵形，长4～9厘米，先端渐尖，基部圆或楔形，边缘具粗齿或缺刻，无毛。花单生于枝上部叶腋，具长花梗，下垂；小苞片6～7，线形；花冠漏斗状，直径6～10厘米，有红色、黄色、粉红色、白色、橙色、玫瑰红色或双色等，花型有单瓣，半重瓣和重瓣；雄蕊柱长5～8厘米，花柱枝5裂。蒴果卵形，无毛。花期全年。

原产我国南部、印度及马来西亚。世界热带、亚热带地区普遍栽培。为常见的木本花卉。

喜光，在半荫处亦能正常生长，喜温暖至高温湿润环境，不耐干旱和贫瘠，不耐寒，抗大气污染，喜肥沃，栽培地须为富含有机质的壤土。繁殖用扦插法，于春季进行。

园艺栽培品种繁多，全世界有3000多个栽培品种。在《深圳园林植物》一书第99～101页已介绍了一部分，下面再补充介绍一部分常见的栽培品种：

(1)**白花朱槿** *Hibiscus rosa-sinensis* Linn.'Albus' 花冠及雄蕊柱均白色，单瓣。

(2)**醉红朱槿** *Hibiscus rosa-sinensis* Linn.'Cardinal' 花冠及雄蕊管均鲜红色，花瓣基部有少数白色的短脉纹，单瓣。

(3)**洋红朱槿** *Hibiscus rosa-sinensis* Linn.'Carminatus' 花冠及雄蕊管均洋红色，单瓣。

(4)**黄花朱槿** *Hibiscus rosa-sinensis* Linn.'Flavus' 花冠及雄蕊柱均黄色，单瓣。

(5)**丹心黄朱槿** *Hibiscus rosa-sinensis* Linn.'Crinkle Rainbow' 花瓣黄色，中心紫红色，雄蕊柱白色，单瓣。

(6)**粉红朱槿** *Hibiscus rosa-sinensis* Linn.'Kermesinus' 花瓣粉红色，中心部分及雄蕊柱鲜红色，单瓣。

(7)**鲜红朱槿** *Hibiscus rosa-sinensis* Linn.'Scarlet' 花瓣鲜红色，雄蕊柱白色，单瓣。

(8)**粉黄朱槿** *Hibiscus rosa-sinensis* hybr. 花瓣淡橙黄色，基部白色，中心红色，雄蕊柱白色，单瓣。

(9)**红晕朱槿** *Hibiscus rosa-sinensis* hybr. 花瓣淡粉白色，带红晕，中心红色，雄蕊柱黄色，单瓣。

(10)**红脉朱槿** *Hibiscus rosa-sinensis* hybr. 花瓣粉红色，中心及脉纹红色；雄蕊柱下部红色，上部粉红色；单瓣。

(11)**金塔朱槿** *Hibiscus rosa-sinensis* Linn.'Golden Pagoda' 花橙色，中心及脉纹红色，雄蕊管白色，雄蕊柱上部有一部分雄蕊变为花瓣状；单瓣。

(12)**红塔朱槿** *Hibiscus rosa-sinensis* Linn.'Carmine Pagoda' 花鲜红色，雄蕊柱红色或淡红色，上部有一部分雄蕊变为花瓣状，单瓣。

(13)**艳红朱槿** *Hibiscus rosa-sinensis* Linn.'Carmineto-plenus' 花鲜红色，重瓣。

(14)**金球朱槿** *Hibiscus rosa-sinensis* Linn.'Flavo-plenus' 花金黄色，重瓣。

(15)**粉球朱槿** *Hibiscus rosa-sinensis* Linn.'Pink-plenus' 花粉红色，重瓣。

(16)**玫红朱槿** *Hibiscus rosa-sinensis* Linn.'Rosalio-plenus' 花玫瑰红色，重瓣。

(17)**重粉朱槿** *Hibiscus* × *hawaiiensis* 'Annelie' 花淡橙黄色，重瓣。

(18)**锦球朱槿** *Hibiscus* × *hawaiiensis* 'Kapiolani' 花深橙色，重瓣。

朱 槿

黄花朱槿

粉黄朱槿

白花朱槿

丹心黄朱槿

红晕朱槿

醉红朱槿

粉红朱槿

红脉朱槿

洋红朱槿

鲜红朱槿

金塔朱槿

红塔朱槿

粉球朱槿

锦球朱槿

艳红朱槿

玫红朱槿

金球朱槿

重粉朱槿

玫瑰茄，左上为其花

玫瑰茄　锦葵科

Hibiscus sabdariffa Linn.

一或二年草本，高0.8～1.5米。茎红色。叶异型，下部的叶卵形，不裂，上部的叶掌状3深裂，裂片三角披针形，边缘有锯齿，两面无毛。花单生于叶腋，几无花梗，有红色小苞片8～12片；花萼杯状，红色，肉质，直径约1厘米，有刺和粗毛；花淡黄色，中心深红色，直径6～7厘米。蒴果卵球形，直径约1.5厘米，密被粗毛，花期夏至秋季，秋末至初冬结果。

原产亚洲热带，全球热带地区均有栽培，我国南方亦常有栽培。本种除叶和花外，其余均呈红色，尤其是花萼，色泽艳丽，经久不衰，形态优雅，是优良的观赏花卉。适宜作庭园美化、盆栽或植于建筑物周围供欣赏。

喜光，喜温暖至高温湿润环境，耐干旱和贫瘠，不耐寒，栽培土质如为肥沃和排水良好之壤土，则生长甚佳。繁殖用播种法，于春至夏季进行。因属直根系，宜直播，移植易伤根，影响生长。

木 槿　锦葵科

Hibiscus syriacus Linn.

落叶灌木，高2～4米。小枝密被星状毛。叶互生，菱形至菱状三角形，长3～10厘米，具3深裂、浅裂或不裂，顶端钝，基部楔形、宽楔形或近圆形，边缘有不规则锯齿。花单生于枝上部叶腋，有淡紫、桃红、白、粉红等色，有单瓣也有重瓣，直径5～8厘米；雄蕊柱长2.5～3.5厘米；花柱枝5裂，无毛。蒴果卵圆形，直径约1.2厘米，密被黄色绒毛。花期5～10月。

原产我国华北、华中、华东、西南至华南各地。各地均普遍栽培。本种花色绚丽，花型丰富，花姿柔美，花期持久，着花数量多，是优良的灌木花卉。适于庭园片植或丛植以及大型盆栽。

喜光，在荫蔽处生长不良也不开花，

木 槿

桃紫木槿

喜高温，不耐干旱，土壤须保持湿润，栽培对土质不择，但须排水良好，如在土层深厚、富含腐殖质的壤土中栽培，则生长十分旺盛。繁殖用扦插法，全年均可进行。

常见的有下列变种和栽培品种:

(1) **桃紫木槿** *Hibiscus syriacus* Linn.'Amplissimus' 花粉紫色，重瓣。

(2) **大花木槿** *Hibiscus syriacus* Linn.'Glandiflorus' 花桃红色，单瓣。

(3) **长苞木槿** *Hibiscus syriacus* Linn. var. *longibracteatus* S. Y. Hu 与其他变种的区别在于小苞片与花萼近等长，花冠淡紫色，中心紫红色，单瓣。各地有栽培。

粉 葵　　锦葵科

Pavonia hastate Cav.

常绿灌木，高约1米。叶互生，戟形，长4~5厘米。顶端钝，基部两侧横向扩展，近截形，边缘具波状齿。花单生叶腋，直径3~4厘米，淡粉红色，基部深褐红色，雄蕊的花丝合生成筒状，包围花柱，两者长及花瓣的1/5。花期秋至冬初。

原产南美洲。热带地区多有栽培，仙湖植物园也有栽培。本种植丛密集，盛花期开花甚多，花色清纯素雅，适宜在庭园中丛植或密植作花绿篱。

喜光，全日照或半日照均能适应，但

大花木槿

长苞木槿

在荫处则开花甚少，性喜温暖至高温湿润，稍耐干旱和寒冷，对土质不择，栽培容易，生长旺盛。繁殖用播种法，种子成熟后须即采即播，也可用扦插法，春、夏、秋三季均可进行，成活率高。

肖 槿　　锦葵科

Thespesia lampas (Cavan.) Dalz. et Gibs.

常绿灌木，高1~2米。叶互生，轮廓为阔卵形或圆形，长8~15厘米，基部心形，掌状3浅裂，裂片顶端渐尖或急尖，两面被星状毛。花单生于叶腋或顶生排成总状花序；花冠黄色，中央暗紫色，花瓣长6~7厘米；雄蕊管长1.5~2厘米；花柱顶

粉 葵

肖 槿

端棒状。蒴果椭圆形，具5棱，被星状毛。花果期9月至翌年2月。

产于海南、广西西南部和云南南部，自然生长在山地干燥灌木林中。深圳仙湖植物园有栽培。本种花期持久，花色清淡素雅，花姿秀丽，为良好的木本花卉。适作庭园美化。

喜光，喜高温湿润气候，耐干旱和瘠薄，不择土质，性强健，栽培容易。繁殖用播种法和扦插法，于春季及夏初进行。

地桃花　　锦葵科

Urena lobata Linn.

常绿半灌木，株高约1米。小枝被星状毛。茎下部叶近圆形，长3~6厘米，上部叶长圆形，长4~7厘米，有3~5浅裂，边缘有不规则锯齿，上面疏被毛，下面密被灰白色星状绒毛。花单生或簇生于叶腋，直径约2厘米；花冠淡红色，花瓣5，倒卵形，长约1.5厘米；雄蕊柱长1.5厘米，无毛。分果扁球形，直径约1厘米。开花期7~12月。

产于华东、华中、华南及西南各地，自然生长在干热旷地、草坡或疏林下。印度、日本、中南半岛各国及缅甸、泰国有分布。深圳地区常见，仙湖植物园有栽培。本种枝繁叶茂，花姿秀美，色泽绚丽。适用于庭园美化，植于坡地或林边，片植或列植均有较好的观赏效果。

喜光，全日照或半日照的环境均能适应，喜温暖或高温湿润气候，耐干旱和瘠薄，栽培不择土壤，性强健，生长旺盛。繁殖用播种法。于春季进行。

同属植物还有**梵天花** *Urena procum-*

地桃花

梵天花

梵天花的花

bens Linn. 小灌木，株高0.8～1米。茎下部叶近卵形，长3～6厘米，掌状3～5深裂，上部叶浅裂呈葫芦形。花冠与地桃花相似。产于浙江、福建、台湾、江西、湖北、湖南及华南各地。深圳有分布。仙湖植物园有栽培。

黄褥花　　金虎尾科

Malpighia glabra Linn. 'Florida'

常绿灌木，株高1～2米。叶对生，椭圆形或卵状椭圆形，长5～6厘米，先端钝圆，微凹，基部近圆形；叶柄甚短。花排成腋生的聚伞花序；花萼5深裂，有6～10个腺体；花冠直径约1厘米，花瓣5，粉红色，有柄，瓣片边缘有小齿；雄蕊10。核果球形，成熟时红色，直径约2厘米。花期5～8月，果期7～9月。

栽培品种。原种产于中美洲。各地多有栽培，仙湖植物园也有栽培，生长良好。本种叶色亮绿，花期较长，花多而密，花色艳丽，花后结出红色的核果，形似樱桃，玲珑可爱，故又名“西印度樱”。为优良的观花与观果植物。

喜光，过于荫蔽则开花不良，性喜高温多湿，不耐干旱和寒冷，栽培土质须为富含有机质、肥沃和排水良好之壤土。繁殖多用扦插、嫁接和高压等方法，于春至夏季进行。

黄褥花的植株

刺叶黄褥花

具相同用途的有**刺叶黄褥花** *Malpighia coccigera* Linn. 叶边缘带刺；花冠淡粉红色或白色，盛花期，花多于叶。花期春末至夏季。原产中美洲。

五月茶　　大戟科

Antidesma bunius (Linn.) Spreng.

常绿乔木，高达10米。叶倒卵状长圆形，长8～16厘米，无毛。花单性，雌雄异株；雄花序为穗状花序；雌花序为总状花序；雄花有3～4枚雄蕊和1枚退化雌蕊；雌花有1子房。核果近卵球形，直径约8毫米，成熟时红色。花期3～4月，果期5～8月。

黄褥花的花序

黄褥花的果

五月茶

五月茶的果（未熟）

产于福建、江西、广东、海南、广西、湖南、贵州、云南和西藏。亚洲热带地区和大洋洲有分布。自然生长于山坡疏、密林中。深圳各地的林中常见，为本地区的乡土树种。本种树姿壮健，树冠宽阔，枝叶繁茂，为良好的绿荫树。

喜光，喜高温湿润气候，栽培地须是土层深厚、肥沃、排水良好之壤土。繁殖用播种法，于春季及夏初进行。

银 柴　　大戟科

Aporosa dioica (Roxb.) Muell.-Arg.

常绿灌木或小乔木，高3～10米。叶长圆形或长圆状倒卵形，长6～15厘米，无毛，边缘有波状齿。花单性，雌雄异株；花小，无花瓣；雄花序长约2.5厘米；雌花序长约1.5厘米；雄花有2～4枚雄蕊；雌花有1子房。果椭圆形，长1～1.3厘米。全

雪花木

银 柴

年均开花结果。

产于华南及西南各地。越南、缅甸、印度和马来西亚有分布。深圳各地山坡林中及灌丛中相当普遍，为本地区的乡土树种。本种树冠圆伞形，树姿壮健，叶色亮绿。为良好的绿荫树。适宜于园林种植。

喜光，喜高温多湿，对土质不择，但以土层深厚、富含腐殖质的壤土最佳。繁殖用播种法，于春末、夏初进行。

雪花木　　大戟科

Breynia nivosa (W. C. Sm.) Small

常绿小乔木，高0.5～1.2米。叶互生，圆形或宽卵形，长2～2.5厘米，嫩时白色，成熟时绿色带白斑，老叶绿色。未见开花结果。

彩叶山漆茎

银柴的叶形

银柴的果

原产波利尼西亚，热带地区多有栽培。本种叶色鲜明，同一株植物就有绿和白两色的叶，给人以洁净逸雅的感觉，是优良的观叶植物。适合于庭园美化或盆栽供观赏。

喜光，不耐荫，在荫蔽处易发生徒长、叶色不良和落叶的现象，喜高温高湿气候，不耐干旱，栽培地须日照充足、排水良好，土壤须是肥沃的沙质壤土。繁殖用扦插法，于春季进行。

彩叶山漆茎 *Breynia nivosa* (W. C. Sm.) Small 'Roseo-picta' 是雪花木的栽培变种。常绿灌木。其叶片的色彩更为丰富，新叶红色或淡红色，成熟叶绿色带白色斑或全为绿色，风格别致，叶色缤纷。

彩叶山漆茎各种色彩的叶

土蜜树

土蜜树的果

土蜜树　　大戟科

Bridelia tomentosa Blume

半落叶小乔木，高3~7米。枝条常下垂。叶互生，长椭圆形或倒卵状长圆形，长3~8厘米，全缘。花单性，雌雄同株；花小，数朵簇生于叶腋；雄花有5枚雄蕊及退化子房；雌花有一花盘包围子房。核果卵球形，长5~7毫米。花、果期全年。

产于台湾、福建、广东、海南、香港、广西和云南。中南半岛和印度有分布。自然生长在山坡灌丛中，山谷及林中。在深圳各山野间十分常见。适作庭园美化和绿篱。

喜光，栽培地全日照或半日照均可，喜高温多湿，耐干旱又耐湿，适应性强，土壤宜为排水良好、肥沃之沙质壤土。繁殖用播种法，于春末夏初进行。

东京桐　　大戟科

Deutzianthus tonkienensis Gagnep.

常绿乔木，植株高8~14米。小枝有明显的的叶痕。叶互生，多集生于枝端，叶片椭圆形，长15~22厘米，先端急尖或骤急尖，基部宽楔形或圆，基出脉3对，侧脉6~8对；叶柄顶端有2个盘状腺体。花单性，雌雄异株，排成顶生的伞房花序式

东京桐5年生幼树

的圆锥花序；花瓣5，白色。果球形，直径3~4厘米，有3钝棱，果皮厚，被灰黄色短毛。花期5月，8~9月果熟。

产云南东南部和广西西南部，为国家保护的稀有树种。自然生长在山坡林中。越南有分布。仙湖植物园有栽培。本种叶色终年翠绿，树姿扶疏，生长迅速，适作园林风景树。

喜光，在半日照的或稍荫处生长亦佳，但过于荫蔽则较少开花结果，喜温暖湿润，耐高温，对土质选择不严，在石灰岩山坡或酸性赤红壤均能生长。繁殖用播种法，其种子寿命短，采集后应即播种。

孔雀球　　大戟科

Euphorbia caput-medusae Linn.

肉质灌木，高10~20厘米。主茎短缩；分枝甚多，呈轮状放射伸展，绿色，圆柱形，肉质。叶退化呈针状。花为杯状聚伞

孔雀球

东京桐的叶形

花序；总苞花萼状，5裂，黄色；雄花多数，生于总苞内；雌花1朵，生于总苞中央，无花被。开花期春至夏季。

原产于南非。热带地区有栽培。我国台湾、广东（广州、深圳）及福建（厦门）等地也有栽培。如地栽，则枝条平铺地面，如吊盆，则枝条下垂。全株形态奇异，尤其是开花期，金色的小花酷似繁星闪烁。适合于盆栽、吊盆及地栽。

喜光，喜温暖，忌高温，室外栽培应置阳光充足而又凉爽通风处，耐干旱，不耐水湿，不耐荫，有一定的耐寒力，栽培土质须为疏松和排水良好的腐殖土。繁殖用扦插法，于春、秋两季进行。培养土须为半干状态。

猩猩草　　大戟科

Euphorbia cyathophora Murr.

一年生草本，高60~80厘米。叶形有卵形、椭圆形、披针形或线形，中部及下部的叶长4~10厘米、琴状分裂或不裂，花序下部的叶一部分或全部为紫红色。花多数，生于茎及分枝顶端，排成密集的伞房状，无花瓣。蒴果近球形，直径约5毫米。夏秋季开花，秋季结果。

原产美洲热带，我国各地均有栽培。本种为观叶植物，其叶形多变，在秋季出

孔雀球开花

猩猩草

现红叶时，叶色明艳美丽。可作庭园及绿地美化，也可盆栽及布置花坛。

喜光，栽培地须日照充足，喜温暖及高温气候，不耐寒，耐干旱而不耐水湿，土质须为排水良好的壤土。繁殖用播种法，在春、夏两季进行。采种时须在果实未干时采收，因其果在干后即破裂，种子弹出，自播能力强。播种时宜直播，大苗移植不易成活，须移植时，宜在幼苗期进行。

大麒麟　　大戟科

Euporbia ‘Keysii’

常绿灌木，茎直立，高30～60厘米。有乳汁，近肉质，有棱，布满螺旋状排列的棘刺。叶互生，倒卵形或倒卵状长圆形，长4～6厘米。杯状聚伞花序多枚生于茎顶，再组成二歧聚伞花序；总苞片花瓣状，直径2～3厘米，有各种颜色。全年均可开花。

园艺杂交种。是铁海棠 *Euporbia milii* Ch. des Moulin 一类植物中最美丽的花卉。花大而多，花色多样，色彩缤纷花期持久，几乎全年均可开花（以夏、秋两季最盛），深受人们喜爱。适作绿篱、布置花坛或盆栽，置于屋顶花园或阳台均宜。

喜光、喜高温气候，耐干旱，不耐荫，不耐湿，栽培地须日照充足和排水良好，土质宜为肥沃的沙质壤土。繁殖用扦插法，于春秋两季进行。扦插前须待乳汁停止流出，同时剪去下部的棘刺，方可扦插。扦插后，不可多浇水，以半干燥状态为佳，成活率高，栽培十分容易。

银边翠　　大戟科

Euphorbia marginata Pursh.

一年生草本，高50～60厘米。茎叉状分枝，有白色乳浆。叶卵形或长圆形，长3～7厘米，下部叶互生，上部叶轮生或对生，入夏后叶边缘变为白色或全为白色。杯状聚伞花序多生于枝上部叶腋，3朵簇生，白色。蒴果扁球形，直径5～6毫米，密被毛。花期6～10月。

原产于北美洲，我国南北各地多有栽培。本种在夏季全株叶片呈银白色或绿色镶白边，宛如绿叶积雪，故又名“高山积雪”，给人以洁净幽雅之感，为优良的观叶植物。宜植于花坛，也可地栽或盆栽。

喜光，喜温暖气候，不耐干旱亦不耐湿，土质须为排水良好、肥沃的沙质壤土。繁殖以播种法为主，种子成熟时应及时采收，否则即能全落入地中，自我繁殖力甚强。播种宜在春末夏初进行。

银边翠

绣球一品红　　大戟科

Euphorbia pulcherrima Willd. ex Klotz. ‘Ecke's Flaming Sphere’

常绿小灌木，株高30～40厘米。植物体有乳汁。叶互生，下弯，下部的卵状椭圆形，长10～15厘米，绿色，边缘有波状圆齿，上部的狭椭圆形，几呈弧形外弯，密集呈球形，长8～10厘米，红色，边缘全缘；叶柄甚短。杯状聚伞花序生于枝顶，长6～7毫米，黄色。开花期冬季至翌年春季。

栽培品种。我国南方有栽培，深圳仙湖植物园也有栽培。本种花期持久，枝上部红色的叶密集弯曲成球，格外明艳耀眼，开花期又正值圣诞和元旦佳节，深受人们喜爱，在庭园中可列植、片植或盆栽。

喜光，在半日照或明亮的环境下生长亦佳，如在阳光充足处，叶色更红。喜温暖湿润，较耐寒，适应性甚强，栽培须用肥沃和排水良好的壤土。繁殖用扦插法，

开桃红色花的大麒麟

开绿色花的大麒麟

开黄色花的大麒麟

开粉红色花的大麒麟

开鲜红色花的大麒麟

开橙红色花的大麒麟

绣球一品红

于夏季进行，极易成活，生长迅速。

具相同用途的有**一品黄** *Euphorbia pulcherrima* Willd. ex Klotz. hybr. 下部叶卵状椭圆形，长约10厘米，绿色，上部叶与下部叶近同形，黄色。栽培品种。

光棍树（绿玉树）　　**大戟科**

Euphorbia tirucallii Linn.

直立常绿小乔木，高可达3米。枝肉质，绿色，有乳汁。叶退化，偶在枝条幼嫩时有叶，叶线形或长圆形，枝条成长后，叶即脱落。蒴果暗褐色，但在深圳栽培尚未见开花结果。

原产非洲及印度，在温热地带栽培较多。本种的茎枝光滑无叶，四季翠绿，以其绿色的茎枝代替叶片进行光合作用，是一种奇特的观茎植物，在我国南方多有栽培，在深圳露天栽培生长十分旺盛。适宜植于庭园或盆栽。

喜光，可耐半荫，喜温暖至高温气候，耐干旱，不耐水湿，栽培不择土壤，只须排水良好，浇水宜少。繁殖用扦插法，全年均可进行。剪取的插条须待乳汁流净，

光棍树

一品黄

宜凉爽处阴干切口，方可进行扦插。

白饭树　　**大戟科**

Flueggea virosa (Roxb. ex Willd.) Voigt

落叶灌木，高2~4米。小枝下垂。叶互生，倒卵形或椭圆形，背面绿白色。花小，雌雄异株；雄花淡黄色，多朵密丛生于叶腋，有5枚雄蕊和3枚退化雌蕊；雌花单朵或几朵簇生，淡黄色，子房生于环状花盘之上。果圆球形，直径约4毫米，未熟时淡绿色，全熟时乳白色。花期5~6月，果期7~9月。

产于台湾、福建、广东、香港、海南、广西、贵州和云南。亚洲热带、非洲及澳大利亚有分布。自然生长在疏林中或旷地灌丛中，在深圳常见于林边或灌丛中。本种在花后常结出串串密集的乳白色果实，故有“白饭树”之称。为良好的观果植物。适宜于庭园美化或大型盆栽。

喜光，喜高温气候，耐干旱和贫瘠，栽培不择土壤，但以土层深厚、排水良好、肥沃之沙质壤土为佳。冬季落叶后须修剪整枝。繁殖用播种法和扦插法，于春季或夏初进行。

白饭树

毛果算盘子　　**大戟科**

Glochidion eriocarpum Champ. ex Benth.

常绿灌木，高可达5米。枝条被黄色长柔毛。叶卵形或狭卵形，长4~5厘米，两面被毛。花单性，雌雄同株，单朵或2~4朵簇生于叶腋，有6萼片，无花瓣；雄花生于小枝下部，有花梗，有3枚雄蕊；雌花无花梗，有1扁球形子房。蒴果扁球形，直径0.8~1厘米，密被毛。全年均开花结果。

产于台湾、福建、广东、海南、广西、贵州及云南。缅甸及越南有分布。在深圳山坡林缘或山谷灌丛中也有分布。本种为本地区的乡土树种，树姿扶疏，果实形似算盘珠子，熟时带红色，为良好的观果植物。可作庭园美化或绿荫树，在仙湖植物园有栽培，生长良好。

喜光，喜高温湿润气候，栽培不择土壤，但须排水良好和日照充足，繁殖用播种法，于春季及夏初进行。

具相同用途的有下列2种：

（1）**香港算盘子** *Glochidion zeylanicum* (Gaertn.) A. Juss. 常绿乔木，高达10米。全株无毛。叶长圆形或卵形，长6~18厘米，基部圆形或浅心形，稍偏斜。花簇生成短小聚伞花序，生于上部叶腋。花单性，雌花及雄花分别生于小枝上部和下部或雌花序内有1~3雄花。果无毛，直径1~1.2厘米。产于台湾、福建、广东、香港、海南、广西和云南。印度、斯里兰卡、越南、印度尼西亚和日本有分布。在深圳

毛果算盘子，右下为其果

香港算盘子

算盘子

香港算盘子的叶形与果

算盘子的叶形与果

山谷、平地或溪边灌丛中十分常见。为本地区乡土树种。

（2）**算盘子** *Glochidion puberlum* (Linn.) Hutch. 常绿灌木，高1~2米。叶长圆披针形，长3~5厘米，顶端渐尖，基部楔形，上面无毛，下面被短毛。花单性，雌雄同株或异株，2~5朵簇生叶腋。果直径1~1.5厘米，被短柔毛。产于陕西、甘肃、华东、华中、华南及西南各地，自然生长在山坡灌丛中，深圳的山坡灌丛中十分常见，仙湖植物园有栽培。

棉叶麻疯树　　大戟科

Jatropha gossypifolia Linn.

落叶灌木，高0.5~1米。叶密生枝的上部，掌状深裂，叶背及新叶皆呈红色。聚伞花序顶生；花单性，雌雄同株，为顶生或腋生的二歧聚伞花序；雄花有萼片和花瓣各5片；花瓣褐红色；雌花仅有花萼而无花瓣。蒴果椭圆形，具6纵棱，绿色，光亮。花果期夏至秋季。

棉叶麻疯树

原产美洲热带，热带地区多有栽培。本种叶色红绿相衬，叶形殊雅，盛花期赭红色的小花十分美丽。适合于庭园美化及大型盆栽。种子有毒。

喜光，耐半荫，喜高温高湿又耐干旱，不择土壤，性粗放，适应性强。繁殖用播种法和扦插法。春至夏季均可进行。

同属植物还有**麻疯树** *Jatropha curcas* Linn. 常绿小乔木，高2~5米。叶互生，轮廓近圆形，长8~18厘米，顶端急尖，基部心形，边缘3~5浅裂或不裂。蒴果卵形或椭圆形，长约3厘米，成熟时黄色。产于云南、贵州、四川、广西及广东。世界热带地区广布。我国南方多有栽培，仙湖植物园也有栽培。

佛肚花（玉树珊瑚）　　**大戟科**

Jatropha podagrica Hook.

常绿小灌木，高0.3~1.6米。茎基部膨大。叶盾状，近圆形，长8~10厘米，3~5浅裂，背面粉绿色。二歧聚伞花序顶生；花单性，雌雄同株；雄花生于花序外围，花瓣鲜红色；雌花生于花序中央，无花瓣。蒴果椭圆形，绿色。全年均可开花结果。

原产中美洲，热带地区多有栽培，在深圳栽培甚广，生长良好。本种的茎基膨大似佛肚，花序的分枝鲜红色，酷似珊瑚，下部衬以绿叶。故又名“玉树珊瑚”为极好的观茎、观叶和观花植物。宜作庭园美化或盆栽供观赏。

喜光，耐半荫，喜高温，耐干旱，不耐湿，过湿茎易腐烂，栽培地宜为排水良

麻疯树的分枝

麻疯树的果

佛肚花

佛肚花的花序及果

好的沙质壤土。繁殖用播种法和扦插法，于春、秋二季进行。

红雀珊瑚　　大戟科

Pedilanthus tithymaloides (Linn.) Poit.

多年生草本，高约1米。茎有乳汁，肉质，呈“之”字形弯曲，绿色。叶卵形至卵状长圆形，长5～10厘米，中脉在背面呈龙骨状突起。花排成顶生的聚伞花序；总苞片鲜红色，长约1厘米，内含1朵雌花和4～5朵雄花。蒴果长约6毫米。夏至秋季开花。

原产热带美洲。热带地区广植，深圳也常见栽培。本种茎翠绿浓密，有规则地呈“之”字形弯，较为奇特。花序的总苞片鲜红色，形似小鸟的头冠，甚为别致。适合于庭园美化、作绿篱或盆栽。

蜈蚣珊瑚

红雀珊瑚

耐半荫，喜高温，耐干而不耐湿，不耐寒冷，受冻后，叶片全变成白色而脱落，栽培地宜为干燥、排水良好和半遮荫处，土质宜为沙质壤土。繁殖用扦插法，春、夏、秋三季均可进行。

有相同用途的本属植物有下列2种：

（1）**蜈蚣珊瑚** *Pedilanthus tithymaloides* (Linn.) Poit.‘Nana’ 株高10～30厘米。叶密生，披针形，暗绿色。栽培品种。

（2）**斑叶红雀珊瑚** *Pedilanthus tithymaloides* (Linn.) Poit.‘Variegatus’叶有白斑，成熟叶有洋红色晕。栽培品种。

余甘子　　大戟科

Phyllanthus emblica Linn.

落叶灌木或小乔木，高1～3米。叶互生，排成2列，狭长圆形，长1～2厘米。花细小，单性，雌雄同株，无花瓣，常簇生叶腋，具多朵雄花和1朵雌花。蒴果肉质，球形，开花期春末夏初，果熟期秋至冬季。

斑叶红雀珊瑚

红雀珊瑚的花序

产于西南和华南各地。中南半岛各国、马来西亚和印度有分布。自然生长在疏林下和灌丛中。深圳各地山野间十分常见。本种植株开展，枝叶繁茂，开花期花丛密生，招蜂引蝶，结果期果实累累，为良好的观果植物。宜植于庭园向阳处。

喜光，性喜高温湿润，耐干旱，不耐寒，因属深根性，栽培宜植于土层深厚之地，土质须为肥沃的壤土。繁殖用播种法，于秋季采收成熟的果实，除去果肉，将种子直播于苗床，也可在春季挖取成株根部萌生出的小植株另植。

篦麻　　大戟科

Ricinus communis Linn.

常绿灌木或小乔木（在北方为一年生高大草本），株高2～5米。叶互生，盾状，掌状中裂，直径30～90厘米；叶柄有时为

余甘子的花序

余甘子的叶与果

余甘子

篦麻，右下为其果

紫红色。花单性，雌雄同株，组成圆锥花序，与叶对生；下部为雄花，上部为雌花，有花萼，无花瓣；雄花有多数雄蕊；雌花有1子房。蒴果球形。绿色或淡紫色，有软刺。春至夏季开花。夏末至秋季结果。

原产热带非洲和印度，我国南北各地均有栽培或野化。在深圳山野间或村庄边常见有野生，生长十分旺盛。本种枝繁叶茂，生长快速，植丛覆盖面积大，适宜于庭园美化，荒地绿化和水土保持。

喜光，喜高温，耐干旱和瘠薄，抗大气污染，不择土壤，适应性甚强，栽培地须日照充足和排水良好。繁殖用播种法。春、夏、秋三季均可进行。

山乌桕

山乌桕的叶及花序

山乌桕　　大戟科

Sapium discolor (Champ.) Muell.-Arg.

落叶灌木或小乔木，高3~12米。叶互生，卵状椭圆形，长3~10厘米，背面粉绿色，冬季落叶前叶色变红。花单性，雌雄同株，排成总状花序，有花萼而无花瓣；雄花生于花序中上部，花萼杯状，有2枚雄蕊；雌花生于花序基部，有3枚萼片，子房卵形。蒴果球形，直径约1厘米。夏季开花，秋季结果。

产于浙江、台湾、福建、江西、广东、香港、海南、广西、贵州及云南。印度、越南和印度尼西亚有分布。自然生长在山谷及山坡林中，在深圳各地山坡林间十分普遍。本种枝繁叶茂，树冠广阔，绿荫效果良好，尤其是在冬季落叶前叶色变红，为一片绿色树林增添色彩，是深圳林中少数的红叶植物之一。宜作庭园绿化和美化树种。

乌　桕

喜光、喜高温多湿，不择土壤，性强健，对环境适应能力强，栽培地须阳光充足和排水良好。繁殖用播种法，春、秋两季皆可进行。

同属植物还有**乌桕** *Sapium sebiferum* (Linn.) Roxb. 落叶乔木，株高10~12米。叶菱形至宽卵菱形，长3~9厘米，先端尾状。蒴果梨形，直径1~1.2厘米。广布于华东、华南及西南。日本和印度有分布。自然生长在林中及林边。深圳十分常见。

龙脷叶　　大戟科

Sauropus spathulifolius Beille

小灌木，高30~40厘米。小枝蜿蜒状。叶卵状披针形或倒卵状披针形，最下部的近卵形，长5~10厘米，中心与侧脉均为灰绿色。花暗紫色，单性，雌雄同株，单生或排成一短总状花序；雄花花萼盘状，6裂，有3枚雄蕊；雌花花萼与雄花近相似，花后增大，有1子房。蒴果圆球形，为宿萼所包。花果期夏至秋季。

原产印度尼西亚（苏门答腊）。华南地区有栽培。本种叶色绿白相间，为一良好的观叶植物。可作庭园美化或盆栽。但在华南地区栽培很少结果。

乌桕的叶形

龙脷叶

喜半荫，忌强阳光直射，喜高温多湿气候，不耐干旱，栽培须肥沃、湿润和排水良好的沙质壤土。繁殖用扦插法，于春末夏初进行。

牛耳枫　　交让木科

Daphniphyllum calycinum Benth.

常绿小乔木，高2~5米。叶互生，椭圆形或宽椭圆形，长3.5~9厘米，革质，先端钝或近圆形，基部宽楔形或圆形，全缘，上面亮绿色，下面灰绿色。花小，直径约0.6厘米，单性，雌雄异株，排成腋生的总状花序；花被片3~4，白色；雄花有雄蕊9~10；雌花具1子房。核果卵球形，成熟时黑色。开花期4~6月，8月果熟。

产于江西、福建、湖南、广东、广西、贵州和云南。越南和日本有分布。自然生长在疏林中和灌丛中，深圳各山地疏林中常见，为本地区的乡土树种。本种叶色终年青翠亮绿，树姿健壮，盛花期满树的小白花，形态优雅殊美。适作庭园风景树和绿化树。

喜光，耐半荫，喜温暖至高温湿润环境，较耐寒，喜生于湿润、富含腐殖质和排水良好之壤土中。繁殖用播种法，于春季进行。

常 山　　绣球科

Dichroa febrifuga Lour.

落叶灌木，高1~2米。叶对生，椭圆形或倒卵状长圆形，长8~25厘米。伞房状圆锥花序顶生；花两性，蓝色，直径约1厘米；花瓣5~6，长5~6毫米；雄蕊10~20。浆果蓝色，直径约5毫米。花期秋季，冬季果熟。

产于华南和西南各地，自然生长在林中或溪边。中南半岛各国、印度、印度尼

牛耳枫

西亚及菲律宾有分布。深圳各地山谷中颇常见。本种枝叶茂密，花多而密，花色雅丽，有较高的观赏价值，可驯化为栽培木本花卉。适在郊野公园栽培。

耐半荫，在半日照和柔和阳光下亦能适应，喜温暖多湿气候，栽培须用肥沃、湿润的腐殖土。繁殖可用播种法，于春季进行。

洋绣球　　绣球科

Hydrangea macrophylla (Thunb.) Ser. 'Otaksa'

落叶小灌木，株高0.5~1米。叶对生，卵形或椭圆形，长8~10厘米，绿色，顶端骤急尖，基部近圆形，边缘有锯齿。伞形花序顶生，数十朵至百朵花聚成球形，直径可达20厘米，全部为不育花，由4枚花瓣状的萼片组成；萼片宽卵形，顶端急尖而钝；花色受土壤的酸、碱度的影响而不同，土壤偏酸性，花色偏蓝，如为碱性则偏红。花期春至夏季。

栽培品种。本种花色瑰丽夺目，花团锦簇，形如古代闺秀珍藏的大绣球，姿态华贵。适用于庭园美化、布置花坛或盆栽摆设。

耐半荫，忌强阳光直射，喜温暖，忌

常 山

牛耳枫盛花期

牛耳枫的核果

高温多湿或长期湿润，栽培宜置凉爽通风处，土质须为富含有机质和排水良好的腐殖土。繁殖用扦插法，于早春进行。

具相同用途的本属植物还有下列3种:

(1)**山绣球** *Hydrangea macrophylla* (Thunb.) Ser. var. *normalis* Wils. 花序不呈球状，中心为两性花，边缘为不育花，花色淡蓝或白。原产浙江、广东南部和香港，各地有栽培。

(2) **五彩山绣球** *Hydrangea macrophylla* (Thunb.) Ser. var. *normalis* Wils.'Discolor' 花序不呈球状，中心为两性花，边缘为不育花，不育花之花梗细长而下垂，花色有淡蓝、粉红和白等色。栽培品种。

(3) **镶边山绣球** *Hydrangea macrophylla* Ser. var. *normalis* Wils. 'Variegata' 叶有不规则的乳白色边缘。花序及花的形态与山绣球相同。栽培品种。

洋绣球

五彩山绣球

山绣球

镶边山绣球

龙芽草　　蔷薇科

Agrimonia pilosa Ledeb.

多年生草本。根呈块茎状，周围有侧根。茎高30～50厘米。叶为间断的奇数羽状复叶，有小叶7～9片；小叶椭圆形或倒披针形，长1.5～5厘米，顶端急尖或渐尖，基部宽楔形，边缘有锯齿。穗状花序顶生，有多数花；花黄色，直径6～9毫米。果倒卵状圆锥形，有10肋，顶端有数层钩刺，包藏在宿存萼筒内。花果期5～12月。

几遍布全国。欧洲中部、俄罗斯、蒙古、朝鲜半岛、日本及越南北部有分布。深圳也有分布。自然生长在溪边、草地、灌丛、林缘及疏林下。仙湖植物园有栽培。本种在春末至夏初发新叶，叶丛密集翠绿，适宜在庭园中作地被。

喜光，耐半荫，在半日照之地栽培生长也较理想，喜温暖湿润，不耐干旱，栽培土质宜为富含腐殖质和排水良好之壤土。繁殖用播种法，于春末夏初进行。

皱果木瓜（贴梗海棠）　　**蔷薇科**

Chaenomeles spiciosa (Sweet) Nakai

落叶灌木，高1～2米。枝有刺。叶卵形至椭圆形，长3～9厘米，先端急尖，基部楔形，边缘有尖锯齿。花先叶开放或花叶同放，常3～5朵簇生于二年生的枝上；

龙芽草

龙芽草的花序及果

龙芽草作地被

皱果木瓜

皱果木瓜的花

花梗不明显；花色有橙红、大红、粉红及乳白等，花型有重瓣及半重瓣，花瓣基部延伸成短爪，长1~1.5厘米；雄蕊45~50。果球形，直径4~6厘米，黄色，味芳香。花期冬季及翌年早春，果期秋季。

产于陕西、甘肃、四川、贵州、云南及广东。缅甸有分布。国内外常有栽培，品种很多。本种花色艳丽，花多而密，无论是花先叶开放或花叶同放，均甚美观灿烂，为优良的木本花卉。在庭园中可单植、丛植及列植作花篱或植于建筑物门前花槽、假山旁等处，均有良好的观赏效果。

喜光，栽培地全日照或半日照生长均理想，喜温暖湿润气候，性耐寒，耐干旱，不耐高温，在深圳栽培宜植于凉爽通风良好处，土质宜为富含有机质、湿润和排水良好之壤土。繁殖用扦插、分株和高压法，于早春或晚秋进行，也可用播种法，于春季进行，播种前种子须沙藏90天催芽。

蛇莓　　蔷薇科

Duchesnea indica (Andr.) Focke

多年生草本，茎长而匍匐。叶为三出复叶；叶片卵形或倒卵形，长1.5~3厘米。花单生于叶腋，直径1~1.8厘米；花梗长2~6厘米；花托扁平，果期膨大呈半圆形，红色；副萼5，先端3裂；萼片比副萼小；花瓣5，黄色。瘦果多数，很小，长圆状卵形，暗红色，聚生于花托上。花果期5~10月。

产于辽宁以南各地。西起阿富汗，东至日本，南达印度、印度尼西亚及欧洲和美洲均有分布。自然生长山坡或河岸草地。仙湖植物园有栽培。本种植株平铺地面，分枝繁多，叶色翠绿，夏季结出鲜红晶莹的果实，亮丽诱人，为良好的地被植物及观果植物。

耐半荫，喜温暖湿润环境，较耐干旱和耐瘠薄，耐寒，栽培不择土壤。在深圳栽培宜植于湿润、通风和凉爽之地。繁殖用播种法，于春季进行，也可用分株法，取1~2个生根的茎节，用盆栽或地栽，于春末至夏季进行。

枇 杷

枇杷　　蔷薇科

Eriobotrya japonica (Thunb.) Lindl.

常绿小乔木，高可达10米。小枝密生锈色绒毛。叶互生，革质，披针形或倒披针形，长12~30厘米，顶端急尖，基部楔形，边缘有锯齿，上面亮绿，下面被锈色绒毛。圆锥花序顶生，具多数花；花梗被锈色绒毛；花白色，直径1.2~2厘米，有香味；雄蕊约20。果球形或椭圆形，黄色。秋冬季开花，次年初夏果熟。

原产于我国，世界各地多有栽培，品种很多。本种树姿整齐、美观，四季常青，花有芳香，尤其在春、夏间果熟期，金黄的果实除为著名水果外还可供观赏。适宜作庭园观赏树。

喜光，稍耐荫，喜温暖湿润气候，耐高温亦耐寒，栽培土质宜为富含有机质和排水良好之壤土。繁殖用播种法，于果熟后即采即播。也可用高压法和嫁接法。

枇杷的花序，右上为其果

草莓　　蔷薇科

Fragaria ananassa (Weston) Lois. et al.

多年生草本，高10~40厘米。茎匍匐，节上生根。叶为三出复叶；小叶倒卵形或菱形，长3~7厘米，顶端圆，基部宽楔形，侧生小叶偏斜，边缘具缺刻状锯齿。聚伞花序有花5~15朵；花的直径1.5~2厘米；萼片于副萼，副萼在果时膨大；花瓣白色，近圆形；雄蕊20；雌蕊极多。果为聚合果，鲜红色，宿萼紧贴果皮。花期冬末至春秋，果期夏季月。

原产南美洲，世界各地广为栽培。在南方冬季不落叶，花多果红，花期持久，除为著名水果外，还可观花及观果。宜在庭园中布置花坛或盆栽摆设。

喜光，光照不足则徒长和开花甚少，喜温暖、湿润，忌高温、湿涝和干旱，栽培土质须为富含有机质和排水良好之沙质壤土，繁殖用匍匐茎分株为主，在南方宜在秋季进行，也可用播种法，春、秋、冬三季均可进行。大量育苗多采用组织培养。

红花重瓣海棠　　蔷薇科

Malus spectabilis (Ait.) Borkh. var. *riversii* Rehd.

落叶乔木，高2~6米。叶椭圆形，长5~8厘米，近革质，亮绿，边缘有细浅齿；叶柄长约1.5厘米。花4~6朵组成伞形花序；花的直径4~5厘米，玫红色，重瓣；雄蕊20~25。开花期冬至翌年春季。

栽培品种（原种产于中国）。近年来欧、美等国家已培育出近千个海棠的园艺品种，有高性和矮性，有单瓣也有重瓣，花色多样。本种花极美丽，盛花期花团锦簇，高贵典雅，为木本花卉中的精品，有很高的观赏价值。适宜作庭园美化，矮性品种

蛇 莓

草 莓

红花重瓣海棠

白花重瓣海棠

可用于盆栽。在华北及长江流域一带多有栽培。在深圳适宜于海拔较高的郊野公园种植。

喜光，喜温暖湿润气候，较耐寒和干旱，忌湿涝，不耐长期酷热，在华南地区栽培须置凉爽通风处，栽培须用肥沃、湿润和排水良好的壤土，酸性土或微碱性土均能生长。繁殖用扦插、嫁接和高压等法，均于春及夏初进行。

具相同用途的栽培品种有**白花重瓣海棠** *Malus spectabilis* (Ait.) Borkh. var. *albiplena* Schelle 花白色，重瓣。

闽粤石楠　　蔷薇科

Photinia benthamiana Hance

常绿小乔木，高3～10米。叶互生，倒卵状长圆形，长5～11厘米，先端急尖或钝，基部楔形，边缘有疏齿。复伞房花序顶生；花白色，花瓣5，近圆形。梨果近

闽粤石楠

莓叶委陵菜

蛇含委陵菜的基生叶

球形，直径3～5毫米。花期4～5月，果期7～9月。

产于浙江、福建和广东。越南有分布。自然生长在林中沟边。深圳各地山林有分布。本种枝繁叶茂，树冠呈圆伞形，夏季雪白的花球，密生于绿叶丛中，秋末红果累累，为观花及观果的优良木本花卉。宜植于郊野公园的疏林中或沿湖边和沟边种植。也可作造林树种。

耐半荫，在半日照处生长良好，喜温暖湿润，忌干旱高温，栽培地须为土层深厚、湿润、肥沃和排水良好之壤土。繁殖以播种为主，在春季进行，也可用扦插法，于夏季进行。

莓叶委陵菜　　蔷薇科

Potentilla fragarioides Linn.

多年生草本。花茎多数，丛生，直立或铺散，长8～25厘米。基生叶为羽状复叶，有小叶5～7片，顶端的3片较大，倒卵形或长椭圆形，长5～7厘米，顶端圆或急尖，基部楔形，边缘有钝齿；茎生叶常为3小叶，几无叶柄。伞房花序顶生，有多花，花的直径约1～1.5厘米；花瓣黄色。花期5～7月。

产于东北、华北、华东、华中、西南各地及湖南和广西。朝鲜半岛、日本、俄罗斯（西伯利亚）及蒙古有分布。自然生长在地边、沟边、草灌丛及疏林下。仙湖

蛇含委陵菜

植物园有栽培，生长良好。本种植株枝叶茂密，金黄色的小花点缀其间，亮丽宜人。适植于庭园或假山旁，也可盆栽供观赏。

喜光，耐半荫，喜温暖湿润，不耐高温及渍涝，在深圳宜植于半日照和通风凉爽之地，栽培土质宜为富含腐殖质、湿润和排水良好之壤土。繁殖用播种法，于春季进行。

同属植物有**蛇含委陵菜** *Potentilla kleiniana* Wight et Arn. 茎匍匐，于节处生根。花茎直立或匍匐。基生叶为掌状复叶，5～7小叶；小叶几无柄，倒卵形或倒卵状长圆形，长0.5～4厘米，顶端圆，基部楔形，边缘有锯齿；茎生叶为5小叶，上部茎生叶为3小叶。聚伞花序生于枝顶；花的直径约1厘米，黄色。产辽宁、陕西及华东、华中、华南和西南各地。朝鲜半岛、日本、印度、马来西亚和印度尼西亚有分布。自然生长在山坡及草丛中。仙湖植物园有栽培。

冬樱花　　蔷薇科

Cerasus cerasoides (D. Don) Sok.

落叶小乔木，高3～10米。叶互生，近革质，卵状披针形，长8～12厘米，先端长渐尖，基部圆，边缘有重锯齿或单锯齿。花1～3朵排列成伞形，先叶开放或与叶同时开放；花萼钟状，常红色；花冠淡粉红色，直径2～2.5厘米，花瓣卵圆形；雄蕊32～34。核果卵圆形，长1.2～1.5厘米，熟时黑紫色。花期12月至翌年2月。

产于云南和西藏南部。缅甸北部、尼泊尔、不丹、锡金至克什米尔地区有分布。本种花姿娇柔，花色艳丽，冬春季淡粉红色的花与嫩绿的新叶同时开放，色彩搭配和谐，为优良的乔木花卉，仙湖植物园有栽培，生长旺盛，快速。宜作庭园观赏树。成片种植、沿园道列植均有良好的观赏效果。如与开白花的李树混植观赏效果更佳。

喜光，喜温暖湿润，不甚耐寒，不抗

冬樱花

冬樱花的花序

强风，在深圳栽培宜植于凉爽及避风之地，栽培土质宜为土层深厚、富含有机质及排水良好之壤土。繁殖用播种法于春季进行。

具相同用途的植物有**李** *Prunus salicina* Lindl. 花通常3朵并生，直径1.5～2.2厘米；花瓣白色，基部有淡紫色脉纹。核果球形或卵球形，直径3.5～5厘米（栽培种可达7厘米），黄色、红色、绿色或紫红色，有一沟。产于陕西、甘肃及西南、华中、华东和华南各地。世界各地广为栽培，园艺品种很多。

梅　　蔷薇科

Armeniaca mume Sieb.

落叶小乔木，高4～10米。叶互生，叶片卵形或椭圆形，长4～8厘米，先端尾尖，基部宽楔形至圆形，边缘具细锯齿。花单生或两朵并生，直径2～2.5厘米，有香味，先叶开放；花萼通常红褐色、绿色或紫绿色；花瓣粉红色、红色或白色，单瓣或重瓣。核果近球形，直径2～3厘米，黄色、绿白色、红色或紫红色，被柔毛。冬季至翌年早春开花，夏季果熟。

原产我国西南部，各地均有栽培，以长江流域以南各省栽培最多。已有3000年的栽培历史。无论是作观赏或作果树其品种多达数千。梅花为我国十大名花之一，素与竹、松并誉为“岁寒三友”，道出了梅花顶风傲雪、坚强不屈的性格，其姿态苍劲，花色丰富，花期持久，清香扑鼻，为优良高贵的木本花卉。适合庭园美化或盆栽。

喜光，在全日照或半日照之地均生长良好，喜温暖湿润气候，耐寒，有一定的抗旱力，忌渍涝，耐瘠薄，对土质不择，但以肥沃和排水良好的沙质壤土为佳，在深圳栽培，宜植于凉爽通风之地。繁殖用播种、扦插、高压和嫁接等方法，以嫁接法为主，以梅的实生苗或毛桃作砧木，在冬季或早春进行。

桃　　蔷薇科

Amygdalus persica Linn.

落叶小乔木，高3～8米。小枝细长，有光泽。单叶互生，叶片长圆状披针形，椭圆形或倒卵状披针形，长7～15厘米，顶端渐尖，基部宽楔形，无毛，边缘有锯齿。花单生，先叶开放，直径2.5～3.5厘米，几无花梗，花瓣绯红色、粉红色或白色，花型有单瓣、半重瓣或重瓣。花期1～4月，6～8月果熟。

原产我国，世界各地多有栽培，栽培历史悠久，品种达3000以上。仅我国的品种就有1000左右。按花、叶观赏价值及果实质量，可而分为观赏桃与食用桃

李的盛花期

李的花序

梅

仙湖植物园桃花林盛花期景观

毛 桃

蟠 桃

绯红桃

两大类，在深圳栽培的多属观赏桃。仙湖植物园内有大片的桃花林。春节前后，桃花盛开，色彩亮丽、芳菲烂漫，平添春日盛景。在春节期间，民间亦喜爱用桃花来装饰家居、商铺、宾馆及大堂等，以示喜庆和吉祥。

喜光，喜温暖凉爽和湿润气候，耐寒力强，耐干旱，耐夏季高温，不耐水湿，喜肥沃和排水良好之壤土。繁殖用嫁接法为主，以毛桃为砧木，于早春进行，也可用播种法，于秋季进行。

在深圳栽培的品种除在《园林植物》一书第120页已介绍的白桃 *Amygdalus persica* Linn. f. *alba* Schneid. 等3个变型外，还有下列各变种、变型和栽培品种:

（1）**毛桃** *Amygdalus persica* Linn. 用原种的种子播种生出的实生苗。花单瓣，粉红色。果很小。除用于观花外，通常被作为砧木。

（2）**蟠桃** *Amygdalus persica* Linn. var. *compressa* Loud. 分枝的节间较密，花绯红色，重瓣。果扁，两端凹入，在仙湖植物园栽培，生长良好，但未见结果。

（3）**绯红桃** *Amygdalus persica* Linn. ‘绯红’花绯红色，重瓣。栽培品种。

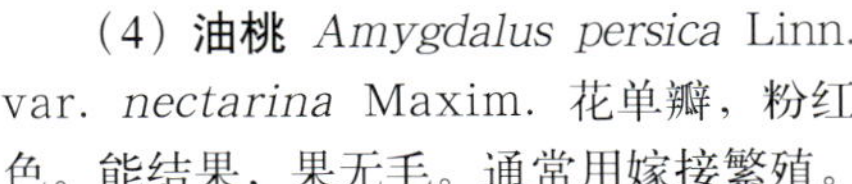

（4）**油桃** *Amygdalus persica* Linn. var. *nectarina* Maxim. 花单瓣，粉红色。能结果，果无毛。通常用嫁接繁殖。

（5）**宫粉桃** *Amygdalus persica* Linn. ‘宫粉’花淡绯红色至粉红色，重瓣，栽培品种。

（6）**垂枝桃** *Amygdalus persica* Linn. f. *pendula* Dipp. 枝条长而下垂。

宫粉桃

油 桃

垂枝桃

火 棘

火棘作绿篱

火棘作盆景

橙红火棘

花色有红、白、淡红等多个栽培品种。

火 棘　　蔷薇科

Pyracantha fortuneana (Maxim.) Li

常绿灌木，高1～2米。侧枝顶端变为刺状。叶互生，倒卵形或倒卵状长圆形，长1.5～6厘米，顶端圆或微凹，基部楔形，边缘有钝齿，无毛，亮绿。花排成复伞房花序；花的直径约1厘米，白色，花瓣5，近圆形，长约4毫米；雄蕊20。果近球形，直径约3毫米，红色。花期3～5月，果期8～11月。

产于陕西、河南及华东、华中和西南各地。自然生于丘陵地阳坡灌丛及河沟边。我国温带及亚热带地区有栽培，深圳也有栽培。本种分枝茂密，叶色亮绿，春季盛花期，花色洁白素雅，秋后果实累累，一串串的红果，形似一支支小火把，故民间又称之为“火把果”。为优良的观果植物。可在庭园中丛植或列植，也可密植作绿篱，同时是制作盆景的理想材料。

喜光，耐半荫，喜温暖湿润气候，不耐高温，耐干旱和瘠薄，耐修剪，对土质不择，在深圳栽培宜置凉爽通风处。繁殖用播种法，采收成熟果实，堆放后熟，然后洗去果肉，将种子阴干，冬播或沙藏至翌年春播。也可用扦插法，于夏季进行。

橙红火棘 *Pyracantha fortuneana* (Maxim.) Li.‘Orange Glow’为本种的栽培变种，其成熟的果实多为橙红色。

多花蔷薇　　蔷薇科

Rosa multiflora Thunb.

落叶灌木，枝平展蔓生。羽状复叶有小叶5～11，靠近花序的叶有时为3小叶；小叶卵形或长圆形，长1.5～5厘米，先端急尖，基部圆，边缘有单锯齿。花多朵排成圆锥花序；花的直径为1.5～2厘米，栽培种的花较大，直径4～7厘米，花色有玫红、粉红、白和红等色，有单瓣和重瓣。果球形，红色。

原产于华北及长江流域。朝鲜半岛和日本有分布。各地多有栽培，栽培品种很多。本种花团锦簇，花色亮丽，红果累累，鲜艳夺目。在庭园中宜植作花篱或在院旁作花架、绿门等。

喜光，耐半荫，喜肥但也耐瘠薄，喜湿润但忌渍涝，较耐寒，不耐高温，宜植于凉爽、通风和向阳处，栽培土质要求土层深厚、疏松、肥沃和排水良好。繁殖用扦插法、分株和高压法，于春、秋两季进行。

栽培品种很多，常见的有：

(1) **荷花蔷薇** *Rosa multiflora* Thunb.‘Carnea’花4～8朵排成伞房花序，粉红色，花瓣大而平展，重瓣。

(2)**七姊妹** *Rosa multiflora* Thunb.‘Platyphylla’花7～10朵排成伞房花序，深红色，重瓣。

七姊妹

荷花蔷薇

现代月季

现代月季

现代月季

现代月季　　蔷薇科

Rosa hybrida Hort.

常绿或半常绿灌木，高约1米。分枝有刺。羽状复叶有小叶3~5；小叶卵形或卵状椭圆形。花通常单生，也有数朵聚生，花色丰富多采，单色或双色，花型为重瓣，通常不结果。于秋冬季至翌年春季开花。

为栽培品种。世界各地广为栽培。本种花色艳丽，花姿高贵典雅，深受人们的喜爱。是布置园林、美化城市的高贵的木本花卉。许多现代化城市均植有大型的月季花专类园，供人们观赏。

喜光，耐半荫，喜冷凉和湿润气候，耐寒性强，在高温季节进入休眠状态。生长期喜肥沃和湿润，栽培土质以土层深厚、疏松、肥沃和排水良好的沙质壤土为佳。繁殖多用扦插法和嫁接法，于春、秋二季进行。

现代月季现有栽培品种数以万计，为全世界栽培最广、最受人们喜爱的木本花卉之一。在深圳栽培的也有上百个品种。

同属植物还介绍下列1种和1变种。

（1）**地被月季** *Rosa* sp. 茎匍匐，花小，有红、黄、粉红和白等色。栽培品种很多。在庭园中主要用作地被。开花期夏、秋季。

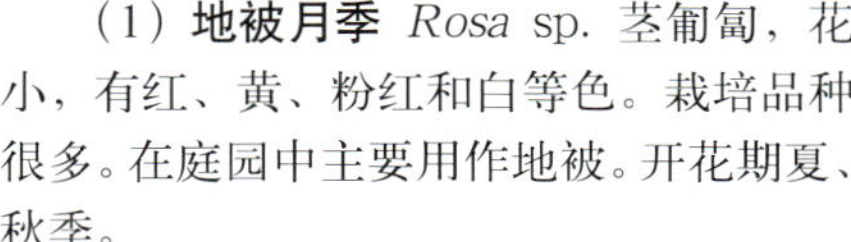

（2）**小型月季** *Rosa chinensis* Jacq. var. *minima* Voss. 植株很矮小，高不逾30厘米；花小，直径约3厘米，5~11朵排成伞房花序，有玫红、粉红、黄和白等色，花型有单瓣和重瓣。栽培品种很多。在庭园中通常用各种不同花色的植株混合，成片种植，观赏效果甚佳。也可盆栽。

现代月季

现代月季

现代月季

现代月季

现代月季

现代月季

现代月季

现代月季

现代月季

地被月季

小型月季

不同花色的小型月季混合成片种植

金缨子，右上为其花

金缨子　　蔷薇科

Rosa laevigata Michx.

常绿攀援灌木，高可达5米。枝密生扁刺。羽状复叶有3小叶；小叶革质，卵状椭圆形、卵状披针形或倒卵形，长2~6厘米，顶端急尖，基部近圆形或宽楔形，边缘有细齿。花单生于叶腋，直径5~7厘米；萼片顶端呈叶状，边缘羽状全裂或全缘；花瓣白色，宽倒卵形；雄蕊多数；心皮多数。果梨形，紫褐色，具宿萼。花期3~6月，果期7~11月。

产于陕西和华中、华东、华南和西南各地。自然生长在向阳山坡、田边和溪边灌丛中。深圳也有野生。为本地区的乡土植物。台湾、福建（厦门）、广东（广州、深圳）、广西和云南等地区有栽培。本种枝叶十分茂密，叶色亮绿，花期甚长。花色洁白淡雅，为良好的木本花卉。在庭园中可植于棚架及栅栏边作垂直绿化，也可单植及列植或将其修剪成灌木状等，均有良好的观赏效果。

喜光，在半日照的环境下，生长亦佳，喜温暖和湿润，耐高温，对土质不择。繁殖用播种法，将成熟的果实采下风干，于翌年3月将种子取出播种。

白花悬钩子　　蔷薇科

Rubus leucanthus Hance

攀援灌木，高1~3米。分枝疏生钩状皮刺。羽状复叶具3小叶；小叶革质，卵形或椭圆形，长4~8厘米，顶端渐尖，基部圆形，两面无毛，边缘有单锯齿。花3~8朵排成伞房花序，生于侧枝顶端，有时单花腋生；花白色，直径1~1.5厘米，花瓣基部具爪；雄蕊多数；雌蕊70~80；花托中央突起部分近球形。聚合果近球形，直径1~1.5厘米，红色。花期3~5月，果期5~7月。

产于湖南、福建、广东、广西、贵州和云南。泰国和中南半岛各国有分布。自然生长在旷野或疏林中，较常见。仙湖植物园有栽培，生长良好。本种枝叶繁茂，花

白花悬钩子，左上为其聚合果

粉花绣线菊，左下为其花序

多而花期持久，花色洁白素雅，由红色的小核果组成的聚合果晶莹亮丽，十分可爱，观花及观果并举，可作园林美化。

喜光，在半日照处生长良好，喜温暖湿润，耐高温，对土质不拣，性强健，栽培可粗放管理。繁殖用高压法或扦插法，于春、秋两季进行。

具相同用途的本属植物还有下列2种:

(1)**空心泡** *Rubus rosaefolius* Smith 灌木，高2～3米。羽状复叶有小叶5～7片；小叶卵状披针形或披针形，长3～5厘米，两面疏生毛，有浅黄色腺点，边缘有重锯齿。花1～2朵，顶生或腋生；花萼被柔毛和腺点；花冠白色，直径约3厘米。聚合果长圆形，长1.2～1.5厘米，红色。产于华东各省及广东、广西、贵州和云南。深圳也有分布，仙湖植物园有栽培。

(2)**光滑悬钩子** *Rubus tsangii* Merr. 羽状复叶有小叶7～9片，(花枝上的叶有时具5片小叶)；小叶狭披针形，长4～7厘米，无毛，下面沿主脉疏生小皮刺，先端长渐尖至尾状渐尖，边缘具不整齐的锯齿或重锯齿。花3～5朵排成顶生伞房花序或单生；花萼无毛；花冠白色，直径3～4厘米。聚合果球形，直径1.5厘米，红色。产于浙江、福建、广东、广西、四川、贵州和云南，自然生长于山坡、河边或山谷林中。仙湖植物园有栽培。

粉花绣线菊　　蔷薇科

Spiraea japonica Linn. f.

常绿灌木，高30～60厘米（最高可达1.5米）。叶互生，卵形或卵状椭圆形，长2～8厘米，顶端急尖，基部楔形，边缘有缺刻状重锯齿或单齿。复伞房花序生于当年生枝顶端，花多而密；花粉红色、红色或白色，直径4～7毫米，花瓣5，卵形至圆形；雄蕊25～30。蓇葖果无毛。花期5～8月，果期7～10月。

原产日本和朝鲜半岛，我国各地都有栽培供观赏，仙湖植物园也有栽培。本种的花序有多而密的小花，形似绣球，花色柔美悦目，十分可爱，为良好的木本花卉。适于庭园美化及盆栽。

喜光，日照充足开花较多，在半日照的环境下生长亦佳，喜温暖及冷凉气候，不耐高温，但在仙湖植物园凉爽通风处栽培生长良好，开花亦旺，栽培土质须为富含有机质的腐殖土。繁殖用扦插法和分株法，于早春进行。

蜡　梅　　蜡梅科

Chimonanthus praecox (Linn.) Link

落叶或半落叶灌木，高达4米。小枝方形，老枝圆柱形。单叶对生，卵状椭圆形、宽椭圆形、椭圆形或卵形，长5～25厘米，革质，顶端急尖或渐尖，基部宽楔形至圆形，边全缘，两面无毛。花先叶开放，着生于二年生枝条叶腋处，芳香，黄色，花冠直径1.8～2.5厘米；花萼与花瓣均15～25片，长0.5～2厘米，为数轮的覆瓦状排列；雄蕊5～6均生于花托之顶；花托坛状，果时木质化，口部收缩，内藏多数瘦果。花期冬春季。

原产于华东、华中、西南及河南、陕西。各地均有栽培，日本、朝鲜半岛及欧洲和美洲均有引种。在我国北自北京以南，东自上海，西自四川，南达广东和广西均有栽培。本种是具有中国园林特色的冬春季木本花卉，其花色金黄，花瓣似蜡质，芳香馥郁，花期持久，花多而密，甚为典雅。栽培品种很多。在庭园中可单植、列植或盆栽，也可作盆景，如作切花，瓶插时间可达数十天之久。

喜光，耐半荫，耐寒，耐干旱，不耐水湿，不抗风，宜植于向阳避风处，耐高温，在广州及珠江三角洲一带栽培，生长良好。耐修剪，喜疏松、土层深厚、肥沃和排水良好的中性或微酸性沙质壤土。繁殖用播种法，在秋季种子成熟后，当年即可播种，也可用分株、扦插和嫁接等方法繁殖。

空心泡

光滑悬钩子

蜡 梅

金合欢

猴耳环

藤金合欢的花序

金合欢　　含羞草科

Acacia farnesiana (Linn.) Willd.

落叶灌木或小乔木，高1.5～4米。成树枝条呈之字形弯曲；分枝有小刺。二回羽状复叶长2～7厘米，有羽片4～8对，每对羽片有小叶20～40片；小叶线状长圆形或长圆形，长2～6毫米。头状花序1或2～3个簇生于叶腋，直径1～1.5厘米；花黄色，有香味；花瓣连合呈管状；雄蕊长为花冠的2倍。荚果近圆柱形，长3～7厘米，无毛，肿胀。花期3～6月，果期7～11月。

原产美洲热带，现广布于世界热带地区，我国浙江、台湾、福建、广东、广西、云南和四川有栽培或野化。自然生长在阳光充足、土壤肥沃而疏松之地。本种成树分枝茂密，枝条常带小刺，适宜围篱，其花金黄色、具芳香，又可作花材和插花原料。

喜光，喜高温湿润，栽培地须阳光充足，排水良好，土壤须是肥沃而疏松之沙质壤土。繁殖用播种法，于春夏两季进行。

有相同用途的同属植物有**藤金合欢** *Acacia sinuata* (Lour.) Merr. 常绿藤状灌木，成树高可达5米。枝具倒刺。二回羽状复叶有羽片9～11对；每一羽片有小叶30～50片；小叶线状长圆形，长0.8～1.2厘米。头状花序多数，再排成圆锥花序；花白色，芳香。荚果带形。亚洲热带地区广布，我国江西、湖南、广东、广西、贵州和云南有分布。在深圳分布普遍，常栽培作绿篱或野生。

藤金合欢栽培作绿篱

猴耳环　　含羞草科

Archidendron clypearia (Jack.) Nielsen

常绿乔木，高达10米。二回羽状复叶有羽片4～5对；下部的羽片有小叶6～12片，上部的羽片有小叶20～24片；小叶不等四边形，顶端的较大，往下渐小。圆锥花序；花白色，长4～5毫米。荚果旋卷。

亚洲热带广布，我国浙江、福建、广东、香港、海南、广西和云南有分布。本种树冠广阔，枝繁叶茂。适作庭园绿荫树，惟生长十分缓慢。在深圳山野间很常见，在村落中偶见有大树生长。

喜光，喜高温多湿气候，栽培地须为排水良好、日照充足和土层深厚之壤土。繁殖用播种法，在条件适宜之环境中，可见有自然繁殖之幼株。

在深圳常见的还有**亮叶猴耳环** *Archidendron lucida* (Benth.) Nielsen

猴耳环的花序

猴耳环的叶和荚果

二回羽状复叶有羽片1~2对，下部的羽片有小叶4~6片，上部的羽片有小叶8~10片；小叶斜卵形。产浙江、台湾、福建、广东、香港、海南、广西、四川及云南。越南及印度有分布。自然生长在林中或林缘。深圳山林中常见。

银合欢　　含羞草科

Leucaena leucocephala (Lam.) de Wit

落叶灌木或小乔木，高2~6米。枝无刺。二回羽状复叶有羽片4~8对；每一羽片有小叶10~32片；小叶线状长圆形，长0.7~1.3厘米。头状花序1~2枚腋生；花白色。荚果带状，扁平，长10~18厘米，顶端有短尖。花期4~7月，果期5~10月。

银合欢（果期）

含羞树

原产美洲热带，世界热带地区广植。我国台湾、福建、广东、香港、广西和云南有栽培或野化。在深圳亦较常见。本种树姿扶疏，花期与果期均有一定的观赏价值。适宜在庭园和绿地种植，亦可作荒地绿化，有水土保持之功效。

喜光，喜高温，耐干旱和贫瘠，抗风，适应性强，栽培可粗放管理。繁殖用播种法，春、夏两季均可进行。

银合欢的花序

银合欢的羽状复叶

含羞树的花序

含羞树的果

含羞树　　含羞草科

Mimosa arborea Forsk.

落叶小乔木。分枝有倒刺。二回羽状复叶有羽片11~13对，每一羽片有小叶40~60片或更多；小叶椭圆形，长约1厘米，其小叶触之即慢慢闭合，故而得名。头状花序1~2枚生于叶腋，花丝粉红色。荚果扁、带状长圆形。

原产于美洲热带，热带地区有栽培。广州（华南植物园）和深圳（仙湖植物园）也有栽培，生长良好。适作园林观赏树。

喜光，在明亮处或半日照处生长良好，性喜高温多湿。繁殖用播种法，于春季进行。

含羞草　　含羞草科

Mimosa pudica Linn.

半灌木状披散草本，高可达1米。分枝有下垂的钩状小刺及倒生刺毛。二回羽状复叶有羽片2对；每一羽片有小叶20~40片；小叶线状长圆形，长0.8~1.3厘米，触之即闭合。头状花序1或2~3个生于叶腋，花淡红色。荚果长圆形，长1~2厘米，成熟时逐节脱落。花期3~10月，果期5~11月。

原产美洲热带，现广布于世界热带地区。我国台湾、福建、广东、香港、广西和云南等地有栽培或野化，生于旷地或灌木丛中。含羞草的叶稍一触之即闭合，有动感，是一种很有趣味性的花卉，花色也很艳丽，只是因为在南方分布十分普遍，随处可见，故忽略其观赏价值，视它为一般的野草，但在长江流域及以北地区，常

含羞草

含羞草的羽状复叶和荚果

作盆栽花卉供观赏。

喜光，喜高温，耐干旱，耐贫瘠，适应性甚强，栽培极易。繁殖用播种法，春、夏两季均可进行。

牛蹄豆　　含羞草科

Pithecellobium dulce (Roxb.) Benth.

常绿乔木，高达15米。小枝有针刺。二回羽状复叶具一对羽片；每一羽片有一对小叶；小叶椭圆形，长2～5厘米，偏斜。圆锥花序腋生或顶生；花冠白色或淡黄绿色，长约3毫米，密被长柔毛。荚果膨胀，旋卷，暗红色。花期3～4月，果期5～8月。

牛蹄豆

原产中美洲，热带地区广植。我国台湾、广东、海南、广西及云南等地均有栽培。深圳也有栽培，生长旺盛。本种树姿扶疏，枝叶浓密，叶形奇特，一对小叶恰似一只小牛蹄的形状，故而得名。荚果呈念珠状扭曲，形似耳环，颇为有趣，适作庭园观赏树及绿荫树，也可作海岸防护林树种。

牛蹄豆的叶形

喜光，喜高温多湿，耐盐、耐干旱和贫瘠，抗风力强，对土质不苛求，但以排水良好之沙质壤土为佳，日照要充足。繁殖用播种法或扦插法，于春季进行。

雨 树　　含羞草科

Samanea saman (Jacq.) Merr.

落叶乔木，高可达20米。二回羽状复叶有羽片2～5对；每一羽片有小叶6～16片；小叶由上向下渐变小，斜长圆形，长2～4厘米，亮绿。头状花序单一或簇生，直径5～6厘米；花玫瑰红色，长约1.2厘米；雄蕊20枚。荚果长圆形，长10～20厘米。花期夏至秋季，果期秋季。

原产美洲热带。全世界热带地区广植。我国台湾、福建、广东、海南和云南有栽培。深圳也有引种，生长旺盛。本种树冠广阔呈圆伞形，枝繁叶茂，亮绿清雅，为优良的园林风景树和行道树。其花色亮丽，亦为良好的木本花卉。因其叶的吐水现象（植物的一种生理现象）明显，人们

雨树列植（幼树）

雨 树

黄花羊蹄甲

雨树的羽状复叶

在其树荫之下，常见有水珠滴落，似是下雨一般，故名“雨树”。

喜光，喜高湿多湿气候，树性较强健，生长快速，不耐干旱，不耐寒冷，在春、夏季的生育期，必须保持湿润并及时施肥，栽培地的土质须为肥沃、排水良好的壤土。繁殖用播种法，于春季进行。

龙须藤　　苏木科

Bauhinia championii (Benth.) Benth.

木质常绿大藤本。有卷须；叶卵形，长约10厘米，先端微凹或2浅裂至2裂达中部，裂片顶端尾尖，下面有白粉。总状花序腋生，长7~20厘米；花冠白色，花瓣匙形。荚果带形，扁平，长7~12厘米，革质。花期6~10月，果期7~12月。

产于浙江、台湾、福建、江西、湖北、湖南、广东、香港、海南、广西及贵州。越南、印度及印度尼西亚有分布。自然生长在山地灌丛中及疏林或密林中。本种是本地区的乡土植物，在山林中较常见，仙湖植物园有栽培。其枝叶繁茂，攀爬力强，因茎之横切面有菊花状花纹，故又名“菊花木”。适合于作花廊及花架的垂直绿化。

喜光，喜温暖至高温、湿润气候，不耐干旱，栽培地须为土层深厚、肥沃并排水良好之沙质壤土或壤土。如作棚架植物，须于春季及时修剪整枝。繁殖用播种法或扦插法，于春、秋二季进行。

有相同用途的同属植物有**粉叶羊蹄甲** *Bauhinia glauca* (Wall. ex Benth.) Benth. 叶近圆形，长5~7厘米，顶端2裂达中部，裂片顶端圆。总状花序呈伞房状；花冠白色，花瓣倒卵形。花期4~6月，果期7~9月。产于浙江、福建、江西、湖南、广东、广西、贵州及云南。印度、中南半岛各国及印度尼西亚有分布。自然生长在山谷密林或灌丛中。深圳的山野间很常见。

黄花羊蹄甲　　苏木科

Bauhinia tomentosa Linn.

落叶灌木，高1~4米。叶近扁圆形，直径3~7厘米，顶端2裂达全长的1/3。花通常2朵或1~3朵排成侧生花序；花冠淡黄色，长5~6厘米，开花时各花瓣互相重叠呈一钟形花冠。荚果带形，扁平，长7~15厘米。花果期秋季至冬初。

原产于印度，世界热带地区及我国南方有栽培。本种为一美丽的木本花卉，花色清雅，盛花期着花甚多，在原产地全年均可开花。适作庭园美化树种。

喜光，耐半荫，喜温暖至高温湿润气候，栽培不择土壤，但以肥沃和土层深厚之沙质壤土为佳，排水要良好。繁殖用播种法为主，播种前，须将种子用清水浸泡6~12小时，待种皮软化后方可播种。

苏 木　　苏木科

Caesalpinia sappan Linn.

常绿小乔木，高达6米。分枝具疏刺。二回羽状复叶长30~45厘米，有7~13对羽片；每一羽片有小叶2~34片；小叶长圆形，长1~2厘米，基部偏斜。圆锥花序与叶几等长；花冠黄色，花瓣倒卵形。荚果扁，木质，近长圆形，顶端斜向截形，上角有外弯的硬喙，不开裂。花期5~10月，

龙须藤

粉叶羊蹄甲

苏 木 (*Caesalpinia sappan* Linn.)

苏木 (*Caesalpinia sappan* Linn.) 的荚果

决 明

果期7月至翌年2月。

原产于印度、缅甸、越南、马来西亚及斯里兰卡，我国南方有栽培，仙湖植物园也有栽培，生长旺盛，每年均能正常开花结果。本种花色清雅，荚果形态特殊，为优良的木本花卉。是观花及观果并举的园林美化植物。

喜光，耐微荫，喜高温多湿气候，不耐寒，不耐干旱和瘠薄，宜植于排水良好、富含腐殖质、土层深厚和排水良好之壤土中。繁殖用播种法或扦插法，均于春末、夏初进行。

决 明　　苏木科

Cassia tora Linn.

一年生半灌木状草本，高0.5~2米。羽状复叶有小叶6片；小叶倒卵状长圆形，长2~6厘米，偏斜。花常2朵生于叶腋；花冠黄色。荚果细长，长达15厘米，四棱形。种子菱形，光亮。花果期8~11月。

原产美洲热带，现广布于全世界热带和亚热带地区。我国长江以南各地均有栽培或野化，深圳的山野间也常见。本种的花与果均有观赏价值，可在庭园或绿地中种植，宜群植。

喜光，在全日照或半日照处均生长良好，喜高温湿润气候，栽培地须为较肥沃和排水良好的沙质壤土，可粗放管理。繁殖用播种法，宜于春末夏初进行。

同属植物有**望江南** *Cassia occidentalis* Linn. 羽状复叶有小叶6~10片；小叶卵状披针形。花少数排成伞房花序；花冠黄色。荚果扁，长10~13厘米，中间棕色，两侧黄棕色。原产美洲热带，全世界热带、亚热带地区有栽培或野化，深圳也有栽培和野化。

紫 荆　　苏木科

Cercis chinensis Bge.

落叶灌木，高2~5米。叶近圆心形，

紫 荆

长5~10厘米。花2~10余朵簇生于老枝和主干上，尤以主干上的花为多，先叶开放；花冠紫红色或粉红色，长1~1.3厘米。荚果扁，红紫色，窄长圆形，长4~8厘米，腹缝线有狭翅。

产于华东、华中、华南及西南。是常见栽培的木本花卉。本种的花先叶开放，盛花期，花团锦簇，层层叠叠，一片嫣红。花渐渐脱落时，随之是绿叶渐渐生出，也别有一番景致。宜在公园和绿地种植，也可盆栽。

喜光，喜温暖湿润气候，耐寒，不耐

望江南

望江南的花序

白花紫荆

高温，在深圳须植于郊野公园或山坡等凉爽之地，避免强阳光直射，忌水湿，栽培地须为排水良好、肥沃之壤土，萌蘖力强，耐修剪，可粗放管理。繁殖用播种法为主，也可用分株法，均于春季进行。播种前，须用温水浸种24小时。

有相同用途的还有栽培品种**白花紫荆** *Cercis chinensis* Bge.'Alba'. 花冠白色，为一。

格 木　　苏木科

Erythrophleum fordii Oliv.

常绿乔木，高可达30米。叶为二回羽状复叶，有羽片2~3对；每一羽片有小叶

格 木

格木的羽状复叶

皂 荚

5～13片；小叶互生，卵形或卵状椭圆形，长5～7.5厘米，无毛，光亮。圆锥花序腋生，有多数花；花冠淡黄绿色。荚果带状，长7～12厘米，近木质。花期3～4月，果期5～10月。

产福建、广东、广西和贵州。越南有分布。本种为国家保护之濒危植物。树姿雄伟壮健，叶色亮绿，为优良的园林风景树和造林绿化树。仙湖植物园有栽培，生长良好。

喜光，尤其幼树，如光照不足则生长不良，幼苗和幼树都不耐寒，成年树稍耐寒，喜温暖、湿润气候，栽培地须是土层深厚、湿润和肥沃之壤土。繁殖用播种法，于春季进行。

皂 荚　　苏木科

Gleditsia sinensis Linn.

落叶乔木，高5～15米。有粗壮而分枝的枝刺。叶为羽状复叶；小叶6～20，卵状长圆形或卵状披披针形，长3～7厘米，无毛。花排成总状花序，单性或两性，细小，白色。荚果成熟时黑棕色，长10～30厘米，无毛，表面有白粉。花期3～5月，果期6～12月。

我国华北、华东、华南及西南均有分布。各地常见栽培。本种枝叶茂密，可作园林绿化或绿篱。因其荚果可代皂，长江流域一带民间多栽于宅旁。

喜光，耐寒冷，亦能适应温暖湿润气候，土质须为湿润、肥沃、排水良好的沙

绒毛皂荚

质壤土，日照要充足。繁殖用播种法，于春季进行。

有相同用途的种类有**绒毛皂荚** *Gleditsia japonica* Miq. var. *velutina* L. C. Li 叶两面被毛；荚果扭曲，密被金黄色绒毛。本种为濒危植物，原产地在湖南衡山，仅存母树2株。深圳仙湖植物园于1993年引进栽培，生长良好，1998年已开花结果。

墨水树　　苏木科

Haematoxylum campechianum Linn.

落叶小乔木，株高可达8米。羽状复叶对生，叶腋有刺；每一羽状复叶有小叶

墨水树

绒毛皂荚的荚果

6～8片；小叶对生，倒心形或倒卵形，长1.5～2厘米，亮绿。总状花序腋生，有多数花；花冠金黄色。花期春至夏初。果期夏至秋季。

原产墨西哥，热带地区有栽培，深圳也有栽培，生长旺盛。本种树姿扶疏健美，叶色亮绿，花色明艳，为优良的木本花卉和园林风景树。因木材含色素可制墨水故而得名。

喜光，喜高温多湿，不耐寒，不耐干旱和瘠薄，栽培土质须为土层深厚、富含腐殖质之壤土。繁殖用播种法、扦插法及高压法均可。播种于春季进行，扦插和高压于春至夏季进行。

仪 花　　苏木科

Lysidice rhodostegia Hance

常绿乔木，高5～10米。羽状复叶有小叶6～10片；小叶近革质，亮绿，长椭圆形或卵状披针形，长5～16厘米，顶端急尖，基部圆，边缘全缘。圆锥花序长20～40厘米；花长约1厘米，花瓣5，前面2片很小，呈鳞片状，后面3片大，紫红色、粉红色或白色；能育雄蕊2，退化雄蕊4。荚果狭长圆形，长12～20厘米。花期6～8月，果期7～11月。

产于广东、广西和云南。越南有分布。华南地区时有栽培，深圳也有栽培。

墨水树的羽状复叶

仪 花

本种是华南地区的乡土树种。其树冠呈圆伞形，树姿壮健，生长迅速、叶色终年亮绿，夏季盛花期，树冠的顶层生满彩色的圆锥花序，甚为美丽壮观，花后又可观果。为优良的乔木花卉。适作庭园风景树。单植、列植或片植均有良好的观赏效果。在福建(厦门)、广东(广州、深圳)和云南(西双版纳)等地均有栽培。仙湖植物园也有栽培。

喜光，性喜温暖湿润气候，耐高温，在深圳地区栽培生长良好，不耐干旱，栽培须为土层深厚、富含有机质和排水良好之壤土。繁殖用播种法，于春季进行。播种前先将种子用60℃的温水浸泡12小时。

盾柱木

仪花的花序，右下为其花

仪花的叶及荚果

盾柱木（双翼豆）　　**苏木科**

Peltophorum pterocarpum (DC.) Baker ex K. Heyn

落叶乔木，高5～15米。幼枝和花序梗被锈色毛。二回羽状复叶长30～40厘米，有羽片7～15对；羽片对生，每一羽片有小叶20～42片；小叶对生，长圆状倒卵形，长1.2～1.7厘米。圆锥花序有许多花；花冠金黄色，长1.5～1.7厘米，花瓣两面的中部有锈色长毛。荚果扁，具翅，红褐色。花期6～7月，果期8～10月。

原产越南、斯里兰卡、马来西亚、印度尼西亚和澳大利亚。我国台湾、广东、福建等省有栽培，仙湖植物园也有栽培，生长旺盛，能正常开花结果。本种树姿雄伟、健壮，绿叶金花，美色诱人，为优良的木本花卉，宜作庭园风景树及绿荫树。

喜光，半日照处亦能正常生长，喜高温多湿气候，对土质不选择，只须土层深厚和排水良好，性强健，栽培无须特殊管理。繁殖用播种法，于春季进行。

东京油楠

东京油楠　　**苏木科**

Sindora tonkinensis A. Cheval. ex K. et S. S. Larsen

常绿乔木，高达15米。羽状复叶有小叶8～10片；小叶卵形至椭圆状披针形，长6～12厘米，两侧不对称。圆锥花序长10～20厘米，有多数花；花萼4片，淡绿色，两面密被黄色毛；花瓣仅1片。荚果近圆形或椭圆形，长7～10厘米，顶端有尖喙，外面光滑。花期5～6月，果期8～9月。

原产中南半岛。我国广东、(广州和深圳）有栽培。本种树姿呈广阔圆伞形，枝叶繁茂，青翠宜人，花色艳丽，为优良的园林风景树和绿荫树，在深圳栽培生长旺盛，每年开花，但未见结果。

喜光，在半日照处亦能正常生长，喜高温多湿气候，栽培地须为土层深厚和富含腐殖质的壤土，排水要良好，性强健，无须特殊管理。但在生长期须及时施肥。繁殖用播种法，于春末夏初进行。

东京油楠的花序

东京油楠果期

盾柱木 (*Peltophorum pterocarpum* (DC.) Baker ex K. Heyn) 的花序，左上为其花

盾柱木 (*Peltophorum pterocarpum* (DC.) Baker ex K. Heyn) 的荚果

酸 豆

蔓花生作地被

酸豆的羽状复叶

酸豆（罗晃子）　　**苏木科**

Tamarindus indica Linn.

常绿乔木，高可达20米。羽状复叶有小叶20～40余片；小叶对生，长圆形，长1.3～2.5厘米。总状花序顶生或腋生，有少数花；花冠黄色并有紫色条纹，长约7～8毫米，边缘有波状皱折。荚果圆柱状长圆形，肿胀，褐棕色，长5～14厘米，直或弯拱，在种子间常不规则收缩。花期4～8月，果期9月至翌年5月。

原产非洲，全球热带地区均有栽培。我国东南部、南部及云南也有栽培，在深圳栽培生长良好。本种树姿扶疏、枝繁叶茂，绿叶黄花，幽雅宜人，可作公园及绿地的风景树。其果可食，味酸甜。

喜光，喜高温高湿，不耐寒，不耐干旱，栽培地须为肥沃之沙质壤土，排水要良好，日照须充足，在春、夏两季须及时施肥，以保证生长旺盛。繁殖用播种法，于春、秋两季进行。

蔓花生

蔓花生　　**蝶形花科**

Arachia duranensis A. Krapollickas et W. C. Gregory

多年生匍匐草本，茎长可达20厘米，在节上生不定根。羽状复叶有小叶4枚；小叶倒卵状椭圆形，夜间闭合。花单生于叶腋；花冠蝶形，黄色，花瓣和雄蕊均生于萼管的顶部。开花期春至秋季。

原产南美洲，热带地区多有栽培。本种的茎平贴地面生长，四季常青，夏季盛花期，一片金黄，艳丽夺目；其枝叶繁茂，种下能迅速覆盖地面，是优良的地被植物。此外，还可盆栽，其枝沿盆垂下，颇为优雅。

喜光，喜高温多湿，栽培地须是排水良好、肥沃的沙质壤土，日照要充足，不耐寒，不耐干旱和瘠薄。繁殖用扦插法，全年皆可进行。老化的枝条须修剪，宜在春季剪枝，否则影响新枝的萌发。

木 豆

木 豆　　**蝶形花科**

Cajanus cajan (Linn.) Millsp.

灌木，高1～3米。小叶3枚，披针形，下面有黄色腺点。总状花序腋生；花冠蝶形，黄色，长约1.8厘米，旗瓣背面有紫色纵纹。荚果带状长圆形，在种子间有斜沟，有种子3～5枚。夏季开花，秋季结果。

木豆的荚果

产于华南和西南；热带和亚热带地区广为栽培或野生。深圳山野间常见。其花冠蝶形，花色金黄艳丽，为良好的灌木花卉。适宜植于公园和绿地或作荒地、荒坡的绿化。仙湖植物园有栽培。

喜光，温暖和高温气候均能适应，耐寒、耐干旱和瘠薄。栽培地全日照或半日照均能生长，不选择土壤，如为肥沃、湿润的壤土，则生长旺盛，着花更多，植株也较整齐。繁殖用播种法，于春末夏初进行。

栗豆树（绿元宝）　　**蝶形花科**

Castanospermum australe A. Cunn. ex Mudie

常绿乔木，高可达10米以上。羽状复叶有小叶5～9片；小叶革质，披针状长椭圆形，长6～10厘米，顶端渐尖，基部近圆形，边缘全缘。花腋生，花冠蝶形，橙黄色。荚果长达20厘米。种子椭圆状球形，直径4～5厘米。

原产澳大利亚，热带地区多有栽培。本种枝叶繁茂，叶色翠绿，成树高达10余米，树冠宽阔，树姿扶疏，幼株通常作盆栽，极耐荫，其硕大的种子具2片绿色肥厚的子叶，酷似一只盆中珍品，十分雅致，为优良的庭园风景树。

成株喜光，日照需充足，幼株则耐荫，性喜高温湿润，但冬季须保持干爽，栽培土质须为肥沃、疏松的沙质壤土。繁殖用播种法，于春、秋二季进行。

栗豆树

蝙蝠草

蝙蝠草　　**蝶形花科**

Christia vespertilionis (Linn. f.) Bahn. f.

半灌木，茎高0.6～1.2米。小叶上面褐红色，有深色纹，下面绿色，通常3枚，有时仅1枚，顶端的小叶较大，长菱形，宽为长的4～6倍，顶端阔凹状，犹如一小小蝙蝠在展翅，侧生小叶两边不对称。总状花序顶生或腋生；花冠黄白色。荚果有4～5个互相折叠的荚节。花果期夏至秋季。

产于广东、海南和广西。全世界热带地区都有分布。本种叶色褐红并有深色条纹，乍看其形，像展翅的蝙蝠。十分别致，故以观叶为主。适宜植于花坛或盆栽。

喜半荫，忌强阳光直射，喜高温湿润气候，土壤以排水良好、富含腐殖质的壤土为佳。若冬季落叶，宜整枝修剪，次年即可萌发新枝。繁殖用播种法，收集成熟种子，于次年春至夏季播种。

舞 草　　**蝶形花科**

Codariocalyx motorius (Houtt.) Ohashi

常绿小灌木，高约1.5米。羽状复叶有小叶1～3片，顶生小叶长圆形，长6～10厘米，顶端圆，具短尖，基部圆，边全缘，侧生小叶很小，长圆形或线形，长约1厘米，有时不存在。花序为顶生的圆锥花序或腋生的总状花序，长达24厘米；花紫红色，长约7.5毫米，花冠蝶形。荚果直或微弯，长2.5～4厘米，有5～9个荚节。

栗豆树发芽后，种子肥大的子叶

舞草的叶形

舞草的荚果

舞草的花序

产于台湾、福建、江西、湖南、广东、广西、贵州、四川及云南。印度、锡金、尼泊尔、斯里兰卡、泰国、缅甸、印度尼西亚及马来西亚有分布。自然生长在山坡或山沟灌丛中。热带地区时有栽培，仙湖植物园也有栽培。本种枝叶翠绿，其3片小叶酷似一只绿色蝴蝶，当人们播放音乐

猪屎豆

猪屎豆的荚果

光萼猪屎豆

时，其叶片能随乐声左右摆动，好像蝴蝶在翩翩起舞，故名“舞草”，深得人们的喜爱。适在庭园中丛植或片植，也可盆栽。

喜光，耐半荫，性喜温暖至高温湿润气候，不耐寒，忌干旱，栽培土质须为疏松、肥沃和排水良好之壤土。繁殖用播种法，于春季进行。

猪屎豆　　蝶形花科

Crotalaria pallida Ait.

半灌木状草本，茎高约1米。叶为掌状3小叶；中间小叶宽椭圆形，长3～6厘米，较2侧生小叶大。总状花序有20～30朵花；花萼密被毛；花冠蝶形，黄色，旗瓣近圆形，龙骨瓣先端具长喙。荚果圆柱形，长约5厘米，肿胀，内含20～30粒种子。花期夏至秋季。

产于台湾、福建、江西、湖南、广东、香港、广西、云南及四川，自然生长在荒山草坡或沙质土上。世界热带、亚热带地区都有分布。深圳也较常见。本种花色金黄，鲜艳丽亮；荚果鲜时嫩绿，微透明，较为别致。可栽培为观赏植物。适宜植于庭园或作荒地和山坡的绿化。

喜光，喜高温，耐干旱和贫瘠，栽培地宜为排水良好的沙质壤土。繁殖用播种法，在春季进行。

同属植物有**光萼猪屎豆** *Crotalaria zanzibarica* Benth. 植株高1～2米。中间小叶长椭圆形，长6～10厘米，侧生小叶较小；花萼无毛。荚果圆柱形，长3～4厘米。原产南美洲，我国台湾、福建、广东、海南、广西、湖南和四川有栽培或野化，全世界热带地区都有栽培，在深圳栽培生长良好。为优良的木本花卉，除有美化的效果外，还有改良土质的功效。

降 香（降香黄檀）　　**蝶形花科**

Dalbergia odorifera T. Chen

半落叶乔木，株高10～20米。羽状复叶有小叶9～13片；小叶卵形或椭圆形，长3.5～8厘米，宽1.5～4厘米。圆锥花序腋生，有很多花；花冠蝶形，淡黄色或白色。荚果舌状，长椭圆形，扁平，生种子处隆起，通常仅有1粒种子。花期夏季，果期秋季。

产于海南。为濒危物种。自然生长在山坡林中，仙湖植物园有栽培，生长良好。本种花多而密，花期持久，可作为木本花

光萼猪屎豆的花序及荚果

降 香

印度黄檀

印度黄檀的叶与荚果

卉加以栽培和繁殖。

喜光，喜高温多湿，生态适应性较强，在原产地无论是陡坡、山脊、岩石缝或干旱贫瘠之地都能生长。如进行栽培，则以肥沃、排水良好、日照充足之地为好。繁殖用播种法，待荚果成熟后，摘取晒干，播种前取出种子，用清水浸泡24小时，即播下，萌发力强。用一年生苗植于绿地或用作绿化山坡，生长较快。

与本种有相同用途的有**印度黄檀** *Dalbergia sisso* Roxb. 常绿大乔木，高可达30米。叶卵形或卵圆形。原产印度，广州有栽培，生长旺盛。

假地豆　　蝶形花科

Desmodium heterocarpon (L.) DC.

落叶小灌木，茎高1～3米。叶为羽状3小叶；顶生小叶椭圆形或倒卵形，长2.5～6厘米，侧生小叶较小。圆锥花序腋生，有多数花；花冠蝶形，紫红色、紫色或淡紫色，长约5毫米。荚果长1.2～2.5厘米，有4～9枚荚节，表面有小钩状毛，每荚节含1粒种子。花果期秋至冬季。

假地豆

三点金作地被

产于华东、华南至西南各地。越南、缅甸、菲律宾、印度和日本有分布。自然生长在灌丛中或林边。本种是本地区的乡土植物，仙湖植物园有栽培。其枝叶繁茂，花色缤纷，可作为观赏植物在园林中推广种植。

喜光，耐半荫，喜温暖至高温气候，耐寒，耐瘠薄。但栽培地以肥沃、湿润、排水良好的壤土为佳，其适应性颇强，生长旺盛，较易栽培。繁殖用播种法，在春季或夏初进行。

三点金　　蝶形花科

Desmodium triflorum (Linn.) DC.

多年生匍匐草本。茎具许多分枝，长10～45厘米，在节上生根。叶为羽状3小叶；小叶倒心形或倒卵形，长3～10毫米。花1或2～3朵簇生叶腋；花冠蝶形，紫红色。荚果微呈镰刀状弯曲，长5～12毫米，有3～5荚节。花果期秋至冬季。

广布于全世界热带地区，我国台湾、福建及华南地区有分布。自然生长在灌木丛和荒坡草地中。深圳也有分布。因植物体分枝繁多，枝条的节上生不定根，平铺地面，因此是良好的地被植物。

喜光，喜高温湿润气候，对土质不择、耐干旱和瘠薄，甚至在石缝中亦能生长，适应性甚强，生长迅速。繁殖用播种法，在春季及夏初进行。

扁　豆

扁　豆　　蝶形花科

Dolichos lablab Linn.

一年生缠绕草质。茎淡红色或淡绿色。小叶3，顶生小叶宽三角状卵形，长3～9厘米，侧生小叶较大，斜卵形。总状花序腋生，长13～25厘米，花2至多朵生于花序轴的每一节上；花冠蝶形，白色或紫红色。荚果呈镰刀状弯曲，紫红色或绿色，全年可开花结果。

原产于印度，我国各地均有栽培。荚果作蔬菜食用。本种花多而艳丽，花期持久，荚果有红色和绿色两种，可供观赏，适宜植于棚架和建筑物的围篱周围，作垂直绿化。

喜光，喜温暖至高温湿润气候，不耐寒冷和干旱，亦不耐湿涝，栽培对土质不择，如植于肥沃和排水良好之壤土中则枝、叶及花果繁茂。繁殖用播种法于春季进行。

鸡冠刺桐　　蝶形花科

Erythrina cristagalli Linn.

落叶或半落叶小乔木，高3～5米。幼时枝干有刺。叶为羽状3小叶；小叶长椭圆形或卵状椭圆形，长5～8厘米；叶柄和中脉有疏短刺。总状花序有多数花；花冠蝶形，旗瓣长为翼瓣及龙骨瓣的3～4倍，有鲜红、橙红、浅红或外白内红等多种颜色。通常于夏季开花。

原产南美洲。热带地区广为栽培。本种树姿呈圆伞形，花色多样，鲜艳夺目，有很高的观赏价值，为优良的木本花卉，在深圳栽培十分普遍。可用于庭园或绿地的美化，亦可作行道树。

喜光，喜高温多湿气候，对土质不择，如为肥沃壤土则生长更佳，排水要良好，

鸡冠刺桐艳红色的花

鸡冠刺桐浅红色的花

蝙蝠刺桐盛花期

鸡冠刺桐花冠的旗瓣外白内红

蝙蝠刺桐的叶形

蝙蝠刺桐的花序

日照须充足，不耐寒冷和干旱，不耐荫蔽，有一定的抗风力。繁殖可用播种法和扦插法，以扦插法为主。于春季及夏初进行。

同属植物有**蝙蝠刺桐** *Erythrina vespertilio* Benth. 叶为羽状3小叶，顶生小基部两侧扩展，侧生小叶一侧扩展，近革质，亮绿色。总状花直立，集生于枝上部叶腋；总花梗长约20厘米，褐色，光亮；花密生；花萼绿白色或粉红色；花冠蝶形，橙红色。原产南非。仙湖植物园有栽培，生长良好。

大叶千斤拔　　蝶形花科

Flemingia macrophylla (Willd.) Prain

常绿灌木，高0.8～2.5米。掌状复叶有3小叶；顶生小叶宽披针形，长8～15厘米，无毛，下面有黑褐色腺体，侧生小叶偏斜，较小。总状花序数枚簇生于叶腋，花

大叶千斤拔

大叶千斤拔的花序

大叶千斤拔的荚果

多而密；花冠蝶形，淡紫红色，长约1厘米。荚果椭圆形，有1～2粒种子。花果期7～11月。

产于台湾、福建、江西、湖南、华南至西南。中南半岛、南亚、东南亚也有分布。自然生长在灌丛中、旷野草地及林边阳处。本种是华南地区的乡土植物，仙湖植物园有栽培，生长良好。为观花与观果的木本花卉，美化与绿化效果俱佳。

喜光，喜温暖至高温湿润气候，耐瘠薄，对土质不苛求，但须排水良好。冬季须剪去老枝，促使新枝萌发。繁殖用播种法，于春季及夏初进行。

穗序木蓝　　蝶形花科

Indigofera spicata Forsk.

多年生草本。茎平卧或斜上，长0.3～2米，单一或基部有分枝，被丁字毛。羽状复叶有小叶3～11片；小叶互生，倒披针形或倒卵形，长0.8～2厘米，下面被丁字毛。总状花序与复叶近等长；花冠蝶形浅红色，长5～6毫米。荚果线状圆柱形，下垂。花果期2～11月。

穗序木蓝作地被，右下为其花序

产台湾、广东（广州）和云南。亚洲热带地区有分布，自然生长在旷地湿润向阳处。本种的枝叶青翠密集，茎平铺地面，长可达2米余。盛花期，花序伸出叶丛之上，色艳亮丽，为优良的地被植物，并可作斜坡的垂直绿化。在深圳栽培，生长旺盛快迅。

喜光，喜高温湿润气候，不择土壤，但以肥沃，排水良好的沙质壤土为佳，每年春季须剪去老化枝条，施肥后，能大量萌发新枝叶。繁殖用播种法和扦插法，春、秋两季均可进行。

同属植物有：

（1）**马棘** *Indigofera pseudotictoria* Matsum. 灌木，高1～3米。羽状复叶有小叶7～11枚；小叶对生，倒卵状椭圆形。花序在开花后长于复叶。产于华北、华东、西南至湖南和广西，自然生长在林缘及灌丛中，仙湖植物园有栽培。可作为花灌木植于庭园。

穗序木蓝作垂直绿化

穗序木蓝的荚果

马　棘

（2）**庭藤** *Indigofera decora* Lindl. 灌木，高1～2米。羽状复叶有小叶7～15枚；小叶卵状披针形或卵状长圆形。总状花序长于叶；花冠粉红色或白色。产华东、华南及贵州。自然生长在杂林边或灌丛中，为本地区的乡土植物，可作为花灌木植于庭园。

截叶胡枝子　　蝶形花科

Lespedeza cuneata (Dum.-Cours.) G. Don

常绿灌木，高30～100厘米，有多数分枝。羽状复叶具3小叶；小叶长圆形，长1～3厘米，先端截形。有瓣花2～4朵排成腋生的总状花序，无瓣花簇生；花冠蝶形，白色或淡红色，长约7毫米。荚果斜倒卵形。花果期7～10月。

产于华北、华东、华中、华南及西南各地。南亚、西亚及朝鲜半岛、日本有分布。自然生长在山坡灌丛中。本种枝叶繁茂，根系发达，可植于园林作绿篱，有绿化和保持水土的功效。根部有根瘤，有改良土壤的功效。

喜光，耐寒、耐干旱和瘠薄，萌发力较强，在深圳仙湖植物园栽培，生长旺盛。繁殖用播种法，于春季进行。

截叶胡枝子

截叶胡枝子的叶

截叶胡枝子的花

多叶羽扇豆　　蝶形花科

Lupinus polyphylla Lindl.

多年生草本，高30～40厘米。叶为掌状复叶，有小叶7～9片，小叶倒披针形。总状花序有多数花；花冠蝶形，蓝或红色。荚果扁，在种子间收缩。开花期6～7月。

原产北美洲及欧洲地中海沿岸及非洲。本属植物的栽培品种及杂交种甚多，我国引入栽培的有**加州羽扇豆** *Lupinus arborens* Sims **毛羽扇豆** *Lupinus pubescens* Benth. 等多种。其花色多样，花姿妩媚动人，是优良的花坛植物和盆栽花卉。

喜光，喜温暖气候，不耐高温多湿，土质须为肥沃、疏松和排水良好的微酸性沙质壤土，栽培地日照须充足。繁殖用播种法，春、秋两季均可进行，宜直播，移植则不易成活。

多叶羽扇豆

美丽崖豆藤　　蝶形花科

Millettia speciosa Champ.

常绿木质藤本，长3～4米。羽状复叶有小叶9～15片；小叶长圆状披针形，光亮。圆锥花序腋生；花冠蝶形，白色或淡黄色，长2～3厘米，微有香气。荚果窄长圆形，长10～15厘米，密被茸毛。花期5～6月，果期7～10月。

产于福建、广东、香港、海南、广西及湖

美丽崖豆藤

香花崖豆藤

黧 豆

黧豆的花序

黧豆的荚果

常春油麻藤

大果油麻藤的花序

南。本种为本地区的乡土植物。因属大型木质藤本，宜作花棚、花篱及花廊植物。

喜光，耐半荫，不耐干旱及贫瘠，栽培地须为土层深厚、肥沃、排水良好之壤土。繁殖用播种法，于春季及夏初进行。

同属植物有下列3种：

（1）**绿花崖豆藤** *Millettia championii* Benth. 羽状复叶有小叶5～7片；小叶卵形。花冠淡绿色。产于华南，深圳亦有分布。

（2）**香花崖豆藤** *Millettia dielsiana* Harms 羽状复叶有小叶5片；小叶椭圆形。花冠紫色。产于长江流域以南各地，深圳山野间常见。

（3）**亮叶崖豆藤** *Millettia nitida* Benth. 羽状复叶有小叶5片；小叶椭圆形。光亮。花冠青紫色。产于华南、华中及西南。深圳各地常见。

黧 豆　　蝶形花科

Mucuna pruriens (Linn.) DC. var. *utilis* (Wall. et Wight) Baker ex Burck

一年生缭绕木质藤本。羽状复叶有3小叶；顶生小叶宽卵形，长14～16厘米，侧生小叶十分偏斜。总状花序下垂，花多而密，花冠淡紫色或白色，长1.5～2.5厘米。荚果长圆形，微“S”形，被灰白色短柔毛。花果期7～10月。

原产亚洲热带。我国台湾、福建、广东、广西、云南、贵州及四川多有栽培或野化。深圳地区也常见栽培。本种枝叶繁茂，在盛花期，一串一串的花序自棚架垂下，十分美丽幽雅。该植物是边开花边结果，一球球的荚果，与花序同时生长，既可观花，又可观果。宜作庭园和绿地的棚架植物。

喜光，耐半荫，喜高温湿润气候，栽培地的土质须为排水良好、肥沃的壤土或沙质壤土。繁殖用播种法，于春季及夏初进行。发芽率高，生长迅速，无须特殊管理。

有相同用途的同属植物有下列2种：

（1）**大果油麻藤** *Mucuna macrocarpa* Wall. 多年生落叶木质藤本。总状花序生于老茎上；花冠暗紫色，旗瓣带绿白色。荚果带形，木质，在种子间收缩，被褐色茸毛。产于云南、贵州、广西、广东、海南及台湾。南亚、中南半岛及日本有分布。

（2）**常春油麻藤** *Mucuna sempervirens* Hemsl. 常绿木质藤本。总状花序生于老茎上；花冠深紫色。荚果木质，在种子间收缩，被红褐色短毛和长刚毛。产于华东、华南及西南。深圳和广州的植物园有栽培。生长旺盛。

排钱树　　蝶形花科

Phyllodium pulchellum (Linn.) Desv.

落叶灌木，高0.5～2米。羽状复叶具3小叶；顶生小叶卵形或椭圆形，长6～10厘米，侧生小叶为顶生的1/2大。花5～6朵，排成伞形花序，藏于圆形的苞片内；许多苞片排成总状；花冠蝶形，白色或淡黄色，长5～6毫米，有芳香。荚果长5～6毫米，有2荚节。花期6～8月，果期9～10月。

产于台湾、福建、江西、广东、香港、海南、广西、贵州及云南。自然生长在丘陵草地或山坡疏林中。本种为本地区的乡土植物。其花序似一个个古钱币排列而

排钱树

成，十分有趣，盛花期散发阵阵清香，为良好的木本花卉。宜植于庭园，也可盆栽。

喜光，耐干旱和瘠薄，耐高温，对土质不苛求，但以富含腐殖质、排水良好的微酸性土为宜。繁殖用播种法，在春季及夏初进行。种子萌发力强，如种子落地可自行繁殖。在深圳栽培，生长旺盛，无须特殊管理。

水黄皮　　蝶形花科

Pongamia pinnata (Linn.) Merr.

常绿或半落叶乔木，高8~10米。羽状复叶具小叶5~7片；小叶卵形，椭圆形或宽椭圆形，长5~10厘米，侧生小叶稍小。总状花序腋生，长5~20厘米；花常2朵簇生于序轴的节上；花冠蝶形，粉红色或白色，长1.2~1.5厘米。荚果椭圆形，含1粒种子。花期5~6月，果期7~10月。

原产于台湾、福建、广东、香港、海南及广西。亚洲东南部及大洋洲有分布。自然生长在山坡林中。本种为乡土树种，在台湾、福建、广东等地时有栽培作防风护堤树。其树冠伞形，叶翠绿油亮，花色鲜艳美丽，是美丽的木本花卉，又为优良的园林风景树和绿化遮荫树。

喜光，可耐半荫，抗风力强，喜高温多湿气候，栽培不择土壤，但以富含腐殖质的沙质壤土为佳。繁殖用播种法，在春季进行，也可用高压法，在春至夏季进行。

水黄皮（幼龄树）

水黄皮的羽状复叶

水黄皮的花序

紫　檀　　蝶形花科

Pterocarpus indicus Willd.

落叶乔木，高15~30米。羽状复叶长10~30厘米，有小叶3~5对。圆锥花序有多数花；花冠蝶形，黄色，芳香。夏至秋季为开花期。荚果圆形，扁平，直径约5厘米。种子秋季成熟。

原产于印度、菲律宾、印度尼西亚和缅甸。热带地区普遍栽培，深圳也常见栽培，为优良的园林风景树和行道树。

喜光，喜高温湿润气候，耐干旱，成树抗风力强，在土层深厚、排水良好之地生长快速。繁殖用播种法，春至夏季均可进行。

三裂葛藤

三裂野葛　　蝶形花科

Pueraria phaseoloides (Roxb.) Benth.

多年生草质藤本。茎长2~4米，被黄色长硬毛。羽状复叶有小叶3片；小叶宽卵形、菱形或卵菱形，长6~10厘米，全缘或3裂，侧生小叶偏斜，较小，两面均密生长硬毛。总状花序长8~20厘米；花数朵聚生于节上；花冠蝶形，紫色或紫蓝色。荚果近圆柱形，长5~8厘米，仅幼时被长硬毛。花期7~9月，果期10~11月。

产于浙江、台湾、广东、海南、广西、湖南及贵州。中南半岛和马来西亚有分布。自然生长在山坡灌丛中，深圳山野间

紫檀，左下为其叶形及荚果

刺田菁（花期）

刺田菁（果期）

田菁的花序

田菁（果期）

很常见。本种分枝茂密，能广铺地面，攀爬力甚强，为良好的覆盖植物和垂直绿化植物，对荒地或荒坡保持水土和绿化有良好的效果。其花序含多花，花色清雅，叶色翠绿，又可作棚架植物。

喜光，耐半荫，喜高温湿润气候，对土质不择，不耐干旱。繁殖用播种法，萌发力强，生长快速，性强健，栽培容易。

刺田菁　　蝶形花科

Sesbania bispinosa (Jacq.) W. F. Wight

灌木状草本，高1～2米。枝及叶轴有小刺。羽状复叶有小叶40～80片；小叶线状长圆形，长1～1.5厘米，两面有紫褐色腺点，无毛。总状花序有2～6花；花冠蝶形，黄色，长约1厘米，旗瓣外面有红褐色斑点。荚果细而长，有多数种子。花果期8～12月。

产于广东、香港、海南、广西、四川及云南。中南半岛，西亚和南亚有分布。自然生长山坡湿润草地。在深圳十分常见。本种自我繁殖能力强，常常成大片生长，是良好的覆盖植物和荒坡绿化植物。

喜光，喜高温湿润，耐干旱，耐瘠薄，对土质不苛求，适应性强，栽培无须特殊管理。繁殖用播种法，在春末夏初进行。

具相同用途的有**田菁** *Sesbania cannabina* (Retz.) Poir. 植物体无刺。花冠黄色，旗瓣背面有褐色斑。产于华东及广东。栽培或野生。亚洲和非洲热带地区有分布。

龙爪槐　　蝶形花科

Sophora japonica Linn. var. *pendula* Loud.

落叶乔木，高3～5米。枝条长而下垂，羽状复叶有小叶9～15片；小叶卵状长圆形，长2.5～7.5厘米，下面苍白色。大型圆锥花序顶生；花冠蝶形，乳白色，长约1.5厘米。荚果肉质，长2.5～5厘米，绿色，念珠状。开花期4～6月，结果期7～9月。

原产于辽宁、华北、西北、华东、华南及西南。南北各地均普遍栽培。越南、朝鲜半岛、日本、欧洲及美洲也有栽培。尤以华北及黄土高原栽培最盛。本种分枝多，枝条长而下垂，形成似圆形或椭圆形的树冠，姿态幽雅，盛花期，碧绿的叶

龙爪槐

龙爪槐盛花期

龙爪槐的圆锥花序

从衬以雪白的花序，洁净脱俗，为良好的庭园风景树和绿化树。又是十分优良的蜜源植物。

喜光，喜凉爽及温暖气候，耐高温，耐寒，不耐干旱和瘠薄，栽培地须日照充足和排水良好，土质以肥沃的壤土或沙质壤土为宜。在深圳栽培，生长良好，能正常开花，但不如在北方栽培旺盛。繁殖用播种法，于春季及夏初进行。

葫芦茶　　蝶形花科

Tadehagi triquetrum (Linn.) Ohashi

半灌木，株高1～2米。叶仅具单小叶；叶柄两侧有宽翅；小叶卵状披针形，长6～13厘米。总状花序长15～30厘米；花2～3朵簇生每一节上；花冠蝶形，淡紫色，长5～6毫米。荚果长2～5厘米，被白色糙毛，有5～8个近方形的荚节。花期7～8月，果期8～9月。

产于台湾、福建、江苏、广东、香港、海南、广西、贵州和云南。印度、中南半岛、东南亚、太平洋诸岛、澳大利亚北部有分布。自然生长于山坡草地或林缘。在深圳野地很常见。本种叶形奇异，叶片如葫芦形，故此得名。花虽小，但色泽艳丽，可作为木本花卉植于园林或绿地。

葫芦茶

喜光，耐半荫，喜温暖至高温、湿润气候，栽培地的土质须为肥沃和排水良好的壤土，性强健，栽培无须特殊管理，在仙湖植物园栽培，生长旺盛。繁殖用播种法，宜在春季进行。

灰毛豆　　蝶形花科

Tephrosia candida DC.

灌木状草本，高1～3米。茎木质化。羽状复叶有小叶17～25片；小叶线状长圆形，长3～6厘米，下面密被灰色柔毛。总状花序长15～20厘米，生多数花；花冠蝶形，乳白色，长约2厘米。荚果线形，长8～10厘米，下垂，有10～15粒种子。花果期9～11月。

葫芦茶的叶形

原产于印度及马来西亚。福建、广东、海南、广西及云南有栽培或野化。如为野化则生长在山坡草地或旷野。仙湖植物园有栽培，生长良好。可作为木本花卉，美化庭园和绿地。

喜光，耐半荫，喜高温多湿气候，不耐干旱和瘠薄，不耐寒冷，栽培须要富含腐殖质疏松和排水良好的壤土。性强健，粗放管理便能茁壮生长。繁殖用播种法，于春末夏初进行。萌发力强，生长迅速。

灰毛豆

灰毛豆的花序

灰毛豆的荚果

猫尾豆

猫尾豆结果

猫尾豆　　蝶形花科

Uraria crinita (Linn.) Desv.

半灌木，高0.5 ~ 1.5米，全株被短柔毛。茎下部的羽状复叶具3片小叶，上部的具5 ~ 7片小叶；小叶长椭圆形或卵状披针形，顶生小叶长3 ~ 8厘米，侧生的略小。总状花序顶生，长5 ~ 30厘米，有多数密生的花；花冠蝶形，淡紫色，长约6毫米。荚果有2 ~ 4个反复折叠的荚节。花果期夏至秋季。

产于我国台湾、福建、江西、广东、海南、广西及云南。中南半岛、马来半岛、澳大利亚北部及印度有分布。自然生长在旷野草地或灌丛中。在深圳的郊野很常见。本种花序形似猫尾，花色淡雅宜人，是良好的木本花卉。可植于庭园或绿地，有美化的效果。

喜光，喜高温，耐干旱和瘠薄，不耐湿，栽培地须排水良好和日照充足，对土质不苛求。栽培无须特殊管理，生长茁壮。春季宜修去老枝，有利新枝萌发。繁殖用分株法或播种法，于春末进行。

丁癸草　　蝶形花科

Zornia gibbosa Spanog.

多年生矮小草本。有肥厚的地下根状茎。茎多分枝，高20 ~ 30厘米。掌状复叶有2片小叶；小叶卵状长圆形或披针形，长0.8 ~ 1.5厘米，下面有腺点。总状花序腋生，有2 ~ 6朵花；花冠蝶形，黄色，长约1.2厘米。荚果近圆形，有针刺。花果期夏至秋季。

产于华东、华南及西南。日本、缅甸、斯里兰卡及南亚有分布。自然生长在旷野草地。深圳地区有栽培或野生。本种枝叶繁茂，叶色翠绿，盛花期花姿及花色均较亮丽。因属矮小草本，适用庭园中作地被植物。

喜光，耐半荫，喜高温和湿润，土壤以肥沃、排水良好的沙质壤土或壤土为佳，不耐瘠薄和干旱。繁殖用分枝法或播种法，于春末、夏初进行。

壳菜果（米老排）　　**金缕梅科**

Mytilaria laosensis Lec.

常绿乔木，高可达30米。叶互生，革质，宽卵形，长10 ~ 13厘米，全缘，幼态叶3浅裂，基部浅心形，边缘全缘。肉穗花序顶生或腋生，连柄长约6厘米；花多数，紧密排列；花萼筒藏在肉穗花序轴中，萼片5 ~ 6；花瓣5，带状舌形，长0.8 ~ 1厘米，白色；雄蕊10 ~ 13；柱头有乳头状突起。蒴果长1.5 ~ 2厘米，外果皮厚，黑褐色，易碎，内果皮木质。种子长1 ~ 1.2厘米。花期5月，果期9 ~ 11月。

产于云南东南部，广西西部和广东。中南半岛有分布。仙湖植物园有栽培。自然生长在常绿阔叶林和次生林中。本种具强烈的萌蘖力，在广东的次生林中可常见到其植株具丛生的萌蘖枝，枝叶十分茂密，为优良的绿化树。

喜光，在半日照处生长亦佳，喜高温湿润，不耐干旱和寒冷，栽培土质须为富含腐殖质和排水良好的壤土。繁殖用播种法，于春、秋二季进行。

丁癸草，右下为其花

丁癸草作地被

壳菜果

壳菜果的幼态叶和果

半荷枫　　金缕梅科

Semiliquidambar cathayensis H.T. Chang

常绿乔木，高约15米。叶簇生于枝顶，革质，异型，一种叶为卵状椭圆形，长8～13厘米，顶端渐尖，基部宽楔形，边缘有腺锯齿，另一种叶为掌状3浅裂，有时也有单侧叉状分裂的叶。花单性，雌雄同株；雄花排成短穗状，数个再排成总状，无花被，雄蕊多数；雌花序球形，单生；雌花有花萼无花瓣，花柱顶端反卷。果序直径约2.5厘米，有蒴果22～28个。花期4～5月。

产于浙江、江西、福建、广东、海南、广西和贵州，自然生长在常绿阔叶林中。仙湖植物园有栽培，生长良好。本种树姿扶疏，树冠呈椭圆伞形，叶形多变，终年翠绿，为良好的庭园绿化树。

喜光，在半日照处生长亦佳，喜高温湿润，较耐寒，喜肥沃和土层深厚及排水良好之壤土。繁殖用播种法，于春、秋二季进行。

半荷枫

二球悬铃木　　悬铃木科

Platanus acerifolia (Ait.) Willd.

落叶乔木，树高可达30米。树皮光滑。叶互生，轮廓为宽卵形，长10～24厘米，基部截形或微心形，上部掌状3～5中裂，中裂片三角形，长宽相等，边缘全缘或有1～3粗齿；叶柄长3～10厘米。花长约4毫米，单性，雌雄同株，均组成球形的花序；花序常2个串生，很少单生，直径约

二球悬铃木

半荷枫的叶形及雌花序

3厘米，下垂；萼片、花瓣和雄蕊均为4。聚花果直径2.5～3.5厘米。花期4～5月，果期9～10月。

本种为**三球悬铃木***Platanus orientalia* Linn. 与**一球悬铃木** *Platanus occidentalis* Linn. 的杂交种，久经栽培。我国自东北、华北、华中至华南均有栽培作园林风景树和行道树。深圳也有栽培，但不普遍。

喜光。性喜温暖，耐高温，耐寒，但对高温多湿气候不甚适应，在深圳宜植于郊野公园和较冷凉的环境中为佳。繁殖多用扦插法和高压法，于春、秋二季进行。

杨 梅　　杨梅科

Myrica rubra (Lour.) Sieb. et Zucc.

常绿乔木，高可达15米。叶密集于小枝上部，革质，倒卵状披针形，长6～16厘米，顶端圆，基部楔形，边缘中部以上有疏齿，下面有金黄色腺体。花单性，雌雄异株；雄花序生于叶腋，长1～3厘米，有多数苞片，每一苞片腋内生1朵雄花，每一雄花仅有2～4枚小苞片及4～6枚雄蕊；雌花序长0.5～1.5厘米；每一苞片内有1雌花；雌花有4枚小苞片及1子房，仅上端1～2花能发育结果。核果球形，直径2～3厘米，有多数乳头状突起，成熟时深红色。

产于长江流域以南各地。日本、朝鲜半岛和菲律宾有分布。热带、亚热带地区普遍栽培。本种树冠呈圆伞形，树姿整齐美观，果熟期，硕果鲜红。为园林绿化的优良树种。

二球悬铃木的叶形

杨 梅

喜光，耐半荫，不耐强烈日照，喜温暖至高温湿润气候，不耐寒，对二氧化硫、氢、氟等气体抗性较弱，栽培须土层深厚、肥沃和排水良好之沙质壤土。繁殖用播种或扦插法，于春、秋二季进行。

黧蒴锥　　壳斗科

Castanopsis fissa (Champ. et Benth) Rehd. ex Wils.

常绿乔木，高6 ~ 10米。叶互生，长圆形至倒披针状长圆形，长17 ~ 25厘米，先端钝，基部楔形，边缘有波状齿，下面有灰黄色鳞秕。花单性，雌雄同株；雄花排成圆锥花序，黄白色；雌花单生于被鳞片的总苞内。壳斗卵形，全苞坚果，直径1.2 ~ 2厘米，成熟时开裂为2 ~ 3瓣，宿存。坚果卵形，直径1 ~ 1.5厘米。花期4 ~ 6月，果10 ~ 12月成熟。

产于广东、广西、海南、香港、福建、江西、湖南、贵州及云南。越南北部有分布。自然生长于山地疏林中。深圳各山林中较常见。本种树干通直，树姿伟岸挺拔，叶色终年葱绿，为优良的园林风景树和绿化树，广东省林业部门曾建议推广为造林树种之一。

喜光，喜温暖至高温湿润气候，抗风力较强，颇耐寒，栽培须土质深厚、肥沃和排水良好之壤土。繁殖用种子播种，于春季进行。

千头木麻黄　　木麻黄科

Casuarina nana Sieb. ex Spreng.

常绿小乔木。高1 ~ 2米。枝褐色，有密节；小枝绿色，有7 ~ 9纵棱。叶退化为鳞片状，膜质，7 ~ 9片轮生。花单性，雌雄同株，无花被；雄花序穗状，顶生；雄花有4个小苞片和1个雄蕊；雌花序近球形，侧生于枝上；雌花的花柱有长的线状分枝，红色。球果状果序近球形，直径约1厘米。花期4月，果期7 ~ 8月。

原产澳大利亚。热带地区时有栽培，我国台湾、福建（厦门）、广东（广州、珠江三角洲一带、深圳）等地也有栽培。本种植株耐修剪，容易造型，小枝浓密，终年翠绿，雌性小花序呈红色，玲珑可爱。为庭园美化、绿篱和盆栽摆设的高级树种。

喜光，喜温暖至高温湿润环境，耐干旱和瘠薄，若能经常补给水分及肥料，则生长十分迅速，栽培不择土壤，只须排水良好及不能过于黏性。繁殖以扦插法为主，春至秋季均可进行。

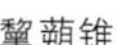

黧蒴锥

黧蒴锥叶的背面

黧蒴锥的雄花序

千头木麻黄

千头木麻黄的小枝及雌花序

粗枝木麻黄

粗枝木麻黄的小枝及果序

同属植物有**粗枝木麻黄** *Casuarina glauca* Sieb. ex Spreng 常绿乔木，高约10余米。树冠圆伞形。小枝细长，上举或末端下垂，灰绿色，直径1.3～1.7毫米，节间长1～1.8厘米。鳞片状叶12～16片轮生。球果状果序广椭圆形，长1～3厘米，直径约1.5厘米。花期3～4月，果期6～9月。原产澳大利亚。我国台湾、福建和广东有栽培，为良好的园林风景树和行道树。因抗风力较差，不宜作海岸护堤植物。

面包树　　桑 科

Artocarpus altilis (Park.) Fosberg

乔木，高6～10米，最高可达35米。有乳汁。叶互生，革质，菱形、长圆形或卵形，长40～50厘米，边缘有3～5羽状深裂，裂片披针形。花单性，雌雄同株；雄花为假柔荑花序，长7～30厘米，花被2～4裂，雄蕊1枚；雌花球形，花萼基部埋于肉质花序轴内。果为一椭圆形或球形的聚花果，直径15～30厘米，由多数瘦果藏于肉质的花萼和花序轴内组成，表面有许多凸出体，成熟时黄色。夏季开花，秋季果熟。

原产马来西亚，热带地区有栽培，我国台湾、福建、广东、海南、香港、云南南部也有栽培，近年来深圳栽培渐多。本种树形健美，树冠圆伞形，适作庭园风景树，其聚花果大型，肥厚肉质，呈黄色，可观果，将其烤熟后味如面包，可食用，为美味佳果。

喜光，不耐荫、喜高温多湿，成树须根较少，不耐移植、不耐干旱，栽培不择土壤，但如植于土质深厚、肥活和排水良好之地，则生长旺盛迅速。繁殖用播种法或根茎扦插法，种子成熟后宜即采即播，用根茎扦插宜于春季进行。

面包树

面包树的叶形

面包树的聚花果

白桂木　　桑 科

Artocarpus hypargyreus Hance ex Benth.

常绿乔木，高达10米。叶互生，革质，倒卵状椭圆形，长8～17厘米，全缘，但嫩叶常有羽状浅裂，背面有灰色短绒毛。花单性，雌雄同株；雄花序倒卵形，长1.5～2厘米；雌花序球形。聚花果球形，直径3～4厘米，橘黄色，表面有乳头状凸起。开花期夏季，结果期夏至秋季。

产于福建、江西、湖南、广东、海南、广西和云南，自然生长在山谷疏林中。广东省各地有分布。在深圳南澳风水林中有

白桂木

白桂木的果及叶形

号角树（幼株）

保存，为国家保护的濒危物种。本种树姿婆娑，叶色亮绿，聚花果呈橘黄色，可观树也可观果，为优良的园林风景树。果可食用，味酸甜。

喜光，喜高温湿润气候，不耐干旱，栽培土质须为土层深厚、排水良好的壤土。繁殖用播种法，宜在果熟后及时摘取，随采随播。

深裂号角树（深裂蚁栖树）　桑科

Cecropia adenopus Mast. ex Miq.

常绿乔木，高10～60米，树干粗壮。叶宽20～48厘米，边缘掌状深裂达叶全长的5/6，裂片多片，背面有毛，顶端钝，边缘有不规则弯缺。花单性，雌雄异株，排成为圆柱形穗状花序；雄花序长3～8厘米，10余个成一束；雌花序长4～5厘米，通常4个成一束；雄花佛焰苞长4～6厘米，有2个雄蕊；雌花佛焰包与雄花相同。春末夏初为开花期。

原产美洲热带，热带地区有栽培。我国台湾、福建、广东（广州、深圳）等地也有栽培。本种树姿壮健，树冠宽阔，绿荫效果甚佳，宜作庭园风景树和绿荫树，但树干木材带海绵质，不宜植于向风之地。

喜光，在半荫处亦能生长良好，不耐寒冷，喜高温多湿，不耐干旱，不抗风，对土质不择，但宜植于排水良好之地。繁殖用扦插法，春秋二季均可进行。

有相同用途的本属植物还有**号角树**，*Cecropia peltata* Linn. 又叫蚁栖树，叶掌状深裂至叶长度的2/3，裂片9～11片，顶端钝，基部略收缩。原产墨西哥至南美洲北部，热带地区有栽培，我国台湾、福建、广东等地也有栽培。

亚里垂榕　桑科

Ficus binnendijkii Miq. 'Alii'

常绿小乔木，株高可达6米。叶互生，下垂，线状披针形，革质，主脉显著，淡红色，成长叶亮绿色，幼叶呈褐红色或黄褐色。

栽培品种。本种树形健壮优美，叶色随生长阶段而变化，色彩丰富，为良好的园景树，亦可作绿篱和行道树。

喜光，喜高温湿润气候，耐干旱、耐瘠薄，抗风、抗污染、栽培对土质不择，生长迅速。有些地区采用该种作行道树，绿化效果甚佳。

深裂号角树

亚里垂榕

亚里垂榕的嫩叶

有相同用途的另一栽培种是**金叶亚里垂榕** *Ficus binnendijkii* Miq.'Alii Gold'叶金黄色或绿色有金黄色斑，喜半荫。

枕果榕　　桑 科

Ficus drupacea Thunb.

常绿乔木，高10～15米，有少数气根。叶革质，长椭圆形至倒卵状椭圆形，长15～18厘米，顶端骤尖，基部圆截形或近心形，边全缘或微波状，表面亮绿色。榕果成对腋生，长椭圆状枕形，长1.5～2.5厘米，成熟时橙红色至浅红色，疏生白斑。夏初开花，秋季果熟。

原产于亚洲南部和东南部、中南半岛及澳大利亚北部（昆士兰），我国广东（广州）及海南常见栽培及野化。喜生于沟边。

枕果榕，右下为其叶形

金叶亚里垂榕

本种树姿壮健，树冠宽阔，叶大而叶色亮绿，适宜作园景树和绿荫树。

喜光，喜温暖至高温湿润气候，喜湿，不耐干旱，栽培地宜为土层深厚、湿润但排水良好和肥沃的壤土，生长快迅壮健。繁殖用扦插法，于春、秋二季进行。

橡胶榕（印度榕、缅树）　　桑 科

Ficus elastica Roxb. ex Hornem.

常绿大乔木，高20～30米。初时常附生于它树上。气根极为强大。全体无毛。有乳汁。叶互生，革质，长圆形或椭圆形，长8～20厘米，全缘，有光泽；托叶单生，披针形，长达叶长的一半，深红色，早落。榕果成对腋生，卵形，长约1厘米，黄绿色，熟时紫黑色。花果期夏至冬季。

橡胶榕

花叶橡胶榕

原产印度和马来西亚，热带地区广为栽培。本种树姿壮健，树冠广阔，有隔离噪音，承受灰尘，净化环境的良好效果，为优良的庭园绿荫树和行道树，幼株可盆栽。体内的乳汁是古人制造橡胶的原料。

喜光，耐半荫，但光照充足生长旺盛和叶色亮绿，喜高温多湿，抗风，耐干旱，病虫害少，对土质不择，只须排水良好。繁殖用扦插法和高压法，春至秋季均可进行，成活率甚高。

栽培品种甚多，叶色丰富，深圳常见的有下列5种:

（1）**花叶橡胶榕** *Ficus elastica* Roxb. ex Hornem.'Doescheri'叶绿有奶白色斑。

（2）**黑叶橡胶榕** *Ficus elastica* Roxb. ex Hornem.'Decora Burgundy'叶全部紫黑色。

（3）**美叶橡胶榕** *Ficus elastica* Roxb. ex Hornem.'Decora Tricolor'叶绿有乳黄及红色斑，叶中脉红色。

（4）**大叶橡胶榕** *Ficus elastica* Roxb. ex Hornem.'Robusta'叶大，长可及30厘米；芽及幼叶均为红色。

（5）**斑叶橡胶榕** *Ficus elastica* Roxb. ex Hornem.'Variegata'叶有乳黄色斑。

黑叶橡胶榕

美叶橡胶榕

大叶橡胶榕

斑叶橡胶榕

厚叶榕

斜叶榕　　桑科

Ficus gibbosa Blume

常绿乔木，地生或附生。叶革质，卵状椭圆形或近菱形，长5~15厘米，两侧不相等，基部一侧宽阔，边缘全缘或有不明显的角，无毛，基出脉3条。榕果单生或成对腋生，近球形，直径5~6毫米，成熟时黄色，基部具长0.5~1厘米之柄。全年均开花结果。

产于广东、香港、广西、贵州和云南。亚洲南部至大洋洲有分布。自然生长在山谷林中或水旁，在深圳的村落中较常见，本种树姿壮健，树冠广阔，适作庭园绿荫树。由于雀鸟爱吃其果，通过鸟粪将种子带到其他树干之上或墙壁上，种子发芽后植株呈附生状。

斜叶榕

斜叶榕的叶形

枇杷榕

枇杷榕的叶形

喜光，喜高温湿润气候，喜湿、不耐干旱，树性强健，生长迅速。繁殖用扦插法，于春、秋二季进行。

枇杷榕（大琴榕）　　**桑科**

Ficus lyrata Warb.

常绿乔木，株高12~15米。叶大，卵圆形，长15~30厘米，无毛，基部耳形，顶端圆或截形，微凹，边缘中部两侧微凹入，使叶片微呈提琴形。榕果球形，直径约2厘米，有白点，单生或成对，无梗。

原产于热带非洲，热带地区广为栽培，深圳各公园和绿地亦多有栽培。本种树形壮健，叶色苍翠，叶形似提琴，风格独具，为优良的庭园风景树和行道树。

喜光，耐半荫，喜高温多湿气候，幼树不耐干旱，由于叶片大，宜植于避风处，土质宜为湿润但排水良好之壤土。繁殖用扦插法或高压法，于春、秋两季进行。

厚叶榕　　桑科

Ficus microcarpa Linn. f. var. *crassifolia* (Shieh) Liao

常绿大乔木，株高可达20米。气根发达。叶倒卵形或宽椭圆形，厚革质，先端钝或圆。榕果特征与**榕树** *Ficus microcarpa* L. f. 一致。

产于台湾。近年来，福建、广东、香港等地区常有栽培。深圳亦有栽培，宜作园林风景树、绿荫树和制作盆景。

生态特性和繁殖方法均与榕树相同。

黄斑榕　　桑科

Ficus microcarpa Linn. f. 'Yellow Stripe'

为榕树 *Ficus microcarpa* Linn. f. 的栽培品种，其特征为叶具乳黄色斑。其他特征均与榕树相同。

喜光，耐半荫至荫蔽，但光照充足则叶色鲜明亮丽，喜高温湿润，栽培对土质不择，但以肥沃和排水良好之沙质壤土

黄斑榕

为佳。本种树形美丽，叶色多彩，宜作庭园美化和盆栽。繁殖用嫁接法或高压法，如进行嫁接，可采用榕树作砧木，在春季进行。

全缘榕　　桑 科

Ficus pandulata Hance var. *holophylla* Migo

常绿灌木，高1 ~ 2米。叶互生，倒披针形或狭倒卵形，长3 ~ 6厘米，顶端渐尖，基部圆或宽楔形，无毛。榕果单个腋生或生于已落叶的叶腋，卵形，长0.6 ~ 1厘米，顶端有脐状突起。花果期全年。

产于我国东南部至南部，广东省各地均有分布。自然生长于山谷溪边、林中或旷野。仙湖植物园有栽培，生长良好。本种叶色终年翠绿，枝繁叶茂，植株小巧雅致，适宜作园林风景树和绿化树。

喜光，半日照或全日照皆宜，喜温暖及高温多湿气候，稍耐寒，不耐干旱，土质须为富含有机质和排水良好之壤土。繁殖用扦插法，于春、秋两季进行。

爱玉子，左上为其果

爱玉子　　桑 科

Ficus pumila Linn. var. *awkeotsang* (Makino) Corner

常绿攀援或匍匐灌木。叶卵状椭圆形，长7 ~ 12厘米，背面密被锈色柔毛。榕果长圆形，长6 ~ 8厘米，表面被毛，绿色并有白点；总梗长约1厘米。

产于台湾、福建和浙江。近年来在台湾和福建栽培甚广，利用其果作果冻等食品。仙湖植物园亦有栽培。本种常匍匐地面或攀援于大树的树干之上，在庭园中可作墙壁或围篱的垂直绿化，并可观果。

爱玉子是薜荔 *Ficus pumila* Linn. 的变种，生态习性与繁殖方法均与薜荔相同。

竹叶榕　　桑 科

Ficus stenophylla Hemsl.

常绿灌木，高1 ~ 3米。叶互生，线状披针形，长4 ~ 15厘米，边缘全缘。榕果生于叶腋，圆锥形或球形，直径0.5 ~ 1厘米，成熟时鲜红色；总梗长2 ~ 9毫米。花果期5月至翌年1月。

产于长江流域以南各地。越南和泰国有分布。自然生长在丘陵、山谷沟边。深圳亦有分布。仙湖植物园有栽培。本种枝条细软，叶形似竹，风姿独具，适合作绿篱、园景树或盆栽。

喜光，在半日照处亦能生长良好，喜温暖至高温湿润气候，较耐寒，耐湿，不甚耐干旱，对土质不择，但喜湿润和排水良好之壤土。繁殖用扦插法，于春、秋二季进行。

笔管榕　　桑 科

Ficus superba Miq. var. *japonica* Miq.

落叶或半落叶乔木，有少量气根。叶互生或簇生，纸质，椭圆形或长圆形，长10 ~ 15厘米，顶端短尖，基部圆，边全缘或微波状。榕果单生、成对或簇生于叶腋和生于无叶枝上，扁球形，直径5 ~ 8毫米，几无总梗，成熟时紫红色。花果期4 ~ 12月。

产于我国东南至西南部。亚洲东南部、中南半岛至日本（琉球）有分布。在深圳常见于村落和风水林中。本种树姿壮

全缘榕

竹叶榕

竹叶榕结果

笔管榕

笔管榕之叶形及榕果

健，树冠呈广阔的伞形，适宜作绿荫树和园景树。

喜光，全日照或半日照均能生长良好，喜高温湿润气候，稍耐寒，抗风力强，栽培不择土壤，但喜土层深厚、肥沃和排水良好之壤土。繁殖用扦插法，于春、秋两季进行。

地果　　桑科

Ficus tikoua Bur.

常绿匍匐木质藤本。茎上生细长不定根，节膨大。叶坚纸质，倒卵状椭圆形，长2～8厘米，边缘具波状浅圆齿，上面被粗短毛。榕果成对或簇生于匍匐茎上，常埋于土中，球形或卵球形，直径1～2厘米，基部收缩成柄，成熟时暗红色，表面有瘤点。花果期5月至翌年3月。

产于湖南、湖北、广西、贵州、四川、云南和西藏。印度和中南半岛有分布。自然生长于荒地、草坡或石缝中。在深圳常有栽培，生长十分旺盛。本种因其茎生不定根，向四周扩展的能力甚强，能快速覆盖地面，为优良的保持水土植物。适宜于荒坡绿化、在庭园中作地被，又可作垂直绿化。

喜光，全日照或半日照皆宜，喜温暖湿润气候，耐高温，耐干旱，对土质不择，但喜湿润和排水良好之壤土，性强健，生长迅速旺盛。繁殖用扦插法，全年可进行，自我繁殖能力甚强。

三角榕　　桑科

Ficus triangularis Warb.

常绿灌木或小乔木。株高2～3米。叶互生，革质，倒三角形，长4～5厘米，先端截形或中间微凹，亮绿色。

原产热带非洲。我国台湾、福建（厦门）和广东（广州、深圳）等地有栽培。本种枝条柔软，叶色亮绿，叶形奇雅。适作园景树和盆栽。

喜光。喜高温多湿，耐干旱，对土质不择，但须排水良好，性强健，但生长速度较缓慢。繁殖用扦插法或高压法，于春至夏季进行。

地果作垂直绿化

地果作地被，左上为其果

三角榕

三角榕之榕果

青果榕　　桑科

Ficus variegata Bl. var. *chlorocarpa* (Benth.) King

常绿乔木，高达15米。叶长卵形或长圆状卵形，长10～20厘米，顶端渐尖，基部浅心形，边缘全缘。榕果球形，直径2～3厘米，簇生于树干和大枝发出的瘤状短枝上，绿色。花果期全年。

产于福建、广东、香港、海南、广西和云南南部。越南和泰国有分布。自然生长在山地疏林中及山谷林中，在深圳的沟谷两旁的林中常见。本种树姿强健，树冠呈伞形，常年一片翠绿，为优良的园林绿荫树和风景树。

喜光，喜高湿多湿气诶，较耐寒，喜湿，对土质不择，但喜湿润肥沃排水良好之壤土。性强健，生长十分迅速。繁殖用扦插法和高压法，于春至夏初进行。

变叶榕　　桑科

Ficus variolosa Lindl. ex Benth.

常绿灌木或乔木，高3～10米。叶互生，近革质，椭圆形，狭椭圆形，长圆形或狭长圆形，长4～15厘米，边全缘。榕果单1或成对生于叶腋，球形，直径0.5～1.2厘米，表面有小瘤体，熟时红色。花果期全年。

产于我国东南部、南部至西南部。中南半岛有分布。自然生长溪边林下湿润处。深圳山地林中有分布。本种树冠呈圆伞形，枝叶繁茂密集，终年苍翠，果熟时鲜红的榕果密生于枝端，十分美丽。宜作庭园风景树，既可观叶，又可观果。

青果榕

喜光，性喜高温多湿气候，栽培不择土质，喜湿润，不耐干旱瘠薄，栽培须用肥沃和排水之壤土。繁殖用扦插法和高压法，于春至夏初进行。

巴基斯坦菩提树　　桑科

Ficus sp.

常绿乔木，高可达15米。叶互生，革质，宽卵形或近圆形，长10～15厘米，先端骤急成一短的突尖，基部心形，边缘波状，主脉及侧脉均红色；叶柄亦为红色。榕果成对腋生，扁球形。花果期2～6月。

变叶榕

青果榕之榕果

原产于巴基斯坦，我国厦门植物园和仙湖植物园等有栽培。本种树姿优雅，叶色苍翠，为优良的园景树和绿荫树。

喜光。喜温暖至高温多湿气候，不耐干旱，对土质不择，但喜土层深厚、肥沃和排水良好之壤土。繁殖用扦插法，于春季进行，成活率高，生长迅速。

桑　　桑科

Morus alba Linn.

落叶乔木或灌木，高3～10米。树皮灰色。叶卵形或广卵形，长5～15厘米，边缘具粗锯齿，有时有各式浅裂，鲜绿

变叶榕之叶形及榕果

巴基斯坦菩提树的叶及榕果

桑

桑的聚花果（桑葚）

色。花单性，雌雄同株异序，腋生或生于芽鳞腋内，与叶同时发出；雄花序长2～3.5厘米，下垂，淡绿色；雌花序长1～2厘米。果为一聚花果，又称桑葚，卵状椭圆形，长1～2.5厘米，成熟时红色或暗紫色。花期2～4月，果期3～7月。

产于我国中部和北部，全国均有栽培；欧洲各国、亚洲东部、中亚和南亚各国均有栽培。本种有较高的经济价值，除用于养蚕外，还可药用，桑果可食用。此外，还是优良的园林绿化树和风景树。

喜光，耐寒亦耐高温气候，栽培土质须为肥沃、湿润和排水良好之壤土。繁殖用扦插法和高压法，扦插法于冬季进行，高压法于春、秋两季进行。

有观赏价值的同属植物有下列栽培品种：

（1）**垂枝桑** *Morus alba* Linn. ‘Pendula’ 枝条柔软，长而下垂。

（2）**龙爪桑** *Morus alba* var. *tortuosa* Hort. 老枝与小枝均弯弯曲曲似龙爪状。

垂枝桑

龙爪桑

吐烟花　　荨麻科

Pellionia repens (Lour.) Merr.

多年生草本。茎匍匐，肉质，节下生根。叶肉质，在同节上有两种叶，一种退化叶，极细小，线状倒卵形，长约1毫米，另一种正常叶，卵形或椭圆形，长2～6.5厘米，顶端钝或急尖，基部斜心形，不对称，边缘波状，上面绿色，下面绿、红或白色。花单性，雌雄同株或异株；雄花序为聚伞花序；雄花具花被片5及5雄蕊；雌花序为密的伞形花序；雌花有花被片5及1子房。瘦果淡棕色，有瘤体。花期5～10月。

吐烟花

产于云南南部、贵州南部及海南。中南半岛有分布。自然生长于疏林下或溪旁。亚洲、欧洲及美洲均有栽培。本种枝叶茂密，茎常作悬垂状，叶色亮绿，背面或红或白，并常有白色斑点。适作盆栽悬挂于花廊及棚架，其枝条自然下垂，体态清秀宜人。

耐半荫，忌阳光直射，喜高温多湿，不耐干旱和寒冷，须注意及时浇水，保持土壤湿度，栽培土质宜为富含有机质、疏松和排水良好的沙质壤土。繁殖用扦插法。全年均可进行。

具相同用途的栽培品种**花叶吐烟花** *Pellionia repens* (Lour.) Merr.‘Pulchra’ 叶中心灰白色，两侧绿色，并有白色的晕斑，十分美丽。

镜面草　　荨麻科

Pilea peperomioides Diels

多年生肉质草本。茎丛生，高2～13厘米，节很密。叶肉质，圆形或圆卵形，长2.5～9厘米，叶柄盾状着生于叶片下部的1/4处。花序为聚伞状圆锥花序，单生于枝顶端叶腋，长10～28厘米；花单性，雌雄异株；雄花带紫红色，花被片4，雄蕊4，具退化雌蕊；雌花亦带紫红色，花被片3。瘦果卵形，长约0.8毫米，歪斜。花期4～7月，果期7～9月。

花叶吐烟花

镜面草

原产云南与四川西南部，自然生长于山谷林下荫湿处，各地常有栽培。本种叶形奇特，略似一枚小型的荷叶，叶色亮绿，清雅脱俗，宜作盆栽，摆设于室内、花廊下和花架上供观赏。

耐半荫，忌阳光直射，喜温暖湿润气候，不耐高温，亦不耐寒冷和干旱，在深圳栽培宜置荫凉通风处，生长期须充分浇水并保持空气的湿度，栽培土质宜为肥沃、疏松和排水良好的沙质壤土。繁殖用分株或叶插法，全年均可进行。

具相同用途的同属植物有下列2种:

（1）**小叶冷水花** *Pilea microphylla* (Linn.) Liebm. 多年生草本。叶很小，倒卵形，长3 ~ 7毫米。聚伞花序密集呈球状，长1.5 ~ 6毫米；花单性，雌雄同株。原产南美洲热带，亚洲和非洲热带地区有栽培或野化。我国南方广为栽培或野化。

小叶冷水花

盾叶冷水花

（2）**盾叶冷水花** *Pilea peltata* Hance 叶近圆形，直径1 ~ 4.5厘米，与镜面草近似但叶质较薄；叶柄生于叶片近中心处。产于广东、广西和湖南南部。越南有分布。自然生长于灌丛下荫处。广东、福建等地有栽培。

秤星树（梅叶冬青）　**冬青科**

Ilex asprella (Hook. et Arn.) Champ. ex Benth.

落叶灌木，高1 ~ 3米。具长枝和缩短枝；长枝无毛。叶在长枝上互生，在缩短枝上1 ~ 4枚簇生，叶片卵状椭圆形，长4 ~ 6厘米，先端尾状渐尖，边缘有细锯齿，近无毛。花单性，白色，雌雄异株；雄花序具2 ~ 3花，呈束或单生；花梗短，长4 ~ 6毫米；雌花单生叶腋，有长4 ~ 5厘米的花梗。果球形，直径5 ~ 7毫米，熟时黑色。花期3月，果期4 ~ 10月。

产于台湾、浙江、江西、福建、湖南、广东、香港和广西。菲律宾有分布。在深圳山坡灌丛中相当常见。本种枝叶扶疏，雪白的小花幽雅脱俗。宜作庭园观赏树，仙湖植物园有栽培，生长良好。

喜光，耐半荫，喜温暖至高温湿润气候，不耐干旱，较耐寒，喜富含腐殖质及排水良好的壤土。繁殖用播种法，于春季进行。因为属雌雄异株植物，为使雄株和雌株搭配，保证开花结实，繁殖也可用高压法或嫁接法，如用嫁接法，则以播种苗为砧木，分别用雌、雄株的枝条做接穗。

同属植物还有**毛冬青** *Ilex pubescens* Hook. et Arn. 常绿灌木或小乔木。小枝密被长硬毛。叶两面被长硬毛，边缘具尖的细锯齿或全缘。果球形，直径约4毫米，成熟时红色。产于安徽、浙江、江西、福建、湖南、广东、香港、海南、广西和贵州。在深圳山坡灌丛中常见。在果熟期，鲜红的小球形果实相当美丽。仙湖植物园有栽培，生长良好。适作庭园观赏树及绿篱。

密叶冬青　**冬青科**

Ilex × attenuata 'Fosteri'

常绿灌木，高1 ~ 2米。叶互生，椭圆

秤星树

秤星树的雄花序

秤星树的果

毛冬青

毛冬青的雄花序

毛冬青的果

密叶冬青

枸 骨

形，长3～5厘米，革质，亮绿色，顶端渐尖，基部圆，边缘有3～4对刺齿，部分叶边缘全缘。花簇生于二年生枝叶腋，单性，雌雄异株，2～4基数，淡黄绿色。果椭圆形或宽椭圆形，长约8毫米，成熟时鲜红色。花期2～4月，果期8～10月。

栽培品种。本种叶形奇异，终年青翠，秋季红果累累，晶莹亮丽，观果期长久。为优良的观叶和观果植物。宜作庭园观赏树或作绿篱，也可盆栽。

耐半荫，喜温暖湿润及凉爽气候，耐寒，不耐干旱，耐修剪，栽培土质以湿润、肥沃之壤土为宜。繁殖用播种及扦插法均于春季或冬季进行。

具相同用途的本属植物还有**枸骨** *Ilex cornuta* Lindl. 与密叶冬青的主要区别是叶为四角状长圆形，顶端宽三角形有反曲的尖硬刺，边缘有1～3对刺齿。花簇生叶腋，单性，雌雄异株，4基数，淡黄绿色。果球形，熟时红色。花期4～5月，果期10月至翌年2月。产于安徽、江苏、浙江、江西、湖北及湖南。朝鲜半岛有分布。自然生长在山坡灌丛或疏林中。长江流域及以南地区多有栽培，仙湖植物园也有栽培，生长良好。

冬青卫矛　　卫矛科

Euonymus japonicus Thunb.

常绿灌木，高3～5米。小枝密，4棱。叶对生，革质，倒卵形或椭圆形，长3～6厘米，亮绿色。聚伞花序腋生，有1～2回2歧分枝，每分枝顶端有一含5～12朵花的小聚伞花序；花绿白色，直径约7毫米，4数。蒴果淡红色，近球形，有4浅沟，直径约1厘米。

枸骨的果

原产日本和朝鲜半岛。我国各地均有栽培。本种叶色浓绿而光亮，秋季红果缀满枝头，加之耐修剪，为优良的绿篱植物和造型植物。适植于建筑物周围、草地或作大型花坛。盆栽可供布置会场、展览大厅及宾馆大堂等。

冬青卫矛

银叶冬青卫矛

金边冬青卫矛

喜光，耐半荫，要求温暖湿润气候，较耐寒，不耐高温多湿，在深圳栽培须植于凉爽通风处，喜肥沃和排水良好之壤土。繁殖用扦插法，于春、秋二季进行。

有下列栽培品种:

（1）**银叶冬青卫矛** *Euonymus japonicus* Thunb.'Argenteo-variegatus' 叶边缘白色，中间有白色斑。

（2）**银边冬青卫矛** *Euonymus japonicus* Thunb.'Albo-marginatus' 叶边缘白色，中间绿色。

（3）**金心冬青卫矛** *Euonymus japonicus* Thunb.'Aurea-variegata' 叶中间金黄色，周围绿色。

（4）**金边冬青卫矛** *Euonymus japonicus* Thunb.'Aurea-marginatus' 叶边缘黄色，中间绿色。

银边冬青卫矛

金心冬青卫矛

雀梅藤　　鼠李科

Sageretia theezans Brongn.

常绿或半常绿攀援灌木。小枝密生柔毛，有刺状短枝。叶近对生，革质，卵形或卵状椭圆形，长1~4厘米，顶端急尖，基部圆形或近心形，边缘有细锯齿，亮绿色。花小，直径约7毫米，淡黄白色，排成穗状圆锥花序；萼片、花瓣及雄蕊均为5。核果近球形，成熟时紫黑色。花期8~10月，果期翌年3~4月。

雀梅藤经修剪造型后的树桩

产于华东、华中、华南及四川和云南。印度和日本有分布。自然生长在山坡岩石旁，林缘和沟边。深圳也有分布。本种枝叶茂密，疏密有致，姿态飘逸。适在园林的假山、石壁、岩洞旁等地作垂直绿化。并可修剪成灌木状，密植作绿篱。由于其树干苍劲奇特，经修剪整型后，制作成盆景，为树桩盆景的重要材料之一。

耐半荫，喜温暖湿润气候，耐干旱和瘠薄，较耐寒，耐修剪、栽培对土壤不择，只须排水良好，根系发达，萌发力强。繁殖用播种、扦插和分株法，于春、秋二季进行。

台湾火筒树　　火筒树科

Leea guineensis G. Don

常绿灌木或小乔木，高3~6米。叶为2~4回羽状复叶，长50~80厘米；小叶卵状椭圆形或长圆状披针形，长5~18厘米，两面无毛，顶端渐尖，基部宽楔形，边缘有不整齐的锯齿。花序大型，为伞房状复二歧聚伞花序，直径20~50厘米，具极多数密生的小花；花两性，直径7~8毫米；萼杯形，被毛；花瓣5，红色，退化雄蕊管淡黄色。浆果扁球形、直径约8毫米，暗红色。开花期夏季至冬季。

台湾火筒树

原产于台湾，自然生长在山坡灌丛中。中南半岛各国、东南亚及非洲有分布。台湾和华南地区有栽培，仙湖植物园也有栽培。本种叶色常年葱绿，开花期持久，大型的红色花序艳丽夺目。为优良的园林风景树和木本花卉。

喜光，性喜高温多湿，因髓心含水分多，较易折，故不抗强风，宜植于避风处，栽培须用富含有机质、肥沃和排水良好的沙质壤土。繁殖用播种或高压法，于春季进行。

白粉藤　　葡萄科

Cissus repens Vahl

草质落叶藤本。小枝圆柱形，因密被白粉而呈白色，长达数米，有2叉分枝的卷须。叶对生，卵心形，长5~13厘米，顶端急尖，基部心形，边缘具疏齿。伞形花

台湾火筒树的花序及小花

白粉藤

白粉藤的花序

序有4~5分枝，顶生或与叶对生；花小，淡绿色；花瓣三角形，长约2毫米。浆果倒卵形，长约5毫米。

产于福建、广东、海南、广西、贵州和云南。印度、越南、菲律宾、马来西亚和澳大利亚有分布。自然生长在疏林下或灌丛中。我国台湾、福建、广东、广西等地有栽培，仙湖植物园也有栽培。本种枝叶茂密，攀援力甚强，在庭园中适作棚架，围篱、花廊及花门、山石等的垂直绿化。

耐半荫，在荫蔽处生长亦佳，喜温暖至高温多湿，不耐寒冷和瘠薄，栽培土质须为肥沃、疏松和排水良好的沙质壤土。繁殖用扦插法，于春、夏两季进行，生长十分迅速。

扁担藤　　葡萄科

Tetrastigma planicaule (Hook.f.) Gagnep.

落叶木质攀援藤本，全体无毛。茎扁，基部宽可达40厘米；分枝圆柱形；卷须粗壮。叶为掌状复叶；小叶5，革质，长圆披针形，长9~15厘米，顶端渐尖，基部楔形，边缘具疏钝齿。伞形花序复排成聚伞花序，腋生；花小，绿色，4数，花瓣早落。浆果球形，直径约1厘米，成熟时黄色。花期7~8月，果期9~11月。

产于福建、广东、香港、广西、贵州和云南。越南和印度有分布。自然生长在山谷密林中。本种的茎很扁，老树的茎最宽的可达40厘米，形似扁担，十分独特；

山油柑

山油柑的花序

分枝为圆柱形，借助于卷须攀援，在果期，结实率较高，成熟果金黄透亮，似一颗金黄色的佛珠，十分可爱。适作花廊、棚架的垂直绿化，又是观果植物。

耐半荫，忌强阳光曝晒，喜温暖湿润气候，耐高温，不耐干旱和寒冷，栽培土质须为肥沃、富含有机质，湿润而排水良好之壤土。繁殖用播种和扦插法，于春与夏初进行。

扁担藤，左上为其果

山油柑结果

山油柑　　芸香科

Acronychia pedunculata (Linn.) Miq.

常绿乔木，树高5~15米。树皮有柑橘香味。单小叶，叶片椭圆形或倒卵状椭圆形，长7~18厘米，全缘，亮绿色。花排成聚伞状圆锥花序，黄白色，直径1.2~1.6厘米。花瓣内面被毛；雄蕊8；子房被毛。核果近圆球形，略有棱角，直径1~1.5厘米，淡黄色，微透明。花期4~8月，果期5~10月。

产台湾、福建、广东、香港、海南和广西等地。印度、中南半岛、东南亚及巴布亚新几内亚有分布。自然生长在杂木林、次生林和常绿阔叶林中，有时成小片纯林，在深圳山坡林中常见。本种枝叶茂密，树冠呈圆伞形，叶色亮绿，全株有柑橘香味，花期持久，果期结果甚丰，满树淡黄色的果实晶莹亮丽，十分可爱，适作园林风景树，可观花亦可观果。

喜光，耐半荫，喜高温湿润气候，不耐寒冷和干旱，喜土层深厚、肥沃和排水良好之壤土。繁殖用播种法，于春、秋二季进行。

橙（甜橙）　　芸香科

Citrus sinensis (Linn.) Osbeck

常绿乔木。枝少刺或几无刺。叶互生，革质，叶片椭圆形，长4~8厘米，顶

橙

虎头柑

端渐尖，基部宽楔形，全缘，有透明的腺点；叶柄两侧有狭翅（翼叶），顶端有关节。花1至数朵簇生于叶腋，白色，萼片与花瓣均为5；雄蕊20或更多。果近球形，橙黄色，果皮不易剥离。花期3～5月，10～12月果熟。

原产于我国南方、越南、缅甸、斯里兰卡和印度。我国长江流域以南普遍栽培。本种叶色亮绿，四季常青，花色洁白，清香宜人，果实由绿转黄，逐渐成熟，除为著名水果外，还适宜植于庭园供观赏。园艺栽培品种十分丰富。

喜光，喜高温湿润，光照不足开花结果减少，不耐干旱和瘠薄，栽培须富含有机质，肥沃和排水良好之沙质壤土，生育期须施肥并保持土壤湿润。繁殖用嫁接法，于早春进行。

近似种有下列两种：

（1）**酸橙** *Citrus aurantium* Linn. 与橙的区别在于分枝上的刺多而粗。叶柄上的翅（叶翼）较宽。果肉味酸。产于我国、越南、缅甸、印度和日本。我国秦岭以南普遍栽培。园艺栽培品种十分丰富。

（2）*Citrus aurantium* Linn. '虎头柑' 常绿灌木。叶质厚，边缘上半部有圆钝齿。果硕大，扁圆形，直径达10厘米以上。果皮粗糙，淡黄色，有厚有薄。可能是酸橙和柚的杂交种。产福建（漳州、厦门）、台湾和广东等省。南方多有栽培。

柠檬　芸香科

Citrus limon (Linn.) Burn. f.

常绿大灌木或小乔木，高2～3米。枝具少数硬刺或近于无刺。叶片厚纸质，卵形或椭圆形，长8～14厘米，顶端急尖，边缘有钝齿；叶柄两侧具或宽或窄的翅（翼叶）。花单生于叶腋或少花簇生；花瓣外面粉红色，内面白色，两性或有单性花（仅雄蕊发育），雄蕊20～25或更多。果椭圆形或卵形，柠檬黄色，两端狭，顶端常有突尖。花期4～5月，9～11月果熟。

原产印度和马来西亚，热带地区多有栽培。本种枝繁叶茂，粉红色的花芳香宜人，结果期果由绿色渐变为淡黄色，形状奇特，色彩淡雅，宜植于庭园或作大型盆栽作观果植物。

喜光，喜高温湿润气候，喜通风环境，不耐干旱和瘠薄，栽培土质须为富含腐殖质、肥沃和排水良好之沙质壤土。繁殖多用嫁接法，以黎檬的实生苗作砧木，于早春进行。

近缘种有**黎檬** *Citrus limonia* Osbeck 丛生常绿灌木，园艺栽培的高达5米。枝有刺。叶柄两侧无翼叶。果近圆形，直径约8厘米，淡黄色或橙红色。产台湾、福建、广东、广西、湖南、贵州和云南。中南半岛、缅甸及印度有分布。台湾、福建、广东、广西及四川有栽培。

柠檬，右下为其果

柚　芸香科

Citrus gandis (Linn.) Osbeck

常绿小乔木，高5～10米。小枝扁，有刺，叶宽卵形至卵状椭圆形，长8～20厘米，边缘有钝齿；叶柄有倒心形的宽翅（翼叶），花单朵或少花簇生于叶腋，长1.5～2.5厘米，白色，花瓣开放后反卷；雄蕊20～25。果硕大，球形、扁球形或梨形，直径10～25厘米，果皮甚厚，海绵质，淡黄色或黄绿色。花期4～5月，果期8～12月。

原产我国热带和亚热带地区，陕西及秦岭南坡以南各地普遍栽培。栽培品种很多。本种叶色常绿，花芳香扑鼻，果期结果甚丰，果形硕大，惹人喜爱，除为南方的主要水果之外，还是庭园的主要观果树种。

喜光。喜温暖至高温湿润气候，不抗严寒，不耐干旱和瘠薄，较耐湿，栽培要求肥沃、疏松和排水良好之沙质壤土。繁殖多用高压法，于春至夏初进行。

黎檬

柚的花

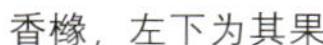

香橼，左下为其果

香橼的花序

香橼的花

香 橼　　芸香科

Citrum medica Linn.

常绿小乔木或灌木，高2～3米。分枝开展，有刺。叶长圆形或倒卵状长圆形，长8～13厘米，顶端钝或急尖，基部圆，边缘有浅钝齿；叶柄短，无翅（即无翼叶）。总状花序有8～12花，有时亦有腋生单花；花两性或单性，雄性花，雌蕊退化，花瓣5，外面淡紫红色，内面白色，芳香。果椭圆形、近圆形或纺锤形，淡黄色，大小差异甚大。花期自春季至秋季，开花2～3次，果熟期10～11月。

原产亚洲热带，我国台湾、福建、广东、广西和云南多有栽培。仙湖植物园也有栽培，生长良好。本种一年数次开花，芳香宜人，果实形状多变，金黄亮丽，悬垂枝头，倍增秋色。为优良的香花及观果植物。宜植于庭园及建筑物周围，也可作大型盆栽。观花及观果俱佳。

喜光，喜温暖至高温湿润气候，不耐干旱，宜湿润和通风，较耐寒，栽培土质宜为肥沃、湿润但排水良好之沙质壤土。繁殖用扦插法为主，也可用嫁接法，以黎檬等实生苗为砧木，于春、秋二季进行。

佛 手　　芸香科

Citrus medica Linn. var. *sarcodactylis* (Noot.) Swingle

常绿灌木或小乔木，高1～2米。小枝有棱角，有短刺。叶互生，长圆形或卵状长圆形，长5～12厘米，先端圆或微凹，基部宽楔形，边缘有细锯齿。叶柄无翅（翼叶）。总状花序有8～10花，也有腋生单花，花两性或单性（雄性雌蕊退化），花瓣5，外面淡紫红色，内面白色，与香橼的花难以区别，但香味更浓；子房在花柱脱落后即行分裂，在果的发育过程中成为手指状肉条，果皮甚厚；橙黄色，极芳香，果肉完全退化，无种子。一年可开花3～4次，以夏季为盛花期，冬季至翌年春季果熟。

原产印度，我国台湾、长江流域以南各地多有栽培，园艺栽培品种较多，例如，果的肉条伸直或斜展的称“**开佛手**”、闭合如拳的称“**拳佛手**”等。佛手果如人掌，形状奇异，芳香馥郁，久置更香。为名贵的冬季观果植物。可植于庭园，也可作盆栽。

喜光，但忌烈日曝晒，亦不耐荫，喜温暖湿润气候，较耐旱，耐高温，夏日如有较长时间的高温，则常发生落叶现象，栽培土质须为肥沃、湿润和排水良好的沙质壤土。繁殖用扦插法，6月下旬至7月上旬进行，但扦插苗的耐旱和抗寒力差，根系不甚发达，寿命较短。用嫁接法繁殖，通常以香橼和柠檬的实生苗为砧木，嫁接苗根系发达，结果多，寿命也长。用高压法繁殖通常在5～7月进行，1月后发根。

柑橘（通称）　　**芸香科**

Citrus reticulata Blanco

常绿小乔木。分枝多，刺较小。叶片披针形或椭圆形，大小变异较大，顶端微凹，边缘上半部有圆齿；叶柄有翅（翼叶）。花单生或2～3朵簇生；花长约1.5厘米，花瓣5，白色。果形种种，通常扁圆形至近圆球形，果皮薄而光滑或厚而粗糙，淡黄色，朱红色或深红色，易或甚易剥离，果皮内有网状橘络，果肉味酸或甜。花期4～5月，10～12月果熟。

原产东南亚，我国秦岭南坡以南广为栽培，栽培品种很多，为著名的水果之一。本种叶色常绿，花乳白清香，果色金黄至橙红，硕果累累，充满喜庆的色彩，为高

佛 手

盆栽的佛手

级的观果植物，适合于庭园栽培及作大型盆栽。

喜光，不耐荫，过于荫蔽易徒长，喜温暖至高温湿润气候，较耐寒，不耐干旱和贫瘠，栽培须为富含有礼质、肥沃和排水良好之沙质壤土。繁殖用嫁接法，于春季进行，以黎檬或酸橘之实生苗为砧木。

栽培品种 *Citrus reticulata* Blanco ‘朱柑’果扁圆，皮橙红色，果肉味酸。栽培品种。多作盆栽观赏，为广东地区春节期间最受欢迎的观赏果类之一。

柑 橘

朱 柑

黄 皮　　芸香科

Clausena lasium (Lour.) Skeels

常绿乔木，高6~12米。小枝、叶轴、花序轴及小叶背面均有甚多的细油点并密被短毛。羽状复叶有小叶5~11片；小叶卵形或卵状椭圆形，长6~14厘米，顶端渐尖，基部圆，两侧不对称，边缘具波状

黄皮的花序

黄皮的果

齿。圆锥花序顶生；花有香气，花瓣5，长约5毫米，白色，雄蕊10。浆果圆形，椭圆形或宽卵形，长1.5～3厘米，淡黄色至暗黄色，被细毛，果肉半透明，酸或甜。花期4～5月，6～8月果熟。

原产我国南部及缅甸，台湾、福建、广东、海南、香港、广西、贵州、云南及四川西南部均有栽培。世界热带、亚热带地区也有栽培。本种树冠浓密，多呈圆伞形，树姿优美，叶色亮绿，开花时香气袭人，结果时，黄灿灿的果实挂满枝梢，一派生机。除作水果外，常植于庭园供观赏，可赏花又可观果。有若干栽培品种。

喜光，全日照或半日照均能适应，喜温暖至高温湿润气候，在花果期不耐干旱，否则易导致落花和落果，栽培对土质不择，但以土层深厚、肥沃、疏松及排水良好的壤土为佳。繁殖用播种法，宜随收随播。也可用嫁接法，于春末夏初进行。

楝叶吴茱萸　　芸香科

Euodia meliaefolia (Hance) Benth.

常绿乔木，株高可达20米，树皮灰褐色。羽状复叶具小叶5～11；小叶对生，卵状长圆形至卵状披针形，长5～13厘米，顶端长渐尖，基部宽楔形，略不对称，边缘浅波状，两面无毛，下面粉绿色。聚伞状圆锥花序顶生；花单性，雌雄雄异株，直径约4毫米，黄白色，5数。果成熟时紫红色。花期8～9月，果期10～11月。

产于台湾、福建、广东和广西。越南有分布。自然生长山坡疏林中，深圳的山林间很常见。本种树姿雄伟，枝叶繁茂，盛花期招来无数蜜蜂前来采花蜜，充满生机，为良好的园林风景树。

喜光，性喜高温湿润，宜植于阳光充沛、土质肥沃、湿润和排水良好之地。繁殖用播种法，于春季进行。

楝叶吴茱萸

山 橘

山橘（金豆）　　芸香科

Fortunella hindsii (Champ.) Swingle

常绿小乔木，高约2米，盆栽高20～30厘米。枝有短刺。叶片椭圆形或倒卵状椭圆形，长4～6厘米，顶端圆，基部圆或宽楔形，边缘近顶端有小齿；叶柄有线形的翅（叶翼）或无翅。花单生或少数簇生于叶腋；花梗甚短；花瓣5，白色，长约5毫米；雄蕊约20，花丝合生成4～5束。果圆球形或扁圆形，直径约1厘米，果皮熟时橙黄色或红色，平滑。花期4～5月，10～12月果熟。

产于安徽南部、台湾、江西、福建、广东和广西。自然生长在山坡疏林中，深圳梧桐山、南澳等地亦有分布。园林中有栽培。本种在花期，密生小白花，清香幽雅，结果期，挂果数量甚丰，果色金黄，小巧玲珑，十分耀眼，从开花到结果时间长达半年，为优良的观花及观果植物，适合在庭园中片植或丛植及盆栽。

喜光，在半日照处生长亦佳，过于荫蔽则植株徒长，不易开花结果，性喜温暖多湿，不耐干旱。花与果多长于去年生的枝上，故不可随意修剪。开花结果期，水分与日照都须充足，栽培土质须为富含有机质、肥沃和排水良好之沙质壤土。繁殖用嫁接法，以酸橘等实生苗作砧木，于春季进行。

楝叶吴茱萸的花序

金 橘

金 橘　　芸香科

Fortunella margarita (Lour.) Swingle

常绿灌木或小乔木，株高0.4～1.2米。枝有刺。叶近革质，亮绿，叶片披针形或长椭圆形，长5～11厘米，顶端钝，基部宽楔形或圆，边缘全缘；叶柄长约1.2厘米，有窄翅（翼叶）。花单生或2～3花簇生；花瓣5，白色，长6～8毫米；雄蕊20～25。果椭圆形或卵状椭圆形，长2～3.5厘米，果皮橙黄至橙红色，味甜，果肉味酸。花期3～8月，10～12月果熟。盆栽能多次开花，园艺工作者通常保留其7～8月开的花，至春节前果熟。

原产我国南方。华南地区普遍栽培，以台湾、福建、广东和广西等地区栽培最盛。本种叶色终年翠绿亮丽，一年开花多次，结果甚丰，果期较长，为春节前后最受人们喜爱的观果植物之一。适合于庭园栽培和盆栽。

喜光，喜高温湿润气候，不耐寒，不耐干旱，栽培土质须为富含有机质，肥

四季橘

圆金柑

山小桔

沃和排水良好之沙质壤土。繁殖用嫁接法，用酸桔、香橼等实生苗为砧木，于早春进行。

近似的有下列2种:

（1）**四季橘** *Fortunella margarita* (Lour.) Swingle ‘Calamondia’ 叶较短，椭圆形，长3～5厘米，顶端圆。果扁圆，直径3～4厘米，两端中央凹陷，顶端更明显。果皮深橙黄色，有金橘香味，易剥离，果皮甜，果肉酸。一年四季均开花结果，盛花期4～5月，盛果期11～2月，为春节期间深受人们喜爱的主要的观果植物之一。在我国南部各地普遍栽培。

（2）**圆金柑** *Fortunella japonica* (Thunb.) Swingle 小叶卵状椭圆形或长圆披针形，长4～8厘米，顶端钝或短尖，基部宽楔形；叶柄长0.6～1厘米，有翅（翼叶）。果圆球形，较小，直径1.5～2.5厘米，两端中央微凹陷。果皮橙黄色，味甜，果肉酸或微甜。原产我国南方，在广东南部及海南有野生。秦岭南坡以南普遍栽培，以盆栽为主。每年自3月至8～9月间开花3次，11月至翌年2月为果熟。是广东、福建一带居民在春节期间最喜爱的观果植物之一。

山小桔　　芸香科

Glycosmis parviflora (Sims) Little

常绿灌木或小乔木，株高1～3米。羽状复叶有小叶2～4片；叶片椭圆形、长圆形或披针形，长5～10厘米，顶端渐尖，基部楔形，边全缘。圆锥花序顶生或腋生，长3～5厘米，顶生的长可达14厘米；花瓣白色，长约4厘米；雄蕊10。果圆球形，直径约1厘米，成熟时淡红色或暗朱红色，半透明，有明显油点。花期3～5月，果期7～9月。

产于台湾、福建、广东、海南、广西、贵州及云南。越南北部有分布。自然生于山坡杂木林下和灌丛中。欧洲与美洲各地有引种，福建（厦门）、广东（广州和深圳）、广西（南宁）等地有栽培。本种枝叶茂密，结果期，着果甚丰，圆球形红色的小果，晶莹透亮，为良好的观果植物之一，适于庭园种植。

喜光，在半日照环境生长亦佳，喜温暖至高温湿润气候，不耐寒冷和干旱，栽培不择土壤，但以肥沃、疏松和排水良好之壤土为佳。繁殖用播种法，于春季进行。

调料九里香　　芸香科

Murraya koenigii (Linn.) Spreng.

常绿灌木或小乔木，株高2～5米。羽状复叶有小叶17～31片，小叶片斜卵形或斜卵状披针形，长2～5厘米，生于叶轴下部的较小，顶端渐尖，基部钝或圆，两侧甚不对称，边缘全缘或有细钝齿，两面有油点。伞房状聚伞花序顶生，花甚多，花瓣白色，5片，长5～7毫米，有油点；雄蕊10，5长5短。浆果长椭圆形或圆球形，

调料九里香

调料九里香的花序

豆叶九里香

千里香

长1～1.5厘米，成熟时蓝黑色。花期3～4月。7～8月果熟。

产于海南和云南南部。中南半岛、缅甸和印度有分布。自然生长于沙土灌丛中、湿润的阔叶林中及河谷沿岸。亚洲热带地区有栽培，仙湖植物园也有栽培。因其鲜叶有芳香油，印度和缅甸一带居民采其叶作咖喱配料，故而得名。本种全株芳香，花的数量甚多，排成一个白色的花球，美观而幽雅，为良好的香花植物。适合于庭园美化。

喜光，在半日照处生长亦佳，但不宜强阳光直射，喜高温湿润气候，不耐干旱和寒冷，栽培土质宜为富含腐殖质、肥沃、湿润和排水良好的壤土。繁殖用播种法，于春季进行。

同属植物有下列2种：

（1）**豆叶九里香** *Murraya eucrestifolia* Hayata 常绿小乔木，株高达6米。羽状复叶有小叶5～11片；小叶卵形，长4～8厘米，基部一侧偏斜。花瓣4；雄蕊8。浆果球形，直径1～1.5厘米，成熟时红色。产于台湾、广东、海南、广西及贵州。自然生长在阔叶林中及湿润谷地。台湾及福建（厦门）有栽培。

千里香的羽状复叶

千里香的花序

（2）**千里香**（十里香）*Murraya paniculata* (Linn.) Jack. 常绿小乔木，高达12米。羽状复叶有小叶3～7片；小叶卵形至卵状披针形，长3～9厘米，顶端长渐尖，基部两侧对称或一侧稍偏斜，边全缘。花瓣5，长达2厘米；雄蕊10。浆果成熟时橙黄色至朱红色，长圆形，长1～2厘米。产于台湾、福建、广东、海南、广西、湖南、贵州、云南及四川，自然生长在山地疏林或密林中，石灰岩地区较常见，有时形成小面积纯林。台湾、福建、广东等地有栽培。

芸 香　　芸香科

Ruta graveolens Linn.

多年生草本。全株有腺点，有强烈的异香味。叶为二至三回羽状深裂至全裂，长6～12厘米，裂片倒卵状长圆形，长1～2厘米，全缘。聚伞花序顶生；花金黄色，直径约2厘米；花瓣4～5，边缘细撕裂状；雄蕊8～10。浆果半球形，长0.6～1厘米，顶部4浅裂，果皮有凸起的油点。花期7～8月，果期8～10月。

千里香的果

原产欧洲地中海沿岸。我国南北各地有栽培，尤以广东较常见。已有近300年的栽培历史。本种全株含挥发油，有浓郁的芳香，其光亮的绿叶及金黄色的花朵均有观赏价值。适在庭园中成片种植或用于布置花坛，但盆栽十分普遍。

耐荫，在半荫环境生长亦佳，忌强阳光直射，喜温暖至高温湿润气候，较耐寒，不耐干旱。栽培土质须为肥沃和排水良好的沙质壤土。繁殖用扦插法及分株法，于春秋二季进行。也可用播种法，于春季进行。

乔木茵芋　　芸香科

Skimmia arborescens Anders ex Gamble

小乔木，高2～7米。叶互生，集生于枝上部，有柑橘的香味，革质，脆而易折，叶片窄椭圆形，长8～19厘米，顶端渐尖，基部楔形，边全缘，背面有腺点。圆锥花

芸 香

乔木茵芋，右下为其果

乔木茵芋的花序及叶

序顶生，多花；花单性或两性，密集，芳香，淡黄色，花瓣5，长5~6毫米；雄花有雄蕊5和退化雌蕊；雌花有退化雄蕊；两性花具5雄蕊和1发育雌蕊。核果近圆球形，长0.8~1厘米，成熟时蓝黑色。花期3~7月，果期8~10月。

产于广东南部及西南部和广西西南部。自然生长在山坡林中。本种树姿扶疏，树冠呈半圆形，叶色亮泽浓绿，揉之有柑橘香味；盛花期着花多而密，芳香宜人，为优良的木本花卉。仙湖植物园有栽培，生长旺盛。宜作庭园风景树，可观叶又可赏花。

喜光，在半日照处生长亦佳，性喜温暖及高温湿润气候，不耐寒，栽培土质须为肥沃、湿润和排水良好之壤土。繁殖用播种法，可即采即播，也可沙藏至翌年春播，还可用扦插法繁殖，于早春至夏初进行。

椿叶花椒　　芸香科

Zanthoxylum ailanthoides Sieb. et Zucc.

落叶乔木，高可达15米。树干有鼓钉状锐刺。羽状复叶有小叶11~27片；小叶对生，长披针形，位于叶轴基部的近卵形，长7~18厘米，顶端长渐尖，基部圆，两侧对称或微偏斜，边缘有明显锯齿，背面灰绿，有白色粉霜，多油点。花单性，雌雄异株，多花排成复聚伞花序；花瓣5，淡黄白色，长约2.5毫米；雄花具5雄蕊及1退化雌蕊；雌花具1雌蕊。果淡红褐色，直径约4.5毫米。花期8~9月，果期10~12月。

产于长江流域以南各地及台湾。日本（琉球）及朝鲜半岛有分布。自然生长在山地杂木林中，深圳山地常见。本种枝繁叶茂，树干通直，枝叶有特殊香味，为良好的庭园风景树和绿化树。台湾、福建（厦门）广东（广州）等地有栽培。

喜光，喜温暖至高温湿润气候，较耐寒，栽培不择土壤，但在土层深厚、疏松、肥沃和排水良好的沙质壤土中生长更佳。繁殖用播种法，于春至夏季进行。

同属植物有**簕欓花椒** *Zanthoxylum avicenniae* (Lam.) DC. 常绿乔木。树干上有三角形、近褐色的刺。羽状复叶有小叶11~21片；小叶斜卵形，斜长圆形或不对称的菱形，长2.5~7厘米。产于台湾、福建、广东、海南、广西和云南。越南和菲律宾有分布。深圳梧桐山、七娘山等山地常见。

椿叶花椒

椿叶花椒树皮上的刺

椿叶花椒的叶及花序

簕欓花椒，右下为其树皮上的刺

簕欓花椒的叶及花序

两面针　　芸香科

Zanthoxylum nitidum (Roxb.) DC.

披散灌木，成株常攀援于它树上。枝及叶轴有钩状刺。羽状复叶有小叶3～7片；小叶对生，近革质，椭圆形，长5～12厘米，顶端骤急尖或钝，凹口处有一腺点，两面中脉或仅下面中脉有小刺。花单性，雌雄异株；花序腋生；萼片与花瓣均4，花瓣淡黄绿色；雄花有雄蕊4；雌花具1雌蕊。果红褐色，分果瓣直径5.5～7毫米，多油点。花期3～4月，果期8～9月。

产于台湾、福建、广东、香港和广西。菲律宾、越南有分布。自然生长在山地丘陵、疏林下或灌丛中，深圳各山地间较常见。台湾、福建、广东和广西多有栽培。仙湖植物园也有栽培。本种属攀援植物，叶色亮绿，生长旺盛，宜作花棚、花篱及岩石等的垂直绿化，也可修剪成灌木状作盆栽。

喜光，喜高温湿润气候，耐干旱和瘠薄，栽培不择土壤，但在肥沃、疏松和排水良好的壤土中生长甚佳。繁殖用播种法，于春季进行。

胡椒木

两面针的雄花序

胡椒木　　芸香科

Zanthoxylum piperitum DC.

常绿灌木，全株有浓烈的胡椒味。株高30～90厘米。羽状复叶有小叶11～17片，叶基部有1对短刺，叶轴有狭翅；小叶对生，倒卵形，长0.7～1　厘米，顶端圆，基部楔形，边缘全缘，亮绿色，有密的油点。花单性，雌雄异株；雄花黄色；雌花橙红色。果椭圆形，红褐色。

原产日本及朝鲜半岛，我国台湾、福建和广东等地有栽培。深圳也有栽培。本种枝叶浓密，四季常绿青翠，全株有浓烈的香味。适作庭园美化，密植作绿篱或盆栽。

喜光，喜温暖至高温湿润气候，冬季忌长期阴湿，栽培要求肥沃、疏松和排水良好之沙质壤土。繁殖用扦插法或高压法，于春季进行。

山　楝

山楝的叶形

两面针的雌花序

山楝的雄花序

山楝的果实

山楝果实红色的假种皮

楝

楝的羽状复叶

山楝　　楝科

Aphanamixia polystachys (Wall.) R. N. Parker

常绿乔木，高5～20米。羽状复叶长20～30厘米，有小叶9～13片；小叶近对生，革质，长圆形，长8～15厘米，下部的较小，顶端渐尖，基部两侧不对称，两面无毛。花杂性异株；雄花排成圆锥花序；雌花和两性花排成穗状花序；花直径约3毫米，萼片4～5，花瓣3，黄色带紫。蒴果卵球形，直径2～3厘米，成熟时黄色，3裂。种子有红色假种皮。花期3～9月，果期10月至翌年4月。

产广东、广西和云南等地区的南部。印度、中南半岛、马来西亚和印度尼西亚有分布。自然生长在山坡杂木林中。热带地区广为栽培。福建和广东（广州、深圳）也有栽培。本种树姿壮健，树冠呈圆伞形，果熟期黄色的果实开裂后露出鲜红色的假种皮，色彩美艳。宜作庭园美化及观果植物，绿荫效果亦佳。

喜光，在荫蔽处生长不良，喜高温湿润气候，不耐寒冷，栽培土质宜为土层深厚、肥沃和排水良好之壤土。繁殖用播种法，于春季进行。

楝　　楝科

Melia azedarach Linn.

落叶乔木，树高10米或更高。叶为二至三回羽状复叶，互生，长20～40厘米；小叶卵形，椭圆形至披针形，长3～7厘米，顶端渐尖，基部偏斜，边缘有锯齿，两面无毛。圆锥花序腋生。花紫色，有香味，花瓣5，倒卵状匙形，长约1厘米，外面被毛；雄蕊管紫色，有10枚2～3裂的裂片。核果椭圆形，长1.5～2厘米。熟时黄色。花期4～5月，10～12月果熟。

黄河以南各地常见。广布于热带、亚热带地区并已普遍栽培。本种树冠广阔，羽叶疏展，淡紫色的花清香秀丽。适作园林绿荫树和行道树，植于村旁及宅旁遮荫效果甚佳。

喜光，喜温暖至高温湿润气候，不耐寒，不耐干旱，忌积水，抗风，对二氧化硫抗性较强，栽培不择土壤。繁殖用播种法，冬季采收成熟果实，剥去果皮，洗净阴干即播，也可干藏至翌年春播。

香椿　　楝科

Toona sinensis (A. Juss.) Roem.

落叶乔木，高10～30米。羽状复叶长25～60厘米，有小叶14～28片，幼时红色，有香气；小叶卵状披针形，长6～17厘米，顶端尾尖，基部偏斜，边缘有疏齿，

香椿

无毛。圆锥花序与叶近等长，多花；花瓣5，白色，长约4毫米，无毛，雄蕊10，其中5枚退化。蒴果狭椭圆形，长1.5～2厘米，褐色，有白色皮孔。花期6～8月，10～12月果熟。

产于华北、华东、华中和华南及西南各地。朝鲜半岛有分布，自然生长在杂木林中，各地广泛栽培，深圳也有栽培，生长快速。本种树姿扶疏，羽叶广展，春季发出新芽及嫩叶均呈紫红色，十分美观。适作庭园风景树，又是优良的造林树种。

喜光，在半日照环境下生长正常，喜温暖至高温气候，耐寒，不耐干旱，栽培要求土层深厚、肥沃和排水良好之壤土。繁殖用播种法和扦插法，于春季进行。

云南割舌树　　楝科

Walsura yunnanensis C. Y. Wu

常绿乔木，高4～6米。羽状复叶长23～30厘米；叶柄具狭翅；小叶5片，狭椭圆形，长14～18厘米，顶生小叶稍大，顶端渐尖，基部楔形或阔楔形，两面无毛。圆锥花序顶生和腋生，长5～14厘米，花小，长4～5毫米，萼片5，被毛；花瓣5，白色，长约5毫米，外面被毛；雄蕊10。花期2～3月，果期4～6月。

原产于云南西双版纳，自然生长在山谷和山坡疏林中。华南植物园和深圳仙湖植物园均有栽培，生长良好。本种树冠呈椭圆形，树姿壮丽，枝叶繁密，四季常绿，为优良的园林风景树。

喜光，在半日照环境下生长亦佳，喜高温多湿，不耐寒冷和干旱，栽培土质须为土层深厚、富含腐殖质和排水良好之壤土，繁殖用播种法，于春、秋二季进行。种子发芽率高，定植后生长迅速。

云南割舌树

云南割舌树叶形

栾树

栾树　　无患子科

Koelreuteria paniculata Laxm.

落叶乔木，高5~10米。叶丛生于当年生枝上，平展，为一回羽状复叶，长30~50厘米，有小叶11~18片；小叶卵形至卵状披针形，长5~10厘米，顶端急尖，基部近截形，边缘有不规则的锯齿或缺刻。聚伞圆锥花序长25~40厘米，分枝长而广展；花杂性同株或异株，黄色，有淡香；花瓣4，长5~9毫米；雄蕊8。蒴果圆锥形，3棱，长4~6厘米，囊状，成熟时红色。花期6~11月，果期9~12月。

产于东北至华中各地。朝鲜半岛和日本有分布。自然生于干燥山地和杂木林中，常自成小片纯林。在我国自辽宁以南至广东，东起江苏西至云南均有栽培，仙湖植物园也有栽培，生长旺盛。本种树冠广阔呈圆伞形，枝繁叶茂，夏秋季盛花期满树金黄灿烂，果熟期又是殷红片片，形成优美景观。适作庭园风景树，既观花又观果，单植、列植或片植均宜。

喜光，喜温暖干爽气候，耐高温湿润，又耐寒，耐瘠薄和干旱并耐盐碱，抗烟尘和二氧化硫、氯化氰等有毒气体，移植易成活，生长快速，萌发力强，对土质不择。繁殖用播种法，于秋季或翌年春季进行。

同属植物还有下列2种：

（1）**台湾栾树** *Koelreuteria elegans* (Seem.) A. C. Smith subsp. *formosana* (Hayata) Meyer 二回羽状复叶长达50厘米；小叶近革质，长圆状卵形，长6~8厘米，顶端尾状渐尖，基部极偏斜。圆锥花序顶生，长达50厘米；花直径约5毫米。产于台湾。深圳有栽培，生长旺盛。

（2）**全缘叶栾树**（黄山栾树）*Koelreu-*

栾树的花序

台湾栾树

台湾栾树的羽状复叶

全缘叶栾树的花序

全缘叶栾树的羽状复叶

teria bipinnata Franch. var. *integrifoliolata* (Merr.) T. Chen 与原变种复羽叶栾树十分相似，区别在于叶边缘全缘或有不明显细齿；植株、叶和果均较小。产于我国东部至南部，自然生长在疏林中。厦门、广州及深圳仙湖植物园均有栽培，生长良好。

红毛丹　　无患子科

Nephelium lappaceum Linn.

常绿乔木，株高达15米。羽状复叶有小叶4～6片；小叶椭圆形或倒卵形，长6～18厘米，顶端急尖或钝，基部楔形，边缘全缘，无毛。花单性，雌雄同株，排成聚伞圆锥花序；花萼黄绿色，长约2毫米，无花瓣；雄花具雄蕊6～8；雌花具1子房。核果深裂为2或3果爿，通常仅1爿发育，卵球形，密被长软刺，连刺直径约5厘米，成熟时鲜红色。夏初开花，秋季果熟。

原产于亚洲热带，我国海南、广东（广州、湛江）、福建和台湾南部有栽培。本种树姿健壮，果熟期满树殷红片片，引来众多的小鸟前来采食，一片盎然生机。除为著名的热带水果外，又为高级的观果植物。适作庭园风景树。

喜光，喜高温多湿，忌寒冷和干旱，栽培土质须为土层深厚、肥沃和湿润之壤土。繁殖用播种、高压或嫁接法，春、夏、秋三季均可进行。

岭南槭　　槭树科

Acer tutcheri Duthie

落叶乔木，高5～10米。叶对生，纸质，轮廓为阔卵形，长6～7厘米，3裂，裂片三角状卵形，先端锐尖，边缘具疏齿。花杂性，雄花与两性花同株，排成短圆锥花序，生于小枝顶端；花淡黄白色，花瓣4，长约2毫米。翅果嫩时淡红色，熟时淡黄色。小坚果凸起，直径约6毫米；翅宽0.8～1厘米。花期春季，秋季果熟。

产于浙江、江西、湖南、福建、广东和广西。自然生于疏林中。深圳的山林中也有分布。本种树姿扶疏，春季淡黄白色的花序素洁淡雅，秋季果熟期，一团团淡红色与淡黄色相间的翅果垂挂枝头，明艳亮丽，为良好的观花与观果植物，又为良好的园林风景树。适在公园及郊野公园种植。

红毛丹

喜光，性喜温暖至高温湿润气候，如在通风凉爽之地种植，生长更佳。栽培须为土层深厚、富含有机质及排水良好之壤土。繁殖用种子播种，于春季进行。

具相同用途的有**海滨槭** *Acer sino-oblongum* Metc. 常绿乔木，高6～7米。叶革质，椭圆形，长6～9厘米，顶端渐尖，

岭南槭

海滨槭

盐肤木的叶及花序

基部宽楔形，边全缘，上面绿色，下面被白粉。花黄色，排成顶生的伞房花序。翅果淡黄褐色。小坚果特别凸起，长约8毫米，翅宽1～1.2厘米。产于广东南部沿海地区，深圳梧桐山等山林中有分布。

盐肤木　　漆树科

Rhus chinensis Mill.

落叶小乔木，高2～5米。小枝被锈色毛。羽状复叶有小叶7～13片；叶轴具宽翅；小叶多形，卵形、卵状椭圆形或长圆形，长6～12厘米，顶端急尖，基部圆，边缘有锯齿。圆锥花序顶生，多分枝；花小，白色，杂性，萼片与花瓣均5～6，长约2毫米。核果球形，扁，直径4～5毫米，被有节的毛，成熟时红色。花期8～10月，果期9～11月。

除东北、内蒙古和新疆外，全国均有分布。印度、中南半岛各国、马来西亚、印度尼西亚、朝鲜半岛和日本有分布。自然生于向阳山坡、沟谷和溪边的疏林中，深圳山地间常见。本种树姿优美、大型圆锥花序洁白淡雅，可观叶和观果，适作园林风景树。

喜光，在半日照处生长亦佳，喜温暖至高温湿润气候，耐寒，耐干旱和瘠薄，但不耐水湿，对土质不择，酸性，中性或碱性土均能适应。根系发达，萌发力强。繁殖以扦插为主，也可用分株和播种法。于春、夏二季进行。

滨盐肤木 *Rhus chinensis* Mill. var. *roxburghii* (DC.) Rehd. 与本种十分相似，区别仅在于叶轴无翅。产于台湾、福建、江西、湖南、广东、广西、贵州、四川和云南。自然生于沟谷地疏林中。深圳也较常见。

大叶肉托果（台东漆）　　**漆树科**

Semecarpus gigantifolia Vidal

常绿乔木，高5～20米。叶互生，常集生于枝顶，革质，椭圆状披针形，长25～30厘米，顶端渐尖，基部近圆形，边缘全缘，深绿色，无毛。圆锥花序顶生，长约17厘米；花白色，长5～6毫米，花瓣5；雄蕊5；子房宽卵形。核果扁球形，长约2.5厘米，成熟暗紫红色，中下部为一肉质膨大的花托所包；花托初时绿色后变红色，成熟时紫黑色。夏季至秋初开花，翌年春末夏初果熟。

滨盐肤木

大叶肉托果

产于台湾。菲律宾有分布。华南地区有栽培，仙湖植物园也有栽培，生长良好。本种成树枝叶浓密，树姿健壮，夏秋季开花期，白色的圆锥花序生于各分枝之顶，花色洁白素净，十分幽雅，果及花托的色彩随生长期而变化，色彩丰富，形状奇异，有很高的观赏价值。为优良之庭园观赏树。

喜光，在半日照之地生长亦佳，喜高温湿润气候，不耐寒冷和干旱，栽培须肥沃和排水良好之沙质壤土。繁殖以播种为主，于春季进行，也可用高压法，全年均可进行。

红叶藤　　牛栓藤科

Rourea microphylla (Hook. et Arn.) Planch.

常绿攀援灌木，高1.5～2米。分枝多，无毛。羽状复叶有小叶11～17片；小叶近革质，幼时红色，成长后变为亮绿色，卵形或卵状长圆形，长6～12厘米，顶端渐尖，基部偏斜，边缘全缘。总状花序丛生于叶腋，长 2.5～5厘米；花白色，有香气，直径5～7毫米；萼片和花瓣均为5；雄蕊10。果长圆形，略弯曲，长1.2～1.5

大叶肉托果的花序

大叶肉托果的叶形及果序

红叶藤

星点桃叶珊瑚

厘米，成熟时橙黄色。花期夏至秋季，果期秋季至翌年春季。

产于福建、广东、海南、广西和云南。越南有分布。自然生长在林边或灌丛中。深圳各山地的次生林或灌丛中很常见，为本地区的乡土树种。在山野间的一片绿色灌丛中，常可见到一丛丛鲜红色的叶镶嵌其间，呈现万绿丛中一片红的景观，十分美丽夺目。在庭园中宜植于棚架、花廊或山石旁，作垂直绿化。

喜光，不耐荫，阳光不足，叶色发暗，喜高湿湿润气候，不耐寒冷和干旱，栽培宜为肥沃和排水良好的壤土。繁殖用播种法，于春秋二季进行。自繁能力甚强。

星点桃叶珊瑚　　山茱萸科

Aucuba japonica Thunb. ‘Variegata’

常绿灌木，株高1～4米。叶对生，卵状椭圆形或长椭圆形，长8～10厘米，顶端渐尖，基部近圆形，边缘上段具2～6对疏锯齿，叶面布满黄色斑点。圆锥花序顶生；花小，紫红色或暗紫色，单性，雌雄异株；雄花序长7～10厘米；雌花序较短；萼片和花瓣均为4。核果长圆形，长约2厘米，成熟时鲜红色。花期秋季，11月至翌年2月果熟。

栽培品种，我国大部分城市均有栽培。本种叶面翠绿，洒满金黄色的斑点，美丽殊雅，为良好的观叶植物，果期核果艳红美观，又为观果植物。适在庭园中稍遮荫和凉爽通风处栽植，或作盆栽供摆设。

耐半荫，喜湿润冷凉气候，不耐严寒，忌高温多湿和强阳光直射，对烟尘和大气污染有抗性。在深圳宜植于郊野公园，夏季力求通风凉爽。栽培土质宜为富含腐殖质和排水良好的壤土。繁殖用扦插法，于春、秋二季进行。

八角枫　　八角枫科

Alangium chinensis (Lour.) Harms

落叶乔木或大灌木，高3～5米。分枝多，长而开展，常下垂。叶互生，近圆形，卵形或椭圆形，长13～19厘米，先端急尖或渐尖，基部两侧不相等，一侧向下扩大，

八角枫结果（未熟）

八角枫

八角枫盛花期

常春藤

尖裂洋常春藤

另一侧上斜呈阔楔形、斜形或截形，边缘不分裂或有3～7浅裂，无毛，基出脉3～5，侧脉3～5；叶柄长2.5～3.5厘米。聚伞花序腋生，长3～4厘米；花冠圆筒形，长1～1.5厘米；花瓣6～8，初时白色，后变黄色，花后期上部反卷。核果卵圆形，长5～7毫米，幼时绿色，熟时黑色。开花期5～7月，果期7～11月。

产于河南、陕西、甘肃和华东、华中、西南及华南各地，亚洲东南部及非洲东部有分布。自然生长在山地疏林中，深圳的林边或疏林中很常见。本种树姿开展，枝繁叶茂，枝条柔软，叶色翠绿，秋叶橙黄，树形潇洒自如，开花期持久，花多而芳香，又富色彩之美，为良好的木本花卉。宜植作园林风景树和绿化树。

喜光，在半日照环境生长亦佳，适应性强，幼苗期易受冻害，对土质不择，但栽培在湿润、肥沃的壤土上生长良好，萌蘖力强，耐修剪，抗风力强，无病虫害。繁殖用播种法，于早春进行。

常春藤　五加科

Hedera nepalensis K. Koch var. *sinensis* (Tobl.) Rehd.

常绿木质藤本，长3～20米，有气生根。叶互生，革质，深绿色，在不育枝上的为三角状卵形或三角状长圆形，长5～12厘米，顶端短渐尖，基部截形或微凹，边缘全缘或3浅裂，在花枝上的椭圆状卵形或菱形，长5～16厘米。伞形花序单生枝顶，有5～10朵花；花淡黄白色，芳香，花瓣5，长3～3.5毫米，外面有鳞片。果球形，直径0.7～1.3毫米，红色或黄色。花期9～11月，翌年3～5月果熟。

分布于黄河流域以南、西至西藏的广大地区。越南有分布。自然生长在林缘、林下、岩石或房屋墙壁上。各地多有栽培。本种枝柔叶密，四季常绿，为垂直绿化的优良植物和木本地被植物，适宜攀援在建筑物的墙壁壁、围篱及岩石上，又可在树荫下的地面等处种植，也可植于花槽及盆栽。

耐半荫，在散光照射下亦能正常生长，喜温暖和湿润环境，耐高温，亦耐寒，栽培土质须为湿润、疏松、肥沃和排水良好之壤土。繁殖用扦插法，于春末或秋初进行。

具相同用途的有**尖裂洋常春藤** *Hedera helix* Linn.'Pittsburgh' 叶掌状5深裂，裂片披针形长5～6厘米，顶端渐尖。栽培品种。

银边圆叶福禄桐　五加科

Polyscias balfouriana Bailey 'Marginata'

常绿灌木，株高1～3米。羽状复叶，有小叶3片，小叶近圆肾形，直径5～8厘米，绿色，先端圆，基部心形，边缘有粗齿或缺刻，有白色边。伞形花序再组成圆锥花序，有多数花；花杂性，花瓣5，黄绿色；雄蕊5。子房5～8室。

银边圆叶福禄桐

栽培品种。热带地区多有栽培，深圳也有栽培，生长良好。本种株形潇洒美观，叶色亮绿并有白色边缘及斑纹。适合于庭园美化。

耐半荫，在柔和的阳光下亦能生长正常，但忌强阳光直射，喜高温多湿，耐干旱，极不耐寒，在冬季宜置于温暖避风处，栽培对土质不择，但须湿润和排水良好。繁殖用扦插法，春至秋季均可进行。

在深圳常见栽培的有下列各种和栽培品种：

（1）**蕨叶福禄桐** *Polyscias filicifolia* (Ridley) Bailey 羽状复叶长25～30厘米；有小叶7～11片；小叶披针形或线状披针形，长约10厘米，边缘羽状深裂。原产太平洋岛屿。

（2）**羽叶福禄桐** *Polyscias fruticosa* (Linn.) Harms 叶为二至三回羽状复叶，长30～60厘米，小叶异型，一种小叶披针形或卵状披针形，长2.5～5厘米，边缘有锯齿或缺刻，另一种小叶线形或线状披针形，边缘也有缺刻或羽状深裂。原产印度和马来西亚。

蕨叶福禄桐

羽叶福禄桐

羽叶福禄桐的异型叶

(3) **银边福禄桐** *Polyscias guilfoylei* (Cogn. et March.) Bailey 'Lanciniata' 羽状复叶有小叶5~9片；小叶长圆形，长达10厘米，顶端钝，基部圆，边缘白色，有疏齿。栽培品种。

(4) **芹叶福禄桐** *Polyscias guilfoylei* (Cogn. et March.) Bailey 'Quinquifolia' 羽状复叶有小叶3~7片；小叶扁圆形，长3~4厘米，边缘有不规则的浅裂、深裂和锯齿。栽培品种。

(5) **长羽福禄桐** *Polyscias paniculata* Bailey 羽状复叶有小叶7~11片；小叶卵状披针形，长6~8厘米，先端渐尖，基部圆，边缘有浅锯齿或缺刻。原产毛里求斯等。

台湾鹅掌柴　　五加科

Schefflera taiwaniana (Nakai) Kanehire

小乔木，高2~3米。掌状复叶有小叶7~9片；小叶倒披针形或长圆状披针形，

银边福禄桐

芹叶福禄桐

长10~15厘米，顶端长渐尖，基部狭楔形，边缘全缘。圆锥花序顶生，长20~30厘米；花白色，长2~3毫米，外面疏生短毛。果球形，长5~7毫米。（花和果的形态描述根据《中国植物志》54卷第17页写出）

在大多数有关园林植物的书藉中，本种均被认为是**鹅掌藤** *Schefflera arboricola* (Hayata) Merr. 但这两个种是有明显区别的，其区别如下：

①台湾鹅掌藤是藤状灌木，而鹅掌藤为小乔木；②台湾鹅掌藤的叶为倒披针形或长圆状披针形，先端长渐尖，基部狭楔形，而鹅掌藤的叶为倒卵状长圆形或长圆形，顶端急尖或钝，基部渐狭或钝。此外，花也有区别，但作者未见过本种的花。故未能叙述。根据以上叶形的区别特征，作者认为本植物应是台湾鹅掌柴。

原产台湾，我国南方有栽培，深圳亦

长羽福禄桐

有栽培。本种树冠呈圆伞形，枝繁叶茂，风姿雅致，适宜于庭园美化及作盆栽供室内外摆设，是良好的观叶植物。

耐半荫，但在温和的日照或稍荫蔽处亦可正常生长，喜高温多湿，又能耐干旱，较耐寒，栽培以肥沃和排水良好的沙质壤土为宜，并须经常保持湿润。繁殖用扦插法为主，也可用高压法，于春、秋二季进行。

具相同用途的还有**美斑鹅掌藤** *Schefflera arboricola* (Hayata) Merr. 'Jacqueline' 藤状灌木。小叶7~9片，倒卵状长圆形或倒卵形，顶端圆钝，基部楔形或钝，上面有深或浅的黄色斑。栽培品种。

台湾鹅掌柴

美斑鹅掌藤

镶边孔雀木

镶边孔雀木　　五加科

Schefflera ellegantissima (Mast.) Lowry et Frodin 'Castor Variegata'

常绿灌木，高2～3米。掌状复叶有小叶3～5片；小叶线形，长约10厘米，边缘乳白色，有锯齿。未见开花。

栽培品种，其株形秀丽，叶色亮绿并有镶边，十分优雅。适作庭园美化或盆栽作室内摆设。

耐半荫，但在稍荫蔽或温和的日照下亦能生长正常，忌全天强阳光直射，喜温暖至高温湿润环境，不耐寒冷和干旱，冬季呈半休眠状态，应置温暖避风处，并减少浇水，栽培土质宜为富含有机质、疏松和排水良好的沙质壤土。繁殖用扦插法为主，于春、秋二季进行。

刺通草　　五加科

Trevesia palmata (Roxb.) Vis.

常绿小乔木，高3～8米。单叶，叶片直径60～90厘米，革质，掌状深裂；裂片5～9，披针形，先端长渐尖，边缘羽状深裂，基部有叶状宽翅，各裂片之间的宽翅相连，也有部分裂片无宽翅相连；叶柄长60～90厘米，有刺。伞形花序直径约4.5厘米，多花；花瓣6～10，淡黄绿色，长约6毫米。果实卵球形，直径1.2～1.8厘米。花期9～10月，翌年5～7月果熟。

产于云南南部、贵州和广西。印度、锡金、尼泊尔及中南半岛各国有分布。自然生长在林下。福建（厦门）、广东（广州及深圳）等地有栽培。本种叶形似孔雀开屏，中心又有盘状宽翅相连，形状奇异雅丽，适作庭园美化及盆栽供室内摆设。

耐半荫，在稍荫蔽处亦能生长正常，忌强阳光直射，喜温暖至高温湿润环境，不耐干旱，栽培须用富含腐殖质和排水良好之壤土。繁殖用播种法，于春季进行。

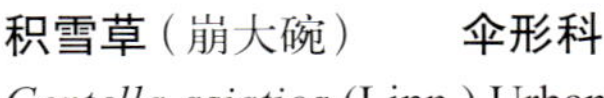

积雪草（崩大碗）　　**伞形科**

Centella asiatica (Linn.) Urban

多年生草本，茎匍匐。单叶互生，肾形或近圆形，直径1～3厘米，顶端圆，基部心形，边缘有宽钝齿，无毛，具掌状叶脉；叶柄长5～15厘米。伞形花序单生或2～3个腋生，每一花序有花3～6朵；花小，长约2毫米，紫红色。双悬果扁圆形，

积雪草

天胡荽

长2～2.5毫米。夏季开花，秋季结果。

产于华东、华南及四川和云南。热带及亚热带广布。自然生长在灌丛下，田边等阴湿处。深圳的灌丛和疏林下十分常见。本种蔓延力甚强，叶形别致，叶色翠绿，适作地被植物。

耐半荫，不耐强阳光直射，喜温暖湿润至高温湿润气候，忌寒冷和干旱，栽培不择土壤，但须保持湿度。繁殖用扦插法，萌蘖力甚强。

与本种有相同用途的有**天胡荽** *Hydrocotyle sibthorpioides* Lam. 叶小，直径0.5～2.5厘米，边缘掌状5～7浅裂或不裂；叶柄长 0.5～5厘米。每一伞形花序有花10～15朵；花长约1.5毫米，绿白色。产于华东、华中、华南和西南。亚

刺通草，右上为其花

刺通草用作盆栽

水 芹

中华水芹

洲东南部和南部、朝鲜半岛及日本有分布。深圳的潮湿草地、田边十分常见。

水 芹　　伞形科

Oenanthe javanica (Bl.) DC.

多年生草本，高20～80厘米。茎基部匍匐，节上生根。叶为一至二回羽状分裂；裂片斜菱状披针形或菱形，长2～5厘米，边缘有不整齐锯齿。复伞形花序，由6～30个小伞形花序组成；小伞形花序直径0.6～2厘米，具多数白色小花；花杂性。双悬果椭圆形或圆锥形，长2.5～3毫米。花期4～5月，果期5～7月。

几遍布全国。朝鲜半岛、日本、中南半岛各国和印度尼西亚有分布。自然生长在低湿地或水旁。深圳有分布也有栽培。本种叶色翠绿，花色洁白，小巧玲珑。适在庭园中植于水旁或池边等湿地或盆栽。

喜光，耐半荫，喜温暖至高温湿润气候，喜水湿，忌干旱，耐寒，栽培须植于水湿之地，盆栽亦须保持盆内的水量。繁殖用匍匐茎扦插，成活率高，生长快速，于春、夏和秋季进行。

具相同用途的还有**中华水芹** *Oenanthe sinense* Dunn 叶为一至二回羽状分裂；茎下部叶的裂片线状披针形，长1～3厘米，边缘羽状半裂或全缘；茎上部叶裂片线形，长1～4厘米。产于江苏、浙江、江西、湖南及湖北。自然生长于水田、沼地及山坡湿地。深圳洪湖公园有栽培。

吊钟花　　杜鹃花科

Enkianthus quinqueflorus Lour.

半常绿灌木。分枝轮生。叶聚生于枝顶，长圆形或倒卵状长圆形，长5～10厘米，从中间向两端渐狭，边全缘。花下垂，通常5～8朵排成伞形花序，从枝顶红色的大苞片内生出；花梗长约1.5厘米；花冠宽钟状，长约1.2厘米，粉红色或红色，5裂，裂片外弯。开花期早春。

产于广东、香港、广西和云南。自然生长在山坡灌丛中，深圳各山坡疏林中常见。本种枝叶开展，花多，花期持久，色彩灿烂，晶莹欲滴，一朵朵花酷似一个个小铃铛，奇特而优美。花期正值元旦、春节，华南各地将其含苞欲放的花枝作切花插瓶。国外称之为“中国新年花”。此外，还可作为木本花卉，在冬暖夏凉的郊野公园中种植。

喜光，喜温暖湿润，栽培地须避风、向阳、湿度大，土质须为富含腐殖质和排水良好的壤土。繁殖可用播种、扦插、高压及分株等方法。于夏、秋季进行。萌蘖力强。

罗浮柿　　柿科

Diospyros morrisiana Hance

常绿乔木，高可达20米。叶互生，薄革质，椭圆形或卵形，长5～10厘米，顶端渐尖，基部楔形，边全缘。花单性，雌雄异株；雄花2～3朵组成聚伞花序；雌花单生，花冠近壶形，里面被淡褐色绒毛。浆果近球形，成熟时黄色，直径1～2厘米。花期5～6月，果期11月。

产于华东、华南及西南各地。自然生长于混交林中。深圳山林间也有分布。本种叶色四季常绿，秋冬季黄灿灿的浆果缀于枝稍，持久不落，为良好的庭园绿化树和观果植物。适在园林中种植。

喜光，喜温暖至高温湿润气候，不耐

吊钟花

吊钟花的花序

罗浮柿

伊兰芷硬胶的花

严寒，栽培须用富含有机质和排水良好之壤土。用播种繁殖，因雄株不结果，观赏价值较低，可选择在雌株上用高压法繁殖。

紫荆木　　山榄科

Madhuca pasquieri (Dubard) Lam.

常绿乔木，高可达30米。体内有黄白色乳汁。叶互生，常聚生于枝顶，倒卵状长圆形，长5～16厘米。花单生或数朵簇生于叶腋，花冠黄绿色，长6～11厘米；雄蕊12～22。浆果椭圆形，稍偏斜，长2～3厘米，有宿存花柱。

产于广东、广西和云南。越南北部有分布。为国家保护的稀有物种。自然生长在混交林中或山地林缘。广州和深圳以及南宁等地植物园均有栽培，生长良好。本种树冠为椭圆状伞形，树姿雄伟健壮，枝叶十分繁茂，为优良的园林风景树和绿化造林树种。

紫荆木

喜光，耐干旱瘠薄，对土质不苛求，在石灰岩山地或土山都能生长，喜高温多湿气候。幼龄生长较缓慢，7～8年树龄后，生长快速。繁殖用播种法，因种子含油量高，采后不宜久留。播种后，种子发芽率高。一年生苗高可达30～40厘米。

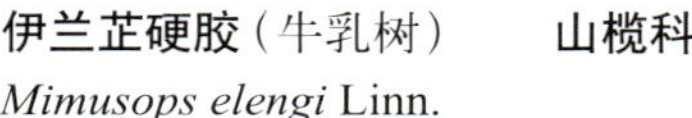

伊兰芷硬胶（牛乳树）　　山榄科

Mimusops elengi Linn.

常绿乔木，高可达20米。植物体有乳汁。叶互生，近革质，无毛，长椭圆形，长12～16厘米，边缘波状。花通常数朵簇生于叶腋；花萼裂片8；花冠白色，芳香，直径约1厘米，裂片8。核果椭圆形，长2～3厘米，先端突尖，未熟时绿色，被淡褐色短柔毛，成熟时橙红色。7～8月开花，9月结果，翌年3月果熟。

原产非洲热带，我国海南、广东（广州、深圳）等地有栽培。仙湖植物园在1996年自海南引回种子进行播种，发芽率较高，栽培5年后，树高5～6米，已开花结果并可采种子育苗。本种在原产地栽培作香料植物。其树姿美观优雅，叶色终年翠绿，花芳香，开花及着果的数量很多，可作为香花及观果植物在庭园中栽培。

紫荆木的叶形

伊兰芷硬胶

喜光，喜高温多湿气候，栽培地须日照充足和土层深厚，土质须为肥沃之壤土。繁殖用播种法，于夏初进行。

蛋黄果　　山榄科

Pouteria campechiana (Kunth) Baehni var. *nervosa* (A. DC.) Baehni

常绿小乔木，高5～9米。叶互生或近对生，革质，长椭圆形，长12～16厘米，有光泽，幼时被毛。花数朵簇生叶腋；花萼有5裂片；花冠白色，钟状，有5裂片，外面被毛；雄蕊5，退化雄蕊5或更少。果圆球形，直径6～8厘米，熟时黄色。花期

伊兰芷硬胶的果

4~5月，果期6月，翌年春季成熟。

原产中美洲，热带地区多有栽培。我国云南、广西、广东、福建、台湾等地均有栽培。本种为热带果树，果肉食之似煮熟的蛋黄，故而得名。其树形扶疏，成熟后，果实累累，又可作观果植物。

喜光，喜高温高湿气候，不择土壤，但栽培地以土层深厚排水良好、肥沃之壤土或沙质壤土为宜。繁殖用播种法，于春季进行，种子宜即采即播。播种育苗的后代须经栽培5~6年方能结果。亦可用嫁接繁殖，接穗的小枝须在其基部环剥1厘米，1个月后剪下，再嫁接于播种的小苗上，用嫁接法繁殖的植株，2~3年即可结果。

神秘果　　山榄科

Synsepalum dulcificum (Schum. et Thonn.) Daniell

常绿灌木，高1~4米。叶簇生于枝顶，倒卵状长圆形，长10~15厘米。花灰白色。核果鲜红色，椭圆形，长约1厘米。一年开花结果两次，第一次开花期6~7月，至11月果熟；在11月果熟时又有第二次开花期同时出现，此次开花后至翌年4~5月果熟。

蛋黄果

神秘果

原产西非，热带地区有栽培，在台湾、福建、广东、云南等地也有栽培，在深圳仙湖植物园栽培，生长旺盛，已开花结果。本种为一奇特的果树。人们吃其果以后，再吃其他咸、酸、苦、辣味的食品，均觉得是甜的，原因是它含有一种特殊的成分，能使舌上除感觉甜味的以外的其他味蕾关闭，所以无论吃什么味道的食品，只能感觉出甜味，故被取名“神秘果”。该种树姿美观，花虽不显眼，但果色鲜红艳丽，可作观果植物。

蛋黄果的果实

神秘果的果实

喜光，不耐荫，喜高温高湿气候，颇耐寒，不耐干旱和瘠薄，在阳光充足处及肥沃、湿润之地栽培，生长良好。繁殖用播种法，于春、秋两季进行。

蜡烛果（桐花树）　　**紫金牛科**

Aegiceras corniculatum (Linn.) Blanco

常绿灌木，高1~4米。叶对生，革质，倒卵形，长5~10厘米，顶端圆，微凹，基部楔形，边缘全缘。伞形花序顶生或腋生，有10~20朵花；花白色，直径约1厘米；花萼长约6毫米，有腺点；花瓣下部合生，裂片卵状披针形，反折。荚果圆柱形，长6~8厘米，弯曲，顶端尖，基部有宿存花萼。种子脱离母树前发芽。花期1~4月，果期4~6月。

产于广东、广西和福建。太平洋群岛及澳大利亚北部有分布。自然生长于沿海红树林中或潮水涨落的泥滩上。本种为观叶、观花及观果植物，叶色亮绿，花果期长达半年以上，适宜盆栽观赏。

喜光，喜温暖至高温气候和通风环境，喜水湿，耐微碱性并带黏质的壤土。繁殖用播种法，将成熟的果摘取，用水浸12小时后平铺于湿土上，再盖草催芽，10~15天后可出苗，再用湿泥或富含腐殖质的沙质壤土盆栽。

少年红　　紫金牛科

Ardisia alyxiaefolia Tsiang ex C. Chen

常绿小灌木，高约0.5米。具匍匐茎。叶近革质，披针形或长圆披针形，长3.5~9.5厘米，边缘具浅圆齿，齿间具边缘腺点，两面疏被柔毛和小鳞片，尤以背面中脉为多。花排成伞房花序或复伞房花序；花瓣白色。果球形，直径约5毫米，红色，有腺点。花期6~7月，果期10~12月。

产湖南、贵州、广西、广东，自然生长在山谷、疏林或密林下。本种的果实呈鲜红色，有光泽，其色泽经久不变，玲珑可爱，是观果植物中的上品。仙湖植物园有栽培，生长旺盛快速。可在庭园中片植或盆栽供摆设。

喜半荫，须保持空气适当的湿度，对土质不择，但须排水良好，宜植于有遮荫之地，至少应在后半天有遮阳，忌强阳光直射，在适宜的环境下，生长快速旺盛。繁殖用播种法或扦插法，发芽率高，于春季至夏初进行。

具相同用途的本属植物还有下列种类：

（1）**郎伞木** *Ardisia elegans* Andr. 常绿灌木，高1～3米。叶椭圆状披针形或倒披针形，长9～12厘米，边缘有圆齿，两面无毛无腺点。花冠粉红色。果球形，直径0.8～1厘米，深红色，有腺点。产于广东、海南和广西，深圳也有分布，生于密林中或阴湿处。仙湖植物园有栽培。

（2）**大罗伞树** *Ardisia hanceana* Mez 常绿灌木，高0.8～1.5米。叶椭圆形或长圆状披针形，长10～17厘米，边缘具反卷的疏尖齿，齿尖边缘具腺点，无毛，背面只在近边缘有疏腺点，其余几乎无腺点，但有小鳞片。伞形花序有10余朵花；花长6～7毫米，白色或微带紫。果球形，深红色，无腺点，直径7～9毫米。产于安徽、浙江、福建、江西、湖南、广东和广西。自然生长在山坡林下和阴湿处。仙湖植物园有栽培，生长良好。

（3）**紫金牛** *Ardisia japonica* (Thunb.) Blume 小灌木，近蔓生，具匍匐根状茎。茎高20～30厘米。叶近轮生，椭圆形或倒卵状椭圆形，长4～7厘米，边缘有细锯齿，多少有腺点，无毛。伞形花序有3～7朵花；花粉红色或白色。果鲜红色转黑色，直径5～6毫米，有腺点。产于长江流域以南各地。日本和朝鲜半岛有分布。自然生长在山坡林下阴湿处。仙湖植物园有栽培，生长良好。宜作盆栽花卉。

（4）**虎舌红** *Ardisia mamillata* Hance 矮小灌木，茎高约15～25厘米，具匍匐根状茎。叶互生或簇生于茎顶，倒卵形或倒披针形，两面有时为暗红色，密被锈色或紫红色卷曲分节的毛，具腺点。伞形花序单生；花粉红色。果鲜红色，直径约6毫米，有腺点。产于湖南、福建、广东、海南、广西、四川、贵州。越南有分布，在深圳山野间较常见，并已有栽培。作盆栽出售。仙湖植物园有栽培。

（5）**山血丹** *Ardisia punctata* Lindl. 灌木，高1～2米。叶革质，亮绿，长圆状披针形，长10～15厘米，边缘疏生波状齿，齿尖具边缘腺点，其余无腺点。伞形花序生于花枝之顶；花白色。果深红色，直径约6毫米，有腺点。产于浙江、福建、江西、湖南、广东、香港和广西。自然生长在密林下或阴湿地，在深圳也较常见，仙湖植物园有栽培。

鲫鱼胆　　紫金牛科

Maesa perlarius (Lour.) Merr.

常绿小灌木，高1～3米。叶椭圆形，长7～11厘米，边缘中下部以上有粗锯齿。总状花序或圆锥花序腋生，长2～4厘米；花白色，细小，长仅2毫米，两性或杂性。果球形，直径约3毫米，有条纹。花期2～4月，果期5～12月。

产于台湾、福建、广东、香港、广西

蜡烛果

郎伞木

大罗伞树

少年红

郎伞木的花序

紫金牛

虎舌红

鲫鱼胆

鲫鱼胆盛花期

山血丹

鲫鱼胆的花序

和贵州。越南及泰国有分布。自然生长在山坡林下。深圳山谷、林下很常见。本种植丛几呈球形，春季盛花期，满树开满雪白的小花，尤如绿叶丛中布满小星星，十分别致而雅洁，为良好的灌木花卉。在庭园中列植或片植均有良好的观赏效果。

耐半荫，不耐强阳光直射，栽培地宜为半遮荫之地，喜高温湿润，不耐干旱，土质须为排水良好的壤土。繁殖用播种法，于春、秋两季进行。在自然界，自我繁殖力强。

黄牛奶树　　山矾科

Symplocos laurina (Retz.) Wall.

常绿灌木或小乔木。叶互生，革质，狭椭圆形，长5～11厘米，顶端渐尖基部楔形，边有疏钝齿。穗状花序长3～6厘米；花白色，萼片宿存，顶端喙状，花冠裂片长约4毫米；雄蕊多数。核果球形，直径4～6毫米。开花期秋至冬季。

产于华东、华南至西南各地。中南半岛和印度有分布。自然生长在次生林中或灌丛中。深圳各山地常见。本种树姿扶疏，四季常绿，花色洁白素雅，花期持久，为良好的木本花卉。适作庭园观赏树。在郊野公园种植，生长更佳。

喜光，在半日照处生长良好，性喜温暖湿润，喜凉爽通风环境，栽培地宜为土层深厚、肥沃和排水良好的壤土。繁殖用播种法，于春末至夏季进行。

醉鱼草　　马钱科

Buddleja lindleyana Fort.

落叶灌木，高1～3米。小枝有4棱或有翅。叶对生，卵形至卵状披针形，长5～10厘米，顶端渐尖，基部楔形，边缘疏生波状齿。聚伞总状花序顶生，稍下垂，长20～45厘米；花扭向一侧；花冠管状，长约1.5厘米，管部稍弯曲，紫色；花萼和花冠均密生鳞片状腺体。蒴果长圆形，长约5毫米。花期5～8月，果期7月至翌年2月。

产于我国长江以南各地及日本，自然生长在山地灌丛或疏林中。仙湖植物园有栽培。本种枝柔叶密，花朵繁茂，且有芳香，为良好的木本花卉。适在庭园中种

黄牛奶树

醉鱼草

醉鱼草的花序

植。本种有微毒，捣碎投入河中，能使鱼麻醉，故有“醉鱼草”之称。

喜光，耐半荫，喜温暖湿润环境，耐高温，耐寒又耐干旱，适应性强，在排水良好、湿润肥沃之壤土中生长旺盛。繁殖用扦插法为主，于春季进行。

具相同用途的本属植物有下列2种：

（1）**白背枫** *Buddleja asiatica* Lour. 常绿灌木，高1～2米。叶披针形，长7～18厘米。花序为聚伞状圆锥花序，长7～25厘米；花1～3朵排成小聚伞花序；花冠白色，花冠管长3～4毫米。产我国东南、华南至西南各地。印度、马来西亚、菲律宾及中南半岛有分布。自然生长在山地灌丛中。深圳的山地灌丛中颇常见。

（2）**密蒙花** *Buddleja officinalis* Maxim. 落叶灌木，高约2米。叶长圆状披针形至线状披针形，长5～15厘米。聚伞状圆锥花序顶生及腋生，长5～20厘米，密生多花；花淡紫色至白色，芳香，花冠管长1～1.2厘米。

产于我国华东、华中、华南、西南及西北各地。自然生长在山地、河边或村落旁的灌丛中及林缘。福建（厦门）及广东

白背枫

（广州）等地有栽培。供药用及观赏。

灰莉　　马钱科

Fagraea ceilanica Thunb.

常绿小乔木或灌木，一般高2～4米，最高可达12米。叶对生，近革质，亮绿色，长圆形或椭圆形；长7～13厘米，顶端渐尖或急尖，基部渐狭，侧脉不明显。聚伞花序顶生，有1～3花；花冠白色，漏斗状，花冠管长3～3.5厘米，花冠裂片倒卵形，长2～2.5厘米。浆果近球形，直径3～4厘米。花期4～6月，8～10月果熟。

产于台湾、广东、海南、广西和云南。印度至马来西亚有分布。自然生长在山地林中。热带地区普遍栽培，深圳也常有栽培。本种枝叶茂密，叶色翠绿光亮，花色洁白淡雅，微有香气，为美化园林的优良木本花卉和观叶植物。普遍被用作大型盆栽，在建筑物内外摆设，观赏效果甚佳。

喜光，但忌强阳光直射，耐半荫，喜

密蒙花

温暖至高温湿润气候，须通风良好，栽培土质宜为疏松、肥沃和排水良好之壤土，萌发力强，耐修剪。繁殖用扦插法，于春末、夏初进行，也可用分株法，于春季进行，如用高压法则于夏初进行。

光蜡树　　木犀科

Fraxinus griffithii C. B. Clarke

半落叶乔木，高10～20米。小枝灰白色。羽状复叶长10～25厘米，有小叶5～7片；小叶近革质，卵形至长卵形，先端急尖或斜骤尖，基部圆、楔形或偏斜。边缘近全缘或有疏小齿，上面绿色，下面灰白色。圆锥花序顶生，长10～25厘米，有多数花；花冠白色，花瓣4，长约2毫米。翅果披针状匙形，长2.5～3厘米。花期5～7月，果期7～11月。

产于台湾、福建、湖北、湖南、广东、海南、广西、贵州、四川和云南。日本、菲律宾、印度尼西亚、孟加拉国及印度有分布。自然生长在山坡林缘、村旁或河旁。各地时有栽培。本种枝叶扶疏，叶绿花

灰 莉

灰莉用作盆栽

灰莉的花

光蜡树（幼）

白，为良好的木本花卉。适在庭园内列植作行道树或风景树。深圳有栽培。

喜光，幼树耐荫，性喜温暖至高温气候，耐干旱，较耐寒，栽培土质须为肥沃和排水良好之沙质壤土。繁殖用播种法，于春季进行。

毛茉莉　　木犀科

Jasminum multiflorum (Burm. f.) Andr.

常绿攀援灌木，高 1 ~ 6 米。小枝细长而弯曲。单叶对生，卵形或心形，长3 ~ 8.5 厘米，先端渐尖，基部截形或心形，边缘全缘。花密集成球，为圆锥状聚伞花序，顶生或腋生；花白色，芳香，高脚碟状，长 1 ~ 1.7 厘米；花冠裂片 8，长 1 ~ 1.4 厘米。浆果椭圆形，褐色。花期春、夏和秋三季。

原产印度及东南亚，世界各地广为栽

毛茉莉

光蜡树的羽状复叶

培。我国台湾、福建、广东（广州和深圳）、香港等地区均有栽培。本种花期甚长，盛花期众多的花聚集成球，散发阵阵清香，花色洁白素净，为优良的木本花卉。适合于庭园美化及大型盆栽。

喜光，在半日照环境生长亦佳，喜温暖至高温湿润气候，不耐寒，喜肥沃，栽培土质须为肥沃、湿润和排水良好之壤土。繁殖用扦插法，在夏初进行。

女　贞　　木犀科

Ligustrum lucidum Ait.

常绿小乔木，高 3 ~ 5 米。单叶对生，卵形或椭圆形，长 6 ~ 10 厘米，先端急尖，基部圆，边缘全缘，两面无毛。圆锥花序顶生，长 8 ~ 20 厘米；花白色，花冠长 4 ~ 5 毫米，裂片 4，长约 2 毫米，反折。核果肾形，长 0.7 ~ 1 厘米，成熟时深蓝色。花期 5 ~ 7 月，果期 7 至翌年 5 月。

产于长江流域以南及西南、华南至陕西和甘肃。朝鲜半岛有分布。自然生长在山地疏密林中。各地有栽培。本种树冠整齐，叶色光亮，夏季花团密生枝顶，清丽幽雅，为良好的木本花卉。宜在庭园、工厂或住宅周围种植，亦可在庭园中列植作行道树。

喜光，在半日照环境生长亦佳，喜温暖湿润，耐高温，不甚耐寒，对大气污染抗性较强，亦能忍受较高的粉尘和烟尘，耐修剪，可作整形，栽培土质宜为富含有机质的沙质壤土。繁殖用播种和扦插法，于春、秋二季进行，栽培极易。

具相同用途的有下列 2 种:

（1）**花斑卵叶女贞** *Ligustrum ovalifolium* Hassk.'Aureum' 叶卵形或倒卵形，长 2 ~ 5 厘米，先端急尖或钝，基部楔形，叶面有黄色或乳黄色斑镶嵌。栽培品种。

（2）**日本女贞** *Ligustrum japonicum* Thunb. 常绿灌木，高 3 ~ 5 米。叶片厚革质，椭圆形，长 5 ~ 8 厘米；先端锐尖，基部楔形。圆锥花序塔形，长5 ~ 17厘米；

女　贞

女贞的叶

花斑卵叶女贞

花斑卵叶女贞的花序

日本女贞

斑叶小蜡

花白色，甚芳香。核果长圆形，长0.8～1厘米，成熟时紫黑色。原产日本，各地有栽培。

斑叶小蜡　　木犀科

Ligustrum sinense Lour. 'Variegatum'

常绿灌木，高20～80厘米。叶对生，卵形、长圆状卵形至披针形，长2～7厘米，顶端急尖、渐尖或钝，基部宽楔形或圆，边缘全缘，有奶白色或乳黄色斑纹镶嵌。圆锥花序顶生，塔形，长4～8厘米；花冠白色，花冠管长1.5～2.5毫米，裂片4；雄蕊2。核果近球形，直径5～6毫米。花期3～6月，果期6～9月。

栽培品种。热带地区有栽培，深圳也有栽培。全株枝叶密致，幽雅美观，为优良的观叶和观花植物。适作庭园美化，可单植或密植作绿篱，亦可盆栽。

喜光，性喜高温湿润，耐干旱，不抗寒，耐修剪，栽培土质须为富含有机质之沙质壤土。繁殖用扦插法为主，也可作高压法，于春至秋季进行。

鸡骨常山　　夹竹桃科

Alstonia yunnanensis Diels

常绿灌木，株高1～3米。植物体具乳汁。叶3～5片轮生，倒卵状披针形，长6～18厘米，无叶柄。花淡紫红色，芳香，多朵组成顶生的聚伞花序；花冠高脚杯状，花冠筒长1～1.3厘米，中部膨大，裂片长圆形，长2～6毫米；雄蕊生于花冠筒中部。果成对，线形，长3～5厘米。花期3～7月开花，果期7～11月。

产于广西、贵州和云南，自然生于山坡沟谷的灌丛中。本种植株扶疏，花期持久，芳香色艳，为良好的木本花卉。适用于庭园美化和绿化。

喜光，在半荫处能正常生长，喜温暖湿润气候，耐寒、不耐高温，宜植于郊野公园凉爽之地，土质以富含腐殖质之壤土为宜。繁殖用扦插法，春、秋二季可进行。

矮长春花　　夹竹桃科

Catharanthus garden hybrids

半灌木，植株高约20厘米。叶对生，倒卵状长圆形，长3～4厘米。聚伞花序顶生和腋生，花有红、深红、粉红、玫红、白、大红或双色等多种色彩，开花期夏至秋季。

为园艺杂交种，品种繁多，花色丰富，艳丽悦目，引人入胜。为热带地区普遍栽培的重要花卉，深圳也普遍栽培。

喜光，喜高温湿润气候，不耐干旱，栽培土质宜为肥沃、疏松和排水良好之沙质壤土。繁殖用扦插法，于春至夏季进行。

海杧果　　夹竹桃科

Cerbera manghas Linn.

常绿乔木，高4～8米。全株具乳汁。叶倒卵状长圆形，长6～17厘米，无毛。花多朵排成顶生聚伞花序，芳香，直径约5厘米，花冠筒上部膨大，长2.5～4厘米；花冠白色，中心红色，核果单个或双生，球形或宽卵形，长5～7.5厘米，

鸡骨常山

矮长春花

矮长春花

矮长春花

矮长春花

矮长春花

海杧果的花

矮长春花

矮长春花

海杧果的果实

成熟时橙黄色。花期3～10月，果期7至翌年4月。

产于广东南部、广西南部、海南和台湾，为海边及近海湿润处常见的树种，深圳滨海地区很常见。本种树冠呈伞形，枝叶浓密，圆球形的橙黄色核果串串悬挂枝下，为优良的观花及观果树种。适作园林风景树。但全株有毒，在人畜密集之处，须加强宣传，切勿误食。

喜光，在半日照处生长亦佳，喜高温高湿，抗风，耐干旱，性强健，栽培地须土层深厚和排水良好，生长迅速。繁殖用播种法和扦插法，春至秋季均可进行。

蕊 木　　夹竹桃科

Kopsia lancebracteolata Merr.

常绿乔木，高约15米。叶长椭圆形，长8～20厘米。聚伞花序顶生；花冠白色，喉部被长柔毛，裂片狭长圆形。核果近椭圆形，长约2.5厘米，成熟时黑色。

产于广东西南部、海南和广西南部，自然生长在林中或山谷潮湿地。仙湖植物园有栽培。本种树姿扶疏，花期持久，盛花期一片雪白，清淡悦目，为优良的木本花卉，适于园林美化和绿化。

喜光，喜高温湿润，在半荫处亦能生长良好，性强健，栽培无须特殊管理，栽培土质须为肥沃、排水良好和土层深厚之壤土。繁殖用播种法，于春季及夏初进行，种子发芽率高，成株生长迅速。

红皱藤　　夹竹桃科

Mandevilla × *amabilis* 'Alice Du Pont'

常绿藤本，全株具白色乳汁。叶对生，长椭圆形，革质，边全缘，叶上面有皱，亮绿。花单生叶腋或为顶生的圆锥花序；在花蕾时，花瓣左旋；花冠漏斗状；花冠筒膨大，外面黄色，内面与花瓣同色；花瓣斜宽卵状镰形，红色或桃红。春至秋季均可开花。

蕊木

蕊木的花序

蕊木的果实

红皱藤

红双腺花

为园艺杂交种。本种叶色浓绿而富光泽，花姿娇柔艳丽，深受人们喜爱。适植于花棚、花篱和花架边，亦可用盆栽。

喜光，喜高温多湿，不耐寒，冬季须置温暖避风处，栽培土质须为富含腐殖质、排水良好的沙质壤土。繁殖用扦插法，于春、夏两季进行。

有相同用途的同属植物有下列2个园艺培种：

（1）**红双腺花** *Mandevilla sanderi* ‘Cerise’ 叶椭圆形，上面无皱；花瓣微斜宽卵形，桃红色；花冠筒外面白色，内面黄色，栽培品种，原种产于巴西。

（2）**白双腺花** *Mandevilla sanderi* ‘Blanc’ 花冠白色，花冠筒内面黄色。栽培品种。

粉花夹竹桃　　夹竹桃科

Nerium oleander Linn. ‘Nanum’

常绿灌木，高2～3米。植物体有乳汁。下部的叶对生，上部的轮生，狭披针形，长10～15厘米。伞房状聚伞花序顶生；花冠淡粉红色，单瓣，有香味。蓇葖果长圆形，长15～20厘米。全年均可开花。

栽培品种，原种产于南亚和西亚，世界各地广为栽培。该种花姿美丽，花色淡雅，花期甚长，着花数量多，是优良的木本花卉。宜作园林风景树和行道树。

喜光，不耐荫，喜高温湿润气候，生性强健，适应性强，抗风、抗大气污染、耐干旱瘠薄、耐海潮，对土质不择，但以排水良好而较干爽的壤土为佳。繁殖用扦插法，春、夏、秋三季均可进行，极易成活，生长快速。

还有下列2个栽培品种：

（1）**金边夹竹桃** *Nerium oleander* Linn.‘Variegatum’ 叶有不规则的黄色边缘。花桃红色或粉红色。

（2）**桃红夹竹桃** *Nerium oleander* Linn.‘Roseum’ 叶绿色。花桃红色。

玫瑰树　　夹竹桃科

Ochrosia borbonia Gmel.

落叶乔木，高约4米。上部叶3～4片轮生，下部叶对生，革质，倒卵状披针形，长8～15厘米，侧脉多数，几乎平行。聚伞花序长约3厘米，有近十数朵花；花冠白色，高脚杯状，花冠筒上部膨大，花冠裂片长圆形，长约8毫米。核果双生，卵

桃红夹竹桃

粉花夹竹桃

金边夹竹桃

玫瑰树

玫瑰树的花

玫瑰树的核果

球形，肉质，成熟时红色，长约4.5厘米。花期6～7月，果期7～10月。

原产亚洲东南部和马达加斯加，我国广东南部有栽培，仙湖植物园也有栽培，生长良好。本种枝叶茂密，叶色亮绿，树形美观，花色洁白素雅，昃鲜红晶莹。宜作园林风景树和绿化树，可观花也可观果。

喜光，在半日照处生长正常，喜高温多湿气候，不耐干旱和寒冷，栽培土质须为肥沃、疏松和排水良好之壤土。繁殖用播种法，于春、秋两季进行。

非洲霸王树　　夹竹桃科

Pachypodium lamerei Drake

落叶多肉植物，高可达8米，植物体有乳汁。茎上部有分枝，直立，肥大，多肉，长满锐刺，刺2～3根呈放射状排裂。叶线状披针形，长8～15厘米，集生于分枝的顶端，向四周辐射状开展。花腋生，排列成伞房状总状花序；花冠白色，中心黄色，直径5～7厘米。夏季为开花期。

原产马达加斯加，热带地区有栽培，仙湖植物园也有栽培。本种形态奇异。在未成株前，其茎似带刺的瓶状，有较高的观赏价值，成株开花后，可观茎及观花。为高级庭园观赏树。幼株一般用盆栽，成株宜植于干燥处。

喜光，喜高温干旱，不耐湿，尤其在雨季及霉雨季节，应注意避免过于潮湿，以免由于过湿而引起根、茎腐烂，栽培土质须为排水良好的沙质土，土中掺些木屑及泥炭更佳，生长甚旺。繁殖用播种法，于春至夏季进行。

有相同用途的同属植物有**光堂** *Pachypodium namaquanum* Welw. 茎为单干，通常无分枝，基部特别膨大。原产马达加斯加，仙湖植物园有栽培。

红鸡蛋花　　夹竹桃科

Plumeria rubra Linn.

落叶小乔木，高达5米。枝条稍带肉质，易折，含丰富的乳汁。叶长圆状倒披针形，长14～30厘米，每边有侧脉30～40条。聚伞花序顶生；花淡紫红色，基部黄色；花冠筒长1.5～1.7厘米，裂片长于花冠筒。果双生，广歧，长圆形，长约20厘米。3～9月开花，7～12月结果，但栽培的极少结果。

原产南美洲。热带和亚热带地区广为栽培，深圳也有栽培。本种树形美观，枝叶浓密，在落叶之后，秃净光滑的枝干仿佛梅花鹿之角，形态奇特，开花后，花色多彩，优雅宜人，为优良的木本花卉。本种仅以花为淡紫红色，叶顶端急尖与**鸡蛋花** *Plumeria rubra* Linn.'Acutifolia' 不同。落叶后，枝干的形态与鸡蛋花一致。在《深圳园林植物》一书第190页刊登的

非洲霸王树

光堂

左下图，花冠为紫红色的应为**杂交鸡蛋花** *Plumeria* hybrid 在此予以更正。

有相同用途的还有下列 3 种：

（1）**三色鸡蛋花** *Plumertia rubra* Linn.'Tricolor' 花瓣中心部分黄色，周边及顶端淡紫红色。栽培品种。

（2）**钝叶鸡蛋花** *Plumeria obtuse* Linn. 叶倒披针形，顶端钝圆。花白色，中心黄色。原产墨西哥。

（3）**橙色鸡蛋花** *Plumeria* sp. 叶椭圆形或椭圆状倒披针形，顶端急尖。花橙色。原产地不详。

红鸡蛋花

萝芙木　　夹竹桃科

Rauvolfia verticillata (Lour.) Baill.

落叶灌木，高 1 ~ 3 米。叶 3 ~ 4 枚轮生，有时对生，椭圆形，长 5 ~ 8 厘米，顶端渐尖，基部楔形，两面无毛。聚伞花序腋生；花小，白色，花冠高脚杯状，花冠筒长 1 ~ 1.8 厘米，中部膨大，花冠裂片宽卵形，在花蕾时右旋。核果卵形或椭圆形，相互离生，长约 1 厘米，绿色。后变鲜红色，最后为紫黑色。花期 2 ~ 10 月，果期 4 月至翌年 3 月。

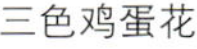

三色鸡蛋花

钝叶鸡蛋花

橙色鸡蛋花

产于我国西南、华南及台湾。越南有分布。自然生长在丘陵地带的林中或溪边及较潮湿的灌木丛中。各地植物园多有栽培，仙湖植物园也有栽培，生长良好。本种小花洁白淡雅，果鲜红，为良好的观花及观果植物。宜作庭园美化树种。

喜光，耐半荫，但在过于荫蔽处则开花较少，喜高温湿润，栽培土质宜为疏松湿润和肥沃之壤土，排水要良好。繁殖用播种法，于春、秋两季进行。

具相同用途的有**四叶萝芙木** *Rauvolfia tetraphylla* Linn. 叶 4 片轮生，各叶片

萝芙木，右下为其花序

萝芙木的果

四叶萝芙木

大小不相等，卵圆形或宽椭圆形，最大的长5～15厘米，最小的长1～4厘米，两面被绒毛。核果2个合生，幼时绿色，后变红色，最后为黑色。原产南美洲。热带和亚热带地区有栽培。我国广东、广西和云南有栽培，仙湖植物园也有栽培。

络 石　　夹竹桃科

Trachelospermum jasminoides (Lindl.) Lem.

常绿木质藤本。茎攀援于墙壁上，树上或附于岩石上。叶对生，革质，椭圆形或宽倒卵形，长2～10厘米。二歧聚伞花序腋生或顶生，花白色，芳香；花萼裂片内面基部有10枚鳞片状腺体；花冠筒中部膨大，花冠裂片长0.5～1厘米。果双生，叉开，线状披针形，长10～20厘米。花期3～7月，果期6～12月。

产于华东、华中、华南至西南，自然生长在山野、溪边、林缘或林中。本种的茎常攀附于岩壁或石上，故名"络石"，是绿化墙面和岩石的良好植物，各地植物园常有栽培，仙湖植物园也有栽培，生长旺盛。

喜光，在半荫处亦能正常生长，喜温暖至高温、湿润气候，栽培土质须为排水良好之沙质壤土。繁殖用播种法、扦插或压条等方法，于春季进行。

花叶蔓长春　　夹竹桃科

Vinca major Linn. 'Variegata'

蔓性半灌木，茎平卧，花茎直立。叶对生，椭圆形，长2～6厘米，先端急尖，基部圆，边缘黄白色，中间有黄白斑；叶柄长约1厘米。花单生叶腋，花冠蓝色，漏斗状，长约1.2厘米，裂片5，倒卵形。果长约5厘米。花期3～5月。

栽培品种（原种蔓长春原产于欧洲南部及西亚），各地有栽培，我国台湾及长江中下游各地有栽培。厦门和广州也有栽培。本种植株蔓性强，花及叶均素雅美观。在庭园中宜植于林缘、林下或盆栽作吊盆，也可置室内摆设。

耐半荫，过于荫蔽则生长不良，性喜温暖至高温湿润气候，栽培宜用腐殖土。繁殖用扦插法为主，于春至夏季进行。

爱之蔓（吊金钱）　　**萝藦科**

Ceropegia woodii Schlecht.

多年生草本。茎蔓性，细软而下垂，节间长2～8厘米，节处常生深褐色的小块茎（或叫零余子）。叶对生，心形，长1.5～2厘米，肉质，表面暗绿色，背面紫红色。聚伞花序具2～3花；花冠高脚杯状，长约2.5厘米，褐红色，裂片直立，针状，基部膨大。果细长，圆筒形，双生，几乎全年均可开花。

络 石

原产南非和南罗德西亚，热带地区多有栽培。本种茎细柔，叶片犹如项链的心形坠子，两枚叶相对，又象征着一对恋人的两颗相爱的心，极富柔情和诗意，更有青年人用其作为向对方传达爱意的盆栽礼物。本种还适于作吊盆，悬挂在花廊中或高架上。

耐半荫，只须散射的光照或明亮之地，忌强阳光直射，喜凉爽气候，忌炎热多湿，夏季应置凉爽处，栽培以含富腐殖

花叶蔓长春

爱之蔓

质和排水良好的沙质壤土为佳，浇水切忌过多。繁殖用扦插法、播种法、压条法，均于春、秋两季进行，也可用块茎（零余子）栽培，块茎接触地面即可发根。

刺 瓜　　萝藦科

Cynanchus corymbosum Wight

多年生草质藤本。块根粗壮。叶对生，卵形或卵状长圆形，长6～7厘米，顶端急尖，基部心形，几无毛，下面灰白色。伞房花序或总状花序腋外生，有花约20朵；花冠绿白色，副花冠杯状，顶端有10齿。蓇葖果纺锤形，长9～12厘米，果皮密生弯钩的软刺。花期5～9月。果期8月至翌年3月。

产于福建、广东、广西、四川与云南。印度、中南半岛各国及马来西亚有分布。自然生长在河边灌木丛中或疏林中湿润处。我国的药用植物园多有栽培，仙湖植物园也有栽培，生长良好。本种枝蔓密茂，攀爬力较强，花细小，不甚显眼，但可作观果植物。在庭园中适植于棚架、花廊、花篱或疏林边，作垂直绿化。

喜光，在半日照处生长亦佳，性喜温暖至高温湿润气候，不耐干旱和寒冷，栽培土质须为湿润、肥沃并排水良好之壤土。繁殖用播种法，于春季进行。

玉荷包　　萝藦科

Dischidia pectinoides H. H. W. Parson

多年生草质藤本，长20～30厘米。茎纤细，节上生根，通常攀附于树干或木柱上。叶对生，椭圆形或卵形，肥厚，长0.7～0.8毫米，先端突尖，变态叶肾状扁圆形，长5～6厘米，两枚对生呈蚌壳状，膨大而中空，外面绿色，内面紫红色，并生出若干细根。聚伞花序着花3～5朵，腋生，花细小，长约3～4毫米，花冠鲜红色。果线状圆柱形。开花期夏至秋季。

原产菲律宾，热带地区有栽培。本种的特色在于其变态叶常2枚对合呈蚌壳状，

刺 瓜

玉荷包

造型奇异独特，甚似荷包，故而得名，为著名的奇花异卉，有很高的观赏价值。适合于盆栽供观赏。

耐半荫，忌强阳光直射，喜温暖或高温，不耐寒，冬季要置于温暖处，耐干旱，不耐湿，浇水如过多，易引起根、叶腐烂，栽培土质宜为富含腐殖质、排水良好之沙质壤土。繁殖用扦插法，于春季进行，成活率高。

球 兰　　萝藦科

Hoya carnosa (Linn. f.) R. Br.

常绿攀援灌木，长可达7米。茎肉质，节上有气根。叶对生，肉质，卵形至卵状长圆形，长3.5～12厘米，侧脉不明显，全缘。聚伞花序呈伞形，腋生，着花约30朵；花冠直径约1厘米，白色，似蜡质，副花冠星状，中心橙红色。蓇葖果线形，长7.5～10厘米。花期4～8月，果期7～8月。

产于台湾、福建、广东、香港、广西和云南。在自然状态常攀附于岩石或树干上。国内外的庭园中常见栽培。本种花序呈球形，清雅芳香，为著名的观赏植物。可植于花棚和花架旁，让其茎攀援而上，亦可作盆栽作室内摆设。

耐半荫，忌阳光直射，喜高温和高湿气候，不耐干旱和寒冷，栽培土质以腐殖质土为佳。花朵凋谢后，只须摘除残花及其花梗，切不可损伤花序总梗，这样可继续抽出新的花朵。繁殖用扦插法，于春、秋两季进行；也可用高压法繁殖，于4～5月间进行。

有相同用途的还有**斑叶球兰** *Hoya carnosa* (Linn.f.) R. Br.'Variegata' 叶绿色，有的全叶片或叶的一部分为白色，但全部叶的边缘均为白色。栽培品种。

石萝藦　　萝藦科

Pentasacme championii Benth.

多年生草本，高30～80厘米，通常不分枝，节间长1.5～3厘米。叶狭披针形，长4～16厘米。聚伞花序呈伞形，腋生，着花4～8朵；花长约1厘米；花冠白色，裂片狭披针形，长约6毫米；副花冠5片，鳞片状。果双生，圆柱形，长约6厘米。花期3～10月，果期6月至翌年4月。

产于广东、香港、广西、湖南和云南。越南有分布。自然生于山地疏林下溪边或石缝中。本种为本地的乡土植物。枝茎柔软，花多而洁白淡雅，为良好的观赏植物。可植于园林或盆栽，仙湖植物园有栽培，生长良好。

喜半荫，忌强阳光直射，可植于散光照射或明亮处，喜温暖至高温湿润气候，不耐干旱，栽培土质须为排水良好、肥沃之壤土。繁殖用播种法，于春、秋两季进行。

球 兰

斑叶球兰

石萝藦

石萝藦的花

大花犀角　　萝藦科

Stapelia grandiflora Mass.

多年生肉质草本。茎直立，高20～30厘米，绿色，肉质，4棱，棱上有小齿及瘤状退化小叶。花基生，单生或2～3朵并生，呈放射状5裂，直径12～15厘米，裂片披针形，黄绿色，有褐红色的横纹，开花期6～10月。

原产南非，热带地区多有栽培，深圳也有栽培，生长良好。本种株形奇特，花大色浓，形似五角星，十分别致，适宜于作盆栽，也可地栽。

喜光，在半日照或明亮处亦能正常生长，喜温暖至高温气候，极耐干旱，不耐寒，不耐湿，若湿度过大易腐烂，栽培土质须是排水良好的沙质土。繁殖用扦插法和分株法，除夏季外，其余各季均可进行，扦插时从母株上剪取茎枝或从基部分割丛生的茎，在通风处放置2～3天，待伤口干爽后方可插入土中。

有相同用途的同属植物有下列2种：

（1）**犀角** *Stapelia pulchella* Mass. 茎上有较大的粗软刺。花直径3～5厘米，花瓣黄色，有暗紫黑横条纹。原产南非。热带地区有栽培，仙湖植物园亦有栽培。

（2）**杂色犀角** *Stapelia variegata* Linn. 茎上具细尖刺。花直径5～8厘米，花瓣杂色，有黄和褐色横纹，中心有宽的杂色环带。原产南非。热带地区多有栽培，仙湖植物园亦有栽培。

大花犀角

杂色犀角

夜来香　　萝藦科

Telosma cordata (Burm. f.) Merr.

藤状灌木。叶对生，心形，长6.5～9.5厘米，基脉3～5条，侧脉每边6条。聚伞花序呈伞形，着花30余朵；花芳香，夜间更香；花冠黄绿色，高脚杯状，花冠筒圆筒形，喉部被长柔毛，裂片长圆形，长约6毫米，向右覆盖；副花冠5片，着生在合蕊冠上。果长7～10厘米。花期5～9月，极少结果。

产于我国华南地区，自然生于山坡灌木丛中。南方各地庭园多有栽培，民间也

犀　角

夜来香的叶

夜来香的花序

白叶藤

普遍栽培。本种花朵芳香，尤以夜间为甚，故名“夜来香”。盛花期着花甚多，色彩淡雅，深受人们喜爱。适植作棚架植物或盆栽。其花除可观赏外，又可食用，常与蛋和肉类一起烹炒，作成美味佳肴。

娃儿藤　　萝藦科

Tylophora ovata (Lindl.) Hook. ex Steud.

缠绕木质藤本，全株被锈色毛。叶对生，卵心形，长2.5 ~ 6厘米。聚伞花序呈伞房状，腋生，着花10余朵；花小，淡黄绿色，直径约5毫米；花冠裂片长圆状披针形，两面被微毛；副花冠裂片卵形，贴生于合蕊冠上。果双生，长4 ~ 7厘米。花期4 ~ 8月，果期6 ~ 12月。

产于台湾、湖南、广东、广西和云南。中南半岛各国和印度有分布。自然生长在山地灌木丛中或杂木林中。本种枝蔓柔软密集，黄绿色的小花集生成球，颇为别致。适用于栅栏、门架或花廊配植或植于假山和石坡间。有的地方栽培作药用，仙湖植物园也有栽培。

耐半荫，喜温暖至高温气候，较耐寒，不耐干旱，栽培地宜排水良好，土质以富含有机质、疏松的壤土为宜。繁殖用播种法。于春、秋两季进行。

白叶藤　　杠柳科

Cryptolepis sinensis (Lour.) Merr.

常绿木质藤本，全株无毛。小枝红色。叶对生，长圆形，长2 ~ 6厘米，上面深绿，下面白，顶端及基部均近圆形。聚伞花序顶生或腋生；花萼内有10个腺体；花冠淡黄色，裂片线状披针形，比冠筒长2倍。果长圆柱形，长10 ~ 13厘米。花期4 ~ 9月，果期6至翌年2月。

产于台湾、广东、海南、广西、贵州和云南。印度、越南、马来西亚和印度尼西亚有分布。自然生长在山坡林中。本种攀援力强，生长快速，花色淡雅，花期持久，为优良的藤本花卉。适作花棚、花廊、围篱等的垂直绿化。

喜光，在半日照处生长良好，性喜温暖至高温湿润，较耐寒，栽培须用富含有机质、湿润而排水良好之壤土。繁殖用扦插法，于春、秋二季进行。

水团花　　茜草科

Adina pilulifera (Lam.) Franch. ex Drake

常绿灌木或小乔木，株高达5米。叶对生，倒披针形或长圆状倒披针形，长6 ~ 12厘米，顶端渐尖，基部楔形，两面无毛。花序球形，单生于叶腋和枝顶，直径约1厘米；总花梗长2.5 ~ 4.5厘米；花细小，长3 ~ 4毫米；花冠白色，5裂，花柱长7 ~ 8毫米，伸出花冠之外。蒴果倒卵状长圆形，长2 ~ 3毫米，有棱。花期6 ~ 8月，果期8 ~ 9月。

产于陕西和长江以南各地。越南和日本有分布。自然生于山谷疏林下和溪旁的石隙中。华南地区各植物园多有栽培，仙湖植物园也有栽培。本种根深枝密，树姿婀娜，花团酷似一个个白色的小绒球，亮丽可爱。在庭园中宜植于疏林边和山石旁湿润处。

喜光，耐半荫，性喜温暖至高温气候，喜湿润，不耐干旱，较耐寒，栽培土质须为富含有机质、湿润和排水良好之壤土。繁殖用播种法，采收成熟的种子，沙藏至翌年春季播种，也可用扦插法，于春末、夏初进行。

大粒咖啡树　　茜草科

Coffea liberica Bull ex Hiern

常绿大灌木或小乔木，高3 ~ 15米。枝条幼时扁。叶对生，革质，椭圆形或倒卵状椭圆形，长15 ~ 30厘米，顶端骤急尖，基部阔楔形，边全缘，侧脉下陷。聚伞花序2至数个生于叶腋或老枝的叶痕之上；花白色，下垂，长2.5 ~ 3厘米，花冠管长1 ~ 1.5厘米，裂片6 ~ 8，长圆形，与冠管近等长。浆果阔椭圆形，长1.9 ~ 2.1厘米，直径1.5 ~ 1.7毫米，成熟时红色，最后为黑色。花期1 ~ 5月，果期8月至翌年2月。

原产非洲西海岸的利比里亚，现广布于热带地区，在我国除海南和云南南部有

娃儿藤

水团花

大粒咖啡树

大粒咖啡树的叶及果

栽培外，台湾、福建（厦门）和广东（广州、深圳）也有栽培，生长良好。本种在开花期，着花甚丰，馥郁芳香，花球洁白如雪，至果期，成串红绿和黑色相间的果实，十分可爱，为良好的观花与观果植物。适合于庭园美化。

喜光，在稍荫处亦能正常生长，喜高温湿润气候，不耐寒冷和干旱，栽培土质须为土质深厚、肥沃和排水良好之壤土。繁殖用播种和扦插法，于春、秋两季进行。

具相同用途的还有**小粒咖啡树** *Coffea arabica* Linn. 叶较小，卵状披针形或披针形，长6 ~ 14厘米，顶端长渐尖，基部楔形。浆果阔椭圆形，长1.2 ~ 1.6厘米，直径1 ~ 1.2厘米，成熟时红色。本种抗寒力稍强，可耐短期低温。为本属植物中栽培最广泛的种类，栽培品种甚多，在我国，除海南外，台湾、福建、广东、广西、贵州、云南和四川均有栽培。原产埃塞俄比亚和阿拉伯半岛。

栀子花　　茜草科

Gardenia jasminoides Ellis

常绿灌木，高0.5 ~ 2米。枝丛生。叶

大粒咖啡树的花序

小粒咖啡树的叶及果

对生，革质，叶形多样，通常为长圆状倒披针形、倒卵形或长圆形，长5 ~ 10厘米，顶端渐尖、急尖或钝，基部楔形。花单生于枝顶，芳香；萼管有纵棱，顶端5 ~ 8裂，宿存；花冠白色，直径约3厘米，5 ~ 8裂，裂片倒卵状长圆形。浆果椭圆形或长圆形，长1.5 ~ 7厘米，成熟时黄色或橙红色，具6棱，顶端的宿萼裂片长达4厘米。花期3 ~ 7月，果期5月至翌年2月。

产于华东、华中、华南至西南各地。朝鲜半岛、日本、中南半岛各国、印度和巴基斯坦有分布。自然生长在旷野、山坡和溪边灌丛中。深圳的山地灌丛中颇常见。各地多有栽培。本种枝叶繁茂，叶色亮绿，花色洁白，芳香馥郁。为美化庭园的优良木本花卉，也适合盆栽和制作盆景。

栀子花

喜光，在稍荫处亦能正常生长，忌强阳光曝晒，性喜温暖至高温湿润环境，不甚耐寒，栽培土质须为疏松、湿润、肥沃和排水良好的壤土，土质宜偏酸性为佳。繁殖用播种和分株法，均于春季进行，如用扦插法及高压法，则于春末夏初（霉雨季节）进行。

具相同用途的同属植物有下列各栽培品种和变种：

（1）**狭叶栀子** *Gardenia jasminoides* Ellis var. *angustifolia* Makino 叶狭，披针形。栽培品种。

（2）**白蟾** *Gardenia jasminoides* Ellis var. *fortuniana* (Lindl.) Hara 花重瓣，直径7 ~ 8厘米。产于我国和日本，在我国长江以南各地多有栽培。本种在《深圳园林植物》一书第193页被误订为大花栀子在此更正。

（3）**大花栀子** *Gardenia jasminoides* Ellis var. *grandiflorum* Makino 花的直径4 ~ 5厘米，白色，单瓣。栽培品种。

（4）**水栀子** *Gardenia jasminoides* *Ellis* var. *radicans* (Thunb.) Makino 矮小灌木。茎直立或匍匐。叶小，倒卵状长圆形或倒卵形，长4 ~ 5厘米；花重瓣，较小，直径约5厘米。栽培品种。

栀子的浆果

狭叶栀子

白 蟾

大花栀子

水栀子

斑叶水栀子

（5）**斑叶水栀子** *Gardenia jasminoides* Ellis var. *radicans* (Thunb.) Makino 'Variegata' 矮小灌木。叶有乳白色斑。花重瓣。栽培品种。

龙船花　　茜草科

Ixora chinensis Lam.

常绿小灌木，株高0.8～2米。叶对生，披针形或长圆状倒披针形，长6～13厘米，顶端钝，基部圆。伞房花序式的聚伞花序顶生，具多数花；花高脚碟形，盛开时长2.5～3厘米，顶端4裂，橙红色。核果近球形，双生，成熟时黑红色。花期5～9月。

产于福建、广东、香港和广西。越南、菲律宾、马来西亚和印度尼西亚有分布。自然生长在村落附近、山坡及旷野的灌丛中。在深圳山地间亦较常见。热带地区多有栽培。本种四季常绿，盛花期花团锦簇，花姿娇美，色彩艳丽，为优良的木本花卉，适宜在庭园中单植、丛植或布置花坛。

喜光，耐半荫，过于荫蔽则不开花，性喜高温湿润气候，耐干旱，但在高温季节则不宜干旱，不耐寒，冬季应宜于温暖避风处，栽培土质须为富含腐殖质、疏松和排水良好的沙质壤土。繁殖用扦插法或高压法，于春秋二季进行。

在深圳栽培的还有下列各种或栽培品种：

（1）**洋红龙船花** *Ixora casei* Hance 叶长椭圆形，长8～16厘米，花洋红色，花冠裂片宽椭圆形。夏、秋季开花。原产克罗尼西亚。

（2）**红龙船花** *Ixora coccinea* Linn. 植株矮小。叶小，椭圆形，长3～4厘米。花色殷红，花瓣短尖。夏、秋季开花。原产印度。

（3）**杏黄龙船花** *Ixora coccinea* Linn.'Apricot Gold' 叶椭圆形，花冠杏黄色。栽培品种。

（4）**大黄龙船花** *Ixora coccinea* Linn.'Gillettes Yellow' 叶宽椭圆形。花冠裂片宽卵形，顶端尖。夏、秋季开花。栽培品种。

（5）**黄龙船花** *Ixora lutea* (Veitch) Hutchins. 叶倒卵状披针形或椭圆形，长10～12厘米。花黄色，花冠裂片长卵形。春末至秋季开花。原产印度。

（6）**白龙船花** *Ixora parviflora* Vahl 叶倒披针形或长椭圆形。花白色，花冠裂片椭圆形或倒卵状椭圆形。春、夏、秋季开花。原产印度、斯里兰卡和缅甸。

（7）**大王龙船花** *Ixora duffii* T. Moore 'Super King' 叶卵状披针形至长椭圆形，长10～17厘米。花红色，花冠裂片长椭圆形，两端渐尖。花序直径可达15厘米，是现有龙船花中花序最大的栽培品种。

（8）**宫粉龙船花** *Ixora* × *westii* 叶椭圆形，长10～13厘米。花桃红色，花冠裂片椭圆形。夏、秋季开花。园艺杂交种。

（9）**矮粉龙船花** *Ixora* × *williamsii* 'Dwarf Pink' 小灌木，株形矮小。叶椭圆形，长约4厘米。花小，粉红色，花瓣裂片椭圆形。夏、秋季开花。园艺杂交种。

（10）**矮黄龙船花** *Ixora* × *williamsii* 'Dwarf Yellow' 小灌木，株形矮小。叶长椭圆，长约5厘米。花黄色，花冠裂片

龙船花

洋红龙船花

卵状椭圆形。栽培品种。

（11）**矮龙船花** *Ixora williamsii* Samdwith 'Sunkist' 小灌木，株形矮小。叶长椭圆形，长5~6厘米。花橙红色，花瓣裂片长卵形，盛花期，繁茂的伞房式聚伞花序几乎遮盖了它的枝叶，是本属植物中开花最盛的栽培品种之一。

杏黄龙船花

红龙船花

大黄龙船花

黄龙船花

白龙船花

大王龙船花的花

大王龙船花群植

宫粉龙船花

矮粉龙船花

矮黄龙船花

矮龙船花

滇丁香　　茜草科

Luculia pinceana Hook.

常绿灌木，株高2~4米。叶对生，纸质，椭圆形至倒披针形，长12~20厘米，顶端渐尖，基部楔形。边缘全缘。伞房状聚伞花序顶生，直径约20厘米，有多花；花粉红色，芳香，花冠高脚碟状，花冠管长5~6厘米，裂片5，近圆形，在每裂片之间的上面有2个片状附属物。蒴果倒卵状长圆形，长0.8~1.2厘米。花果期3~11月。

产于广西、贵州、云南和西藏东南部。印度、尼泊尔、缅甸和越南有分布。自然生长在山坡、山谷溪边林中或灌丛中。本种花枝修长，花序大而花朵丰满，花期持久，从初夏至深秋都在开花，芳香四溢，花色淡雅宜人，为优良的木本花卉，在广西、云南（昆明）一带的公园中时有栽培。适宜植于疏林下、草地边、水边、花坛中或列植作花篱等，也适合盆栽观赏。

喜光，也较耐荫，在疏林的树荫下，生长良好，性喜温暖湿润气候，较耐寒，但幼苗耐寒力弱，不耐高温，在深圳栽培，须植于郊野公园山坡及凉爽通风之地，栽培对土质不择，酸性土或碱性土均能生长，喜湿润，但不耐积水，故以富含有机质和排水良好之壤土为佳。繁殖用播种或扦插法，也可用高压法和组织培养繁殖。播种一般在春季进行。扦插在春末夏初进行。

滇丁香

鸡眼藤　　茜草科

Morinda parvifolia Benth.

木质藤本。嫩枝密被短粗毛。叶形多变，倒卵状披针形、倒披针形或倒卵状长圆形，长2~5厘米，顶端急尖，基部楔形，边缘全缘。花序球形，直径5~8毫米，3~9枚呈伞形排列于枝顶，每一花

鸡眼藤

粉萼金花

雪萼金花

序有花3～15朵；花冠白色，高脚碟状，长6～7毫米，花冠管长约2毫米，檐部4～5裂。聚花核果近球形，直径0.6～1厘米，成熟时橙红色。花期4～6月，果期7～8月。

产于台湾、福建、江西、广东、香港和广西。越南和菲律宾有分布。自然生长于灌丛中或林下。深圳山野间常见，仙湖植物园有栽培，生长良好。本种果实是由数朵花及其及花序托合生发育而成，故为一聚花核果，形态奇异，色泽艳丽，为良好的观果植物。在庭园中宜植于花棚或栅栏边或任其攀援于它树上。

喜光，在半日照环境下亦能正常生长，性喜高温湿润，耐干旱，栽培对土质不择，如植于肥沃、湿润之壤土中则生长十分旺盛。繁殖用播种法，于春、秋二季进行。

粉萼金花　　茜草科

Mussaenda hybrida Hort. 'Alicia'

常绿灌木，株高1～3米。叶对生，椭圆形，长8～10厘米，先端渐尖，基部楔形，边缘全缘，叶脉在上面明显凹陷。伞房状聚伞花序顶生，花萼的5枚裂片均扩大呈粉红色的花瓣状；花冠金黄色，高脚碟状，檐部5裂呈星形，直径约1厘米。花期6～10月。

园艺杂交种，热带地区广为栽培，深圳地区也普遍栽培。本种花期甚长，色泽美艳，生长旺盛快速，尤其是夏季盛花期，更是美丽娇艳，为优良的木本花卉。适于庭园美化。单植、片植、丛植或盆栽均有良好的观赏效果。

喜光，耐半荫，性喜温暖至高温湿润环境，不耐干旱和寒冷，栽培须为富含腐殖质和排水良好的沙质壤土。繁殖用扦插法，于春季进行。

雪萼金花 *Mussaenda philippica* Rich.'Aurorae' 花萼的5枚裂片均扩大呈白色的花瓣状；花冠金黄色。为栽培品种。

五星花　　茜草科

Pentas lanceolata (Forsk.) K. Schum.

直立或斜倾半灌木，株高30～70厘米。叶对生，卵形、椭圆形或披针状椭圆形，长8～10厘米，先端渐尖，基部宽楔形，边缘全缘。聚伞花序密集成伞房状，顶生，有多数花；花冠高脚碟状，檐部5裂呈星状，淡紫色，也有绯红、洋红、粉红和白及带条纹等色。花期夏至冬季。

原产热带非洲，目前已有多个不同花色的栽培品种。本种的小花数10朵密集成球，花色绚丽美艳，花期持久，适合于作花径、布置花坛和盆栽。

五星花

喜光，在半日照的环境中亦能正常生长，不耐荫，如过于荫蔽则枝条徒长而不开花，性喜高温湿润，耐干旱，不耐寒冷，栽培土质须为富含有机质和排水良好之沙质壤土。繁殖用扦插法，春、夏、秋三季均可进行。

五星花（绯红）

五星花（洋红）

五星花（宫粉）

五星花（粉紫）

五星花（白）

九 节　　茜草科

Psychotria rubra (Lour.) Poir.

常绿灌木或小乔木，株高 0.5 ~ 3 米。叶对生，革质，长圆形或倒披针形，长5 ~ 20厘米，顶端渐尖，基部楔形，边缘全缘，侧脉在叶面凹下。聚伞花序密集呈伞房状，多花；花冠白色，高脚碟状，冠管长 2 ~ 3 毫米，裂片 5，三角形，喉部有毛。核果球形，直径 4 ~ 7 毫米，有纵棱，成熟时红色，花果期全年。

九 节

九节成熟的果实

产于台湾、浙江、福建、湖南、广东、香港、海南、广西、贵州和云南。中南半岛各国、马来西亚、印度和日本有分布。自然生长在山坡山谷溪边的灌丛中或林边。深圳的山地林中常见。仙湖植物园有栽培，生长旺盛。本种叶色翠绿，全年花果不断，花白果红，既可观花又可赏果，适作园林美化。

喜光，耐半荫，喜温暖至高温湿润环境，稍耐寒，不耐干旱，栽培土质宜为肥沃、湿润和排水良好之壤土。繁殖用播种法，于春季进行。

同属植物有**蔓九节** *Psychotria serpens* Linn. 攀援木质藤本。常以气根攀援于树干或岩石上，长可达 6 米以上。叶形变化大，幼株为卵形或倒卵形，成长植株为椭圆形或披针形，长 0.7 ~ 3 厘米。核果成熟时白色。产于台湾、浙江、福建、广东、香港、海南和广西。朝鲜半岛、日本、中南半岛各国和泰国有分布。深圳山林中极常见。在庭园中，宜植于山石旁或假山上。

蔓九节，右下为其果实

六月雪　　茜草科

Serissa japonica (Thunb.) Thunb.

常绿小灌木，高 60 ~ 90 厘米。叶革质，卵形至倒披针形，长 0.6 ~ 2.2 厘米，顶端急尖至渐尖，边缘全缘，无毛。花单生或数朵丛生于小枝顶部或腋生；花萼5裂，裂片锥形，宿存；花冠白色，漏斗状，长0.6 ~ 1.2厘米，冠管长于萼裂片，檐部裂片 5，常反卷。核果细小，近球形。花期 5 ~ 8 月，果期 9 ~ 11 月。

产于安徽、江苏、浙江、江西、福建、广东、香港、广西、四川和云南。日本和越南有分布。自然生长溪边或山坡杂木林内。长江流域以南各地区普遍栽培，深圳地区亦普遍栽培。本种枝叶浓密，盛花期，稠密的白色小花，犹如白色的雪片散落在绿叶丛中，故名“六月雪”。为优良的绿篱植物。

喜光，日照越充足，叶色越浓绿，开花亦盛，喜温暖湿润环境，耐高温，不耐干旱和严寒，耐修剪，萌发力强，栽培须为肥沃和排水良好的沙质壤土。繁殖用扦插法和分株法，均于春季进行。

本种在《深圳园林植物》第 199 页被误订为**白马骨** *Serrisa serissoides* (DC.)

六月雪的花序

六月雪作绿篱

Druce 主要区别在于白马骨的叶纸质，花冠管与萼裂片等长。

具相同用途的有**花叶六月雪** *Serissa japonica* (Thunb.) Thunb.'Variegata' 叶上面有黄色的边缘和斑纹。栽培品种。

大花六道木　　忍冬科

Abelia grandiflora (Andre) Rehd.

落叶灌木，株高30～60厘米。叶对生，长卵形或卵状披针形，长1.5～4厘米，顶端渐尖，基部圆，边缘有疏圆齿，两面无毛。聚伞花序顶生或生于枝上部叶腋，也有单花或双花腋生；花萼长7～8毫米，5枚萼裂片与萼管等长，宿存；花冠白色，芳香，漏斗状，长1.8～2厘米，裂片5。果为瘦果，顶端冠以5枚宿存而膨大的萼裂片。花期7～9月。

本种是**糯米条** *Abelia chinensis* R. Br. 与**单花六道木** *Abelia uniflora* R. Br. 的人工杂交种，在长江流域以南各地庭园多有栽培，仙湖植物园也有栽培。本种植丛小巧，花多而密，洁白幽香，开花期持久，在果期扩大的宿萼变为红色，为优美的木本花卉。适宜在庭园丛植，布置花坛和盆栽。

喜光，耐半荫，性喜温暖湿润环境，耐高温也较耐寒，栽培须为富含有机质、疏松、肥沃的壤土。繁殖用扦插法。于春末夏初进行。

红白忍冬（红金银花）　　**忍冬科**

Lonicera japonica Thunb. var. *chinensis* (Wats.) Baker.

半常绿藤本。幼枝红褐色，密被毛。叶对生，卵形或长圆状卵形，长3～5厘米，顶端急尖，基部圆，边缘全缘，上面绿，下面灰绿，无毛。花双生于叶腋，在枝顶则排列为短总状花序；花梗极短；花冠外面紫红色，内面白色，后变黄色，二唇形，长约4.5厘米，冠管细，上唇裂片钝形，下唇裂片反曲。花期5～8月。

原产于安徽，在江苏、浙江、福建、广东和云南均有栽培，仙湖植物园也有栽培，生长旺盛。本种花期持久，花色艳丽，且为双色。茎蔓的攀援力颇强。在庭园中适作棚架植物。

喜光，在半日照条件下生长正常，喜温暖至高温湿润气候，不耐干旱，栽培土质宜为富含腐殖质的壤土。繁殖用扦插法，于春季进行，易成活。

花叶六月雪

蝴蝶戏珠花　　忍冬科

Viburnum plicatum Thunb. var. *tomentosum* (Thunb.) Miq.

落叶灌木，高1～3米。枝水平开展，幼时被星状毛。叶对生，卵形或卵状长圆形，长4～10厘米，顶端渐尖，基部宽楔形或圆，边缘有不整齐的锯齿，侧脉10～17对，上面深绿色，下面灰绿色。聚伞花序排成伞形，直径约10厘米，外围有4～6朵大型的不育花，中心为可育花；不育

大花六道木

红白忍冬

红白忍冬的花序

蝴蝶戏珠花

蝶花荚蒾

珊瑚树

珊瑚树叶形

珊瑚树的花序

珊瑚树的核果

花花冠白色，辐状，直径约3厘米，裂片4，近圆形，大小不相等，通常外侧两片较大。核果宽卵形，长5~6毫米，红色，成熟时黑色。花期4~5月，8~9月果熟。

产于陕西南部、长江流域以南各地及台湾。日本也有分布。自然生长在山坡或山谷混交林内或灌丛中，各地时有栽培。本种花序外围的不育花似粉蝶，中心的可育花如珠，远望似群蝶戏珠，惟妙惟肖，故名为“蝴蝶戏珠花”。为良好的观花及观果植物。适用于庭园美化。

喜光，在半日照条件下生长良好，较耐寒和耐旱，栽培须为富含腐殖质、湿润和排水良好之壤土。繁殖用扦插法，于春末夏初进行。

与本种用途相同而形态十分相似的有**蝶花荚蒾** *Viburnum hanceanum* Maxim. 叶卵圆形，顶端骤急尖，基部楔形或圆，有侧脉5~7对。产于江西南部、福建、湖南、广东及广西、自然生长于山谷溪边或灌丛中，在广州白云山一带十分普遍，深圳也有分布。为一美丽的观赏植物。

珊瑚树　　忍冬科

Viburnum odoratissimum Ker-Gawl.

常绿灌木或小乔木，高3~6米。枝有韧性，生小瘤体。叶对生，革质，椭圆形、长圆形或长圆状倒卵形，长7~15厘米，顶端急尖，基部宽楔形或楔形，边缘上部有不规则浅锯齿或全缘。亮绿色，下面有红色腺点。圆锥花序尖塔形，长约6~13厘米，顶生；花白色，芳香；花冠钟状，直径约7毫米，裂片5，长2~3毫米，反卷；雄蕊5，伸出。核果卵圆形，直径5~6毫米，红色，成熟时黑色。花期4~5月，果期6~9月。

产于福建东南部、湖南南部、广东、海南和广西。印度东部、缅甸北部、泰国和越南有分布。自然生长在山谷林中或灌丛中。为华南地区的乡土树种。深圳的山坡中较普遍，各公园也普遍栽培。本种枝叶繁茂，叶色四时翠绿亮泽，花色洁白，芳香宜人，核果由红变黑，富色彩变化，宜作庭园风景树和绿化树。又因其枝条富韧性，可整型作绿墙、绿门及修剪作绿篱等。

喜光，在半日照环境下，生长良好，喜温暖至高湿润气候，抗风，耐干旱，栽培土质宜为肥沃、湿润和排水良好之壤土，对大气污染有较强的抗性，耐修剪，萌发力强。繁殖以扦插法为主，也可用播种法，于春、秋二季进行。

蓍　　菊科

Achillea alpina Linn.

多年生草本，株高20~80厘米。有短根状茎。叶无柄，下部叶花期凋落，中部叶线状披针形，长6~10厘米，羽状中裂至深裂，上部的叶很小。头状花序多数，密集成伞房状，直径7~9毫米；舌状花7~8个，舌片白色，有3小齿；筒状花白色。瘦果倒披针形，长2~4毫米，具翅，无冠毛。在深圳春季即开始开花，在北方夏、秋两季为开花期。

产于东北、西北和华北各地。朝鲜半岛、日本和俄罗斯（西伯利亚）有分布，自然生于山坡、沟旁和林缘。仙湖植物园有

蓍

栽培。本种花序洁白，集结成球，有一定的观赏价值。适宜于庭园美化或盆栽。

喜光，在半日照处生长良好，喜温暖湿润环境，耐寒，不耐高温，在深圳栽培宜植于凉爽之地，对土壤不苛求，但在肥沃、疏松排水良好的壤土中栽培最理想。繁殖用播种法、扦插法和分株法。播种在夏初进行，扦插在夏季进行，分株可在春、秋两季进行。

紫花霍香蓟（墨西哥香蓟）　　菊科

Ageratum houstonianum Mill.

一或二年生草本，株高约20厘米。全株被毛。叶卵形，基部心形，长4～5厘米，边缘有钝齿。头状花序多数，直径约0.6厘米，在茎顶排成密的伞房花序；总苞片外面有黏质毛；花全部为管状花，紫色或淡紫红色。春至夏季为开花期。

紫花霍香蓟

牛蒡

原产墨西哥，我国台湾和华南地区均有栽培。本种花序密集，盛花期成片地呈现淡紫的色彩，清丽悦目。宜于布置花坛、成片种植或盆栽。

喜光，喜温暖至高温湿润气候，栽培土质须是富含有机质的沙质壤土，性强健，很易栽培。繁殖用播种法，于春、秋两季进行。

牛蒡　　菊科

Arctium lappa Linn.

二年生草本。根肉质，很粗壮。茎高1～2米。基部叶丛生，茎生叶互生，宽卵形或心形，长30～40厘米，上面无毛，下面被灰白色绒毛，全缘或有波状齿。头状花序丛生或排成伞房状，直径3～4厘米；总苞球形；总苞片顶端钩状内弯；花全部管状，淡紫色。春至夏初为开花期。

白苞蒿

牛蒡的花序

我国东北至西南广布。欧洲至日本有分布。自然生长在村落旁和山坡草地。近年来，栽培日渐广泛。仙湖植物园也有栽培，生长良好。本种的花序形状奇异，可作庭园美化，肉质根粗壮，在市场常有出售供食用。并有药用价值。

喜光，性喜温暖和湿润气候，耐寒冷，不耐高温，在深圳栽培须植于凉爽之地。繁殖用播种法，于春、秋二季进行。

白苞蒿（甜菜子）　　菊科

Artemisia lactiflora Wall.

多年生草本。茎高0.6～1.2米，上部常生多数花序枝。叶形多变，长7～18厘米，1～2次羽状深裂。头状花序极多数，直径约4毫米，在枝端排成复总状花序；总苞片白色，约有4层；花管状，浅黄色，外层雌性，内层两性。瘦果长圆形，长约1.5毫米。10～11月为开花期。

白苞蒿的花序

杂交紫菀

翠 菊

白晶菊

产我国东南部、中部、南部至西部和西南部。亚洲南部有分布。自然生于山坡草地或灌丛中。本种在我国南北各地十分常见，亦常有栽培，其头状花序数量极多，花色洁白素雅。适作庭园美化，宜成片种植。

喜光，喜温暖至高温气候，耐干旱、耐寒，适应性很强，对土质不择，但须排水良好，栽培极易。繁殖用播种法，于秋季进行。

杂交紫菀　　菊 科

Aster amellus Bess. 'King George'

多年生草本，株高30～50厘米。多分枝。叶披针形。头状花序顶生或生于茎上部叶腋；边花为舌状花，淡紫色，中心花为管状花，黄色。花期冬季至次年春季。

园艺杂交种。其植株丛生，成熟枝条均能开花，花期甚长，花色清雅，令人赏心悦目。适宜成片种植或用于布置花坛和盆栽。

喜光，栽培地须日照充足，日照不足则生长不良，喜温暖至高温气候，土质以疏松和富含腐殖质的沙质壤土为佳。繁殖用扦插法，用地下根茎和健壮枝条的顶芽扦插，于春季进行。

金盏菊　　菊 科

Calandula officinalis Linn.

二年生草本，株高20～60厘米。多次分枝。叶互生，长椭圆形，全缘或具疏齿，基部抱茎。头状花序单生，直径6～8厘米，最大可达10厘米，夜间闭合；原种只有一层黄色的舌状花，栽培品种有多层黄色、橙黄和橙红色的舌状花，也有周边黄色，中心赤褐色者；花瓣平展或外卷。2～5月为开花期。

原产南欧，全球各地普遍栽培。本种花大，色彩鲜明亮丽，花型有单瓣和重瓣。适宜成片种植、布置花坛或盆栽供摆设。

喜光，栽培地须日照充足，否则影响开花，喜温暖，忌高温多湿，耐寒，土质须要肥沃的沙质壤土。花凋谢后，可剪去残花，能抽出新芽再次开花，若须留取种子，则保留残花直至种子成熟。繁殖用播种法，于秋、冬两季进行。

翠 菊　　菊 科

Callistephus chinensis Nees

一或二年生草本。株高30～80厘米，上部多分枝。叶互生，茎生叶卵形，长2.5～6厘米，边缘有粗锯齿，基生叶宽而大。头状花序直径约8厘米，单生于枝端；总苞半球形，总苞片3层；外围舌状花1层至多层，有红、白、蓝、粉、紫等色，中心多为黄色、两性的筒状花。春播者夏、秋开花，秋播者冬末至翌年春季开花。

金盏菊（黄花）

金盏菊（橙花）

产于东北、华北及西南各地。朝鲜半岛和日本有分布。自然生长在山坡草丛中。栽培品种繁多。本种花色艳丽，花姿娇柔。适合于片植或用于布置花坛和盆栽。

喜光，尤喜长日照，耐寒力强，土壤须为肥沃之壤土，排水须良好。繁殖用播种法。

白晶菊　　菊 科

Chrysanthemum paludosum Poir.

一或二年生草本，株高10～20厘米。叶长圆形，羽状中裂。头状花序直径2～3厘米；舌状花雌性，纯白色，舌片长圆形，顶端圆，在周边排列成一轮，中心为筒状花，黄色，两性，结实。瘦果两面有纵肋。春季为开花期。

原产北非及西班牙，各地普遍栽培，深圳在春季也常栽培。本种开花期可持续2个月，花姿清纯秀丽。适合于布置花坛或成片种植，亦通常用于盆栽。

喜光，喜温暖之气候，忌高温高湿，亦不耐干旱，土质以肥沃疏松和排水良好之沙质壤土或壤土为好。繁殖用播种法，于秋季进行。开花后若不留种子，可剪去残花（连梗），充分浇水，可继续生出侧芽，再次开花。若须留取种子，则直至种子成熟再摘取残花。

大波斯菊（秋英）　　菊 科

Cosmos bipinnatus Cav.

一年生草本，株高30～60厘米。茎纤细。叶对生，二回羽状全裂，裂片线形，全缘。头状花序直径3.5～4厘米，具长柄，单生或排成疏散的伞房花序或圆锥花序；总苞片2裂；周边的舌状花中性，

大波斯菊

黄波斯菊

不结实，颜色种种，有白、黄、桃红、紫红或双色，花型有单瓣或重瓣，中心的筒状花黄色，两性，能结实。秋末至次年春季为开花期。

原产墨西哥，世界各地普遍栽培。深圳亦有栽培。本种花姿柔美，色彩丰富，盛开时，似是一片五颜六色的花海，十分灿烂。适用于布置花坛或成片植于庭园，美化效果甚佳。

喜光，喜温暖气候，不耐高温和高湿，栽培地日照和排水均要良好，土质须为肥沃和疏松的沙质壤土。繁殖用播种法，秋、冬和早春均可进行。其自我繁殖能力很强，种子成熟落地即能发芽，成长开花。

有相同用途的同属植物有**黄波斯菊** *Cosmos sulfureus* Cav. 叶为二回羽状深裂，裂片少数，椭圆形。头状花序周边的舌状花黄色，花型有单瓣和重瓣。原产墨西哥。

芙蓉菊　　菊 科

Crossostephium chinense (Linn.) Makino ex Cham. et Schlecht.

半灌木，高30～50厘米，成株呈圆球形。叶互生，聚生枝顶，长圆状匙形或倒卵状长圆形，长2～3厘米，两面因密被灰白色短柔毛而呈银灰色，有香味，顶端3～5齿裂，全缘。头状花序盆状，生于枝条上部叶腋，再排成总状；花黄色，全部为筒状花，外围的雌性，中央的两性。瘦果5棱。早春开花。

原产于台湾，我国南方有栽培。本种植株呈圆球状，叶色银灰，揉之有特殊香味，早春开出淡黄色的小花，风格殊雅，深受人们喜爱。适用于庭园美化或盆栽和布置花坛。

喜光，在半日照处也能生长良好，喜高温气候，土质以排水良好之壤土或沙质壤土为佳。成株若老化应剪除，开花之枝亦应及时剪除，可防止老化。繁殖用播种法或扦插法，于春、秋两季进行。

芙蓉菊，左上为其叶形

大波斯菊

大丽花　　菊 科

Dahlia hortensis Guillaumin

多年生草本，株高0.5～1米。具肥厚的肉质块根。叶对生，单数羽状复叶；小叶3～5，卵形，长5～8厘米，顶端急尖，基部圆或宽楔形，边缘有钝齿。头状花序顶生，直径10～25厘米，具长梗；舌状花

大丽花

大丽花

大吴风菊

大丽花

大丽花

大丽花

有白、粉、橙、紫或双色等多种色彩，花型有大、中、小之分，有单瓣和重瓣；管状花黄色。春、秋、冬三季均能开花。夏季为休眠期。

园艺杂交种极多，除花色及花型不同之外，还有高、中、矮性的品种。本种花色变化丰富，开花期持久。世界各地普遍栽培。适用于布置花坛、花径、盆栽或切花。

喜光，性喜温暖，忌高温多湿，尤其在生长期不可过度潮湿，不耐寒，栽培土质须为富含有机质之壤土。繁殖用扦插和播种法，春、秋和冬季均可进行，如用块根分植法则春季待块根发新芽后连同块根切出另外栽植即可。

大吴风菊　　菊 科

Farfugium japonicum (Linn.) Kitam.

多年生草本，根状茎粗壮。叶全部基生呈莲座状，有长柄；叶片肾形，长4～15厘米，边缘具细尖齿或近全缘。花茎高30～70厘米，初时生灰褐色绵毛。头状花序排成疏的伞房状，直径4～6厘米；舌状花黄色，长3～4厘米，筒状花黄色，长1.1～1.2厘米。瘦果圆柱状。秋季及冬初为开花期。

产于华南、华东各地。朝鲜半岛和日本有分布，各地时有栽培。深圳各地山野间很常见。仙湖植物园也有栽培。本种叶色亮绿，花色金黄，清雅宜人，宜作庭园美化或盆栽。

喜光，喜温暖至高温多湿气候，耐半荫，不耐干旱，生性强健，对土壤要求不严，但以肥沃、疏松和排水良好之沙质壤土为佳。繁殖用播种法，于春、秋两季进行。

非洲菊　　菊 科

Gerbera jamensonii Bolus ex Adlam

多年生草本，株高15～30厘米。叶全部基生呈莲座状，叶片长圆形，长12～25厘米，边缘波状或羽裂。头状花序单生，直径8～10厘米；舌状花雌性，有白、黄、橙、玫红、粉红、红或多种色彩，1～4列；筒状花两性，多少呈二唇形，外唇3齿，内唇2齿。瘦果扁，5棱。全年均可开花，以春至夏季最盛。

原产于南非，世界各地均有栽培。深圳栽培亦很普遍。园艺杂交种繁多，花有大、中和小型，有单瓣、重瓣和半重瓣，

非洲菊

非洲菊

非洲菊

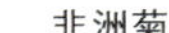

非洲菊

非洲菊

千瓣葵

花色更是缤纷多彩，花期持久，是美化庭园的高级花材。适合于布置花坛、盆栽或切花。

喜光，喜温暖，喜多肥，栽培地须日照充足和排水良好，土质须为肥沃、疏松、微酸性的沙质壤土。花谢后应及时剪去残花可促使新芽发出，再次开花。繁殖用播种法或分株法，于秋、冬和早春三季进行。

千瓣葵　　菊 科

Helianthus decapetalus Linn. var. *multiflorus* Hort.

一年生草本，株高30 ~ 50厘米。叶互生，宽卵状心形，长13 ~ 15厘米，边缘具粗锯齿，两面被粗毛，具长柄。头状花序单生于茎顶，直径10 ~ 12厘米；舌状花多层，中性，金黄色，不结实；筒状花两性，黄色，结实。花期秋至冬季。

原产北美洲，世界各国广为栽培。本种花朵硕大，金黄一片，高雅明媚，鲜艳悦目。在园林中适用于美化环境，布置花坛及盆栽摆设。

喜光，不耐荫，喜温暖气候，不耐严寒和干旱，土质须为肥沃、疏松的沙质壤土。繁殖用播种法，于夏季进行。

马 兰

滨 菊

马 兰　　菊 科

Kalimeris indica (Linn.) Sch.-Bip.

多年生草本，高20～70厘米。叶互生，倒披针形或倒卵状长圆形，长3～10厘米，无柄，边缘有疏齿或羽状浅裂，上部的叶小，全缘。头状花序直径约2.5厘米，单生枝顶，排成疏伞房状；舌状花1层，淡紫色；筒状花多数，黄色。瘦果倒卵形，微扁，长1.5～2毫米，无冠毛。全年均可开花，以春季最盛。

分布于全国各地。亚洲南部及东部有分布。在部分药园和植物园有栽培，仙湖植物园也有栽培，生长良好。本种花多而花期又长，花色清雅，秀丽宜人。可作庭园美化，布置花坛或盆栽。

喜光，在半荫处亦能生长良好，喜温暖至高温湿润气候，土质须为排水良好、富含腐殖质的壤土或沙质壤土。繁殖用播种法、扦插法和分株法，全年均可进行，但以于春、秋两季为好。

滨 菊　　菊 科

Leucanthemum vulgare Linn.

多年生草本，高20～40厘米，上部有少数分枝。叶互生，长圆形，羽状浅裂。头状花序单生于茎顶或分枝之顶，直径约3厘米，有长梗；舌状花1层，雌性，舌片白色；筒状花多数，两性，黄色。瘦果腹面有纵纹。秋季至初冬开花。

原产欧洲地中海区域。世界各地广为栽培，深圳也有栽培，生长良好。本种花期长，盛花期花多而密，在翠绿的叶丛中布满白黄相衬的小花，令人赏心悦目。宜片植或布置花坛及盆栽。

喜光，全日照或半日照均能生长良好，喜温暖凉爽气候，不耐高温酷热，栽培地须排水良好，土质须为肥沃、疏松的沙质壤土。繁殖用播种法或扦插法，于春末夏初进行。

蛇鞭菊　　菊 科

Liatris spicata (Linn.) Willd.

多年生草本，有块根，株高约1米。叶互生，线形，革质，长7～10厘米，基生叶长可达30厘米，向上渐小。头状花序多数，生于花茎上部，排成长而密的穗状；穗状花序长30～60厘米，花自上部向下部逐渐开放，有粉紫、红和白等色，春至夏季为开花期。

原产于北美洲东北部，各地多有栽培。本种花色艳丽，花期持久，花序外形似一长的花鞭子，珍奇可爱。适合于庭园栽培或盆栽，也是切花和插花的良材。

蛇鞭菊

喜光，喜温暖气候，耐寒、耐旱，但吸收水分能力很强，故在生长期灌水要充足，经常保持土壤的湿度，土质须为疏松、肥沃和排水良好的沙质壤土。繁殖用播种法和块根育苗。夏末秋初为播种期，块根育苗则于春季进行。

黄帝菊　　菊 科

Melampodium paludosum H. B. K. 'Tiansing'

一年生草本，株高30～50厘米。叶对生，长卵形至披针形，长5～6厘米，边全缘或具疏齿。头状花序生于枝顶和上部叶腋，直径约2厘米，具长梗；舌状花1轮，金黄色；筒状花多数，亦为金黄色。春至夏季为开花期。

原产于中美洲，亚热带至热带地区广为栽培，本种花期持久，在盛花期花甚繁密，花色鲜黄明媚。适宜于布置花坛和盆栽。

喜光，不耐荫，如日照不足，则徒长而少开花，喜温暖至高湿气候，土壤以排水良好、疏松之沙质壤土为宜。繁殖用播种法，于春、秋二季进行。种子自播能力很强，但须避光保存。

阔苞菊（栾樨）　　菊 科

Pluchea indica (Linn.) Less.

灌木，高1～2米。叶互生，革质，倒卵形，全缘或有少数尖齿。头状花序顶生，直径约5毫米，多数，排成伞房状；花全部筒状，紫色，外围有多数雌花，中央有少数两性花。瘦果有棱，有一层冠

黄帝菊

阔苞菊

阔苞菊的花序

毛。开花期夏至秋季。

产于广东和香港。印度至马来西亚有分布。自然生于草坡和潮水能到之处。仙湖植物园有栽培，生长良好。本种花色淡雅，植丛密集，可在庭园中种植，美化环境。本种又名“栾樨”，广州一带民间在俗佛节时，按俗例取其叶捣烂和以米粉及糖，制成糍粑，称栾樨饼，食之有暖胃之效。

喜光，在半日照处亦能生长良好，喜高温湿润气候，土质以肥沃、疏松及排水之沙质壤土为佳。繁殖用播种法，于春季进行。

瓜叶菊　　菊科

Senecio cruenta (Mass.) DC.

一或二年生草本，株高20～50厘米。茎具刚毛。叶心脏形，长10～15厘米，边缘有波状齿，形似南瓜之叶，上面浓绿，下面紫红。头状花序多数，簇生或排成伞房状；舌状花有蓝、紫、紫红、白、粉红、淡蓝等色，并具各种环纹；中心的筒状花亦有不同的颜色。开花期冬季至

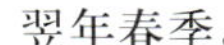

翌年春季。

原产非洲西北部加那利群岛，北半球各国广泛栽培。本种的园艺杂交种很多，按株高可分为高型、中型和矮型；按花的大小可分为大花型、中花型和小花型；按花的多少可分为密花型和疏花型；按开花的时间又可分为早花型和晚花型等。是布置花坛和美化环境的优良花卉。

喜弱光，忌强光，喜温暖湿润气候，忌高温高湿，不耐干燥，不耐寒，忌霜冻，土质须为富含有机质的沙质壤土。繁殖用播种法，于秋季进行。

瓜叶菊

瓜叶菊

瓜叶菊

瓜叶菊

银叶菊

细裂银叶菊

千里光

银叶菊　　菊 科

Senecio cineraria DC.

多年生草本，全株密被银白色绵毛。叶长圆形，长4~6厘米，质厚，边缘不规则深裂、浅裂或有锯齿。头状花序数个再排成伞房状，生于茎的上部叶腋和顶生；花黄色，全部为筒状花。夏至秋季开花。

原产欧洲地中海区域。世界各地广为栽培。本种因叶色银白，被称为“银叶植物”，在观叶植物中一枝独秀，具有很高的观赏价值。用于布置花坛或与其他红、黄、绿等色的观叶植物搭配砌成图案，更是优美独特，深受欢迎。

喜光，喜温暖气候，不耐高温，在夏季高温季节通常处于半休眠状态，栽培地排水要良好，土质以肥沃、疏松之壤土或沙质壤土为佳。繁殖用播种法和扦插法，于秋季至次年春季进行。

有相同用途的种类还有**细裂银叶菊** *Senecio cineraria* DC.‘Silver Dust’叶质较薄，二回羽状裂，第一回为羽状全裂，每二回为不规则的羽状深裂或浅裂。栽培品种。

大弦月　　菊 科

Senecio herreianus Dinter

多年生蔓性草本。茎纤细，长30~40厘米，匍匐，节上生根。叶对生，肉质，两片叶子对合呈一椭圆状球形，长1~1.5厘米，两端尖，深绿色。头状花序黄色。花期9~11月。

原产于西南非洲干旱的亚热带地区。世界各地多有栽培，深圳也有栽培，生长良好。本种枝条酷似一串绿翡翠宝石项链，晶莹可爱，姿态独特。可作吊盆，让其枝条自然垂下，使人赏心悦目。

耐半荫，喜冬季温暖夏季凉爽气候，在夏季高温期则进入半休眠状态，冬季如遇寒流，须注意保暖，栽培可置于明亮处，但忌强阳光直射，土质以富含腐殖质的沙质壤土为佳。繁殖用扦插法，于春、秋两季进行，很易成活。

有相同用途的本属植物还有**绿铃**，又叫**翡翠珠** *Senecio rowleyanus* Jacobsen两片叶子对合呈圆球形。头状花序白色。原产西南非洲南部。

千里光　　菊 科

Senecio scandens Buch. -Ham.

多年生草本。茎攀援，长2~5米，多分枝。叶互生，披针形，长6~12厘米，边缘有浅或深的锯齿，无毛。头状花序多数，直径约1.2厘米，在茎及枝端排成复总状的伞房花序；舌状花黄色，约8~9枚，筒状花多数，亦为黄色。瘦果圆柱形，有纵沟，冠毛白色。秋、冬至翌年春季为开花期。

产于我国南部。亚洲南部有分布。深圳旷野间有野生，仙湖植物园有栽培，生长良好。本种花序金黄，盛花期开花数目极多，十分醒目。适在庭园中作棚架植物。

大弦月

喜光，在半日照处亦能生长正常，耐旱、耐瘠薄，耐高温，栽培地宜是阳光充足和排水良好，对土质不择，但以肥沃、疏松的壤土为佳。繁殖用播种法，于春 、秋两季进行。

北美一枝黄　　菊 科

Solidago canadensis Linn.

多年生草本，高1~1.5米，全株具粗毛。叶狭披针形，长10~12厘米，下面有柔毛，边缘具细锯齿。头状花序多数，直径4~5毫米，生于枝条的一侧，顶生的花与腋生的花序共同组成一大型的圆锥花序

绿 铃

北美一枝黄

序；花黄色，外围具一层短小的舌状花，中央有多数两性、能结实的筒状花。花期秋、冬至翌年春季。

原产北美洲，各地多有栽培。本种大型的圆锥花序生有无数的头状花序，一片金黄，极富喜气洋洋的色彩。在深圳的冬、春季节可用于布置庭园和花坛，景观甚为优美，也可盆栽。

喜光，喜温暖干爽的气候，耐寒、耐旱，对土攘要求不苛，但以疏松、肥沃和排水良好的壤土为宜。繁殖以分株法为主，也可播种。播种于3～4月进行，分株于春、秋两季均可进行。

有相同用途的同属植物有下列2种：

（1）**一枝黄** *Solidago decurens* Lour. 叶长圆状披针形，上部的较狭小。头状花序直径5～8毫米，单个或2～4个生于一腋生花枝上，若干个花枝再组成一顶生的长圆形的圆锥花序。为一常见植物，广布于欧、亚和北美大陆，深圳山野各地较常见。

（2）**高茎一枝黄** *Solidago altissima* Linn. 与北美一枝黄花很相似，区别在于本种植株高1～3米，全体被灰白色柔毛。原产北美洲。

金钮扣　　菊科

Spilanthes paniculata Wall. ex DC.

一年生草本，株高20～60厘米。茎直立或斜卧。叶对生，卵状披针形，长2.5～4厘米，边全缘或有钝齿，基出脉3条。头状花序1～3个顶生；花黄色，外围一层为舌状花，舌片很短小，中心为筒状花。瘦果倒卵形，扁，冠毛有时具2～3芒。秋至冬季为开花期。

广布于亚洲热带至温带地区，在我国产于东南、华南至西南部，自然生长在山坡林下，河边或村落边，在深圳郊野有分布。仙湖植物园有栽培。本种的头状花序酷似我国唐装衣服上的扣子，又是金黄色，故名“金钮扣”，花形别致，色彩亮丽。适植于庭园、布置花坛或作地被。

甜叶菊

喜光，喜温暖至高湿润气候，在半日照处亦能生长良好。不耐干旱，对土壤不择，栽培须以肥沃、疏松的壤土为宜。繁殖用播种法，于春季进行。

甜叶菊　　菊科

Stevia rebaudiana (Bertoni) Bertoni

多年生草本，株高30～60厘米。叶对生或茎上部的互生，边缘有锯齿，通常具3主脉。头状花序细小，直径2～3毫米，排成伞房状圆锥花序；小花白色，全部为两性的筒状花。瘦果线形，扁，冠毛1列。夏季为开花期。

原产巴拉圭。各地多有栽培，仙湖植物园也引进栽培。本种的叶含萜配醣体，其甜度为蔗糖的300倍。除作药用外还被用于制造无糖食品的配料，还可供观赏，植于庭园或盆栽。

金钮扣

喜光，在半日照处亦能正常生长，喜温暖或高湿湿润气候，不耐寒冷和干旱，栽培地宜为排水良好之地，土质以肥沃、疏松的沙质壤土为佳。繁殖用播种法，于春、秋两季进行。

万寿菊　　菊科

Tagetes erecta Linn.

一年生草本，株高30～90厘米。叶互生，羽状全裂，裂片边缘有锯齿，叶缘背面有腺点，有刺鼻辛味。头状花序单生，直径5～10厘米，黄色或橙黄色；舌状花多层，有长爪，边缘略皱曲；中心的筒状花多数变为舌状花。瘦果黑色，有光泽。花期秋季至翌年春季。

原产墨西哥。热带和亚热带地区广为栽培，深圳亦普遍栽培。本种花大色艳，花期持久，宜用于布置花坛或丛植美化庭园，也可盆栽。

喜光，耐半荫，喜温暖凉爽气候，栽培不择土壤，适应性甚强。繁殖用播种法为主，春、秋、冬季均可播种。种子自然繁殖能力甚强。

有相同用途的同属植物有**孔雀草** *Tagetes patula* Linn. 又名小万寿菊。株高30～50厘米。头状花序直径3.5～4厘米。花色有橙红、橙黄和金黄等色。从冬季到翌年春季和夏季均能开花。原产

万寿菊

万寿菊

孔雀草

孔雀草

卤地菊

墨西哥。各地普遍栽培，深圳地区栽培也很普遍。

肿柄菊　　菊 科

Tithonia diversifolia (Hemsl.) A. Gray

多年生半灌木状草本，株高2~5米。分枝被稠密的短柔毛。叶卵形或卵状三角形，长7~20厘米，3~5深裂，裂片边缘有细齿。头状花序大，直径10~15厘米；周边的一层为舌状花，黄色，舌片顶端有不明显的3小齿；中心的为筒状花，黄色。瘦果长圆形，长约4毫米。秋季至翌年春季为开花期。

原产墨西哥和中美洲。我国台湾、福建、广东和云南等地区有栽培和野化。深圳地区也有栽培和野化。本种植株高2米以上，开花甚多，盛花期，金黄色的花朵布满植株，甚为艳丽耀目。另一特点是开花期持久，从秋季至次年春季都可见花。适用于庭园美化和作绿篱。

喜光，但在半日照或明亮处亦能正常生长，喜高温湿润，对土质不择，一般的壤土或砂砾土均能生长，性强健，适应能力强，生长迅速，栽培后不须任何管理都能生长良好并能自然生长成植丛。繁殖用播种法和分株法，均于春季进行。种子成熟后宜即采即播。

卤地菊　　菊 科

Wedelia protrata (Hook. et Arn.) Hemsl.

一年生匍匐草本。茎被粗毛，基部各节均生不定根。叶对生，卵形或披针形，长2~3厘米。头状花序单生于分枝之顶；舌状花1层，雌性，舌片黄色；中心为筒状花，两性，亦为黄色。瘦果倒卵形，具棱和短柔毛，不具冠毛。

产于台湾、福建、浙江和广东等沿海地区，深圳亦有分布。自然生长在海岸沙地上。本种茎匍匐地面，往往成片生长，叶色翠绿再衬上金黄色的头状花序，美丽悦目。宜植作地被。本种与**三裂蟛蜞菊** *Wedelia trilobata* (Linn.) Hitche. 为同一属的植物。三裂蟛蜞菊原产南美洲，在深圳栽培甚广或野化。本种则为乡土植物，对本地区的适应性更强，有推广价值。

喜光，喜高温气候，耐干旱，耐盐碱，耐贫瘠，栽培土如为湿润的沙质壤土，则生长迅速旺盛。繁殖可用扦插法，于春、秋两季进行。

百日菊　　菊 科

Zinnia elegans Jacq.

一年生直立草本，株高0.2~1米。茎被粗毛。叶对生，卵形或长椭圆形，长4~7厘米，无柄，基部抱茎，全缘，具3基出脉。头状花序单生于枝顶，直径5~12厘米；舌状花多层，雌性，可结实，舌片有紫、红、粉、黄、橙、白及有斑点等多种色彩；中心的筒状花两性，可结实。瘦果扁平，无冠毛。全年均可开花，但主要开花期在夏、秋两季。

原产墨西哥，世界各地普遍栽培。园艺品种繁多。深圳地区栽培亦甚普遍。本

肿柄菊，右下为其头状花序

百日菊

百日菊

小百日菊

百日菊

百日菊

过路黄作地被

小百日菊

小百日菊

过路黄的花

种花姿多变，色彩鲜艳、花期长，为园林中夏、秋季重要的花卉，用于布置花坛、丛植、条植或盆栽均可。

喜光，如在荫蔽处开花不良，喜高温，不耐寒，耐干旱，一般土壤便能生长，但须排水良好。繁殖用播种法，全年均可进行。

有相同用途的本属植物还有**小百日菊** *Zinnia angustifolia* H. B. K. 植株各部均较小，株高约20厘米。头状花序直径约4厘米；舌状花有橙黄、桃红、深黄和白等色。原产墨西哥。

过路黄　　报春花科

Lysmachia christinae Hance

多年生草本。茎柔弱，匍匐，长20～60厘米，节上生根。叶对生，宽卵形，长2～4.5厘米，顶端急尖，基部心形，边缘全缘，两面有黑色腺条。花单生于叶腋；花梗长于叶柄；花萼长4毫米；花冠黄色，长约8毫米，有黑色腺条。蒴果球形，直径约2.5毫米，有黑色腺条。花期5～7月。

产于长江流域及山西、陕西、云南和贵州。自然生长于沟边、路旁或荒地中。本种茎蔓细长，平铺地面，夏季盛花期，一片金黄色的花，灿烂夺目。在仙湖植物园栽培，生长甚旺盛，为良好的地被植物。

喜光，阳光充足生长越旺，开花越盛，在半日照环境下亦能正常生长，喜温暖多湿，耐高温，较耐寒，不耐干旱。栽培土质宜为肥沃、湿润和排水良好的壤土。繁殖用扦插法，春、夏、秋三季均可进行，成活率高，栽培容易。萌蘖力甚强。

红根草

红根草（星宿菜）　　报春花科

Lysimachia fortunei Maxim.

多年生草本。有横的地下根状茎，节上生须根。茎直立，高30~70厘米，有黑色腺点，基部紫红色，通常无分枝。叶互生，叶片长圆状披针形，长4~11厘米，顶端渐尖，基部楔形，两面有黑色腺点。总状花序顶生，长10~20厘米；花冠白色，细小，长约3毫米，裂片椭圆形，有腺点。蒴果球形，直径约3毫米。花期6~8月，果期7~9月。

产于长江流域以南各地。朝鲜半岛、日本和越南有分布。自然生长沟边、田边低湿处及草丛中。本种为湿地上一种常见的野生花卉，仙湖植物园有栽培。其长长的总状花序上，长着无数的小巧玲珑的白花，远看似小星闪烁，故又名“星宿菜”。在庭园中宜在池边、湖边及湿地等处种植，也可盆栽。

喜光，在半日照环境亦能正常生长，喜温暖至高温多湿气候，喜水湿，不耐干旱，栽培须为肥沃、湿润的壤土。繁殖用分株法，全年均可进行，成活率高，生长快速。

仙客来　　报春花科

Cyclamen persicum Mill.

多年生草本，株高20~30厘米。球茎肉质，扁圆形，外有木栓层。叶丛生于球茎顶端，叶片卵圆形，长5~7厘米，先端急尖，基部心形，边缘具细锯齿，上面深绿色，有白色斑纹，下面红色。花葶由叶腋处生出，长15~25厘米；花大，单生，下垂；花冠5深裂，裂片长椭圆形，向上翻卷而扭曲，形如兔耳，花色有白、绯红、紫、玫红、紫红、大红等。蒴果球形，成熟后5裂，冬春季为开花期。

原产欧洲地中海沿岸、希腊和叙利亚等地；我国各地温室有栽培。栽培品种很多，有大花型、皱瓣型、单瓣型、重瓣型、毛边型、银叶型和芳香型等。本种花朵繁茂，花色绚丽，花形别致，多姿多采，开花期可长达半年之久，有的品种的花还有甜蜜的香味，为世界著名的花卉。适宜盆栽供欣赏。

喜光，但不耐强光直射，喜冷凉、湿润气候，不耐寒冷亦不耐高温，夏季须遮荫避雨，保持通风、凉爽，以防球根腐烂，栽培土壤须清洁、富含腐殖质及石灰质并排水良好的壤土。繁殖用播种法，于9~10月进行。至翌年11月开花。

西洋报春

西洋报春　　报春花科

Primula polyantha Mill.

多年生草本，株高约10余厘米。叶全部基生，椭圆形，长约10多厘米，顶端圆，基部下延，边缘有不规则细锯齿。花单生于叶腋，花冠高脚碟状，裂片5，平展，顶端浅裂，花色有深红、紫红、黄、紫、橙黄、浅黄、桃红等，有的有各色镶边。春季为开花期。

为园艺杂交种。本种花色丰富，姹紫嫣红，花姿妩媚动人，为世界著名的花卉之一。适合盆栽。

喜光，在荫蔽处易徒长，性喜冷凉，忌高温多湿，夏季烈日强和温度高，须宜凉爽通风处，并加以遮荫并在周围喷水降温，在深圳仅宜在高山冷凉处栽培，到春季开花时移到平地，观赏后即废弃。栽培土质须为富含有机质和排水良好之壤土。繁殖用播种法，于春末夏初进行。

阔叶补血草　　白花丹科

Limonium latifolium Kuntze

多年生草本。叶基生，长椭圆形，长13~15厘米，绿色，顶端渐尖，基部圆，边缘波状；叶柄甚短。复伞房花序顶生，多回分枝，每一分枝有多个小穗，每一小穗含1~3花；苞片膜质；花细小，长2~

仙客来

阔叶补血草

不凋花

不凋花

3毫米；花萼漏斗形，干膜质，白色；花冠白色，干膜质，花瓣5，基部连合，下部筒状，上部分离而外展。果为蒴果。花期春季。

原产于欧洲，各地多有栽培，深圳也有栽培。本种花序大型，分枝多，小花密生，色雪白，花被持久不凋，花姿独特，为天然的干燥花，深受人们的喜爱。适合于切花和盆栽。

喜光，性喜凉爽干燥，忌高温多湿和通风不良，在深圳栽培无法越夏，即使在高山地区栽培亦受雨水过多的影响，所以必须植于日照60%～70%的遮阳网室之下。繁殖用播种法，于秋季进行。

同属植物有**不凋花** *Limonium sinuatum* (Linn.) Mill. 植株高60～70厘米。茎直立，有3～5纵翅。叶基生，羽状裂，伞房花序有多枚小穗，每一小穗含数朵花；花萼大，花冠较小，均不凋落，有红、黄、蓝、蓝紫、白、粉红等色，似人造花。每年于春季开花。原产地中海沿岸。

羊 乳　　桔梗科

Codonopsis lanceolata (Sieb. et Zucc.) Trautv.

多年生草质藤本。植物体有乳汁。根圆锥形。茎有多数分枝。在主茎上的叶互生，较小，菱状卵形，长约2.5厘米，在分枝顶端的叶3～4片轮生，菱状卵形或狭卵形，长3～9厘米，边缘全缘或有波状齿。花单生或成对生于分枝顶端；花冠宽钟状，直径2～3.5厘米，暗紫色或黄绿色带紫色或乳白色内有紫色斑，5浅裂，裂片三角形，反卷；花盘肉质，绿色。蒴果卵球形，有宿存花萼。花果期7～10月。

产于东北、华北、华东、华中和华南各地。俄罗斯（远东地区）、朝鲜半岛和日

羊 乳

不凋花

本有分布。自然生长在山地灌丛下、沟边阴湿处或阔叶林内。仙湖植物园有栽培。生长良好。本种枝蔓细柔，多分枝。花有多色，边开花边结果，花期持久，适作大型盆栽或种植在花廊或花架之下供观赏。

耐半荫，喜温暖至高温湿润环境，耐寒，亦耐高温，不耐干旱，栽培土质须为富含腐殖质、湿润但排水良好之沙质壤土。繁殖用播种法，于春末夏初进行。

桔梗　　桔梗科

Platycodon grandiflorum (Jacq.) A. DC.

多年生草本。植物体有白色乳汁。根圆锥形，长可达20厘米。茎高0.2～1.2米，不分枝。叶3片轮生、对生或互生，无柄；叶片卵形至披针形，长2～7厘米，顶端急尖，基部宽楔形，边缘有尖锯齿，上面绿色，下面灰白色。花1至数朵生于茎和分枝顶端；花冠蓝紫色，宽钟状，直径1.5～4厘米，5浅裂。蒴果球形，长1～2.5厘

桔梗

米，花期4～7月，果期6～9月。

产于东北、华北、华东、华中及广东、广西、贵州、云南、四川和陕西。朝鲜半岛、日本和俄罗斯（西伯利亚和远东）有分布。自然生长在山坡向阳处草丛或灌丛

桔梗

半边莲

中。深圳山坡草地偶有分布。各地多有栽培，仙湖植物园也有栽培。本种花姿幽雅华贵，花色艳丽。有多个栽培品种，有高性品种和矮性品种，有单瓣和重瓣，花色有紫蓝、蓝、桃红和白色等。适合在庭园中丛植和片植，也可作盆栽和切花。

喜光，性喜凉爽，不耐高温多湿，较耐寒，不耐干旱，在深圳栽培宜置于凉爽和通风之地。栽培土质须为富含腐殖质、湿润但排水良好之壤土或沙质壤土。繁殖用播种法，于春季进行。

半边莲　　半边莲科

Lobelia chinensis Lour.

多年生草生，植物体有乳汁。茎平卧，在节上生根，分枝直立，高5～15厘米。叶互生，几无柄，叶片披针形，长0.8～2.5厘米，顶端渐尖，基部圆，边缘全缘或有波状小齿。花1朵生于分枝上部叶腋；花冠粉红色、白色或淡紫色，长约1.2厘米，裂片5，线状披针形，偏向一侧。在深圳几乎全年均可开花。

长江中、下游及以南各地广布。朝鲜半岛、日本、越南至印度有分布。自然生长于水田边、沟边或潮湿草地。各地常有栽培。本种为良好的地被植物，并可在草坪、湖边、沼泽边和溪边等处种植，也可用于布置花坛。

喜光，在半日照处生长亦旺，喜湿暖多湿气候，不耐寒冷和干旱，栽培地须经常保持水湿，土质须为肥沃、疏松的壤土。繁殖用扦插法和分株法，春秋二季均可进行。

草海桐　　草海桐科

Scaevola sericea Vahl

常绿灌木，高1～2米。茎丛生，直立或下部平卧。叶聚生于分枝上部，倒卵形或倒卵状披针形，长10～18厘米，顶端圆，基部楔形，边缘全缘，稍肉质，亮绿色。聚伞花序腋生，长1.8～3厘米；花冠白色或带紫色，长约2厘米，花冠筒一侧开裂，檐部5裂，裂片5，向一侧开展，有翅。核果卵球形，长约1厘米。花果期6～9月。

产于台湾、福建、广东、海南及南海诸岛。亚洲热带地区、日本、澳大利亚和马达加斯加有分布。自然生长在海岸边。深圳各地海边常见。本种树形美观，叶色青翠，花色洁白，花姿奇异，适于庭园美化及大型盆栽，尤其适于滨海地区的绿化和美化，有防风固沙及防潮的功效。

喜光，在半日照的环境下生长亦佳，喜高湿多湿，不耐寒冷和干旱，抗盐性强，生长快速，栽培须为排水良好、肥沃之沙质壤土。繁殖用扦插、分株和播种法，均于春、夏二季进行。

颠茄　　茄科

Atropa belladonna Linn.

多年生草本（栽培者多作为一年生），株高0.5～2米。茎上部有叉状分枝。叶互生或在枝上部为大小不等2叶对生，叶片卵形或椭圆形，长7～25厘米，顶端渐尖，基部楔形。花单生，下垂；花萼筒状，花后增大，果时呈星状向外开展；花冠筒状，下部黄绿色，上部淡紫色，长2.5～3厘米，5浅裂，开花时，向外反折。浆果球形，直径1.5～2厘米，成熟后紫黑色。花果期4～9月。

原产欧洲中部、西部和南部。我国南北各地均有栽培。本种枝叶繁茂翠绿，花朵下垂似小吊钟，姿态优美。适作庭园美化，宜植于林边或片植及盆栽。

喜光，性喜温暖潮湿气候，不耐高温，亦不耐严寒和干旱，在深圳宜在凉爽通风处，如在郊野公园山坡上的林边或阳光较好处丛植或片植，均有良好的观赏效果。繁殖用播种法，于春季进行。因种皮较厚，播种前须用温水浸泡种子。

木本曼陀罗　　茄科

Brugmansia arborea (Linn.) Lagerh.

小乔木，高2米余，茎上部分枝。单叶互生，叶片卵状披针形，长圆形或卵形，长9～22厘米，顶端渐尖，基部不对称的

草海桐，右下为果

颠　茄

木本曼陀罗

南美木本曼陀罗

粉花木本曼陀罗

粉花木本曼陀罗

黄花木本曼陀罗

楔形。边缘有不规则缺刻。花单生，下垂；花萼筒，长8~12厘米；花冠白色，后渐变为黄色，长漏斗状，长达23厘米，花冠筒1/3以下较细的部分完全包于萼筒内，向上渐扩大呈喇叭状，檐部直径8~10厘米，有5条长尖头。果宽卵形，平滑，长达6厘米。花期6~8月，10~12月果熟。

原产美洲热带。热带地区多有栽培。本种枝叶扶疏，花期持久，花多而大，花形美观，香味浓郁、为良好木本花卉。适作庭园美化。

喜光，在半荫处生长亦佳，性喜温暖至高湿润环境，不耐寒，耐瘠薄，栽培对土质不择，中性、微酸性至微碱性土均能适应，但如为肥沃、土层深厚和排水良好的壤土生长最佳。繁殖用播种法，于春季进行，也可用扦插法，春、夏、秋三季均可进行。成活率高。

同属植物有下列各种:

（1）**南美木本曼陀罗** *Brugmansia suaveolens* Bercht. et Presl 灌木。植株密丛生，高1~2米。叶边缘全缘。花冠白色，花冠筒中部以下变细的部分不完全包

黄花木曼陀罗的叶及花

黄花木本曼陀罗结果

指天椒

五彩指天椒

五彩圆椒

佛手椒

灯笼椒

樱桃椒

于萼筒内。原产美洲热带。在深圳各公园多有栽培。

（2）**粉花木本曼陀罗** *Brugmansia suaveolens* Bercht. et Presl ‘Rosa Traum’ 灌木。花冠下部白色或淡黄色，檐部淡橙红色或淡粉红色。为栽培品种。深圳各公园多有栽培。

（3）**黄花木本曼陀罗** *Brugmansia aurea* Lagerh.‘Goldens Kornett’ 灌木，高1～1.5米。叶卵形，长10～15厘米，顶端急尖，基部圆，边缘具疏尖齿。花金黄色，檐部有5条细长尖头。为栽培品种。深圳各公园多有栽培。

注：本属植物的种类在《深圳园林植物》一书204页中所采用的植物汉语名称和学名与本书如有出入，均以本书采用的植物汉语名称及学名为准。

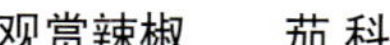

观赏辣椒　茄 科

Capsicum frutescens Linn.

半灌木，常作一年生栽培。高20～40厘米，茎多分枝。单叶互生，长圆形或卵状披针形，长4～6厘米。花小，2至数朵簇生于上部叶腋或枝顶；花萼结果时略增大；花冠白色。浆果直立，因品种不同而有指形、圆形或圆锥形等，色泽有绿、黄、白、红、紫、紫黑等色。花果期夏秋季。

原产美洲热带，各国广为栽培供观赏。本种果色亮泽，色彩丰富，点缀在绿叶丛中，精致惟美，玲珑可爱，为良好的观果植物。适于盆栽摆设、布置花坛或置于花廊下和室内供观赏。

喜光，在半日照条件下生长正常，喜温暖及高温湿润环境，栽培地如为阳光充足、通风良好则生长最佳，不耐寒，不耐干旱，栽培土质须为富含腐殖质、潮湿但排水良好之壤土。繁殖用播种法，于春季进行。

有下列栽培品种：

（1）**指天椒** *Capsicum frutescens* Linn. var. *conoides* Bailey 花白色或带紫色。果直立，圆锥形，长3～5厘米，初时绿色，成熟后红色。味极辣。

（2）**五彩指天椒** *Capsicum frutescens* Linn. var. *parvo-acuminatum* Makino 果长圆锥形，长3～4厘米，果色由淡绿变淡黄，成熟时变红，有的带紫晕。

（3）**五彩圆椒** *Capsicum frutescens*

紫黑椒

洋金花

Linn. var. *crerasiforme* Bailey 果小而圆，直径8毫米以下，直立，初时绿色后变白色，再变黄色，带紫晕，成熟时红色。原产中南美洲。

（4）**佛手椒** *Capsicum frutescens* Linn. var. *fasciculatum* (Sturt.) Bailey 果圆锥形，长2~3厘米或4~5厘米，簇生枝顶，初时白色，后变红色。

（5）**灯笼椒** *Capsicum frutescens* Linn. var. *grossum* (Linn.) Bailey. 叶长圆形或卵形，长10~12厘米。果单生，大型，下垂，球形、宽卵球形、圆柱形或扁球形，有纵沟，顶端截形或内凹。成熟时有红色、黄色和紫黑色等。

（6）**樱桃椒** *Capsicum* hybrid 果宽卵形或圆形，直径约1厘米，初时绿色后变红色，似樱桃，常数枚簇生。杂交种。

（7）**紫黑椒** *Capsicum* hybrid 叶紫黑色，花淡紫色。果指形，长6~7厘米，初时绿色，后变紫黑色，直立。杂交种。

洋金花　　茄 科

Datula metel Linn.

半灌木，高0.5~1.5米，全体无毛。单叶互生，卵形或卵状椭圆形，长10~20厘米，顶端渐尖，基部不对称的圆形、楔形或截形，边缘有不规则的短齿或浅裂、全缘或波状。花单生；花萼筒部无棱角；花冠长漏斗状，长14~20厘米，檐部直径6~10厘米，裂片5，顶端有小尖，白色、黄色或紫色，栽培种有2重瓣或3重瓣。蒴果近球形，直径约3厘米，疏生短刺。花果期3~12月。

原产热带及亚热带地区，温带地区有栽培，在我国长江以南各地及台湾普遍栽培或野生。全株有毒，除供药用外，因花期甚长，花朵硕大，色艳，花姿美丽，又为优良的木本花卉。在庭园中适宜片植或植作花径，也可作大型盆栽。

紫花重瓣曼陀罗

洋金花的果

喜光，全日照或半日照均能正常生长，性喜高温湿润，喜多肥、甚耐干旱，但不耐水湿，对土质不择，适应性极强，栽培无须特殊管理。繁殖用播种法，种子落地即可自生幼苗，繁殖力甚强。

同属植物有下列2种：

（1）**紫花重瓣曼陀罗** *Datula metel* Linn.‘Flore-pleno’ 花2重瓣，外边紫色，内面白色。栽培品种。

（2）**曼陀罗** *Datula stramonium* Linn. 叶边缘有不规则波状浅裂。花萼筒部具5棱角；花冠下半部绿色，上部白色或淡紫色。长6~10厘米，檐部直径3~5厘米。广布于世界各大洲，我国各地有分布，栽培或野生。

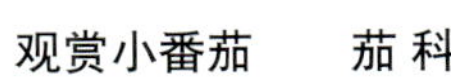

观赏小番茄　　茄 科

Lycopersicon esculentum Mill.

一年生草本，高0.5~2米。全体被粘质腺毛，有强烈气味，茎易倒伏。叶为羽状复叶或羽状浅裂，长10~40厘米；小叶5~9枚，形状不规则，大小不等，卵形至长圆形，长5~7厘米，边缘有不规则锯齿或裂片。总状花序长2~5厘米，有3~7朵

观赏小番茄

花；花冠黄色，辐状，直径约2厘米。浆果椭圆形或近球形，肉质多汁，黄色，鲜黄或鲜红色，光滑。花果期全年。

原产南美洲，热带地区多有栽培，供观赏和食用。本种的果实小巧玲珑，晶莹可爱，结果数量丰富，为良好的观果植物。可植于庭园的一角、花坛或花廊边，也可盆栽。

喜光，喜温暖至高温湿润，植株过高，须设支架，以防止倒伏，栽培地须为肥沃和排水良好的壤土。性强健，栽培容易。繁殖用播种法，春、夏、秋三季均可进行。

具相同用途的有**樱桃小番茄** *Lycopersicon esculentum* Mill. var. *cerasiformis* Alef 果实近球形，直径约1.5厘米，成熟时红色。原产南美洲。

花烟草　　茄 科

Nicotiana sanderae Sander ex Will.

一年生草本，株高40～80厘米，全株

观赏小番茄

被黏性柔毛。叶对生，披针形或长圆状披针形，长约10余厘米。圆锥花序顶生；花冠桃红色、紫红色、淡黄色或白色，长筒状漏斗形，花冠筒细，长约7厘米，檐部直径约3厘米，5裂。蒴果卵状球形，具宿存萼。花期夏季至秋季，秋季果熟。

园艺杂交种，热带地区多有栽培。本种花大色艳，盛花期缤纷烂漫，在庭园中适用于布置花坛、花径及盆栽。

喜光，为长日照植物，日照不足易徒长而且开花甚少，色泽不艳，性喜高温湿润气候，栽培土质须为疏松、肥沃和排水良好之壤土。繁殖用播种法，于春、秋二季进行。

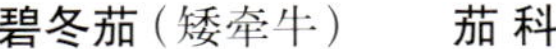

碧冬茄（矮牵牛）　　**茄 科**

Petunia hybrida Vilm.

一年生草本，高30～60厘米，全体被腺毛。叶互生，卵形，长3～8厘米，顶端急尖，基部宽楔形，边缘全缘，无柄。花

樱桃小番茄

单生叶腋；花梗长3～5厘米；花萼长1～1.5厘米，5深裂，宿存；花冠漏斗状，长6～8厘米，有单瓣和重瓣，花色有白、红、蓝紫、橙红、红、紫、玫红、粉红等色，有的有各式条纹。蒴果圆锥状，长约1厘米。开花期冬至翌年春季。

为杂交种。世界各地广为栽培。我国南北各地普遍种植。本种花姿秀美，花期持久，花谢花开，可持续近半年之久，花色极为丰富，五彩缤纷，明艳玫丽。是布置花坛、花径的优良花卉。

喜光，若光照不足，开花不良，性喜温暖，忌高温多湿，不耐干旱和寒冷，其茎质脆易折，须选择在避风处栽培，栽培土质须为富含腐殖质的沙质壤土或腐殖土。繁殖用播种法，于早春或秋冬季进行。

花烟草

碧冬茄

碧冬茄

碧冬茄

碧冬茄

碧冬茄

碧冬茄

碧冬茄

碧冬茄

碧冬茄

碧冬茄

碧冬茄

金杯花攀于棚架上

金杯花　　茄 科

Solandra nitida Zucc.

常绿蔓性灌木，长达5米以上，多分枝。叶互生，长椭圆形，长10～12厘米，先端渐尖，基部宽楔形，边缘全缘，绿色，质稍厚。花大型，顶生，长13～15厘米，有香气，花冠漏斗状，黄色，筒部内面有5条棕色纹，檐部直径14～15厘米，裂片5，反卷；雄蕊5。全株有毒。花期春至夏初。

原产墨西哥。热带地区多有栽培，我国台湾、福建、广东等地也常有栽培。仙湖植物园也有栽培，本种枝叶繁茂，攀爬力甚强，花朵硕大，色泽艳丽，为优良的木本花卉。适作、棚架植物或盆栽。

金杯花

木番茄的花序

木番茄

喜光，在半日照环境下生长亦佳，过于荫蔽则不开花，喜温暖湿润，耐高温，不耐干旱和寒冷，栽培土质须为肥沃和排水良好之沙质壤土。繁殖用播种法或扦插法，春至夏季均可进行。

木番茄　　茄科

Cyphomandra crassicaulis (Ortega) Kuntze

常绿乔木，高3~6米。叶互生，大型，轮廓为卵形，长25~35厘米或更长，第一回为羽状深裂，第二回为羽状浅裂至中裂。聚伞花序顶生；花的直径约5厘米，花冠辐状，5裂，初开时蓝紫色，后渐变为白色；雄蕊5，粘合为一圆锥体，花药黄色。浆果成熟时红色，开花期冬季。

原产南美安得斯地区。热带地区有栽培，我国广州、厦门和深圳等地都有栽培。本种株形挺拔，四季常绿，花大，花色绚丽，开花期持久，为优良的木本花卉。在庭园中单植或片植均有良好的观赏效果。

喜光，在半日照或稍荫处生长亦佳，性喜温暖至高温湿润气候，适应性强，生长迅速，栽培土质须为富含有机质、肥沃和疏松的壤土。繁殖用播种法，于春季进行。

珊瑚樱　　茄科

Solanum pseudo-capsicum Linn.

小灌木，高0.3~1.5米。叶互生，椭圆状披针形，长2~5厘米，先端渐尖，基部楔形，边缘全缘或波状，无毛。花通常单生，很少为蝎尾状花序，腋外生或与叶对生；花冠白色，直径0.8~1厘米，5裂。浆果幼时绿色，成熟后橙红色，直径1~1.5厘米，具宿存萼。花期全年，果期夏、秋至冬季。

原产南美洲。热带地区普遍栽培。我国华南地区也常见栽培。本种果实浑圆如珠，色泽晶莹亮丽，为良好的观果植物。每一个果从结果到成熟可持续约3个月。适合在庭园中片植或丛植、布置花坛、花径等，也可盆栽。

喜光，全日照或半日照的环境均能正常生长，性喜温暖至高温，不耐荫，如在过于荫蔽处则徒长，开花结果不良，栽培不择土壤，但须排水良好。繁殖用播种法，于春、夏和秋季进行。

另一栽培品种**变色珊瑚樱** *Solanum pseudo-capsicum* Linn.'Jubilee' 果幼时绿色，后变白色，熟时橙黄色。

水茄　　茄科

Solanum torvum Swartz

常绿灌木，高1~2米。小枝疏生宽扁的皮刺。叶单生或双生，卵形或椭圆形，长6~12厘米，顶端尖，基部心形或楔形，两侧不对称，边缘波状或具5~7裂，下面被星状毛。伞房花序腋外生，2~3歧；花白色，直径约1.5厘米，裂片5，外面被星状毛。浆果圆球形，直径1~1.5厘米，成熟

珊瑚樱

变色珊瑚樱

水 茄

时黄色。花果期全年。

产于云南、广西、广东、香港和台湾。亚洲热带及美洲热带有分布。自然生于荒地、灌丛中、沟谷及村庄边等潮湿处。本种全年均可开花结果，花色洁白，玲珑娇小，花形似星。适作庭园观赏树及作绿篱。

喜光，在半日照处生长亦佳，喜高温湿润气候，不耐干旱，对土质不择，但须湿润和排水良好。性强健，生长快速，栽培无须特殊管理。繁殖用播种法，春、夏、秋三季均可进行。

南美香瓜梨　　茄 科

Solanum muricatum Ait.

一年生草本，高60~90厘米。全株被细茸毛。叶互生，长椭圆形，长8~10厘米，先端渐尖，基部浅心形，边缘全缘或3裂或为3出小叶。浆果卵球形，长6~7厘米，初时绿白色，成熟后淡黄色，有紫色的条纹，有香气。花期夏秋季，果期秋季至翌年春季。

原产南美洲。热带地区普遍栽培，在我国台湾及华南地区常见栽培作水果食用。本种从栽培到结果仅须3个月的时间。每株结果数个。果实硕大，从绿白到淡黄色并有彩色条纹，十分美丽。为优良的观果植物。适宜于盆栽。

喜光，过于荫蔽开花结果不良，性喜温暖多湿，不耐高温和干旱，栽培土质须为疏松、肥沃和排水良好的沙质壤土。繁殖用播种和扦插法，于春、秋二季进行。因属草本植物，结果后留果不宜超过3枚，并须设支架，防止倒伏。

南美香瓜梨

野茄　　茄科

Solanum undatum Lam.

半灌木，高约50厘米。小枝幼时被星状毛及刺。上部叶假双生，不相等，叶片卵形至卵状披针形，长5~10厘米，先端渐尖，基部圆形、截形或近心形，边缘具波状圆裂，两面被星状毛。花序为蝎尾状聚伞花序。能育花单生于花序基部，花冠星形，淡蓝色，直径约1.5~2厘米，5裂，裂片三角形。浆果球形，直径2~3厘米，成熟时黄色。花期夏季，果期夏至秋季。

产福建、广东、香港、海南、广西、贵州及云南。广布于阿富汗、巴基斯坦、印度、越南、泰国、马来西亚、印度尼西亚、亚洲西南部及非洲。自然生长在灌木丛中。仙湖植物园有栽培。本种果色亮丽，经久不变，为良好的观果植物。适合于庭园美化及盆栽点缀。

喜光，耐半荫，性喜温暖湿润气候，耐高温，不耐干旱，栽培土质为肥沃、疏松和排水良好之壤土。繁殖用播种法，春季、夏、秋三季均可进行。

具相同用途的同属植物还有下列2种:

（1）**大黄茄** *Solanum* sp. 半灌木。果圆球形，大，直径7~8厘米，成熟时黄色，亮泽。

（2）**大红茄** *Solanum* sp. 半灌木。果圆球形，直径4~5厘米，最初绿色，后变黄色，成熟时红色。全年开花结果。

大黄茄

野茄的花

野茄的果

大黄茄的果

大红茄

金叶番薯

美丽银背藤

紫叶番薯

美丽银背藤　　旋花科

Argyreia nervosa (Burm. f.) Boj.

常绿木质缭绕藤本，长达10米。茎密被黄色或白色绒毛。单叶互生，卵形，长10～30厘米，先端骤急尖或急尖，基部心形，边缘全缘，上面绿色，无毛，下面密被有光泽的灰白色丝状绒毛。聚伞花序密集成球；花萼密被白色绒毛；花冠大，漏斗状，长约6厘米，粉红色，喉部紫红色，檐部直径约6厘米，5浅裂。浆果球形，直径约2厘米。花期7～9月，果期9～11月。

产于广东南部及香港。印度、孟加拉国、印度尼西亚、马来西亚等有栽培或野生。自然生长在山坡林边，在深圳的林边时见。本种为大型木质藤本，茎缭绕它物而上，生长极旺。其叶色翠绿，背面有银色光彩。花姿秀美，着花甚多而花期持久，为高级的棚架植物。

喜光，但在稍荫而明亮之地生长亦佳。性喜高温湿润，忌干旱和寒冷，栽培土质须为肥沃、湿润和排水良好之壤土。繁殖用播种和扦插法，于春、夏两季进行。

马蹄金　　旋花科

Dichondra repens Forst.

多年生匍匐小草本。茎细长，节上生根。单叶互生，肾形至圆形，直径0.4～2.5厘米，顶端宽圆或微缺，基部阔心形，边全缘，具长叶柄。花单生叶腋；花冠钟状，黄色，5深裂；雄蕊5，着生于2裂片弯缺处。蒴果近球形，直径约1.5毫米。

广布于两半球热带和亚热带地区。我国长江流域以南各地及台湾有栽培或野生。自然生长在山坡草地或沟边。深圳也有栽培。本种四季常绿，生长平整，为良好的地被植物。

喜光，但在日照较短的明亮处生长亦佳，性喜高温多湿，忌干旱，颇耐寒，不耐践踏，栽培无须修剪，土质须为肥沃、富含腐殖质、疏松和排水良好之壤土。繁殖用播种、扦插和分株等方法，春、夏、秋三季均可进行。

马蹄金

彩叶番薯　　旋花科

Ipomoea batatas (Linn.) Lam.

一年生草本。地下有块根。茎平卧，节上生根，多分枝，绿色或紫红色。叶片宽卵形，长4～13厘米，顶端渐尖，基部心形或截形，边全缘或3浅裂，叶色有绿、黄绿或紫绿和带色斑等。聚伞花序腋生，有1、3或7花；花冠粉红色、白色、淡紫色或紫色，漏斗状，长3～4厘米。夏季为开花期。

原产南美洲。全世界广为栽培。因叶有不同的色彩，除块根作食用外，其彩叶的品种通常栽培在庭园中作观叶植物，若将其牵引，可向上攀援，作棚架植物。

喜光，在半日照或明亮处生长正常，过于荫蔽则叶色暗淡，性喜温暖至高温湿润，不耐干旱，栽培土质须为肥沃、疏松和排水良好之沙质壤土。繁殖用扦插法或用块根栽植，春、夏、秋三季均可进行。

栽培品种有下列2种:

（1）**金叶番薯** *Ipomoea batatas* (Linn.) Lam.'Tainon No. 62' 叶金黄色或黄绿色。

（2）**紫叶番薯** *Ipomoea batatas* (Linn.) Lam.'Tainon No. 63' 叶暗紫红色或暗铜绿色。

树牵牛　　旋花科

Ipomoea fistulosa Mart. ex Choisy

常绿蔓性灌木，高1～3米。枝条有乳汁。单叶互生，宽卵形或卵状长圆形，长6～25厘米，顶端渐尖，基部心形或截形，边缘全缘，两面密被柔毛，背面中脉基部两侧各有1枚腺体。聚伞花序腋生或顶生；花冠漏斗状，长7～9厘米，粉红色或淡紫色，喉部红色。蒴果卵球形或球形，长1.5～2厘米。开花期夏至秋季。

原产热带美洲。热带地区多有栽培。我国、台湾、福建（厦门）、广东（广州、深圳）、香港、海南和广西（南宁）等地也有栽培。本种植株的枝叶浓密，花色清丽淡雅。为优良的木本花卉。适在花廊、花棚及围篱等处种植。

喜光，日照充足，开花不断，如在荫蔽环境则茎细弱而呈藤本状，性喜高温湿润，耐干旱和瘠薄，但在开花期必须保持土壤湿润，不耐寒冷，栽培土质须为土层深厚、肥沃和排水良好之沙质壤土。繁殖用播种和扦插法，春、夏、秋三季均可进行。

树牵牛

块茎鱼黄草

树牵牛的花

块茎鱼黄草的花及叶

块茎鱼黄草的果

块茎鱼黄草（木玫瑰）　　**旋花科**

Merremia tuberosa (Linn.) Rendle

常绿缭绕藤本，分枝繁密。单叶互生，叶掌状深裂，裂片7，长椭圆形，长8～10厘米，先端渐尖，边缘全缘。聚伞花序顶生，通常有5花；花萼宿存，萼片5，2枚外萼片与3枚内萼片近相等。花冠漏斗状，长6～7厘米，檐部直径约7厘米，黄色。蒴果球形，未熟前为宿萼所包，呈圆锥形，成熟后与宿萼均木质化，宿萼开裂。花期夏至秋季，果期冬至翌年春季。

原产热带美洲。热带地区普遍栽培。我国台湾、福建、广东、海南、香港、广西及云南南部等地区均有栽培。仙湖植物园也有栽培。本种枝叶繁茂，蔓延力甚强，生长快速旺盛，夏秋季盛花期，繁花似星，满目金黄，果熟后，木质化的宿萼及蒴果组成一朵似干燥了的玫瑰花，经久不落，“木玫瑰”由此而得名。适合在花廊、花篱、屋顶、花棚等地种植，为优良的垂直绿化植物，可观花又可观果。

喜光，在半日照环境亦生长旺盛，性喜高温湿润，不耐寒冷和干旱，生长期须保持土壤的湿度，栽培土质须为富含腐殖质和排水良好之壤土。繁殖用播种法，春至秋季均可进行。

伞花鱼黄草

同属植物有**伞花鱼黄草** *Merremia umbellata* (Linn.) Hall. f. subsp. *orientalis* (Hall. f.) Ooststr. 叶卵形或卵状长圆形，长4～14厘米，顶端锐尖，基部心形，边缘全缘。花冠白色。产于广东、海南、香港、广西和云南。热带东非及热带亚洲至澳大利亚东北部有分布。自然生长深谷疏林或灌丛中。深圳山地疏林中常见。

块茎鱼黄草的果干后宿萼开裂

毛麝香

毛麝香　　玄参科

Adenosma glutinosum (Linn.) Druce

多年生直立草本。全株密被多细胞长柔毛和腺毛。叶对生，卵状披针形至宽卵形；长2～10厘米，形状和大小多变异，先端急尖，基部楔形、截形或微心形，边缘有不整齐的锯齿。花单生叶腋或在茎、枝顶端集成密的总状花序；花冠二唇形，紫红色或蓝紫色，长0.9～2.8厘米，上唇圆，下唇3裂。蒴果卵形，长0.5～1厘米。花果期7～10月。

产于江西南部、福建、广东、广西及云南。南亚、东南亚及大洋洲有分布。自然生长山坡林下湿润处，是深圳山坡草地及林边较常见的野生花卉。本种全株有香气，花色艳丽，花姿秀美，有较高的观赏价值。适作庭园美化及盆栽。

喜光，喜高温湿润气候，耐干旱和贫瘠，栽培土质宜为湿润和肥沃之壤土。繁殖用播种法，于春季进行。

金鱼草　　玄参科

Antirrhinum majus Linn.

多年生草本，株高0.15～1米。叶对生，披针形，长4～5厘米，先端渐尖，基部宽楔形，两面无毛。总状花序顶生，高性品种的花序长可达25厘米；花冠筒状，檐部二唇形，筒基部膨大呈囊状，上唇2裂，下唇3裂，花色甚多，除蓝色外，其他各色都有；雄蕊4。蒴果卵形，花期春至秋季。

原产地中海沿岸及北非。世界各地常见栽培。栽培品种很多，按植株的高矮可分为：高茎品种高80～90厘米；中茎品种高50～60厘米；矮茎品种高20～30厘米。本种花色丰富，花姿婀娜，形似金鱼，故名“金鱼草”。高茎和中茎品种适合于布置花坛和花径，矮茎品种除可用于布置花坛外，还可盆栽。

喜光，稍耐半荫，过于荫蔽则植株徒长，开花少，性较耐寒，忌高温多湿，宜植于凉爽通风环境，栽培土质须为富含有机质、肥沃和排水良好的沙质壤土。繁殖用播种法，春、秋和冬季均可进行。

金鱼草的高性品种

荷包花　　玄参科

Calceolaria herbeohybrida Voss.

多年生草本，常作一年生栽培，株高20～30厘米。叶卵形或宽卵形，长8～10厘米，被柔毛，先端急尖，基部近圆形，边缘有疏点；叶柄甚短。伞房花序顶生；花冠二唇形，上唇2裂片连合成一较小的囊状，下唇3裂连合成一较大的囊状，直径约4厘米，花有黄、红、橙红、橙黄、玫红及乳白等色并散生许多深色或浅色的细小斑点。花期2～5月。

为园艺杂交种。本种的花形如荷包，典雅精致，色彩艳丽丰富。适合盆栽，美化庭园。

喜光，为长日照植物，喜温暖和湿润，忌高温高湿，不耐寒，喜凉爽通风环境，栽培土质须为肥沃、疏松和排水良好之沙质壤土。繁殖用播种法，于秋、冬季进行。

金鱼草的中性品种

金鱼草的矮生品种

荷包花

毛地黄

荷包花

荷包花

毛地黄的花序

毛地黄　　玄参科

Digitalis purpurea Linn.

一年生或多年生草本，高0.6～1米。全体被灰色短柔毛和腺毛。茎单生或丛生。基生叶密集成莲座状，卵形或长椭圆形，长5～15厘米，先端渐尖，基部渐狭；边缘具圆齿；叶柄具翅；茎生叶与基生叶同形，向上的渐小。总状花序顶生，长30～50厘米；花多数，偏向一侧，下垂，花冠黄色、白色、粉红色或紫红色，二唇形，上唇微2裂，下唇3裂，花筒内有斑点；雄蕊4，二强。蒴果卵形，长约1.5厘米。花期5～7月。

原产欧洲及亚洲西部。我国各地有栽培。本种花茎挺立，盛花时花多色艳，花姿秀美，为布置花坛和花径的优良花卉。惟本种全株有毒，须提醒市民注意。

喜光，全日照或半日照环境均能正常生长，耐半荫、耐寒，忌高温又干旱，栽培地宜湿度高又凉爽，在深圳适宜在郊野公园之山坡种植，在平地种植越夏困难，土质须为肥沃、疏松和排水良好之沙质壤土。繁殖用播种法，于春、秋二季进行。因属直根系，宜直播。

蓝金花　　玄参科

Otacanthus coeruleus Lindl.

半灌木，高50～90厘米。叶对生，卵状披针形或长椭圆形，先端急尖，基部渐狭或近圆形，边缘具细锯齿。花单生于叶腋，蓝紫色，冠管细，檐部二唇形，上唇

蓝金花

地 黄

顶端微凹，下唇3浅裂，基部有一白道。花期夏季。

原产巴西。热带地区多有栽培，仙湖植物园也有栽培，生长良好。本种花期持久，花色素雅，花姿端丽。适于庭园美化及盆栽。

喜光，在半日照或稍荫处亦能正常生长，性喜温暖，耐高温，不耐干旱和寒冷，栽培土质须为肥沃、疏松和排水良好之沙质壤土。繁殖用扦插法，于春、秋二季进行。

地 黄　　玄参科

Rehmannia glutinosa (Gaertn.) Libosch. ex Fisch.

多年生草本，具根茎。植株高10～30厘米，全体被多细胞长柔毛和腺毛。叶密集成莲座状，叶片卵形或长圆形，长10～13厘米，上面绿色，下面紫红色，顶端钝，基部楔形，边缘具圆齿、钝齿或尖齿。花在茎顶排成总状或全部单生叶腋；花萼具10条隆起的脉；花冠紫红色，长3～4.5厘米，筒部稍弯曲，檐部二唇形。蒴果卵形，长1～1.5厘米。花期4～7月。

产于华北、华东及华中各地。自然生长在山坡、路旁、墙边等地。国内各地及国外均有栽培，仙湖植物园也有栽培，生长良好。本种在深圳的气候条件下栽培通常不长花葶，其花几全部单生叶腋，花色艳丽，花姿奇异。适用于园林美化，以盆栽为佳。

喜光，喜温暖气候，耐高温湿润，耐寒冷和干旱，亦耐贫瘠，对土质不择，但如为疏松肥沃之沙质壤土或壤土，则生长旺盛。繁殖用播种法，于春季进行。

夏 堇　　玄参科

Torenia fournieri Lindl.

一年生草本，株高20～30厘米。茎多分枝。叶对生，披针形或卵状披针形，长4～5厘米，先端渐尖，基部心形，边缘具

夏 堇

夏 堇

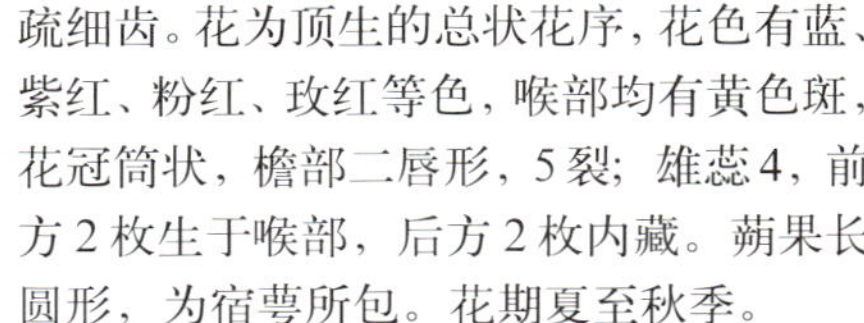

疏细齿。花为顶生的总状花序，花色有蓝、紫红、粉红、玫红等色，喉部均有黄色斑，花冠筒状，檐部二唇形，5裂；雄蕊4，前方2枚生于喉部，后方2枚内藏。蒴果长圆形，为宿萼所包。花期夏至秋季。

原产越南。热带地区广为栽培。本种开花期甚长，花色丰富，五彩缤纷，花姿典雅精致。在盛夏花卉缺乏之时，它能带给人们美感、温馨和凉意。是美化庭园和布置花坛、花径的优良花卉。

喜光，在半日照处亦能正常生长，性

毛萼口红花

夏 堇

夏 堇

喜高温湿润，栽培对土质要求不严，但如为疏松、肥沃的和排水良好的沙质壤土则生长更加良好，开花更为旺盛绚丽。繁殖用播种法，主要在春季进行，夏、秋季也可播种。

毛萼口红花　　苦苣苔科

Aeschynanthus lobbianus Hook.

多年生草本，茎匍匐或悬垂。叶对生，卵形或椭圆形，长3.5～5厘米，革质，亮绿色，顶端急尖，基部圆，边全缘。聚伞

美丽口红花

金红花

花序顶生；花萼筒状，长1～1.5厘米，顶端5浅裂，暗褐红色，密被白色短绒毛；花冠筒状，长3～3.5厘米，红色，外面被短绒毛，上部稍向上弯曲，檐部不明显二唇形；雄蕊4，二强；花柱微伸出花冠外。蒴果线形，2片裂。花期春至秋季。

原产马来西亚。热带地区多有栽培，深圳也有栽培，生长良好。本种的茎多呈悬垂状，红色的花簇生于枝顶，花朵轻绽，美奂美轮，摇曳多姿，是优良的盆栽花卉。适于悬挂于花廊、花架和室内供观赏。

耐半荫，忌强阳光直射，性喜高温湿润，不耐寒冷和干旱，栽培土质须为疏松、肥沃和排水良好之腐殖土。繁殖用扦插法，全年均可进行。

与本种近似的有**美丽口红花** *Aeschynanthus speciosus* Hook. 叶披针形，长7～8厘米。花萼绿色；花冠筒下部黄色，上部橙红色，花柱较长地伸出花冠之外。原产马来西亚、印度尼西亚和爪哇岛。

金红花　　苦苣苔科

Alloplectus martius

多年生草本。有块状根状茎。株高15～25厘米。叶对生，卵状披针形，长13～15厘米，上面褐绿色，有光泽，下面紫红色，边缘有锯齿，侧脉与网脉均明显下陷。花排成腋生或顶生的伞形花序；花筒状，花萼橙红色；花冠黄色。春末、夏季至秋季开花。

原产巴西。热带地区多有栽培，深圳也有栽培，生长良好。本种的叶及花均有丰富的色彩，不是开花期可观叶，开花期观花与观叶并举，花期持久，是优良的观赏花卉。可植于庭园较阴湿处，或盆栽。

耐半荫，忌强阳光直射，喜高温多湿气候，空气的湿度越大越有利其生长，不耐寒，不耐干旱，栽培地须潮湿，土质以肥沃和排水良好的沙质壤土为宜。繁殖用播种法，春季为播种期，还可用分株法，取其块茎分株，全年均可进行。

蚂蝗七　　苦苣苔科

Chirita fimbrisepala Hand.-Mazz.

多年生草本，具粗根状茎。叶全部基生，叶片卵形或近圆形，长4～10厘米，顶端急尖，基部两侧不对称，边缘有锯齿，上面密被毛，下面疏被毛。聚伞花序1～4条，每一花序有2～5朵花；苞片2，狭卵形，长0.5～2厘米。花冠淡紫色，长4～5厘米，冠筒漏斗形，檐部二唇形，上唇长约0.7～1厘米，下唇长1.5～2厘米。蒴果线形，长6～8厘米，密被短毛。花期5～6月。

产于福建、江西、湖南、广东、广西和贵州南部，自然生于山地林中石上或石崖上。福建和广东的植物园多有栽培，生长良好。本种花期长，花色淡雅，花姿秀美。适作盆栽花卉，置于花廊或花棚之下及室内供观赏。

耐半荫，性喜温暖湿润，耐高温，忌强阳光直射，不耐干旱。栽培土质须为疏松、肥沃和排水良好之腐殖土。繁殖用播种和分株法，于春季进行。

具相同用途的有下列2种

（1）**广东半蒴苣苔** *Hemiboea subcapitata* Clarke var. *guandongensis* (Z. Y. Li) Z. Y. Li 多年生草本。茎直立，高15～20厘米，肉质，无分枝。叶对生，椭圆形，长10～15厘米，边全缘或有波状浅齿。聚伞花序腋生或假顶生，具3～10花；两枚苞片联合成球形；花冠白色，长3.5～4.5厘米，内面有紫斑。产于广东。梧桐山林下石上或阴湿处常见野生。仙湖植物园有栽培，生长良好。花期夏至秋季。

（2）**大叶石上莲** *Oreocharis benthamii* Clarke 多年生草本。具长根状茎。叶基生成丛，叶片椭圆形或卵状椭圆形，长6～12厘米，两面被毛。聚伞花序2～4条，每一花序有2～3次分枝，有花4～11朵；苞片2，线状披针形，长3～4毫米；花冠淡紫色，细筒状，长约3～3.5厘

蚂蝗七

广东半蒴苣苔

大叶石上莲

米。产于广东、广西、江西及湖南，自然生长在林下岩石上，仙湖植物园有栽培，生长良好。开花期8～9月。

小叶金鱼花　　苦苣苔科

Columnea microphylla Klotzsch

多年生草本。茎细长而悬垂，长1～2.5米，稍木质，密被棕色红绒毛。叶对生，很密，宽卵形或三角状卵形，长1～1.3厘米，肉质，深绿色，密被红棕色绒毛。花单生于叶腋，橙红色，喉部黄色，花冠长筒状，被绒毛，长约3.5厘米，檐部二唇形，上唇盔状，下唇裂片线状披针形，两枚侧裂片横展。花期春至夏季。

原产热带美洲。热带地区常有栽培。本种枝蔓柔细，叶密生，似一对对心形的小钮扣，故又名"钮扣金鱼花"。花的形态活象一条条小金鱼，十分精致，是观叶与观花并举的优良花卉。适悬挂于花廊、花架和室内供观赏。

小叶金鱼花

细叶金鱼花

大岩桐

大岩桐

耐半荫，忌强阳光直射，性喜高温多湿，不耐低温和干旱，宜植于空气湿度高和阴凉通风处，栽培土质须为富含有机质、疏松和排水良好的腐殖土。繁殖用扦插法，于春、秋二季进行。

具相同用途的有**细叶金鱼花** *Columnea* × 'Stavanger' 为园艺杂交种。叶密生，椭圆形，长约1厘米，深绿色，有光泽，中脉凹陷。花腋生，多而密，花冠橙红色，长筒状，长约5～6厘米。花期冬至翌年春季，耐寒力较强，生长旺盛。

大岩桐　　苦苣苔科

Sinningia garden hybrids

多年生肉质草本，具球根，株高10～20厘米。叶交互对生，椭圆形，长10～12厘米，密被柔毛，两端均近圆形，边缘有钝锯齿。花单生叶腋，花冠钟状，长6～7厘米，单瓣或重瓣，有多种色彩或镶边。花期春至夏季。

大岩桐的原种 *Sinningia speciosa* (Lodd.) Hiern. 产于巴西。目前栽培的多为园艺杂交种。本种花期较长，色彩缤纷，姹紫嫣红，明艳瑰丽，观赏价值甚高。适宜于盆栽，置花廊、花棚下及室内或阳台阴处供欣赏。

耐半荫，忌强阳光直射，性喜高温多湿，栽培须置阴凉通风处，栽培土质须为肥沃、疏松和排水良好的腐殖土。繁殖可用扦插、叶插、芽插、球根分植和播种等方法，于春、秋二季进行。

大岩桐

大岩桐

非洲紫罗兰　　苦苣苔科

Saintpaulia garden hybrids

多年生草本，株高8～12厘米，全株密生绒毛。叶多基生，肉质，卵形、近圆形或宽椭圆形，长5～6厘米，顶端急尖，或圆钝，基部圆或微心形，边缘有细齿。花单生叶腋；花梗通常伸出叶丛之上；花冠有单瓣或重瓣，花色有红、桃红、粉红、紫红、白、蓝或有浅色镶边或条纹等。全年均可开花。

非洲紫罗兰的原种 *Saintpaulia ionantha* H.Wendl. 产于东非。但目前栽培的多是园艺杂交种。品种达千余。全世界广为栽培，我国各地也普遍栽培。本种花期甚长，几乎全年都在开花，花色丰富，缤纷绚丽，花姿秀美，观赏价值甚高。适合于盆栽，置花廊和花架之下及室内供欣赏。

非洲紫罗兰

非洲紫罗兰

非洲紫罗兰

十字架树的叶形

耐半荫，忌强阳光直射，性喜温暖多湿，耐高温，夏季须通风，冬季须避风，栽培土质须为疏松、肥沃和排水良好之腐殖土，土壤宜保持湿润，忌长期过湿。繁殖用播种、分株和叶插等方法，全年均可进行。成活率高，栽培容易。

十字架树（叉叶树）　　**紫葳科**

Crescentia alata H.B.K.

常绿小乔木，高4～6米。掌状复叶具3小叶，顶生小叶长圆状倒披针形或倒匙形，无柄，长5～8厘米，侧生小叶较短小，水平开展，有柄；叶柄长6～10厘米，两侧有宽翅，似一枚小叶。3枚小叶与叶柄连成1个十字架形，故而得名。花生于小枝、老枝或树干上；花冠钟状，褐色，有紫色纹，有褶皱，喉部膨大成囊状。果球形，直径5～7厘米，绿色。5～6月开花，7～9月结果。

原产墨西哥至哥斯达黎加。亚洲热带至大洋洲广为栽培。我国广东、云南也引进栽培，生长良好，旺盛，每年均开花。盛花期从小枝、老枝至树干都长花，花多而密，花期长，叶形奇特，宛如一枚枚小型十字架，既有趣味性又有观赏性，是一种具有很高的观赏价值的园林风景树和绿化树。

喜光，喜高温湿润，不耐寒，忌干旱，土壤宜为疏松、肥沃、富含腐殖质的沙质壤土。因花生于枝条上，因此不能修剪。繁殖可用播种、扦插或高压法，于春季或夏初进行。

十字架树生在树干上的花

十字架树

十字架树花的形态

猫爪藤　　**紫葳科**

Macfadyena unguis-cati (Linn.) A. Gentry

多年生常绿藤本。叶对生，在叶柄顶端生两枚小叶；小叶柄之间生三叉的卷须；小叶卵状披针形，长6～8厘米，顶端渐尖，基部圆，边全缘或微波状，两面无毛。花冠黄色，筒状，冠檐5裂。开花期

猫爪藤

火烧花的树形

3～6月。

原产美洲热带。我国热带地区时有栽培，深圳也有栽培。本种攀援性强，花色明艳，花期持久，是优良的藤本花卉。适合于花架、花篱、花廊及外墙等的垂直绿化。

喜光，在半日照处生长良好，喜温暖至高温湿润气候，耐干旱，也较耐寒，适应性颇强，栽培须用肥沃、疏松的沙质壤土。繁殖用扦插法，于春、秋二季进行，成株萌生侧枝甚多，故不易长高，须常修去过多的侧枝，才可促其长高，攀上棚架。

火烧花　　紫葳科

Radermachera ignea (Kurz) van Steenis

常绿乔木，高可达15米。叶为大型二回羽状复叶；小叶卵形至卵状披针形，长6～11厘米，顶端长渐尖，基部偏斜，全缘，无毛。花5～10余朵排成短穗状花序，生于老枝上；花冠金黄色或橙黄色，钟状，长6～7厘米，檐部直径1.5～1.8厘米，5裂，裂片半圆形；雄蕊4枚，两两成对，伸出花冠外。果线形，长达45厘米，直径约7毫米。花期一般在2～5月，果期5～9月。

原产于中南半岛各国、缅甸及印度，我国台湾、广东、广西、云南南部有分布，生于干热河谷及低山丛林中。在广州、深圳及西双版纳等地有栽培。本种树形壮观，花色艳丽，花期长，在盛花期，可见老枝上一丛一丛黄灿灿的花朵，十分夺目，是一种有很高的观赏价值的乔木花卉，可作园林观赏树和绿化树。在深圳栽培生长良好，每年都开花。

喜光，喜高温湿润，耐干旱，不耐寒冷，栽培地宜为富含腐殖质的沙质壤土，在生长发育期须施肥及浇水。繁殖可用播种及嫁接法，在春季或夏初进行。以**海南菜豆树** *Radermachera hainanensis* Merr. 为砧木，嫁接成活后，能迅速开花。

蔷薇风铃花（蔷薇钟花）　　**紫葳科**

Tabebuia rosea (Bertol.) DC.

常绿乔木，高可达10米。掌状复叶通常具小叶5枚，偶有3枚；小叶椭圆形，长10～13厘米，革质，亮绿，全缘。聚伞或圆锥花序生于枝顶；花长7～8厘米，花冠钟状，粉红色，中心黄色，檐部有皱褶，直径6～7厘米；雄蕊4枚，2长2短。花期3～4月，未见结果。

原产美洲热带。我国南部及其他热带地区有栽培，仙湖植物园也有栽培，生长旺盛，快速。本种在开花期花多叶少，一片绯红，灿烂夺目，花后新叶逐渐萌生。树冠长圆状伞形，苍劲翠绿，是一种有很高的观赏价值的乔木花卉，可作园林观赏树或绿化树。

喜光，栽培地日照需充足，性喜高温、湿润，不耐寒，忌干旱，栽培土壤以富含腐殖质的沙质壤土为佳，在春、夏季开花、发叶及生长期，须施肥及浇水。繁殖可用

火烧花生于老枝上的花序

火烧花与海南菜豆树嫁接的植株

蔷薇风铃花

蔷薇风铃花的叶形

黄风铃花

蔷薇风铃花的花序

播种、扦插及高压法，在春、秋二季进行。如在秋季播种，幼苗须保温越冬。

具相同用途的还有**黄风铃花** *Tabebuia chrysantha* (Jacq.) Nichols 常绿乔木，高6～10米。小叶3～5，卵状椭圆形；花冠黄色。开花期较短，通常不及半月。原产南美洲。热带地区有栽培。

金脉单药花　　爵床科

Aphelandra squarrosa Nees 'Dania'

常绿灌木，高0.6～1米。叶对生，卵形或卵状椭圆形，长10～12厘米，全缘，深绿色，微皱，主脉及侧脉呈淡黄色。穗状花序顶生，生十数朵花；花金黄色，由下向上渐次开放。夏季至秋季为开花期。

原产热带美洲。热带地区多有栽培。本种观叶和赏花并举，金黄色的花可持续数周不凋，是优良的灌木花卉，可地栽也可盆栽。如作盆栽，长至20多厘米即可开花。

耐半荫，忌强阳光直射，喜高温多湿气候，不耐干旱，亦不耐寒冷，栽培地须是阴凉、湿润和排水良好，土质要求富含腐殖质、疏松的沙质壤土。繁殖用扦插法，于春、秋两季进行。

假杜鹃　　爵床科

Barleria cristata Linn.

多年生草本或半灌木，高0.5～1.5米。叶对生，椭圆形、长椭圆形或卵形，长3～10厘米，两面被毛，全缘，长枝上的叶早落，短枝上的叶较小，长仅2～4厘米。花2朵生于叶腋，但在短枝的花密集；花冠二唇形，蓝紫色或白色，有时白色着生蓝色斑道，檐部5裂；能育雄蕊4，2长2短。蒴果长圆形，长1.2～1.8厘米。11～12月开花。

原产印度。热带地区多有野化。我国台湾、福建、广东、海南、广西及西南各地都有野生。本种花色多变，同一植株常有数种色彩的花，姿美色艳，故常被栽培供观赏，并宜作绿篱或盆栽。

耐半荫，喜高温多湿，不耐干旱，不

金脉单药花

假杜鹃

鸟尾花

黄鸟尾花

红网纹草

耐寒，栽培应常保持湿润，冬季要置温暖和避风处，土质以富含有机质的沙质土为佳。繁殖用扦插法，于春、秋二季进行。

鸟尾花（十字爵床）　**爵床科**

Crossandra infundibuliformis (Linn.) Nees

多年生草本，株高20～60厘米。叶对生，披针形，长5～12厘米，无毛。穗状花序腋生，苞片密集呈覆瓦状排列；花2～3朵簇生于花序轴的顶部；花冠二唇形，花瓣5枚，橙红色，喉部黄色。高脚杯状，春至秋季为开花期，在深圳冬季仍见开花。

原产于非洲、印度南部和斯里兰卡。热带地区广为栽培。深圳地区栽培十分普遍。本种的开花期甚长，花色鲜明，花姿别致，形似展开的鸟尾，故而得名。适宜于丛植作庭园美化，布置花坛及盆栽摆设。

喜半荫，栽培地以半日照为佳，在稍荫蔽处亦能正常生长，忌强阳光直射，但在冬季可置于阳光直射之处，性喜高温多湿，不耐寒冷，不耐干旱，土质须为肥沃、疏松和排水良好之沙质壤土。繁殖用扦插法，于春、秋两进行。

有相同用途的同属植物还有**黄鸟尾花** *Crossandra nilotica* Oliv. 原产于南非。全株密被茸毛。叶披针形。花黄色。

珊瑚花　**爵床科**

Cyrtanthera carnea (Lindl.) Bremek.

多年生草本或半灌木，株高约1米，具叉状分枝。叶卵状披针形，长9～15厘米，全缘或有波状齿。穗状花序排成圆锥花序状，顶生，长约8厘米；花粉紫红色，长约5厘米，具黏毛，二唇形，略弯曲；雄蕊2，生于喉部。蒴果有4粒种子。夏末至初秋为开花期。

原产巴西。热带地区多有栽培。本种花色柔美，一个个圆锥花序似一丛丛的彩色的珊瑚，形态生动别致，为优良的观花植物。适宜在庭园中丛植或布置花坛及盆栽。

喜光，在半荫处生长亦佳，喜高温多湿气候，不耐寒冷和干旱，土质须为疏松和排水良好的沙质壤土，如土壤黏性大和排水不良则根部易腐烂。繁殖用扦插法，于春、秋两季进行。

喜花草（可爱花）　**爵床科**

Eranthemum pulchellum Andr.

半灌木，高达1米。叶对生，卵形或椭圆形，长10～20厘米，全缘或有不规则波状锯齿。穗状花序顶生和腋生，长3～10厘米；苞片覆瓦状排列；花萼绿白色，长6～8毫米；花冠通常蓝色，也有白色，花冠管长约3厘米，檐部5裂；雄蕊2枚。春季为开花期。

原产印度和喜马拉雅山热带地区。我国台湾、福建、广东、香港、广西及西南部各地广为栽培。本种在盛花期开花的密度大，远望一片湛蓝，清雅宜人。适用于庭园美化，也可盆栽供室内摆设。

耐半荫，喜高温湿润气候，不耐寒冷、不耐干旱，土质须为肥沃而湿润之沙质壤土。繁殖用扦插法，极易成活，于春、秋两季进行。

红网纹草　**爵床科**

Fittonia verschaffeltii E. Coem.

多年生草本，株高5～15厘米。全体密被茸毛。茎匍匐。叶对生，椭圆形，长8～9厘米，主脉、侧脉及网纹均呈红色。穗状花序顶生，长10～20厘米，具多数覆瓦状排列的绿色苞片；花黄色，二唇形，长约1厘米。秋季为开花期。

原产秘鲁。热带地区广为栽培。本种的特色是叶脉全为红色，四季叶色不变，开花期花序及黄色的小花亦甚美观，是以观叶为主与观花并举的植物。适宜于盆栽或作吊盆挂在公园的花廊之下作装饰。

珊瑚花

喜花草

白网纹草

小叶白网纹草

耐半荫，忌强阳光直射，性喜高温多湿，稍耐寒，但遇冬季寒流，须置温暖处，土质须是富含腐殖质的沙质壤土。繁殖用扦插法和分株法，全年均可进行。

有相同用途的本属植物有下列2种：

（1）**白网纹草** *Fittonia verschaffeltii* E.Coem. var. *argyroneura* Nichols 叶长7～8厘米，叶脉全部为白色。原产秘鲁。

（2）**小叶白网纹草** *Fittonia argyroneura* Nichols.'Minima' 叶较小，长约2～3厘米，叶脉全部白色。栽培品种。

银斑驳骨丹

粉露草

银斑驳骨丹　　爵床科

Gendarussa vulgaris Nees 'Silvery Stripe'

常绿小灌木，高约1米。叶对生，披针形，长6～10厘米，灰绿色，有银白色斑纹。穗状花序顶生或生于上部叶腋；花冠二唇形，长1.5～1.7厘米，白色或粉红色，带紫色斑，上唇微2裂，下唇3浅裂。蒴果长约1.2厘米，棒状。春末夏初为开花期，秋季果熟。

为栽培品种（原种**驳骨丹** *Gendarussa vulgaris* Nees 产于亚洲热带，见《深圳园林植物》第215页）。热带地区多有栽培。在深圳栽培生长良好，为优良的观叶植物。适宜作庭园美化或植作绿篱，也可盆栽作室内摆设。

喜光，在稍荫蔽处亦能生长良好，性喜高温湿润气候，耐寒亦耐旱，因以观叶为主，故不可随意修剪，土质以疏松、排水良好、富含有机质的沙质壤土为佳。繁殖用扦插法，于春至秋季进行。

粉露草　　爵床科

Hypoestes phyllostachya Baker

多年生草本。植株高达60厘米。茎蔓生，在节处生不定根。叶对生，卵形或长卵形，长7～8厘米，常于叶腋处发出新枝。叶红色、粉红色或白色，主脉及侧脉为褐绿色。花淡紫色。

原产马达加斯加。热带地区多有栽培。本种以观叶为主，其叶的色彩丰富，除叶的本身有不同颜色外，还配以不同色彩的叶脉，风格异雅。适合植于庭园半荫处栽植，亦可盆栽作室内摆设。

红点草

耐半荫，忌强阳光直射，但过于阴暗则叶色变绿，斑纹亦不明显，性喜高温多湿，栽培土质须为排水良好、富含有机质的沙质壤土。植株老化后可剪去老枝，促进新枝萌生。繁殖用扦插法，全年均可进行，但在以春、秋两季为佳，成活率高。

有相同用途的还有**红点草** *Hypoestes phyllostachya* Baker 'Pink Cushion' 叶绿色，叶面有鲜红色斑。栽培品种。

串心花　　爵床科

Jacobinia velutina Voss.

半灌木，植株高30～60厘米。叶对生，长圆状披针形，长10～13厘米，先端渐尖，侧脉凹陷。花多数，排成顶生的圆球形的穗状花序；花冠粉红色，筒状，5裂，二唇形，上部2裂较短，完全联合，下部3裂片稍长，彼此联合部分占全长的1/4。春至夏季为开花期。

原产巴西。热带地区多有栽培。本种花姿柔美，花色淡雅，盛花期圆球形的穗状花序令人赏心悦目，为优良的木本花卉。适宜庭园美化或盆栽供摆设。

串心花

翠芦莉

锦芦莉

喜光，栽培地全日照或半日照均能生长良好，喜高温多湿，不耐寒冷和干旱，土质须为富含有机质和排水良好的沙质壤土或壤土。繁殖用扦插法，于春、秋两季进行。

翠芦莉　　爵床科

Ruellia brittoniana Leonard

半灌木，有的株高20多厘米，有的株高可达60~80厘米。叶对生，线形，长10~12厘米。花2至4朵排成腋生总状花序；花冠淡紫色，高脚杯状，直径2.5~3厘米，花冠管细，长约1.5厘米，喉部深紫色，并有深紫色纹伸向花冠的中部。开花期春至秋季。

马 蓝

原产墨西哥。热带地区多有栽培。本种花冠色泽美艳，从春季至秋季花开花谢，开花不断，花期甚长，为优良的木本花卉。适合于庭园美化或盆栽。

耐半荫，在全日照处亦能正常生长，性喜高温多湿，不耐干旱，不甚耐寒，栽培不择土壤，但以疏松和富含有机质的壤土为宜。繁殖用扦插法和分株法，也可用播种法，均于春、秋两季进行。

同属植物有**锦芦莉** *Ruellia devosiana* E.Morr. 多年生草本，株高20~30厘米。叶椭圆形，长8~10厘米，顶端圆，基部楔形，近全缘，绿色，中脉及侧脉均为白色。花单生叶腋，淡紫色，长约3.5~4厘米，花冠檐部5裂，裂片中央具1深紫色纵纹。原产巴西，热带地区有栽培。

马 蓝　　爵床科

Strobilanthes cusia (Nees) Kuntze

多年生草本，茎直立或外倾，高0.3~1米。枝条成对分出。叶卵形或椭圆形，长10~20厘米。穗状花序腋生和顶生，长10~20厘米；花堇紫色、红色或白色，花冠圆筒状，上部内弯，管部圆柱形，檐部5裂，裂片等大；雄蕊4。蒴果棒状，长约2厘米。秋至冬初开花。

产于广东、海南、香港、广西、云南、贵州、四川、福建和浙江。中南半岛和南亚各国有分布。深圳的山野间亦较常见。多生于沟边潮湿处或树荫下。本种的花色美艳，可作庭园美化。现各地普遍栽培，仙湖植物园也有栽培。可用于提取蓝色染料和作药用。

耐半荫，栽培地全日照或半日照均能正常生长，性喜温暖潮湿，不耐干旱，稍耐寒，土质须为湿润、肥沃、疏松的壤土。繁殖用播种法，于春季进行。

波斯红草　　爵床科

Strobilanthes dyerianus Mast.

半灌木，株高10~20厘米。茎密被毛。叶对生，椭圆状披针形，长约10厘米，叶脉明显，密被长柔毛，上面绿色至紫黑色，脉间有紫色斑，下面全为紫红色。

原产缅甸和马来西亚。热带地区常见栽培。本种叶色鲜明，深色与浅色相间，十分和谐雅致，是良好的观叶植物。可在庭园较荫蔽处种植，美化效果甚佳，亦可盆栽供室内摆设。

耐荫，在半荫处亦能正常生长，忌强阳光直射，喜高温多湿气候，不耐干旱和寒冷，栽培土质须富含有机质的腐殖土。繁殖用扦插法，于春至夏季进行。

桂叶山牵牛（樟叶老鸦嘴）　　爵床科

Thunbergia laurifolia Lindl.

大型藤本，茎枝4棱形。叶长圆形或长圆披针形，长7~18厘米，先端渐尖，基部宽楔形，边全缘，具三出脉。总状花序顶生或腋生；花冠两侧对称，管部和喉部淡黄白色，冠檐淡蓝色，直径6~7厘米，裂片圆形。蒴果球形，直径约1.5厘米，先

波斯红草

桂叶山牵牛（樟叶老鸦嘴）

杜红花

杜红花的果

端具长喙。花期春至秋季。

原产中南半岛各国和马来西亚。热带地区有栽培，我国南方也有栽培。本种枝茎蔓延力甚强，四季常绿，花姿美观，花色清雅，开花期持久，为优良的藤本花卉。宜作花篱、花廊或荫棚的垂直绿化。

喜光，性喜高温多湿，耐旱，不耐寒，栽培不择土壤，但以肥沃、富含腐殖质的壤土最佳。繁殖用扦插法或分株法，于春至夏季进行。

杜红花　马鞭草科

Callicarpa formosana Rolfe

落叶灌木，高1～4米。小枝密被黄色星状毛。叶卵状椭圆形，长6～15厘米，宽3～8厘米，顶端渐尖，基部圆，边缘有细齿，下面被黄色星状毛和腺点；叶柄长0.5～2厘米。花冠紫色或淡紫色，长约2.5毫米，无毛。果近球形，直径约2毫米，蓝紫色。花期3～7月，果期8～10月。

分布于江西南部、浙江东南部、福建、广东、广西和云南东南部，自然生长在山坡的林中或灌丛中。菲律宾也有分布。仙湖植物园有栽培。本种花色淡雅，秀色宜人，花期较长，有良好的观赏效果。秋季结果期，条枝上下结满了紫色的小核果，又是优良的观果植物。适宜植于庭园或作大型盆栽。如植于庭园，花期可诱蜂，果期可诱鸟。

喜光，栽培地日照需充足，但能耐半荫，喜高温或温暖、多湿的气候，土壤需排水良好并富含腐殖质的沙质壤土。繁殖用播种或扦插法，于春季进行。

具相同用途的近似种还有下列种类：

（1）**全缘叶紫珠** *Callicarpa integerrima* Champ. 叶卵状椭圆形，基部圆，先端渐尖，边缘全缘。花冠被毛。紫色。果紫色。产于华东，华中和华南。东南亚和大洋洲有分布。

（2）**枇杷叶紫珠** *Callicarpa kochiaua* Makino 叶长椭圆形至长椭圆状披针形，顶端长渐尖，基部楔形。花冠被茸毛，淡紫色。果几乎完全被宿萼所包。产台湾、福建、广东、浙江、江西、湖南和河南南部。越南也有分布。

（3）**裸花紫珠** *Callicarpa nudiflora* Hook. et Arn. 叶长圆形，长约10厘米，下面无毛。花冠淡紫色，无毛；花序梗较长；果深红紫色。产广东和广西。仙湖植物园有栽培。

（4）**红紫珠** *Callicarpa rubella* Lindl. 叶倒卵形、倒卵状椭圆形或鞋底形；花冠白色，粉红色或淡紫色，外面有细毛。果紫红色。产华东各省（除台湾）、广东、广西及贵州、四川和云南。越南和印度也有分布。

裸花紫珠的花序

枇杷叶紫珠

裸花紫珠的果

灰毛大青（毛赪桐）　　**马鞭草科**

Clerodendrum canescens Wall. ex Schauer

常绿灌木，高1～3.5米。小枝四棱形，全体被倒向的灰褐色长柔毛。叶片心脏形或宽卵形，长8～18厘米，宽4～15厘米。聚伞花序紧密呈头状，1至数个顶生；花萼钟状，有5棱，由绿色变为红色，长约1厘米；花冠白色有时带淡红色，长约2厘米；雄蕊4，与花柱均伸出花冠外。核果球形，直径约7毫米，成熟时蓝色，包于红色的宿萼内。花期4～7月，果期6～10月。

分布于浙江、台湾、江西、福建、华南和西南各地（海南与西藏除外）。印度和越南北部也有分布。自然生长在山坡疏林中。各地常有栽培，仙湖植物园也有栽培。本种为优美的灌木花卉，开花期雪白的小花，密集成球，花后，其宿萼变红并膨大，形似小灯笼，十分雅致。宜用于美化庭园或公共绿地。

喜光，耐半荫，喜温暖湿润气候，耐干旱，耐贫瘠，适应性强，栽培地宜为疏松、肥沃并排水良好之壤土。繁殖用播种和扦插法，可在春季进行，成熟种子落入地上，在适宜条件下，可自行发芽，长成幼株。

腺茉莉　　**马鞭草科**

Clerodendrum colebrookiana Walp.

落叶灌木或小乔木，高1～3米。叶宽

灰毛大青结果期

灰毛大青的宿萼及核果

大 青

卵形或近心形，长7～27厘米，宽6～21厘米，边缘全缘或有波状齿。伞房状聚伞花序生于枝顶或叶腋；花冠白色或有时带淡红色，无毛，裂片长圆形，长3～6毫米，雄蕊和花柱均伸出。核果球形，直径约1厘米，成熟时蓝色。

产于广东南部和西南部、广西、云南和西藏。中南半岛、印度东北部、马来西亚和印度尼西亚也有分布。自然生长于山坡疏林边或灌丛中。仙湖植物园有栽培。本种花色洁白，令人赏心悦目，可作为灌木花卉栽培于庭园或绿地供观赏。

喜光，耐半荫，性喜高温、湿润气候，耐干旱和贫瘠，对栽培地的土壤要求不严，适应性很强。繁殖用播种法和扦插法，于春季进行。

大 青　　**马鞭草科**

Clerodendrum cyrtophyllum Turcz.

常绿灌木或小乔木，高1～10米。叶椭圆形至长圆状披针形，长6～20厘米，宽3～9厘米，无毛，背面有腺点。复聚伞花序顶生或腋生，有多数花；花细小，长约1厘米，有香味，花冠绿白色，外面有细毛和腺点；雄蕊4，与花柱同伸出花冠外。核果直径6～7毫米，成熟时蓝色。花期2～6月，果期7～12月。

产于我国华东、华中、华南和西南各地。朝鲜半岛、越南和马来西亚也有分布。

腺茉莉

大青的花序

自然生长于山坡林下、丘陵或平地，深圳地区山坡或林边偶见，为乡土树种。本种在开花期花多而密，花期甚长，且有香味，为良好的灌木花卉。

喜光，耐半荫，喜温暖和湿润的气候，适应性很强，耐贫瘠，耐干旱，栽培地的土壤以富含腐殖质的疏松壤土为佳。繁殖用播种法和扦插法，于春季进行。成熟种子若落在地上，如条件适宜，可自行发芽长成幼株。

白花灯笼草（鬼灯笼）　　**马鞭草科**

Clerodendrum fortunatum Linn.

落叶灌木，高1～2.5米。叶长椭圆形或倒卵状披针形，长5～18厘米，背面生细毛和腺点。聚伞花序有3～9花；花萼红紫色，膨大似灯笼；花冠白色或淡红色；雄蕊与花柱同伸出花冠外。核果成熟时蓝色，包于红色的宿萼内。

产于江西南部、福建、广东和广西。自然生长在山坡、旷野或村旁。在深圳的山坡灌木丛中或路边较常见。各地多栽培于温室中供药用。本种花形奇特，红色或白色的花与紫红色膨大的宿萼酷似一盏盏小灯笼悬于树上，颇有观赏价值。可植于庭园、绿地或盆栽。

喜光，喜温暖或高温、湿润气候，稍耐干旱，耐瘠薄，对土壤要求不严，容易栽培。繁殖用播种法，于种子成熟后，连

白花灯笼草

白花灯笼草的花及宿萼

白花赪桐

白花赪桐的花序

果实一同采下，置通风处晾干，于翌年春季播种。

白花赪桐　　马鞭草科

Clerodendrum japonicum (Thunb.) Sweet var. *album* Péi

形态特征、地理分布、用途和栽培方法均与原变种**赪桐** *Clerodendrum japonicum* (Thunb) Sweet 相同（参看《深圳园林植物》第219页）。区别仅在于此变种花为白色。但花白色的特征并不稳定。因此，有的分类学家认为它们是同一种。本书编著者为方便读者应用，认为列作变种较为适宜。适应性强，生长旺盛。地栽及盆栽均宜。

尖齿臭茉莉　　马鞭草科

Clerodendrum lindleyi Decne. ex Planch.

常绿灌木，高1~3米。叶宽卵形或心形，边缘有不规则锯齿。伞房状聚伞花序顶生，花很密；花紫红色或淡红色，长2~3厘米，花冠裂片倒卵形，长5~7毫米；雄蕊与花柱伸出花冠之外；花柱长于雄蕊。核果球形，直径5~6毫米，成熟时蓝黑色。大部分为紫红色的宿萼所包。花期4~7月，果期8~11月。

产于安徽、江苏、浙江、江西、湖南、广东、广西、贵州和云南。自然生长于山坡杂灌丛中或杂木林中。本种花期长，花色艳丽，花多数，聚成一近似球状的伞房花序，有较高的观赏价值，又为本地区乡土树种，可作为木本花卉栽培于庭园，在仙湖植物园栽培，生长良好。

喜光，耐半荫，喜温暖、潮湿气候，稍耐干旱，耐寒，耐瘠薄，对土壤要求不严，适应性较强，容易栽培。萌发力很强，繁殖用播种法和扦插法，宜于春季或夏初进行。

重瓣臭茉莉　　马鞭草科

Clerodendrum chinense (Osbeck.) Mabberly

落叶灌木，高0.5~1.2米。叶揉之有臭味，宽卵形或近心形，长9~22厘米，宽8~21厘米，边缘疏生粗齿，上面被刚毛，下面被柔毛。伞房状聚伞花序紧密，花冠红色、淡红色或白色，有香味；雄蕊常变成花瓣状，使花呈重瓣状。花期春末至夏季。

产于福建、台湾、广东、广西和云南。中南半岛各国也有分布。自然生长在山坡和林边。本种花有清淡的香味，小花簇生成球，色彩淡雅。亚洲热带地区常栽培供观赏。

喜光，耐半荫，喜温暖至高温和湿润气候，耐干旱，耐高湿，耐贫瘠，任何土壤均能生长，适应性很强，容易栽培。在深圳的山坡或灌丛中除有野生者外，时有栽培，生长良好。繁殖用扦插法，于春季进行，又因其母株周围常见子株生出，故又可挖出其子株另植。

尖齿臭茉莉

海州常山　　马鞭草科

Clerodendrum trichotomum Thunb.

落叶灌木，高3~5米。叶对生，宽卵形或三角状卵形，长5~16厘米，顶端渐尖，基部截形或宽楔形，边缘全缘，两面近无毛或下面脉上有疏短毛。伞房状聚伞花序顶生或腋生；花萼绿色后变紫红色，5深裂；花冠白色或带粉红色，高脚碟状，花瓣裂片5，花冠筒细长；雄蕊与花柱均伸出花冠之外。核果球形，蓝紫色。花期6~7月，9~10月果熟。

产于华北、华东、中南至西南各地。朝鲜半岛、日本至菲律宾北部有分布。自然

尖齿臭茉莉的花序

重瓣臭茉莉

海州常山

海州常山的花序

生长在山坡或村旁。仙湖植物园有栽培，生长良好。本种花序具多花，花形殊美，洁白素雅，花萼由绿变红，色彩丰富，为良好的木本花卉。适作庭园美化，宜植于湖边、岩石旁或疏林下。

喜光，耐半荫，喜温暖凉爽及湿润气候，耐高温、耐干旱、亦耐寒，栽培不择土壤，但须排水良好。繁殖用播种法，发芽率高，栽培容易，无须特殊管理。

垂茉莉　　马鞭草科

Clerodendrum wallichii Merr.

落叶蔓性灌木，小枝有翅。叶长圆形或长圆披针形，长11～18厘米，顶端渐尖，基部狭楔形，全缘。聚伞花序排成圆锥状，长20～30厘米，下垂；花白色，长1～1.5厘米；花萼在结果时增大呈红色；花冠裂片长1～1.5厘米；花丝细，伸出花冠之外。核果成熟时紫黑色。春末至秋季开花，秋至冬季果熟。

产于广西西部、云南西部和西藏，南亚、缅甸及越南有分布。自然生长于山坡疏林中。华东及华南地区有栽培。仙湖植物园也有栽培，生长良好。本种花姿清秀，花色淡雅，适宜植于庭园或盆栽。

垂茉莉

喜光，耐荫蔽，喜温暖至高温气候，不耐干旱，故栽培地需经常保持湿润，排水要良好，土壤用肥沃的壤土或沙质壤土均可。繁殖用播种或扦插法，于春、秋二季进行。

具相同用途的有**蝴蝶花** *Clerodendrum ugandense* Prain 落叶灌木。叶倒卵状长圆形，长约10厘米，顶端圆，有突尖，基部楔形，边缘有疏齿。聚伞花序生于枝上部叶腋，形似直立的圆锥花序；花瓣裂片5，上部的4片淡蓝色，圆形，直径约5毫米，最下部的1片长圆形，深蓝色，长约1厘米。原产非洲热带。

矮生假连翘　　马鞭草科

Duranta repens Linn. 'Dwarftype'

形态与**假连翘**（*Duranta repens* L.）（见《深圳园林植物》220页）十分相似，区别在于本栽培种的植株矮生，高0.5～2米。枝条与叶均密生。花多而密，花冠较大，深紫色。

蝴蝶花

生态习性、用途与栽培方法均与假连相似。

具相同用途的还有**金边假连翘** *Duranta repens* Linn.'Marginata' 叶边缘为金黄色。栽培品种。

金边假连翘

矮生假连翘

云南石梓

苦梓，左下为其花序

云南石梓的花序

云南石梓　　马鞭草科

Gmelina arborea Roxb.

落叶乔木（在深圳栽培冬季很少落叶），高25~30米。叶宽卵形，长10~25厘米，宽12~16厘米，全缘，近基部有2至数个盘状腺体。聚伞状圆锥花序生于枝顶；花萼外面有腺点；花冠长3~4厘米，黄色，檐部褐色（唇瓣除外），外面被褐色绒毛；雄蕊4枚，不伸出。核果成熟时黄色。花期春末至夏初，果期夏至秋季。

产于云南（西双版纳州、德宏州、思茅和临沧县）。印度、孟加拉国、中南半岛各国和缅甸、斯里兰卡、马来西亚有分布。自然生长在山坡或山脊的林中。本种为国家保护的稀有树种。其树冠宽阔，花大，花色艳丽，是良好的木本花卉和园林绿化树。

喜光，喜温暖至高温湿润气候，对土壤要求不严，幼树不甚抗风，稍耐干旱，适应性颇强。繁殖用播种法，因种子富含油脂，须随采随播，点播于沙床7~10天即可发芽，6个月苗高可达1米，定植后生长迅速。在深圳栽培每年生长高度达1米以上。成熟的种子落在地上可自行发芽，长成幼株。仙湖植物园已育苗成功，在笔架山和莲花山等公园推广种植。

苦　梓（海南石梓）　　**马鞭草科**

Gmelina hainanensis Oliv.

半落叶乔木，高可达20米。叶卵形，长7~16厘米，宽4~8厘米，全缘，下面灰白色。聚伞花序数枚再排成圆锥花序；花萼有腺点；花冠白色，唇瓣黄色；雄蕊4枚，不伸出。果成熟时灰黄绿色。夏季开花，夏末至初秋果熟。在结果期，同时继续开花。

产于我国海南及越南，自然生长在热带季雨中。本种树冠广阔呈伞形，树姿优美，开花期花多而密，花姿清丽逸雅，宜作园林观赏树及绿化树。在深圳栽培，生长旺盛，每年都开花，但很少结果。目前，在华南和华东地区多有栽培。

喜光，喜高温多湿气候，能耐4~5℃的低温，不耐干旱，土壤以肥沃的壤土为佳。繁殖用播种法，播种前须用60~70℃温水浸种1昼夜，再沙藏催芽。

假马鞭　　马鞭草科

Stachytarpheta jamaicensis (Linn.) Vahl

半灌木，高1~2米。叶对生，椭圆形至卵状椭圆形，长2.5~8厘米，先端急尖，基部楔形，边缘具粗齿。穗状花序顶生，长10~29厘米，序轴有凹穴，花的下半部嵌

假马鞭

假马鞭的花序

生于凹穴内，上半部伸出，螺旋状着生；花冠紫色，长0.7～1.2厘米，5裂；雄蕊2，不伸出，花柱伸出。蒴果包于宿萼内。花期4～8月，果期7～12月。

原产中南美洲，我国台湾、福建、广东、海南、广西及云南有栽培或野化。仙湖植物园有栽培。本种花姿轻盈幽雅，花色清淡，适合于庭园美化、作绿篱或盆栽。

喜光，耐半荫，性喜高温湿润，栽培不择土壤，只须排水良好，性强健，栽培容易。繁殖用播种或扦插法，于春、秋二季进行。

黄荆　马鞭草科

Vitex negundo Linn.

落叶灌木或小乔木。掌状复叶通常有5小叶，很少3小叶；小叶披针形或长圆状披针形，中间小叶较长，其余小叶依次递小，全缘或有少数粗齿，下面灰白色。聚伞花序多枚再组成圆锥花序；花蓝紫色或紫色，长约7毫米，外面密被柔毛；雄蕊伸出花冠之外。核果球形，大部分为宿萼所包。花期夏季，果期秋季。

产于我国长江流域以南各地，非洲东部、马达加斯加、亚洲东南部及东部有分布。自然生长在山坡或路旁灌丛中。有些地区常栽培作药用，仙湖植物园也有栽培。本种枝繁叶茂，花色艳丽。可作灌木花卉栽于庭园或绿地。

黄荆

黄荆的花枝

牡荆

喜光，全日照或半日照均能适应，耐寒、耐干旱和瘠薄，喜肥沃土壤，适应性很强，繁殖力亦强，栽培十分容易。繁殖可用播种法、扦插法或分株法，于春末夏初进行。

有相同用途的植物还有：

（1）**牡荆** *Vitex negundo* Linn. var. *cannabifolia* (Sieb. et Zucc.) Hand-Mazz. 掌状复叶多为3小叶，少有5小叶；小叶边缘常有粗锯齿。分布于长江流域以南及西南各地（除西藏外）。日本也有分布。仙湖植物园有栽培。

蔓荆

牡荆的花序及叶

（2）**蔓荆** *Vitex trifolia* Linn. 掌状复叶为3小叶；小叶卵形或倒卵形，边缘全缘。产我国云南、广西、广东沿海地区、福建和台湾。亚洲东南部及澳大利亚有分布。仙湖植物园有栽培。

山牡荆　马鞭草科

Vitex quinata (Lour.) Will.

常绿乔木，高4～12米。掌状复叶具5小叶；小叶倒卵状椭圆形或倒卵状披针形，全缘。聚伞花序多枚再排成顶生的圆锥花序；花冠淡黄色，长7～8毫米，外面被柔毛和腺点；雄花4，伸出花冠之外。核果球形，直径4～7毫米，成熟时黑色。

产于我国华东及华南。日本、印度、马

蔓荆的花序

山牡荆

山牡荆的掌状复叶

来西亚及菲律宾有分布。自然生长在山坡林中，深圳梧桐山也有野生，为本地区的乡土树种。本种树冠呈椭圆状，枝繁叶茂，四季常绿，为良好的风景树和绿化树。

喜光，喜温暖至高温的气候，耐寒、稍耐旱，抗风力强，生长迅速。繁殖用播种法及扦插法，于春季及夏初进行。

紫背金盘　　唇形科

Ajuga nippoensis Makino

一或二年生草本。茎直立，基部有分枝，高10～25厘米，四棱形，被毛。叶对生，卵状椭圆形或宽椭圆形，长2～4.5厘米，顶端钝，基部楔形，边缘具不整齐的波状圆齿，两面疏被粗毛。轮伞花序腋生和顶生，多花；花冠淡蓝色，长0.8～1厘米，筒状，基部膨大，被短毛，檐部二唇形，上唇短，直立，下唇伸长，3裂，中裂顶端平或微凹。小坚果卵状三棱形。花期12月至翌年3月。

产于我国东部、南部及西南部各地。日本、朝鲜半岛有分布。自然生长在田边、潮湿草地、林内及向阳坡地。仙湖植物园有栽培。本种枝密花旺，栽培十分容易，适在庭园中片植及盆栽供观赏。

喜光，耐半荫，性喜温暖、湿润，耐高温，耐干旱和贫瘠，适应性甚强，栽培土质宜为湿润、肥沃和排水良好之壤土。繁殖用播种法，于春、秋二季进行。

水珍珠草　　唇形科

Pogostemon auricularia (Linn.) Bassk.

一年生草本，株高0.2～1米。茎多分枝，基部平卧，上部直立，节上生根，密被长硬毛。叶对生，长圆形或卵状长圆形，长2.5～7厘米，顶端急尖，基部圆或微心形，边缘有锯齿，两边被粗毛，下面有腺点。穗状花序长6～18厘米，花甚多而密生；花冠唇形，淡紫色至白色，长约2.5毫米，檐部4裂，裂片近相等；雄蕊4，伸出花冠外，花丝具鬓毛。小坚果近球形，微小，花期4～11月。

产于台湾、福建、江西、广东、海南、香港、广西及云南。南亚、中南半岛及东南亚各国有分布。自然生长于疏林下潮湿处、溪边或近水处。仙湖植物园有栽培。本种花序细长，形似鼠尾，花小而密，花色清雅，花期持久。适在庭园中的水边及潮湿处片植和作地被。

喜光，耐半荫，性喜高温、潮湿，耐水湿，不耐寒冷，性强健，栽培土质以湿润、肥沃的壤土为佳。繁殖用播种法，于春季进行。极易成活，生长快速。

广防风　　唇形科

Anisomeles indica (Linn.) Kuntze

一年生草本。茎直立，高1～2米，粗壮，多分枝，四棱形，密被白色柔毛。叶对生，宽卵形，长4～9厘米，顶端急尖，基部宽楔形，边缘有锯齿，两面被毛。轮伞花序顶生及腋生，多花；花冠淡紫色，长约1～1.3厘米。筒部喇叭形，檐部二唇形，上唇直，全缘，下唇水平开展，中裂片倒心形，侧裂片较小。小坚果近球形，黑色，直径约1.5毫米。花期8～9月，果期9～11月。

产于浙江、台湾、福建、江西、湖南、广东、广西、贵州、四川、云南和西藏。印度和东南亚各国有分布。自然生长林缘或荒地，为一很常见之草本植物。仙湖植物园有栽培。本种植株粗壮，枝叶茂密。秋季开花时，花甚多，色彩亮丽，适在庭园中片植或丛植，观赏效果颇佳。

喜光，在半日照处生长亦旺，性喜温暖至高温湿润气候，耐干旱和贫瘠，栽培不择土壤。适应性很强，栽培容易，生长快速。繁殖用播种法，于春季进行。

紫背金盘，右下为其花序

水珍珠草

广防风

益母草

凉粉草

毛叶丁香罗勒

益母草　　唇形科

Leonurus japonicus Houtt.

一或二年生草本，株高0.3～1米。茎有倒向粗毛。叶对生，下部叶卵形，掌状3裂，裂片上再有分裂，中部叶3裂，裂片长圆形，上部叶深裂，裂片线状披针形，边缘有锯齿。轮伞花序生于上部叶腋，无总花梗，下有刺状小苞片；花长1～1.2厘米，二唇形，粉红色或淡红色，花期6～9月。

全国各地均有分布。广布于亚、非、美三洲。本种叶的形态多变，下部，中部和上的叶均各不相同。轮伞花序密集，色彩淡雅。适宜在庭园的草地或林边种植，也可盆栽。

喜光，喜温暖湿润气候，耐高温亦耐寒，稍耐干旱，适应性甚强，栽培对土质不择，但须排水良好。繁殖用播种法，于春季进行。

薄　荷　　唇形科

Mentha canadensis Linn.

多年生草本，株高30～60厘米。具匍匐根状茎。茎四棱，多分枝。叶对生，披针形或卵状披针形，长3～5厘米，先端渐尖，基部楔形或近圆形，边具粗锯齿。轮伞花序腋生，轮廓为球形，多花，几无梗；花冠淡紫色，长约4毫米，外面被柔毛。檐部二唇形，4裂，上裂片顶端2裂，较大，其余3裂近等大；雄蕊4，伸出花冠之外。小坚果卵球形。花期7～9月，果期9～10月。

我国南北各地均产。俄罗斯（远东地区）、朝鲜半岛、日本、亚洲热带及南北美洲有分布。自然生长在潮湿之地。各地多有栽培，仙湖植物园也有栽培。本种全株揉之有清凉的香味，植丛密集，花色淡雅，适在园林之潮湿地作地被，覆盖地面快速，也可在林边或湖边湿润处片植，供观赏。

喜光，在半日照之地生长亦佳，性喜温暖潮湿，耐高温，不耐干旱，对土质不择，适应性强，栽培可粗放管理。繁殖用根状茎分株，于春末夏初或秋季进行。

凉粉草　　唇形科

Mesona chinensis Benth.

一年生草本，全株芳香，株高0.2～1米。茎直立，有分枝，四棱形。叶对生，卵形或近圆形，长2～5厘米，先端急尖，基部宽楔形，或圆形，边缘有锯齿，两面被毛；叶柄长0.2～1.5厘米。轮伞花序多数，排成顶生的间断或连续的总状花序；花冠白色或淡红色，细小，长约3毫米，外被柔毛，筒部很短，檐部二唇形，上唇具4齿，下唇全缘。小坚果长圆形。花果期7～11月。

产于台湾、浙江、江西、广东、香港和广西。自然生于沟边及沙地草丛。华南地区多有栽培，仙湖植物园也有栽培。本种植丛密集，生长快速，开花甚多，叶翠绿而花色淡雅，宜在湿润处片植或盆栽供观赏。

薄　荷

喜光，性喜温暖至高温湿润，不耐寒冷和干旱，栽培土质宜为湿润、肥沃和排水良好之壤土或沙质壤土。繁殖用播种法，于春季进行。

毛叶丁香罗勒　　唇形科

Ocimum gratissinum Linn. var. *suave* (Willd.) Hook. f.

灌木，全株芳香，株高0.5～1米。茎直立，多分枝，四茎形，被长柔毛。叶对生，长圆形，长5～12厘米，顶端渐尖，基部楔形，边缘具胼胝状圆齿。轮伞花序约有6花，密集组成顶生的、长10～15厘米的圆锥花序，各部被柔毛；花冠黄白色或白色，长约5毫米，筒部上部宽，檐部二唇形，上唇宽，4裂，下唇稍长，全缘。小坚果近球形，细小。花期9～10月，果期10～11月。

可能原产于马达加斯加。热带地区广为栽培，我国华东与华南地区亦普遍栽培或野化。许多家庭栽培作调味香料。本种植株芳香浓郁，枝叶茂密，叶绿花白，素净淡雅。在庭园中可片植或丛植，也可盆栽供观赏。

喜光，全日照或半日照环境生长均好，性喜高温湿润，不耐寒，不耐干旱，栽培对土质不择，适应性强，容易栽培，生长快速。繁殖用播种法，于春末夏初进行。

紫　苏　　唇形科

Perilla frutescens (Linn.) Britt.

一年生木质草本，株高0.3～2米。茎绿色或紫色，四棱形，密被长毛。叶对生，宽卵形或圆形，长7～13厘米，顶端急尖

紫 苏

回回苏

或圆，基部圆或宽楔形，两面绿色或紫色或仅下面紫色，边缘有粗锯齿，被毛。轮伞花序具2花，多数轮伞花序组成长1.5～15厘米、偏向一侧、密集的腋生和顶生的总状花序；花冠白色或紫红色，长3～4毫米，筒部短，檐部近二唇形，上唇微缺，下唇3裂。小坚果近球形，直径约1.5毫米。花果期8～12月。

原产喜马拉雅山南坡、中南半岛、亚洲东部和东南部。我国各地广泛栽培供药用。本种全株有特殊香味，叶亮泽又富色彩美，在庭园中可植作大型花坛或列植作花径。

喜光，在半日照或明亮处生长亦佳，性喜温暖湿润，耐高温，不耐干旱，栽培要求疏松、肥沃和排水良好之壤土。繁殖用播种法，于春季进行。

具相同用途的有**回回苏** *Perilla frutescens* (Linn.) Britt. var. *crispa* (Thunb.) Decne. 叶常为紫色，也有绿色、边缘具深的形似鸡冠状的锯齿。产于日本，我国各地广泛栽培。

香茶菜

香茶菜的花序

囊萼花　　唇形科

Physostegia virginiana (Linn.) Benth.

多年生丛生草本，株高0.6～1.2米。有地下匍匐根状茎。茎四棱形，绿色。叶对生，披针形，先端渐尖，基部圆，边缘具细尖锯齿。轮伞花序甚多，排成密集的、顶生的总状花序；花粉红色或紫红色，二唇形，上唇微凹，下唇3裂，与上唇等长或略短。花期夏至秋季。

原产于北美洲。我国、台湾、福建（厦门）、广东（广州）等地有栽培。本种花期长，盛花期开花甚丰，花序摇曳多姿，花色绚丽，为优良的草本花卉。适在庭园中片植或植于花坛，也可作大型盆栽。

喜光，在荫蔽处植株徒长并开花不良，性喜温暖至高温湿润，不耐干旱，较耐寒，栽培对土质不择，但在肥沃、湿润的沙质壤土中，生长旺盛。繁殖用分株法（压地下根状茎另植），于春、秋二季进行，或用扦插法，于秋季进行。其地下根状茎自我繁殖能力甚强，栽培1株即可生成一片。

香茶菜（蛇总管）　　**唇形科**

Rabdosia amethystoides (Benth.) Hara

多年生草本，株高0.3～1.5米。根状茎肥大呈球状。茎直立，四棱形，密被毛。叶对生，卵形或卵状圆形至披针形，长1～11厘米，顶端急尖，基部宽楔形并下延，边缘具圆齿。花序由多数聚伞花序组成的顶生而疏散的圆锥花序；花冠白色或淡紫

囊萼花

华鼠尾草，右下为其花序

红花鼠尾草，右下为其花序

粉萼鼠尾草

色，长约7毫米，筒部略弯曲，檐部二唇形，上唇4圆裂，下唇阔圆形。小坚果卵形，长约2毫米。花期6～10月，果期8～12月。

产于台湾及华东各地、广东、广西及贵州，自然生长在林下或草丛湿润处，华南地区多有栽培，深圳仙湖植物园也有栽培。本种植株有特殊香味，盛花期，白色的小花散布在绿叶丛中，十分雅致。在庭园中宜植于林木之下，湿润草地及岩石旁，作点缀。

喜光，耐半荫，性喜温暖至高温湿润，不耐干旱，较耐寒，栽培土质宜为疏松、湿润、肥沃和排水良好之壤土。繁殖用播种法，于春季进行。

华鼠尾草（紫参）　　唇形科

Salvia chinensis Benth.

一年生草本，株高20～60厘米。根肥厚，紫褐色。茎直立或下部倾卧，四棱形，被毛。叶对生，全为单叶或下部的为3小叶的羽状复叶，叶片卵形或卵状椭圆形，长2～7厘米，顶端钝或急尖，基部心形或圆，边缘有圆锯齿。轮伞花序有6花，多数轮伞花序组成顶生的、长5～20厘米的总状花序；花冠蓝紫色，长约1厘米，檐部二唇形，上唇顶端微凹，下唇3裂。小坚果椭圆形，细小。花果期7～11月。

产于华东、华中及华南各地，自然生长在林荫处或草丛中，仙湖植物园有栽培，生长良好。本种开花甚多，每一花序有无数蓝紫色的小花，花期甚长。适宜片植于林荫边或岩石边作点缀。

喜光，耐半荫，性喜温暖至高温湿润，不耐干旱，稍耐寒，栽培不择土质，如为疏松、湿润、肥沃和排水良好之壤土，则生长甚旺。繁殖用播种法，于春季进行。成熟的种子落地后，次年能自动萌生出幼株，自我繁殖能力强。

红花鼠尾草　　唇形科

Salvia coccinea Linn.

多年生草本（但多作一年生栽培），株高60～90厘米。茎四棱，被毛。叶对生，卵形至卵状披针形，顶端急尖或渐尖，基部微心形，两边被毛，下面灰绿色，边缘具疏圆齿；叶柄很短。花序由多数轮伞花序组成的顶生总状花序；花冠红色，长1.5～2厘米，筒部漏斗形，檐部二唇形，上唇平伸，顶端微凹，下唇开展，3裂，中裂片较宽大，顶端凹；雄蕊4，花丝伸出花冠之外。花期4～8月。

原产北美洲南部及墨西哥，各地多有栽培，深圳亦常见栽培，仙湖植物园也有栽培，生长旺盛。本种花期持久，盛花期绿叶衬红花，明艳动人。在庭园中适宜大面积种植及布置花坛和花径，也可盆栽。

喜光，性喜温暖至高温湿润，但在高温季节，忌淋雨或过湿，花期过后，剪去残枝，能再萌新枝，重新开花，栽培土质须为肥沃和排水良好之壤土或沙质壤土。繁殖用播种和扦插法，春、秋和冬季均可进行。

具相同用途的有**粉萼鼠尾草** *Salvia farinacea* Benth. 株高50～70厘米。叶披针形。花萼紫红色；花冠蓝色，下唇中裂片中心有一白斑。原产美国得克萨斯州。各地多有栽培，深圳也有栽培。

韩信草　　唇形科

Scutellaria indica Linn.

多年生草本，株高15～30厘米。有短的地下根状茎。茎直立，四棱形，有分枝，被柔毛。叶对生，卵形或卵圆形，长1.5～3厘米，顶端钝或圆，基部圆或浅心形，边缘有圆齿，两面被柔毛。花对生，组成顶

韩信草

黄花蔺，右下为其花

生的长4～10厘米的总状花序；花冠蓝紫色，长1.5～2厘米，外面被柔毛，筒部基部膝曲，檐部二唇形，上唇盔状，下唇3裂，具深紫色斑。花果期2～6月。

产于台湾及华东、华南各省及贵州、四川和陕西。朝鲜半岛、日本、印度、中南半岛各国和印度尼西亚有分布。自然生长在疏林下或林边草地。华南地区多有栽培，仙湖植物园也有栽培。本种枝叶茂盛，花期持久，花多而密，花色清纯素雅，花姿独特。适宜片植于林边或山石旁，也可盆栽。

喜光，耐半荫，性喜温暖至高温湿润，不耐干旱和贫瘠，栽培土质须为疏松、肥沃和排水良好之壤土。繁殖用播种和分株法，于春季进行。

黄花蔺　　花蔺科

Limonocharis flava (Linn.) Buch.

多年生水生或沼生草本。叶挺水，基生，叶片卵形或近圆形，长10～25厘米，亮绿色，顶端圆或微凹，基部圆或浅心形，背面近顶部有一个排水器。伞形花序有2～15花；花被片6，外轮3片绿色，内轮3片黄色；雄蕊多数，黄色。果圆锥形，直径1～2厘米。花果期4～8月。

产于云南（西双版纳）、广东南部和香港，亚洲热带和美洲热带普遍有分布。自然生长在浅水中或沼泽中。广州和深圳均有栽培。本种叶丛密集，叶色亮绿，花色金黄，花姿秀美。适在园林中的水景园、水池等处种植或盆栽。

喜光，性喜高温水湿，不耐干旱和寒冷。繁殖用分株法，于春季进行。

东方泽泻　　泽泻科

Alisma orientale (Samuels.) Juzep.

多年生水生或沼生草本。块茎球形。叶基生，挺水，卵状椭圆形或椭圆形，长4～12厘米，顶端急尖，基部圆形或浅心形；叶柄长10～30厘米。花序自叶丛中生

东方泽泻

出，由多数伞形花序组成的圆锥花序，长30～70厘米，有3～9轮；花两性，直径约6毫米，花被片白色或淡红色。瘦果椭圆形，长约2毫米。花果期5～9月。

我国南北各地均有分布。俄罗斯（远东地区）、蒙古和日本也有分布。自然生长在湖泊、水塘、沟渠或沼泽中。各地区常见栽培作药用，仙湖植物园也有栽培。本种株形美观，开花期尤为美丽。适在水生植物园区中配植。或植于湖泊、水池之中，也可盆栽。

喜光，耐半荫，性耐寒，在温暖和高温的气候条件中生长亦佳，喜水湿，不耐旱。繁殖用分株法，于春季进行。

泽苔草　　泽泻科

Echinodorus paleafolius (Nees et Mart.) Macbr.

多年生水生草本，有地下根状茎。叶基生，挺水，椭圆形，长10～13厘米，顶端圆，基部心形，边全缘，有5条平行脉，亮绿色。花序状的长茎挺水，通常平卧，有花3～9轮；花数朵轮生，花被片白色。秋季为开花期。

原产于美洲，热带亚热带地区多有栽培，深圳也有栽培，生长良好。本种植丛

慈　姑

泽苔草

泽苔草的花与叶

密集，叶色亮绿，为布置水面的良好花卉，适在庭园中的沼泽、池塘、浅水中种植或盆栽。

喜光，喜温暖水湿，耐高温，不耐寒，忌干旱，栽培须植于土质肥沃及水湿处。繁殖用分株法，取根状茎分段栽植，保持水湿。

慈　姑　　泽泻科

Sagittaria trifolia Linn. var. *sinensis* (Sims) Makino

多年生水生或沼生草本，株高30～60厘米。根状茎末端膨大成球茎，球茎卵圆形或球形，长5～8厘米。叶挺水，箭形，顶端钝或圆。圆锥花序直立，长20～60厘米，花单性，雌雄同序，下部2～4轮为雌花，上

慈姑的花序

小蚌花

四色吊竹兰

白绢草

水竹草

白绢草的花

部的为雄花；花被片白色。花期春至夏季。

原产于我国，长江以南各地广泛栽培，朝鲜半岛和日本也有栽培。本种除球茎作疏菜食用外，其叶形似飞燕，形态精致唯美，花色洁白素雅，适植于水池、河畔或湿地供观赏。

喜光，性喜温暖水湿，不耐干旱和寒冷，栽培须植于土质肥沃之水湿之地，先将植株或球茎植于盆中，再放入池中，水淹盖至植株基部即可。繁殖用分株法或用球茎栽植，于春秋二季进行。

小蚌花　　鸭跖草科

Tradescantia discolor (L'Herit.) Hance 'Compacta'

多年生草本，茎短而粗壮。叶密生于茎上，剑形，长15～20厘米，肉质，先端渐尖，基部抱茎，全缘，上面绿色，下面紫红色。花白色，但不易开花。

为栽培品种。其叶较原种**蚌花** *Tradescantia discolor* (L'Herit.) Hance小而密集，作地被植物效果更佳，亦可用于布置花坛和花径等。在深圳普遍栽培。

喜光，全日照或半日照均能适应，性喜高温湿润，不耐寒冷和干旱，栽培土质须为疏松、肥沃、富含腐殖质之壤土或沙质壤土。繁殖用分株法，于春季进行。

四色吊竹兰　　鸭跖草科

Tradescantia zebrina Loudon 'Quadricolor'

多年生草本，茎细弱，匍匐或下垂，节部生根。叶互生，卵状长圆形，长5～6厘米，上面绿色或淡紫红色，两侧各有一条白纹，背面紫红色。花生于叶腋，紫色。花期夏至秋季。

为栽培品种。其茎柔软细长，如用盆栽则自然下垂，其叶富色彩美。为良好的观叶植物，适作吊盆或作地被。

耐半荫，在半日照处生长良好，过于荫蔽则叶色不亮，忌强阳光直射，不耐干旱，栽培以富含腐殖质、排水良好的沙质壤土为佳。繁殖用扦插法，春至秋季均可进行。

白绢草　　鸭跖草科

Tradescantia sillamontana Matuda

多年生直立或蔓性草本。茎有分枝，分枝有节，节上生不定根。叶互生，密集，长卵形或椭圆形，长4～5厘米，两面密生白色的绢毛，全缘；叶柄不明显。花两性，粉紫色，生于茎顶。直径约1.5厘米；萼片3，花瓣3。开花期8～9月。

原产墨西哥，热带地区多有栽培，仙湖植物园也有栽培，生长良好。本种叶丛翠绿，有绢绒的质感，花色清雅亮丽，适合盆栽。

耐半荫，性喜高温多湿，忌强阳光直射，如植于半日照之地其叶色变为暗绿，空气湿度越高生长越旺，栽培须用富含有机质的腐殖土。繁殖用扦插法，于春至秋季进行。

具相同用途的有**水竹草** *Tradescantia fluminensis* Vell. 多年生蔓性草本。叶绿色，无绢毛。原产巴西。仙湖植物园有栽培。

蜻蜓凤梨

美雅粉凤梨

蜻蜓凤梨　　凤梨科

Aechmea fasciata (Lindl.) Baker

多年生草本，叶丛生呈莲座状，叶片带形，革质，绿色，被白粉，有明显的白色横斑带，边缘有黑色硬刺。花葶粗壮，直立，顶端着生一大型圆锥花序；苞片披针形，外围的长可达10厘米，向内的渐短，顶端长渐尖，边缘有细齿，洋红色、红色或粉红色，内生蓝色小花。花期春季。

原产热带美洲，世界热带地区广为栽培。本种植株端丽，叶片有美丽的斑纹，花姿俊俏，色泽绚丽，可观叶及观花。适合大型盆栽，用于布置花廊、阳台、宾馆及会室的大堂等。

耐半荫，忌强阳光直射，尤其在夏季高温季节须遮光，但不能过于荫蔽，否则生长不良，甚至不开花，较耐低温，也耐干旱，不耐霜冻，不耐高温（30℃以上），此时须向叶面喷水。栽培须用富含腐殖质和排水良好的腐殖土。繁殖用切取吸芽栽植。

同属植物还有下列5种：

（1）**二列花凤梨** *Aechmea distichantha* Lem. 叶深绿色。圆锥花序的苞片大红色，内生白色的小花。原产热带美洲。

（2）**美雅粉凤梨** *Aechmea* 'Maya' 叶绿色；圆锥花序的苞片粉红色，内生白色小花。栽培品种。

（3）**亮绿凤梨** *Aechmea lueddemanniana* Brongn. ex Mez 叶深绿色，有光泽，被白色粉状鳞片。花序为总状圆锥花序；小花紫红色。通常能结果，果成熟时

二列花凤梨

雀巢凤梨

亮绿凤梨

长穗凤梨

亮白色。原产洪都拉斯。

（4）**雀巢凤梨** *Aechmea nidularioides* L. B. Smith 叶绿色。花序椭圆球形；苞片鲜红色，中上部的顶端钝，白色，下部的顶端尖，带绿色。原产哥伦比亚。

（5）**长穗凤梨** *Aechmea tillandsioides* Baker var. *amazonas* 叶灰绿色。穗状花序多数，排成圆锥状；小花排列紧密，

卡晏凤梨

苞片粉红色，顶端、基部及边缘均呈红色。原产秘鲁。

卡晏凤梨　　凤梨科

Ananas comosus (Linn.) Merr. 'Smooth Cayenne'

多年生草本。叶多数，排成莲座状，革质，剑形，长0.4～1米，上面绿色，下面灰白色，边缘有细齿。花序生于叶丛中，椭圆球形，状如松球，长6～8厘米，结果时增大。聚花果肉质，椭圆球形，长约15厘米，成熟时黄色。花果期冬至翌年夏季。

原产美洲热带。世界热带地区广为栽培。本种植丛壮健，花果期持久，果实形美色艳，为优良的观果植物。适合大型盆栽，用于布置厅堂、走廊、花廊等。

喜光，耐强阳光直射，喜温暖及高温湿润环境，不耐干旱和寒冷，不耐荫蔽。繁殖用分株法，取茎和根发的芽繁殖，也可将果实顶端的叶丛切下繁殖。

与本种用途相似的有**斑叶凤梨** *Ananas comosus* (Linn.) Merr. 'Variegata' 叶中央绿色，两侧红色或乳黄色，边缘有红色或乳黄色细齿。花序红色。栽培品种。

斑叶凤梨

水塔花　　凤梨科

Billbergia pyramidalis (Sims) Lindl.

多年生草本，茎极短。叶多数，排成莲座状，长椭圆状带形，长30～50厘米，直立或外弯，顶端钝，有短尖，边缘的上半部有棕色小刺，上面亮绿色，下面粉绿色。花葶自叶丛中央生出，略长于叶，顶端生一穗状花序；苞片淡红色，内生红色的小花；花瓣长约4厘米。开花期秋季至翌年春季。

原产巴西，世界热带地区广为栽培。本种植丛浓密，叶色翠绿油亮，花序色泽艳丽可人，花期持久。适合于大型盆栽或地栽。

喜光，在明亮处生长亦佳，性喜高温湿润气候，稍耐旱，亦耐寒，如遇炎热干燥气候，须向叶面喷水，栽培须为富含有机质的沙质壤土，土壤保持适湿即可。繁

水塔花

条纹水塔花

美叶水塔花

大叶雀舌兰

殖用分株法，切取母株旁发出的小株分植，成活率高。

具相同用途的有下列2种：

（1）**条纹水塔花** *Billbergia pyramidalis* (Sims) Lindl.'Striata' 叶片中央绿色，边缘黄色。穗状花序的苞片淡玫瑰色，内生蓝色的小花。栽培品种。

（2）**美叶水塔花** *Billbergia* × *Fantasia* 叶片上面有灰白色的花斑。园艺杂交种。

纵缟姬凤梨　　凤梨科

Cryptanthus bivittatus (Hook.) Regel

多年生草本，植株小型，茎极短。叶革质，带形，排成莲座状，长10～14厘米，顶端钝，边缘波状摺，具小刺，中心褐色两侧桃红色并有淡褐色和白色的条纹。花序圆球形，从叶丛之中生出，其中大多数小花不育。

原产美国佛罗里达及巴西，世界热带地区多有栽培，本种植株娇小玲珑，叶色艳丽。为优良的观叶植物，可植于花坛中或盆栽供观赏。

喜光，在稍荫处亦能正常生长，但在阳光充足处则叶色更加鲜艳，若长期置于阴暗处则生长不良，叶色变暗，性喜温暖湿润，耐高温，亦较耐寒，栽培须用疏松、肥沃的腐殖土或泥炭土。由于植株小型，根系浅，盆栽时宜用宽口的浅盆种植。繁殖用分株法，于春季进行。

具相同用途的有**三色姬凤梨** *Crytanthus bromelioides* Otto et Dietr. 'Tricolor' 叶长达20厘米，边缘微有波状摺，有红色的小刺，中央红色或白色，有绿色细条纹，两侧绿色。栽培品种。

短叶雀舌兰　　凤梨科

Dyckia brevifolia Baker

多年生草本，植株矮小。茎极短。叶披针形，长13～15厘米，宽约2厘米，排成紧密的莲座状，坚挺，带肉质，顶端渐尖，边缘有刺。上面深绿色，下面淡绿色，有白色鳞片。总状花序侧生；总花梗坚挺，长0.8～1米，着生多数花；花冠黄色，长

短叶雀舌兰

1～1.3厘米。开花期夏至秋季。

原产巴西及阿根廷，热带地区多有栽培。本种植丛密集，矮小壮健，每一母株能快速地长出新植株，逐渐长成颇大的一片。总状花序柔中带刚，金黄色的小花玲珑可爱，为良好的观叶及观花植物。在庭园中适植于假山旁、花圃周围或植作花径，也可盆栽。

喜光，喜温暖至高温干燥环境，耐寒、耐干旱，短期缺水不影响生长，但不宜长期缺水，栽培须用疏松和排水良好的腐殖土。繁殖用分株法，春、夏、秋三季均可进行。

与本种近似的有**大叶雀舌兰** *Dykia frigida* (Linden) Hook. f. 叶较大，长10～20厘米，宽3～4厘米。原产巴西及阿根廷。

纵缟姬凤梨

三色姬凤梨

大红擎天凤梨　　凤梨科

Guzmania magnifica Hort. 'Fire Crown'

多年生草本，植株高约60～80厘米。叶基生呈莲座状，叶片质软，绿色，有光泽，边全缘。花葶从叶丛中央生出，直立，上部着生穗状花序，花序无分枝；苞片披针形，红色，下部的顶端常带绿色，内生白色的小花。花期冬季至次年春季或夏初。

栽培品种。其植株姿态优雅，苞片色彩艳丽，花期时值春节，能增添节日的喜庆气氛。适于盆栽，设置于居室、宾馆大堂、庭园之花廊下等处，有很高的观赏价值。

喜光，在明亮处生长亦佳，性喜温暖湿润气候，不耐干旱，亦不宜过湿，较耐寒，栽培须为疏松、富含腐殖质的沙质壤土。繁殖用分株法，于夏至秋季进行。将母株生出的小株分盆，即可逐渐长成单株，生长快速。

本属植物的栽培品种极多。常见的有下列各种:

（1）**紫擎天凤梨** *Guzmania* 'Amaranth' 叶绿色。花序的苞片较疏生，紫色，下部的顶端带绿色，内生白色小花。

（2）**狄可擎天凤梨** *Guzmania* 'Diecor' 叶中央淡黄色，两侧绿色并有淡黄色细条纹。穗状花序有密集的鲜红色的苞片；下部的苞片顶端常带绿色，苞腋内生白色的小花。

（3）**希达擎天凤梨**，又称大黄擎天凤梨 *Guzmania* 'Hilda' 叶绿色。花序的苞片鲜黄色，下部的苞片顶端常带绿色。

（4）**宝石擎天凤梨** *Guzmania* 'Jwendolyn' 叶绿色。花序的苞片朱红色，下部的顶端带绿色，苞片内生白色的小花。

（5）**橙红擎天凤梨** *Guzmania ligulata* (Linn.) Mez 'Minor' 叶绿色。花序的苞片橙红色，下部的绿色或顶端带绿色，内生橙色的小花。

（6）**火轮擎天凤梨** *Guzmania ligulata* (Linn.) Mez 'Major' 叶绿色。苞片鲜红色，短而宽，有光泽，内生白色的小花。

（7）**露娜擎天凤梨** *Guzmania* 'Luna' 叶绿色。苞片紫红色，下部的顶端带绿色，越在下部的绿色越多。

（8）**橙黄擎天凤梨** *Guzmania* 'Orangeade' 叶绿色，花序的苞片橙黄色，下部的顶端带褐绿色，内生黄色的小花。

（9）**太阳星擎天凤梨** *Guzmania* 'Sunstar' 叶中心白色，边缘绿色。花序下部的苞片外面粉红色，内面白色，中心的苞片黄色。

（10）**孔雀擎天凤梨** *Guzmania* 'Syphonie' 叶暗绿色。数枚穗状花序丛生；苞片红色，内生黄色小花。

（11）**火炬擎天凤梨** *Guzmania* 'Torch' 叶绿色。花序火炬状；苞片红色，尖端绿色。小花红色，顶端黄色。

（12）**丽星擎天凤梨** *Guzmania wittmackii* Andre ex Mez 叶绿色。花序的苞片疏生，有紫红、浅红、橙、粉玫瑰、黄等不同色彩的品种，先端通常带绿色。小花白色，生于苞片腋内。

大红擎天凤梨

紫擎天凤梨

狄可擎天凤梨

希达擎天凤梨

宝石擎天凤梨

橙红擎天凤梨

火轮擎天凤梨

露娜擎天凤梨

橙黄擎天凤梨

太阳星擎天凤梨

孔雀擎天凤梨

火炬擎天凤梨

丽星擎天凤梨（苞片紫红色）

端红唇凤梨　　凤梨科

Neoregelia spectabilis (Moore) L. B. Smith

多年生草本。叶全部基生，密生呈莲座状，叶片宽带状，长 30 ~ 40 厘米，上面深绿色，下面灰绿色，常有白色的细横纹，基部紫红色，顶端红色，并有短尖，边缘有细小的针刺。花多数，集生于叶丛中心；小花蓝色，长 4 ~ 5 厘米。花期夏至秋季。

原产巴西，世界热带地区多有栽培。本种植丛十分密集而开展，叶色亮绿，常有红色的顶端，十分独特，适在庭园之花槽中种植，也可盆栽供室内摆设。

喜明亮的环境，不耐强阳光直射，不耐荫蔽，如植于阴暗处，则叶色不亮，性喜温暖至高温湿润气候，栽培要求疏松、肥沃和排水良好之沙质壤土，浇水不宜过湿，只须保持湿润即可，如在室内栽培须置明亮通风处，并常向叶面喷水。繁殖用分株法，通常是挖取母株产生出的小植株另行种植。近年来，多采用组织培养法进行高速的大批量的繁殖。

栽培品种很多，常见的有下列各种：

（1）**白缘唇凤梨** *Neoregelia carolinae* (Beer) Smith ‘Flanaria’ 叶深绿色，有白色的边缘及条纹。开花前叶丛中心变为明亮的鲜红色；小花集生于叶丛中心，紫色。

（2）**红彩唇凤梨** *Neoregelia carolinae* (Beer) Smith ‘Marechalii’ 叶较宽短，深绿色，有光泽，开花前，叶丛中心变为明亮的鲜红色。小花集生于叶丛中心，紫色。

（3）**艳彩唇凤梨** *Neoregelia carolinae* (Beer) Smith ‘Tricolor Perfecta’ 叶中央有宽的白色斑带，其中有绿色细条纹，两侧边缘及背面绿色，开花前，叶丛中央变红。小花集生叶丛中心，淡紫色。

白被穗花凤梨　　凤梨科

Pitcairnia muscosa Mart. ex Schutt. f.

多年生草本，茎高 20 ~ 30 厘米。叶密生，带形，柔软，绿色，被白霜。总状花序顶生，有 12 ~ 16 朵花；花梗与花之间呈膝曲状上弯，小苞片绿色；花被片红色。花期夏季。

原产哥伦比亚。本种植丛密集，终年翠绿，盛花期，其花序形似串串炮竹，端丽雅致，为良好的观花植物，适在庭园的花槽中种植或盆栽。

喜明亮环境，耐半荫，不耐强阳光直射。性喜高温湿润，稍耐寒，不耐干旱，栽培要求疏松、肥沃和排水良好的腐殖土。繁殖用分株法，于春季进行。

端红唇凤梨

白缘唇凤梨

红彩唇凤梨

艳彩唇凤梨

白被穗花凤梨

紫花铁兰　　凤梨科

Tillandsia cyanea Linden ex C. Koch

多年生草本。叶基生成丛，线形，长20～30厘米，近革质，上面绿色，下面褐绿色。穗状花序自叶丛中央生出，轮廓为椭圆形，长约20厘米，宽4～5厘米，上部12～15厘米处扁平；苞片多数，粉紫色，紧密覆瓦排成2列；花淡紫色，深紫色或淡蓝色，生于苞片腋内；花瓣3，卵形。花期秋末至翌年春季。

原产厄瓜多尔，世界热带地区多有栽培。本种花姿秀美精致，花色明艳瑰丽，为品味高雅的花卉，观赏期可长达数月。适于盆栽，用于居室、会堂、宾馆及公园之花廊等地的美化。

喜明亮，耐半荫，不耐强阳光直射，性喜温暖至高湿多湿环境。忌干旱，栽培土质须为疏松、肥沃、富含有机质的腐殖土。繁殖用分株法，将母株基部长出的子株挖下，下部用一湿润的苔藓包裹，植入盆中，即可长成新的植株。春、夏、秋三季均可进行。

同属植物在深圳常见的有下列2种:

（1）**斑叶紫花铁兰** *Tilladsia cyanea* Linden ex C. Koch 'Variegata' 叶片中央绿色，带黄白色纵纹，边缘黄白色，观花和观叶并举。栽培品种。

（2）**粉苞铁兰** *Tilladsia wagneriana* Mez 叶宽带形，绿色。开花时植株（连花序）高达50厘米。穗状花序排成圆锥状；苞片粉红色至淡粉紫色；小花蓝紫色，生于苞片腋内。原产热带美洲。

斑叶紫花铁兰

紫花铁兰

粉苞铁兰

松萝铁兰

白尖莺哥凤梨

金宝莺哥凤梨

多穗莺哥凤梨

波曼莺哥凤梨

红玉莺哥凤梨

斑叶红莺哥凤梨

松萝铁兰　　凤梨科

Tillandsia usneoides Linn.

多年生附生植物。茎呈细线状，有无数的分枝，分枝长6～10厘米，表面有一层银灰色的鳞片。叶亦为细小的线形，长3～5毫米。花单生于叶腋，淡绿色或淡蓝色。

原产于美国东南部至南美洲。在原产地常附生在树干上，靠枝条上的鳞片吸收并保持来自空气中的水分和养分。本种植株的形态酷似老人的长须，十分奇异独特。适在潮湿的树林中或在温室中栽培。

耐半荫，喜温暖至高温潮湿气候，不耐寒，在干旱季节可适当向植株喷水，以保持湿润。繁殖用分株法，春、夏、秋三季均可进行。

多穗莺哥凤梨　　凤梨科

Vriesea carinata Wawra 'Dsable'

株高20～30厘米（连花序）。叶基生，丛生成莲座状，叶片带形，长约20厘米，绿色，有光泽。花葶直立，长20～30厘米，红色；穗状花序4～6，在花葶上部排成圆锥状，椭圆形，长12～14厘米，扁；苞片整齐的覆瓦状排于穗轴的两侧，基部鲜红色，上部黄色，在花序的中央连成一鲜红色的带；小花黄色，生于苞片腋内。花期夏至秋季。

原产美洲热带，世界热带地区多有栽培。本种花姿端丽，品味高雅，花色亮丽，为优良的花卉。适合于盆栽，用于布置厅堂、花廊、宾馆和居室等，观赏价值甚高。

喜明亮环境，稍耐荫，性喜高温多湿，忌干旱和强阳光直射，栽培须用疏松、富含有机质和排水良好之腐殖土。繁殖用分株法，将母株基部长出的子株挖出，用湿润苔藓包住子株基部，植入盆中即可。春、夏、秋三季均可进行。

同属植物的种类和栽培品种甚多，常见的有下列各种：

（1）**斑叶红莺哥凤梨** *Vriesea erythrodactylon* E. Meroen ex Mez 'Variegata' 叶基生，丛生呈莲座状，带

虎纹莺哥凤梨

大虎纹莺哥凤梨

棒穗莺哥凤梨

黄剑莺哥凤梨

形，绿色，中央有白色纵带。花葶红色；穗状花序无分枝；苞片鲜红色。栽培品种。

（2）**白尖莺哥凤梨** *Vriesea hybrida* Hort. 叶带形，长20～30厘米。花葶紫红色；穗状花序线状椭圆形，数枚在花葶上部互生，扁平；苞片红色，顶端白色，覆瓦状排成整齐的2列。园艺杂交种。

（3）**金宝莺哥凤梨** *Vriesea*‘Kinpou’叶带形，长20～25厘米，绿色，有光泽。花葶红色；穗状花序椭圆形，数枚在花葶上部互生，扁平；苞片覆瓦状排成2列，仅下部数片基部带红色，其余的全为金黄色。栽培品种。

（4）**波曼莺哥凤梨** *Vriesea* × *poelmanii* 叶基生，带形，长约25厘米，亮绿色。花葶红色，高约50厘米，上部生多枚穗状花序；穗状花序长椭圆形，略扁，顶生的一枚最大；苞片鲜红色，亮泽。覆瓦状排成2列；小花黄色，生于苞片腋内。园艺杂交种。

（5）**红玉莺哥凤梨** *Vriesea*‘Rubin’叶丛较小型，叶较其他品种短。花葶红色，高约25厘米；穗状花序单生，长圆形，扁；苞片排成2列，红色，顶端蝎尾状；小花黄色，生于苞腋。栽培品种。

（6）**虎纹莺哥凤梨** *Vriesea splendens* (Brongn.) Lem. 叶片带形，基生，近革质，上有横向、似虎纹的灰绿色条纹。穗状花序单生于花葶之顶，扁平，狭长椭圆形；苞片鲜红色，覆瓦状整齐地排成2列；小花黄色，生于苞片腋内。原产巴西和圭亚那。

（7）**大虎纹莺哥凤梨** *Vriesea splendens* (Brongn.) Lem.‘Major’形态与虎纹莺哥凤梨相似，但穗状花序较虎纹莺哥凤梨更长和更宽。栽培品种。

（8）**黄剑莺哥凤梨** *Vriesea splendens* (Brongn.) Lem.‘Yellow Spike’叶基生，呈莲座状，带形，绿色，有灰绿横向的条纹。花葶绿色，高约50厘米；穗状花序单生于花葶之顶；苞片淡黄色，覆瓦状排成二列；小花白色，生于苞片腋内。栽培品种。

（9）**棒穗莺哥凤梨** *Vriesea*‘Valcana’叶基生，绿色。穗状花序数枚生于花葶上部，扁平似棒状；苞片红色尖端与边缘略带黄色，小花黄色。栽培品种。

艳红赫蕉　　旅人蕉科

Heliconia humilis (Aubl.) Jacq.

多年生草本。有地下根状茎；假茎丛生，高2～3米。叶排成2列，叶片与芭蕉叶相似，但较小，亮绿色；叶柄坚挺，细而长。花葶从叶丛中生出，高约0.6～1米；花序直立，生若干苞片；苞片艳红色，上部边缘绿色，顶端具长尖，轮廓似飞翔的

艳红赫蕉

粉鸟赫蕉

彩虹赫蕉

彩虹赫蕉的花序

黄丽鸟赫蕉，左下为其花序

小鸟。开花期春至夏季。

原产南美洲亚马孙河流域，世界热带地区多有栽培，仙湖植物园也有栽培。本种花序造型独特，色彩艳红绚丽，令人赏心悦目。为优良的草本花卉。开花期长，适合于庭园美化。

喜光，在半日照处生长亦佳，性喜高温湿润，不耐寒冷，在春、夏季生长期要充分浇水，经常保持湿润，栽培土质须为富含有机质、疏松和排水良好之沙质壤土。繁殖用分株法或切取地下根状茎栽植。春、夏、秋三季均可进行。

常见栽培的同属植物有下列3种：

（1）**粉鸟赫蕉** *Heliconia platystachys* Baker 花序下垂；苞片粉红色。原产危地马拉和哥伦比亚。

（2）**彩虹赫蕉** *Heliconia psittacorum* Linn. f.'Rhizomatosa' 叶长椭圆形，先端尖。花序直立；苞片狭长，艳红色，基部黄色。原产委内瑞拉。

（3）**黄丽鸟赫蕉** *Heliconia subulata* Ruiz et Pav. 叶狭椭圆形，顶端有短尖头；花序直立，轮廓为三角形；苞片4～5片，黄色。原产巴西。

草豆蔻　　姜科

Alpinia katsumadai Hayata

多年生草本，株高2～3米。叶长披针形，长50～65厘米，两侧不对称，几无毛；叶柄长1.5～2厘米。总状花序顶生，直立，长达20厘米，多花；花萼钟状，长2～2.5厘米；花白色，花冠管长约8毫米，花冠裂片边缘内卷，唇瓣黄色，卵状椭圆形，长3.5～4厘米，顶端2裂，边缘微波状，自中央向边缘放射鲜红色的条纹。果球形，直径3厘米，熟时黄色。花期4～5月，果期5～8月。

产于广东、广西和海南，自然生于山坡林中。厦门、广州、深圳、南宁等地植物园或药园均有栽培。本种植丛葱绿，花色洁白，尤其是唇瓣的色彩及条纹更是精致惟美。适合于庭园美化。

喜光，但在半日照或稍荫处亦能正常生长，性喜温暖至高温多湿，不耐干旱和寒冷，栽培土质须为肥沃、湿润之壤土。繁殖用分株法，挖取带苗的地下根茎另植，于春至夏季进行。

具相同用途的本属植物还有下列3种：

（1）**长柄山姜** *Alpinia kwangsiensis* T. L.Wu et Senjen 叶柄长4～8厘米；叶片背面密被毛。总状花序的花很密，花冠白色，唇瓣长2.5厘米，除顶端白色外，大部分染红色。产于广东、广西、贵州和云南，自然生于林下阴湿处。广州、西双版纳等地植物园有栽培，性喜荫湿环境。

（2）**高良姜** *Alpinia officinalis* Hance

草豆蔻

草豆蔻的花序

草豆蔻结果

长柄山姜

高良姜

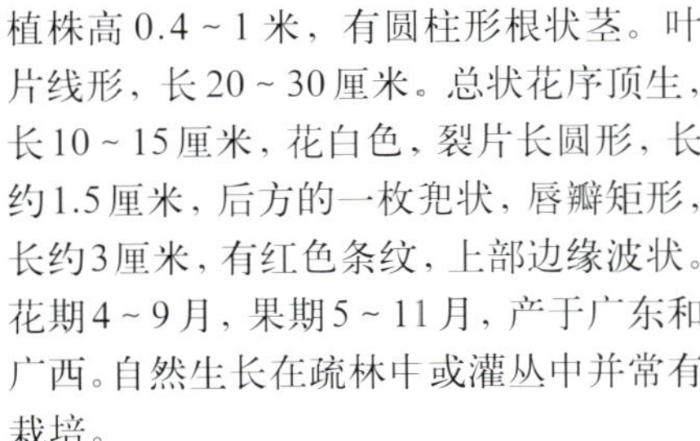

植株高0.4～1米，有圆柱形根状茎。叶片线形，长20～30厘米。总状花序顶生，长10～15厘米，花白色，裂片长圆形，长约1.5厘米，后方的一枚兜状，唇瓣矩形，长约3厘米，有红色条纹，上部边缘波状。花期4～9月，果期5～11月，产于广东和广西。自然生长在疏林中或灌丛中并常有栽培。

（3）**红豆蔻** *Alpinia galanga* (Linn.) Willd. 植株高约2米，有根状茎。叶片长30～45厘米。圆锥花序长20～30厘米，生多数花；花绿白色，唇瓣倒卵形，有淡红色线条或无。果长圆形，熟时红色。产于台湾、广东、广西和云南。自然生长在阴湿林下或灌丛中。深圳地区山野间常见。仙湖植物园有栽培。亚热带地区广布。

红豆蔻

红豆蔻的花序

闭鞘姜

闭鞘姜花后苞片呈红色

橙红闭鞘姜

彩纹闭鞘姜

闭鞘姜　　姜科

Costus speciosus (Koenig) Smith

多年生草本，株高1～2米。茎上部有分枝。叶螺旋状排列，长圆形，长15～20厘米，下面被绢毛；叶鞘不开裂。穗状花序顶生，轮廓为椭圆球形，长约10厘米；花排列紧密；苞片于花落后呈鲜红色，宿存；花冠白色，长约6厘米，唇瓣边缘皱波状；雄蕊花瓣状，长约4.5厘米。开花期夏至秋季。

原产亚洲热带和南亚热带地区。华南地区多有栽培，在深圳低海拔的山坡林下有野生，仙湖植物园有栽培。本种花色洁白，花姿殊雅，花落后，宿存的苞片变为鲜红色，似一支支椭圆形的红烛，观赏价值甚高。适在庭园的疏林下或半荫处种植。

耐半荫，忌强阳光直射，性喜高湿多湿气候，不耐干旱和寒冷，栽培须为肥沃、疏松、湿润和排水良好之壤土。繁殖用分枝法，挖取地下根状茎另植，于春和夏季进行。

同属植物有下列2种:

（1）**橙红闭鞘姜** *Costus comosus* (Jacq.) Rosc. var. *bakeri* 叶狭长椭圆形，长20～25厘米，花橙黄色，花后苞片鲜红色，原产地不详。

（2）**彩纹闭鞘姜** *Costus* sp. 叶椭圆形。花黄色，唇瓣顶端微2裂，上部的花瓣有褐黄色的彩纹，十分美丽。仙湖植物园有栽培，并能繁殖，供深圳有关部门种植。原产菲律宾。

姜荷花　　姜科

Curcuma alsimatifolia

多年生草本，株高30～50厘米。有纺锤形地下根状茎。叶长椭圆形，长约30厘米，中肋带紫红色。穗状花序自叶鞘中生出；花葶长20～40厘米，其顶端生穗状花序；上部的苞片桃红色，下部苞片绿色；小花生于苞腋内，除唇瓣为蓝色外，其余各瓣白色。花期夏至秋季。

原产泰国，台湾、福建和广州等地植物园或园林有栽培。本种花序的形态精致唯美，色彩明艳。适合于庭园美化、盆栽及切花。

喜光，在半日照条件下生长理想，性喜高温湿润，不耐干旱和寒冷，春、夏季生长期须注意保持土壤湿度，栽培土质须为肥沃、疏松和排水良好之沙质壤土。繁殖用分株法，挖取地下根状茎栽植。于春、夏两季进行。

同属植物有下列2种:

（1）**姜黄** *Curcuma longa* Linn. 植株高1～1.5米，密丛生。地下根状茎发达，极香。叶片长椭圆形，长30～45厘米。花葶自叶鞘中生出；穗状花序圆柱形；上部的苞片白色，边缘有淡红晕，下部的淡绿色；小花生苞片腋内，淡黄色。花期夏至秋季。产于台湾、福建、广东、广西、云

姜荷花

姜 黄

莪 术 (*Curcuma zedoaria* (Christm) Rose.)

黄花姜 (*Hedychium flavum* Roxb.)

紫花山奈

南和西藏。热带和亚热带地区广为栽培，仙湖植物园亦有栽培。

（2）**莪术** *Curcuma zedoaria* (Christm.) Rose. 植株高0.8～1.2米，丛生。地下根状茎发达，圆柱形，具樟脑香味。叶椭圆形，长25～35厘米。花葶由地下根状茎单独生出，常先叶而生，长10～20厘米。穗状花序椭圆形，长约20厘米；上部的苞片紫红色，下部的绿色，顶端红色；小花黄色，生于苞片腋内。产于台湾、福建、江西、广东、广西、四川和云南，印度至马来西亚有分布。自然生长于林荫下。亚热带和热带地区的植物园和药园广为栽培。

黄花姜　　姜科

Hedychium flavum Roxb.

多年生草本，株高1.5～2米。叶长圆状披针形，长20～40厘米，无柄。穗状花序长约10厘米；苞片覆瓦状排列，卵状长圆形，长4～6厘米，绿色，每一苞片内有3朵花；花萼长约4厘米，外被长粗毛；花冠管长约3厘米，两侧各有1枚花瓣状的退化雄蕊；退化雄蕊披针形，长约3厘米，黄色；唇瓣倒心形，长约4厘米，黄色，下部中心有一淡橙色的斑。花期6～9月。

产于我国西南各地和广西。印度有分布。自然生于山谷林中。广州有栽培，生长良好。本种开花期持久，花色绚丽，花姿潇洒，似一群金蝶在飞舞。有较高的观赏价值，适作庭园美化。

耐半荫，忌强阳光直射，喜温暖湿润环境，耐高湿，忌干旱，栽培土质须为富含腐殖质、疏松和排水良好之壤土。繁殖用分株法，于春夏两季进行。

紫花山奈　　姜科

Kaempferia elegans (Wall.) Baker

多年生草本，根状茎匍匐。叶基生，2～4片一丛，长圆形，长13～15厘米，顶端急尖，基部圆，暗绿色。小花淡粉紫色，花冠管纤细，长约5厘米；两枚侧生退化雄蕊花瓣状，倒卵形，长约1.2厘米，唇瓣2裂至基部成两片倒卵形裂片，形态与花瓣状的退化雄蕊相似。花期夏至秋季。

原产印度、泰国、马来西亚和菲律宾。我国厦门、广州、香港和深圳等地有栽培。本种叶色浓绿，花期持久，花姿典雅精致，色彩素净，为良好的草本花卉。适用于庭园美化及盆栽供室内摆设。

耐半荫，忌强阳光直射，喜高温多湿环境，如置室内，宜放在明亮处，不耐寒冷和干旱，栽培要求腐殖质丰富、疏松和排水良好之沙质壤土。繁殖用分株法，将冬季休眠后开始萌发新叶的植株的根状茎挖出种植。于春季进行。

具相同用途的本属植物有**海南三七** *Kaempferia rotunda* Linn. 花先叶开放。花序有花4～6朵；花冠管长4.5～7厘米，花冠裂片线形，白色，长约5厘米，侧生退化雄蕊披针形，长约5厘米，白色，唇瓣蓝紫色，深裂至中部以下成2卵圆形裂片，长约3.5厘米。叶在花谢后发出，长椭圆形，长17～27厘米，上面绿色，中脉两侧有深绿色斜三角形的色斑及白晕。原产台湾、广东、海南、广西和云南。自然生长在草坡向阳处。亚洲南部至东南部有分布，热带地区常有栽培。仙湖植物园也有栽培，为先观花后赏叶的优良花卉。花期春季。

海南三七的花

海南三七的叶

土田七

红球姜（花期）

红球姜（花后期）

土田七　　姜科

Stahlianthus involucratus (King ex Baker) Craib

多年生草本，株高15～30厘米。根状茎块状，芳香并有辛辣味。叶基生，叶片长圆形或披针形，长10～18厘米，绿色。花序头状，包藏于一个绿色的钟状总苞之内，有花数朵；花白色，花冠管长约2.5毫米，侧生两枚退化雄蕊花瓣状，长1.5～2厘米，唇瓣倒卵状匙形，长约2厘米，2深裂，中央有杏黄色斑。花期4～6月。

产于福建、广东、广西和云南。锡金和印度有分布。自然生长于林下或草坡中。华南地区各植物和药园多有栽培。仙湖植物园也有栽培。本种植丛小巧，叶色亮绿，花色洁白，姿态玲珑，适于盆栽置庭园的花廊下或居室阳台供观赏。

耐半荫或明亮环境，喜温暖至高温多湿，不耐干旱和寒冷，喜肥沃、疏松、富含有机质之壤土。繁殖用分株法，挖取根状茎另行种植。于春季进行。

红球姜　　姜科

Zingiber zerumbet (Linn.) Smith

多年生草本，株高0.6～2米。根状茎块状。叶披针形，长15～40厘米，几无柄。穗状花序椭圆球形，长10～15厘米；总花梗由根状茎生出，长10～30厘米；苞片紧密的覆瓦状排列，近椭圆形，长5～10厘米，开花时绿色，花后变为红色；花淡黄白色，花冠管长2～3厘米，唇瓣中裂片近圆形，长1～2厘米，2裂，侧裂片卵形，长约1厘米。花期7～9月，果期10月。

产于广东、广西和云南。自然生长在林下阴湿处。亚洲热带地区广布。华南地区各植物园和园林均有栽培。仙湖植物园也有栽培，生长良好。本种花序的苞片富色彩变化，观赏时间可持续4个月。适于庭园美化，宜植于疏林下或稍荫处。

耐半荫，在半日照或明亮的环境生长亦佳。喜高温多湿气候，栽培宜用富含腐殖质、疏松、湿润的壤土。繁殖用分株法，挖取新长出的根状茎另植，于春季进行。

同属植物还有**珊瑚姜** *Zingiber corallinum* Hance 植株高1～1.5米。穗状花序长圆状圆锥形；长15～30厘米；苞片卵形，长3～4厘米，顶端骤尖，红色。产于广东、海南和广西，华南地区有栽培，仙湖植物园也有栽培。

珊瑚姜

珊瑚姜的花序

美人蕉

斑叶美人蕉

清秀肖竹芋

黄苞肖竹芋

孔雀肖竹芋

美人蕉　　美人蕉科

Canna indica Linn.

多年生草本。植株丛生，高约1.5米，有地下根状茎。叶绿色，卵状长圆形，长10～30厘米；叶鞘抱茎。总状花序顶生，具多花；退化雄蕊花瓣状，披针形，长3～3.5厘米，原种为红色，杂交种花色丰富，有粉红、黄、乳白、橙或带斑点的。全年均可开花。

原产于印度，我国南北各地均有栽培或野化。本种植丛浓密翠绿，花色艳丽，色彩丰富，可观花又可观叶。适合于庭园种植或布置花坛，尤其适于河边或池边种植。

全日照、半日照或半荫处均能正常生长，性喜高温多湿，尤喜水湿环境，栽培地须经常保湿润，对土质不择。繁殖用分株法或挖取根状茎另植。春、夏、秋三季均可进行。

栽培品种**斑叶美人蕉** *Canna indica* Linn.‘Variegata’ 叶绿色，有褐红色斑。

黄苞肖竹芋　　竹芋科

Calathea crocata E. Morr.

多年生草本，株高15～30厘米。具地下根状茎。叶基生，丛生，叶片椭圆形，上面绿色，沿侧脉有深绿色斑纹，下面紫红色，边缘波状皱。花葶自叶丛中生出，上有一椭圆形的花序；苞片数枚螺旋状排列，金黄色或橙黄色，似蜡质；小花成对生于苞腋内。花期春至夏季。

原产热带美洲。热带地区多有栽培。深圳仙湖植物园亦有栽培。本种花色明艳耀目，花期持久，叶深绿与浅绿相间，可观花又可赏叶，为优良的草本花卉。适植于庭园较荫处或盆栽供花廊、大堂及居室摆设。

耐荫，在明亮环境生长亦佳，忌强阳光直射，性喜高温多湿，忌寒冷和干旱，栽培土质须为富含有机质、疏松和排水良好的腐殖土。繁殖用分株法，切取带植株的根状茎另植。于春、秋二季进行。

同属植物种类很多，常见栽培的有下列13种:

（1）**清秀肖竹芋** *Calathea lietzei* E. Morr. 叶基生和茎生，长椭圆形，长约15厘米，两侧略不等，边缘波状，上面深绿色，具黄绿或淡绿色箭羽状条纹，下面紫红色。花白色，顶生或腋生。原产热带美洲。

（2）**孔雀肖竹芋** *Calathea makoyana* Nichols. 株高约30厘米。叶基生，椭圆形，长约20厘米，上面淡黄绿色，有绿色斜线纹，沿中脉两侧有大小交错的深绿色椭圆形色斑，下面紫红色。原产热带美洲。

（3）**矩叶肖竹芋** *Calathea lubbersiana* 叶茎生，长矩形，长20～25厘米，亮绿色，先端截形，有短尖，小花白色。原产美洲热带。

（4）**黄斑矩叶肖竹芋** *Calathea lubbersiana*‘Happy Dream’与矩叶肖竹芋的区别在于叶上面有大、小不等的黄色斑。栽培品种。

（5）**绿道肖竹芋** *Calathea princeps* (Lind.) Regel 株高约1米。叶长椭圆形，上面中脉和叶缘绿色，侧脉之间淡黄绿

绿道肖竹芋 (*Calathea princeps* (Lind.) Regel)，右下为其花序

彩虹肖竹芋 (*Calathea roseopicta* (Lind.) Regel)

矩叶肖竹芋

黄斑矩叶肖竹芋

红羽肖竹芋

银羽肖竹芋

绿羽肖竹芋

细绿羽肖竹芋

方角肖竹芋

色，背面紫红色。花序椭圆球形；苞片淡黄色；小花紫色。原产巴西。

（6）**银羽肖竹芋** *Calathea ornata* (Lind.) Korn 叶基生，长椭圆形，长20～30厘米，上面深绿色，沿侧脉的两侧有2条黄白色线纹。原产热带美洲。

（7）**红羽肖竹芋** *Calathea ornata* (Lind.) Korn 'Rosea-lineata' 与银羽肖竹芋的区别在于叶上面沿侧脉两侧有2条红色的线纹。栽培品种。

（8）**彩虹肖竹芋** *Calathea roseopicta* (Lind.) Regel 叶基生，宽椭圆形，长约20厘米，叶缘波状，上面绿色，近叶缘处有白色斑纹，侧脉之间有淡绿色的宽带，叶背和叶柄均红色。原产热带美洲。

（9）**绿羽肖竹芋** *Calathea setosa* 叶基生，狭长圆形，顶端圆，有短尖，叶上面灰绿色，边缘绿色，沿侧脉有长短相间的绿色的弧形粗纹，长纹直达叶缘并相互在近边缘处汇合。原产热带美洲。

（10）**细绿羽肖竹芋** *Calathea* 'Silver Compacta' 叶基生，长椭圆形，长约15～20厘米，上面银灰绿色，侧脉细，绿色，长短交错。背面红色。栽培品种。

（11）**方角肖竹芋** *Calathea stromata* 叶基生，矩形，顶端近截形，有短尖。上面灰绿色，沿侧脉有呈镰状狭椭圆形的深绿色斑，色斑大小相间。原产巴西。

（12）**绒叶肖竹芋** *Calathea zebrina* (Sims) Lindl. 植株高可达1米。叶长椭

圆形，长达60厘米，上面绿色，视觉上有天鹅绒的质感，沿侧脉间有长方形、顶端2叉分的暗绿色斑带，下面红色。花紫色。原产巴西。

（13）**绿背绒叶肖竹芋** *Calathea zebrina* (Sims) Lindl.'Humilis' 植株较原种矮小，叶上面淡绿色，具与原种相似斑带，下面亦为淡绿色。栽培品种。

银羽栉花竹芋　　竹芋科

Ctenanthe oppenheimiana (Merr.) K. Schum.

多年生草本，株高0.7～1米。有根状茎。茎坚挺，丛生。叶披针形，长达30厘米，中脉及侧脉绿色，侧脉直达叶缘，侧脉间为银灰色，下面红色；叶柄长50～60厘米。

原产巴西，热带地区多有栽培。本种叶色银灰，上有深绿色的羽状条纹，清丽淡雅，为优良的观叶植物。适宜植于庭园荫处或盆栽，供大堂、花廊及居室摆设。

耐荫，在稍明亮处生长亦佳，忌强阳光直射，不耐寒冷和干旱。栽培须用富含有机质、疏松和排水良好之腐殖土或沙壤土。繁殖用分株法，挖取带2～3叶的地下根状茎另植。于春季进行。

具相同用途的有下列2栽培品种：

（1）**三色栉花竹芋** *Ctenanthe oppenheimiana* (Merr.) K. Schum. 'Tricolor' 叶狭长圆形，长16～20厘米，侧脉淡灰绿色，侧脉两侧深绿色，有不规则的乳白色或淡桃红色斑块，下面紫红色。

（2）**四色栉花竹芋** *Ctenanthe oppenheimiana* (Merr.) K. Schum. 'Quadricolor' 嫩叶桃红色，成长叶绿色，有不规则的乳白色和淡桃红色斑块。喜明亮及半日照环境。

绒叶肖竹芋

绿背绒叶肖竹芋

绒叶肖竹芋的花序

四色栉花竹芋

银羽栉花竹芋

三色栉花竹芋

竹 芋　　竹芋科

Maranta arundinacea Linn.

多年生草本，株高0.4～1.5米。根状茎肉质。茎丛生，2歧分枝。叶卵状披针形，长约15～20厘米。顶端尖，上面绿色，有光泽，下面淡绿色。总状花序顶生，长15～20厘米。花白色。花期夏至秋季。

原产热带美洲，热带地区广植，我国南方亦常见栽培。本种植丛密集，叶色浓绿亮泽，为良好的观叶植物。适于庭园美化。

喜明亮或半日照环境，不耐强阳光直射，性喜高温多湿，忌寒冷和干旱，栽培土质宜为肥沃、疏松和排水良好之沙质壤土。繁殖用分株法，挖取地下根状茎另植，于春季进行。

常见栽培的同属植物有**豹纹竹芋** *Maranta leuconeura* Morr.'Kerchoviana' 叶宽卵状椭圆形，两面均为淡绿色，上面在中脉的两侧具斜上的深绿色斑。花白色。栽培品种。

柊叶　　竹芋科

Phrynium capitatum Willd.

多年生草本，株高1～2米。地下根状茎块状。叶基生；叶柄长60～70厘米；叶片长圆形，长30～50厘米，无毛，亮绿色。头状花序直径约5厘米，无柄，自叶鞘生出；苞片紫红色，每一苞片内生3朵淡紫色的小花。花期5～7月。

产于广东、广西和云南，自然生长在林中阴湿处。亚洲热带地区广布并常见栽培，仙湖植物园也有栽培。本种植丛茂密，叶色浓绿亮泽，为良好的观叶植物。宜植于庭园之疏林下，沟边林下或在草地中配植。

耐荫，在明亮或半荫处生长亦佳，性喜温暖至高湿多湿气候，不耐寒冷和干旱，栽培土质须为湿润、富含有机质和排水良好之壤土。繁殖用分株法，挖取其地下根状茎另植，于春季进行。

红背卧花竹芋　　竹芋科

Stromanthe sanguinea Sonder

多年生草本，株高0.7～1.5厘米，丛生，多分枝。叶基生和茎生，披针状长圆形，长40～50厘米，上面暗绿色，有光泽，下面红色。圆锥花序自茎上部生出；苞片多数，密集，鲜红色，内生白色的小花。花期夏季。

原产于巴西，热带地区多有栽培，我国台湾、福建、广东（广州、深圳）等地区也有栽培。本种绿叶花红，明艳耀目，为优良的观叶及观花植物。适宜于庭园美化。

耐荫，在明亮或半荫处生长亦佳，忌强阳光直射，性喜高温多湿，不耐寒冷和干旱，栽培须为湿润、肥沃和排水良好之壤土。繁殖用分株法，挖取地下根状茎另植。于春季进行。

竹 芋

豹纹竹芋

柊 叶

红背卧花竹芋

水竹芋（再力花）　　**竹芋科**

Thalia dealbata J. Fraser

多年生水生草本，具地下根状茎，植株丛生，高1.5～2米。叶茎生，披针状椭圆形，长15～20厘米，绿色，全缘。花葶自茎上部叶鞘中生出，长可达1米，上部生一圆锥花序；圆锥花序狭窄呈穗状；苞片粉白色；小花深紫色。花期夏季。

原产热带美洲，热带地区时有栽培，深圳也有栽培。本种植丛茂密，叶色四季常绿，开花期银白色的苞片内绽出深紫色的小花，色彩既清雅又浓艳，为优良的水生观叶及观花植物。适植于庭园的池塘、湖边或水湿之地，也可盆栽。

喜光，全日照或半日照生长均理想，喜高温水湿，忌干旱，不耐寒，栽培须为肥沃的壤土，并须有不少于5厘米的水层覆盖在土壤之上。繁殖用分株法，挖取根茎植入水池中。于春季进行。

水竹芋，右下为其花序

绣球葱　　**百合科**

Allium giganteum Regel

多年生草本，具地下鳞茎。叶基生，宽带形，长30～40厘米。花葶高0.6～1.2米；多数小花密集成球形的伞形花序，花序直径10～15厘米；花被片粉紫色。花期5～6月。

原产于中亚，各地多有栽培。本种在盛花期花团锦簇，形似绣球，花姿柔美，花色明艳，为优良的草本花卉及切花的高级材料。适于庭园美化或盆栽。

喜光，喜温暖至冷凉的气候，忌高温多湿，在深圳宜在郊野公园较凉爽而避风的环境中种植，平地种植不易越夏，栽培土质须为肥沃、疏松及排水良好的沙质壤土。繁殖用播种或取鳞茎种植。播种可在秋季进行。用鳞茎种植于秋、冬季进行。

绣球葱

芦　荟　　**百合科**

Aloe vera L. var. *chinensis* (Haw.) Berger

多年生肉质植物，茎短缩。叶近簇生，幼时排成紧密的2列，肥厚多汁，线状披针形，长15～35厘米，边缘疏生小硬齿，淡绿色，幼时有白色的短线形斑点。花葶高60～90厘米；总状花序有多数花；花通常下垂，淡黄色，花被片6，圆筒形，长约2.5厘米，外轮3片合生至中部，先端外弯。花期春至夏初。

原产地不详，可能是非洲，我国南方各省常见地栽和盆栽。也有野化。芦荟从唐代已由非洲经丝绸之路传入中国，在我国已有数千年的栽培历史。多作药用。明朝李时珍的《本草纲目》一书，对芦荟的药效有详尽的记载。目前芦荟在我国南方已普遍栽培。

喜光，在全日照、半日照或稍荫处均能适应，忌高湿多湿，尤其是在烈日下浇水极易腐烂，性耐干旱，平时浇水宜少量为佳，不甚耐寒，冬季要温暖避风，栽培须疏松、肥沃和排水良好之沙质土。繁殖用分株法，成株通常能生出较多的子株，可挖取子株另植。全年均可进行。

芦荟在全世界约有500种和品种，主产南非。在欧、美、日本、韩国和我国栽培利用十分盛行。目前仙湖植物园从南非引进栽培的已近200种。下面介绍的是观

芦　荟

赏价值较高的种类：

（1）**库拉索芦荟** *Aloe vera* Linn. 茎短缩，叶肥厚。长 50 ~ 70 厘米，灰绿色。花葶高 1 ~ 1.6 米；总状花细长，圆柱形，单一或有分枝，具多数密生的花，花自绽开后逐渐下垂，淡黄绿色。原产非洲北部地中海沿岸。是目前栽培利用最盛行的种类之一。通常地栽，幼时可盆栽。

（2）**木立芦荟** *Aloe arborescens* Mill. 茎高可达 1 ~ 2 米。叶在茎上螺旋状着生，肉质，常下弯，边缘有疏的粗硬齿。通常作药用，也可用于观赏，通常地栽，幼时可盆栽。原产南非。

（3）**非洲芦荟** *Aloe africana* Mill. 株高 2 ~ 3 米（在原产地更高），茎圆柱形，粗壮。叶集生于茎的上部，肉质，带形，长可达 1 米，灰绿色，边缘有疏细硬齿。总状花序顶生，有分枝，细长圆柱形，密生数花，自蕾时至绽开全部下垂，花被片淡黄绿色。原产南非。

（4）**橙花非洲芦荟** *Aloe × africana* 植株高 3 米或更高。茎圆柱形，粗壮。叶集生茎的上部，宽而短。总状花序多枚排成圆锥状；花多数，密生，花被片橙红色，十分艳丽。园艺杂交种。

（5）**多刺芦荟** *Aloe ferox* Mill. 植株高 1.5 ~ 2 米。茎圆柱形。叶集生于茎的上部，边缘具疏的硬刺。总状花序多枚，排成圆锥状；花多而密，花被片黄绿色，下垂。产于南非。

（6）**细花芦荟** *Aloe graciliflora* Groenewald 植株高 0.8 ~ 1.5 米。叶互生，疏生，边缘有粗刺。总状花序有分枝；花被片橙黄色。原产南非。

（7）**马氏芦荟** *Aloe marlothii* Mill. 植株约 3 米，茎粗壮。叶集生茎上部，带状披针形，深绿色，下垂。总状花序长圆柱形，数枚在茎顶排成圆锥状；花多数，密生，未开时平展，绽开后下垂；花被片黄色。原产南非。

（8）**皂质芦荟** *Aloe saponaria* Haw. 茎短缩。叶螺旋状集生于基部，平展或半直立，狭披针形，长 50 ~ 70 厘米，先端长渐尖，边缘有小齿，上面有白色的斑点和斑纹。原产南非。

（9）**不夜城芦荟** *Aloe mitriformis* Mill. 茎短缩。叶披针形，肉质，边缘有细硬齿。总花梗自下部叶腋生出，长 50 ~

库拉索芦荟

库拉索芦荟的花序

木立芦荟

非洲芦荟

非洲芦荟的花序

橙花非洲芦荟

细花芦荟

多刺芦荟

马氏芦荟

细花芦荟的花序

多刺芦荟的花序

马氏芦荟的花序

皂质芦荟

不夜城芦荟，右下为其花序

翠叶芦荟

70厘米，顶端有分枝；总状花序生于分枝顶端，轮廓为长圆状圆锥形，具多数密生的花；花被片蕾时橙红色，尖端绿色，绽开后为淡黄色。原产南非。

（10）**翠叶芦荟** *Aloe variegata* Linn. 茎短缩。叶密生，披针形，通常向内半合，深绿色，具多数长椭圆形白斑，白斑汇合成不规则的横带，边缘白色，角质化，具细齿刺。总状花序单一或有分枝，连花葶长约30厘米；花被片粉红色或橙红色。原产南非。

松叶武竹　　百合科

Asparagus macowanii Baker

常绿灌木，高1～2米。有地下根状茎。分枝多，枝上有倒生锐刺。假叶（是小枝的变态）针状，簇生，形似松树之叶，绿色，纤细柔软，少见开花。

原产南非，各地多有栽培。本种四季碧绿，乍看似小型的松树，树姿端丽脱俗，适植于庭园阴处或盆栽供室内摆设。

耐荫或半荫，忌强阳光直射，性喜高湿多湿，不耐寒冷和干旱，栽培须用富含有机质、排水良好的腐殖土。繁殖用分株法，挖取带小植株的地下根状茎另植。于春至夏季进行。

具相同用途的同属植物有下列5种或栽培品种：

（1）**狐尾武竹** *Asparagus densiflorus* Kunth 'Myers' 多年生草本。茎直立，高50～60厘米，分枝短而密，整株的轮廓呈圆柱状塔形。假叶密生于小枝上，长约1厘米；花被片白色。果红色。栽培品种。

（2）**武竹** *Asparagus densiflorus* Kunth 'Sprengeri' 多年生草本，茎多分枝，下垂。假叶密生，线形，长1～3厘米。花被片白色。果红色。栽培品种。

（3）**羊齿天门冬** *Asparagus filicinus* Ham. ex D. Don 多年生草本，高50～70厘米。分枝直立或下垂，有棱。假叶每5～6枚成簇，略弯，长0.3～1.5厘米，宽1～2毫米。花1～2朵腋生；花梗长1～2厘米；花被片长2.5毫米，绿白色。产于山西、陕西南部、甘肃南部、湖北、湖南、浙江、四川、贵州和云南。华南和西南地区植物园多有栽培。仙湖植物园也有栽培。

（4）**矮文竹** *Asparagus setaceus* (Kunth) Jessop 'Nanus' 多年生草本。茎纤细，矮生或蔓性，多分枝。假叶10余片簇生，平展，针状，柔软，略具三棱，长4～5毫米。花1～3朵腋生；花被片白色，长约7毫米。栽培品种，原种文竹 *Asparagus setaceus* (Kunth) Jessop，产于南非。

（5）**猫竹** *Asparagus setaceus* (Kunth) Jessop 'Pyramidalis' 多年生草本。高30～60厘米。茎直立，有小短刺，假叶针状，数片簇生，直立，针状。柔软。栽培品种。

松叶武竹

狐尾武竹

武 竹

羊齿天门冬

矮文竹

猫 竹

蜘蛛抱蛋

洒金小花蜘蛛抱蛋

卵叶蜘蛛抱蛋

蜘蛛抱蛋　　百合科

Aspidistra elatior Blume

多年生草本，有粗状的根状茎。叶自根状茎生出，每节生一片叶，叶片长圆状披针形，长50～70厘米。花单生；花梗长仅0.5～2厘米，开花时贴近地面；花被钟状，8深裂，长约1.8厘米，紫色。蒴果球形。花期夏季，果熟期秋季。

原产于我国。我国南方及各热带地区多有栽培。深圳地区栽培普遍。本种雌蕊的柱头膨大，形似蜘蛛的卵囊，周围8枚雄蕊形似蜘蛛的爪，整个轮廓恰似一只蜘蛛抱着一枚蛋，故而得名。本种叶色常绿，形态整齐划一，为美观大方的观叶植物。适宜在庭园的疏林下或明亮而非阳光直射之地种植，亦可植于假山之旁或草地边。叶为插花之良材。

耐半荫，在稍荫蔽处亦能生长正常，忌强阳光直射，性喜温暖湿润，耐高温，较耐寒，不耐干旱，对土质要求不严，但喜肥沃、湿润、疏松和排水良好之沙质壤土。繁殖用分株法，挖取带植株的地下根状茎另植。于春季进行。

具相同用途的本属植物有下列2种：

（1）**洒金小花蜘蛛抱蛋** *Aspidistra minutiflora* Stapf 'Punctata' 叶带形，长25～50厘米，上面有金黄色斑点。花小，长仅4.5～5毫米，青紫色。栽培品种。

（2）**卵叶蜘蛛抱蛋** *Aspidistra typica* Baill. 叶卵形，长约15厘米，顶端渐尖，基部圆形。花长约1厘米，深紫色。产于云南和广西。越南有分布。华南地区各植物园有栽培。深圳仙湖植物园也有栽培。

吊 兰　　百合科

Chlorophytum comosum (Thunb.) Baker

多年生草本，有短的根状茎。叶剑形，近革质，绿色，长10～30厘米，下弯。花葶腋生，长于叶，长可达50厘米，常变为匍枝而在顶部具叶簇或幼小植株并有气根；花白色，2～4朵簇生，排成疏散的总状或圆锥花序；花被片白色，长0.7～1厘米。花期6～11月。

原产非洲南部，各地广泛栽培。本种叶丛四季常绿，花葶悬垂或匍地，风姿优雅。适合在花坛的周边种植及吊盆栽培。是美化居室及花廊的优良植物。

吊 兰

银边吊兰花莛顶端的叶簇及花

金边吊兰

金心吊兰

好望角吊兰

中斑吊兰

银边吊兰

白纹草

耐半荫，在明亮或半日照环境生长亦佳，忌强阳光直射，喜温暖至高温多湿，不耐干旱，稍耐寒，栽培须肥沃、富含有机质和排水良好之沙质壤土。繁殖用分株法，挖取根状茎或剪取花葶顶端的幼株另植。春至秋季均可进行。

具相同用途的本属植物有下列6种:

（1）**金边吊兰** *Chlorophytum comosum* (Thunb.) Baker 'Marginatum' 叶中间绿色，边缘淡黄色。栽培品种。

（2）**金心吊兰** *Chlorophytum comosum* (Thunb.) Baker 'Picturatum' 叶中心黄色，边缘绿色。栽培品种。

（3）**银边吊兰** *Chlorophytum comosum* (Thunb.) Baker 'Variegatum' 叶中间绿色，边缘白色。栽培品种。

（4）**中斑吊兰** *Chlorophytum comosum* (Thunb.) Baker 'Vittatum' 叶中间白色，边缘绿色，栽培品种。

（5）**好望角吊兰** *Chlorophytum capense* (Linn.) Druce 叶近革质，绿色。花葶直立，花序多分枝呈圆锥状，顶端无叶簇和幼小植株；花被片白色。原产非洲南部，各地常有栽培。

（6）**白纹草** *Chlorophytum bichetii* Baker 地下有肥大的椭圆形块根。叶纸质，冬季凋落，中间绿色，边缘白色。花序不呈匍枝状。原产西非。热带地区普遍栽培。

山菅　　百合科

Dianella ensifolia (Linn.) DC.

多年生草本，株高50～80厘米。根状茎圆柱形。叶基生或茎生，2列，线状披针形，长30～80厘米，边缘有细齿，绿色。圆锥花序顶生，长10～40厘米，分枝稀疏；花绿白色，花被片长6～7毫米。浆果近球形，成熟时深蓝色，直径6～7毫米。花果期3～8月。

产于浙江、江西、台湾、福建、广东、海南、香港、广西、贵州、四川和云南。自然生长于林下或草丛中。亚洲热带及非洲马达加斯加有分布。在深圳的山坡上常见有野生，栽培也较普遍。本种植丛葱绿，夏季开白色的小花，深蓝色的果实晶莹透亮，酷似一颗蓝宝石，绚丽明艳。适合于庭园美化、植于花坛边缘、疏林下或盆栽。

耐半荫，在明亮处生长良好，性喜高温多湿，耐干旱，栽培对土质不择。繁殖用分株法或挖取根状茎另植，全年均可进行。

有下列栽培品种：

（1）**银边山菅** *Dianella ensifolia* (Linn.) DC.'Silvery Stripe' 叶边缘白色。

（2）**金道山菅** *Dianella ensifolia* (Linn.) DC.'Yellow Stripe' 叶上面有金黄色条纹。

山菅

银边山菅

银边山菅的花序

山菅的果实

金道山菅

油点百合　　百合科

Drimiopsis kirkii Baker

多年生草本，具肉质球根，株高15～30厘米。叶基生，肉质，狭长披针形，长15～25厘米，绿色，上面布满浓绿色的斑点。总状花序顶生；花梗长于叶，上部密生多数小花；花被片白色。花期7～8月。

原产非洲南部。热带地区有栽培。我国台湾、福建、广东（广州和深圳）等地植物园也有栽培，本种在开花期花、叶俱美，观花和观叶并举，花后期以观叶为主，适合庭园较荫处栽培或盆栽。

耐半荫，在明亮处栽培亦佳，忌强阳光直射，性喜高温多湿，栽培须为富含有机质、疏松和排水良好之沙质壤土。繁殖用分株法，春夏两季均可进行。

油点百合

油点百合的花序

玉簪　　百合科

Hosta plantaginea (Linn.) Aschers.

多年生草本，有粗壮的地下根状茎。叶基生，卵形，长14～24厘米，先端急尖，基部心形。花葶高40～80厘米；总状花序具10余朵花；花单生或2～3朵簇生，长约10厘米，白色，芳香；花被近漏斗形，下部细管状，上部钟状，有6裂片。蒴果

玉簪

圆柱状，长约6厘米。花果期8～10月。

产于安徽、江苏、浙江、福建、广东、湖南、湖北和四川，自然生长在林下或草坡。日本有分布。我国各地常见栽培，欧洲和美洲时有栽培。深圳仙湖植物园也有栽培。本种花形酷似古代妇女发髻上的饰物玉簪，故此而得名，其品味高雅，芳香馥郁。适作园林美化，宜配植于林下、岩石园或植于建筑物旁遮荫处，亦可盆栽。

耐半荫，在明亮处生长亦佳，忌强阳光直射，性耐寒，喜湿润，栽培须土层深厚、肥沃、湿润和排水良好的沙质壤土。繁殖用分株法，将根状茎挖出切开另植。于春季或秋季进行。

紫玉簪

银边玉簪

玉簪属植物有数十种（包括栽培品种），常见栽培的有下列各种:

（1）**紫玉簪** *Hosta albo-marginata* (Hook.) Ohwi 叶卵状椭圆形，长6～15厘米。花葶高40～60厘米，有10～20多朵花；花长6～8厘米，紫色，无香味。原产日本，我国有栽培。

（2）**金边玉簪** *Hosta* 'Green Gold' 叶卵状椭圆形至长椭圆形，先端渐尖，基部圆并下延至叶柄上部呈狭翅状，绿色，边缘淡黄色。花葶高30～40厘米；花长约10厘米，花被外面白色，内面淡紫色。栽培品种。

（3）**银边玉簪** *Hosta* 'Wide Brim' 叶卵状椭圆形或椭圆形，先端渐尖，基部圆并下延至叶柄上部呈翅状，绿色，边缘白色。花葶高约30厘米；花长约8厘米，花被白色。栽培品种。

卷 丹　　百合科

Lilium lancifolium Thunb.

多年生草本，地下有肉质鳞茎，茎高1～1.5米，有紫色条纹和白色绵毛。叶散生，长圆状披针形，长7～9厘米，绿色，叶腋有珠芽。花3～20朵生于茎顶，下垂，花被片6，披针形，长6～10厘米，反卷，橙红色，有紫黑色斑点。蒴果狭长圆形，长3～4厘米。在深圳花期秋至冬季，果期冬至春季。

原产于华北、华东、西北和西南各地，自然生长在灌丛中、草地或水旁。朝鲜半岛和日本有分布。各地均有栽培。本种花姿娇媚，花色绚丽，在我国有悠久的栽培历史，为名贵的花卉。适作庭园栽培，盆栽及作切花。

喜光，喜冷凉气候，在气温高的地区，难以越夏，通常开花后即废弃，栽培土质须为肥沃之腐殖土，排水务必要良好，否则鳞茎极易腐烂。繁殖用珠芽（生叶腋）种植，须在珠芽成熟但尚未落地前摘取种植，也有用鳞片扦插，取成熟的鳞茎，阴干数日，剥下鳞片，将其插于沙土中，只露尖端即可。亦可用分株法繁殖，秋后将老鳞茎生出的小鳞茎挖出，沙藏至翌年春

金边玉簪

金边玉簪的花序

卷 丹

季种下。

百合属植物的原生种和园艺杂交种甚多，通常栽培的多为园艺杂交种，在深圳常见栽培有下列3种:

（1）**麝香百合** *Lilium longiflorum* Thunb. 茎高约1米。花平展或稍下垂，白色，外面带绿晕，有清甜香味。原产我国台湾和日本。全世界广为栽培，早春开花。

（2）**葵百合** *Lilium* ‘Star Gazer’ 茎高约1米。花被片中心桃红色，有深紫红色斑点，边缘淡粉红色或白色，园艺杂交种。

（3）**百合的园艺杂交种** *Lilium* garden hybrids 十分丰富，常见栽培的还有粉花百合、橙红百合、黄花百合和金色百合等数十种。花期早春至夏初。

麝香百合

葵百合

粉花百合

橙红百合

黄花百合

金色百合

萱 草　　百合科

Hemerocallis fulva (Linn.) Linn.

多年生草本，根肉质，中部以下膨大呈纺锤形。株高60～80厘米。叶基生，排成2列，带形，绿色。花葶自叶丛中生出，粗壮，长可达1米。圆锥花序顶生，着花10余朵；花冠漏斗状，橘黄色，有香味，早开晚谢；花被片6，先端外卷。花期6～10月。

原产我国南部，全国各地常见栽培，秦岭以南有野生。本种花色鲜艳，花姿美丽，早春萌发出绿油油的新叶，令人赏心悦目。在庭园中可植作花坛，花径或在路边、疏林下、岩石园和草坡等地列植或片植。花有毒不可食。

喜光，耐半荫，耐干旱亦耐寒，喜湿润，在夏季的高温季节，力求通风凉爽，栽培不择土壤，但以土层深厚、肥沃、湿润和排水良好之沙质壤土为佳。繁殖可用播种法和分株法。播种宜在春、夏季进行；分株全年均可进行，最好每3株为一体种植。

本种在我国有悠久的栽培历史，早在2000年前《诗经·魏风》中就有记载，由于长期栽培，园艺品种和杂交种甚多，形态变异很大，如花的颜色就有红、黄、橙、褐、粉红等，叶的大小、长短亦有变异。

阔叶山麦冬　　百合科

Liriope platyphylla Wang et Tang

多年生草本，根状茎短，木质。根细长，多分枝，局部时有膨大呈纺锤形小块根。叶基生，密集成丛，近革质，长25～65厘米，宽2～3.5厘米。花葶长于叶，长40～60厘米；总状花序有许多花；花4～8朵簇生于苞片腋内；花被片长约3.5毫米，紫色或紫红色。花期7～8月，果期8～10月。

产于山东、河南、安徽、江苏、浙江、江西、湖北、湖南、广东、广西、贵州和四川，自然生长在山谷林下或潮湿处。华南地区常有栽培，深圳仙湖植物园也有栽培。本种叶丛密集，叶色四季葱绿，花色亮丽。宜在庭园较阴湿处或林下种植。

耐荫或半荫，忌强阳光直射，喜温暖和湿润环境，较耐寒，不耐干旱和贫瘠，栽培土质须为疏松、肥沃、湿润和排水良好之壤土。繁殖用分株法，于春季进行。

与本种形态接近的有**麦冬** *Ophiopogon japonicum* (L. f.) Ker-Grawl. 根的中部及末端膨大呈椭圆的小块根。地下匍匐根状茎细长。叶基生成丛，长15～50厘米，宽窄有变异，通常宽约5毫米，经栽培可宽达1厘米。花序短于叶或与叶近等长，有几朵至10余朵花；花单生或成对生于苞片腋内；花被片稍下垂，但不展开，长约5毫米，白色或淡紫色。产于陕西、河北以及华东、华南、华中及西南各地，自然生于林下或山坡阴湿处。日本、越南和印度有分布。各地多有栽培供药用。

大盖球子草　　百合科

Peliosanthes macrostegia Hance

多年生草本，茎短缩，长约1厘米。每株有叶2～5片；叶片披针状椭圆形，长15～25厘米，顶端渐尖，基部渐狭；叶柄长20～30厘米。花葶长15～35厘米；总状花序有多数密生的花，每一苞片腋内生1朵花；花紫色，直径0.5～1厘米；花被筒短，裂片三角形。花期4～6月，果期8～9月。

产于台湾、广东、广西、湖南、四川、贵州和云南，自然生长在灌丛中或丛林下，深圳的山林中有分布。仙湖植物园有

萱 草

萱草的花

阔叶山麦冬

麦 冬

大盖球子草

大盖球子草的花序

油点草

栽培。本种叶色苍绿，花色殊雅，为良好的草本花卉及观叶植物。适在庭园半荫处种植。

耐半荫，性喜高温多湿环境，稍耐寒，不耐干旱，栽培土质须为疏松、肥沃、湿润和排水良好之壤土。繁殖用播种法或分株法，于春季进行。

油点草　　百合科

Tricyrtis macropoda Miq.

多年生草本，植株高可达1米。根状茎横走。叶互生于茎上部，卵状椭圆形或长圆状披针形，长8~16厘米，顶端渐尖，基部心形，抱茎。二歧聚伞花序顶生或生于上部叶腋；花疏生；花祓片6，白色，上面具多数紫红色斑点；雄蕊与花被片等长，花丝中部以上向外弯曲。蒴果长2~3厘米。花果期6~10月。

产于华东、华中、华南各地及贵州，自然生长在山地林下草丛中或石缝中。日本有分布。深圳山坡林下有野生。本种花姿美丽而奇异，花色素雅，为良好的草本花卉，有栽培价值。

耐半荫，在明亮处生长良好，性喜温暖湿润。在夏季高温的地区，宜植于凉爽通风处，稍耐寒，不耐干旱，栽培宜用疏松、肥沃、湿润和排水良好的壤土。繁殖用播种或分株法。于春季进行。

凤眼莲　　雨久花科

Eichhornia crassipes (Mart.) Solms-Laub.

多年生浮水草本或根生于淤泥中，株高20~40厘米。茎很短，生出长的匍匐枝。叶基生，莲座状，宽卵形或菱形，长2.5~12厘米，顶端圆，基部浅心形，边缘全缘，亮绿色；叶柄中部膨大呈囊状。花多数，排成穗状花序；花直径3~4厘米，花被筒细，长约1.5厘米；花被片6，椭圆形，紫色，最上面的一片中有蓝色晕，中心有一黄斑。花期夏至秋季。

原产南美洲，热带地区普遍栽培或野化。本种叶色亮绿，花姿秀美，色彩淡雅，花的上裂片酷似凤眼，故而得名。适在庭园的水池、河沟、沼泽等处种植或植于水盆、水缸、水槽等能容水之处。

喜光，喜高温，栽培须用肥沃的泥土，土面须加水20厘米以上。繁殖用分株法，但其自生繁殖力甚强，茎生出的长匍匐枝不久即自行脱离母体，长成新植株。因此常出现植株过于拥挤的现象，须用人工除去过密的部分。

假叶树　　假叶树科

Ruscus aculeatus Linn.

常绿小灌木，株高20~40厘米。具黄色、肉质的匍匐根状茎。茎绿色，多分枝，还具多数扁化的叶状枝；叶状枝从退化的鳞片状叶腋间生出，绿色，革质，扁，长1~2.5厘米，顶端刺状。花单性，雌雄异株，白色，生于叶状枝中脉的中下部；花被片6，外轮的长约2.5毫米，内轮的甚小。浆果成熟时红色。开花期夏、秋季。

原产欧洲和北非，各地多有栽培，仙湖植物园也有栽培。本种绿色的叶状枝持久不凋，夏秋季在叶状枝中脉上生一朵小白花，形态甚为奇特。适于庭园美化或盆栽。

喜光，在半荫及明亮处生长良好，性喜冷凉气候，忌高温；在夏季高温的地区须植于凉爽通风处。繁殖用播种法，于春季进行，也常用高压法，于冬季及春季进行。

假叶树

凤眼莲

凤眼莲的花序

六出花

六出花的花

金钱蒲

石菖蒲，右下为其花序

六出花　　六出花科

Alstroemeria hybrida Hort.

多年生草本，植株高40～70厘米。地下有鳞茎。茎绿色，无分枝。叶在下部螺旋状密生，上部的较疏，互生；叶片椭圆形，长3～5厘米，革质，两端均渐狭，边全缘。伞形花序有花3～5朵，花色丰富，有白、紫、黄、红等色。花被片6，长约3厘米，外轮3片倒卵状椭圆形，内轮3片较小，通常有深色条纹或斑点。

原产南美洲，近年来，上海、南京、厦门等地的园林部门引进栽培。本种花期持久，花色明艳耀目，为高级的草本花卉，适于庭园美化及盆栽。

喜光，在半荫及明亮处生长亦佳。性喜温暖多湿。不耐寒冷，冬季须有较长的日照，才能较好的发芽和开花，忌夏季高温，在深圳栽培须置凉爽通风处，栽培须用肥沃、疏松和排水良好之沙质壤土。繁殖用分株法，挖取母株鳞茎，取其生出的子球栽植。其鳞茎可生于土层下30～40厘米处，挖取时要深挖，并保持子球生长点、地下茎及肉质须根不受损。于夏末秋初进行。

金钱蒲（随手香）　　**天南星科**

Acorus gramineus Soland.

多年生草本，高20～30厘米。根状茎短，长5～10厘米，芳香。叶片薄纸质，线形，长20～30厘米，宽不足6毫米，芳香。佛焰苞长3～9厘米，淡绿色；肉穗花序黄绿色，圆柱形，长3～9.5厘米。果序粗达1厘米；果黄绿色。

产于浙江、江西、湖北、湖南、广东、广西、陕西、甘肃和西南各地，自然生长于水旁湿地或石上。各地常见栽培，仙湖植物园也有栽培。本种叶片细柔，叶色亮绿，揉之有浓浓的芳香，即使用手轻轻触摸之后，手上之香气长久不散，故名“随手香”。可在庭园荫处或公园林边作地被，亦可盆栽作室内摆设。

耐半荫，忌强阳光直射，喜温暖、多湿气候，耐高温，栽培土质须为肥沃、疏松、潮湿之沙质壤土。如在室内摆设应定期移至室外，接受柔和阳光照射。繁殖用分株法，于春至夏季进行。

具相同用途的本属植物还有**石菖蒲** *Acorus tatarinowii* Schott 叶片厚纸质，宽0.7～1.3厘米，揉之有辛辣味，用手触之无味。产黄河以南各地。在深圳各地山涧阴湿石上、溪边极常见，也有栽培。

广东万年青　　天南星科

Aglaonema modestum Schott ex Engl.

多年生常绿草本，茎直立，高40～70厘米。叶片深绿色，卵形或卵状披针形，长15～25厘米，先端长尾状渐尖。佛焰苞片长6～7厘米，长圆披针形；肉穗花序长及佛焰苞的2/3，圆柱形，雌雄同序，雌花序在下部，长5～7.5毫米，雄花序在上部，长2～3厘米。浆果长圆形，长约2厘米，绿色，成熟时黄红色。花期4～5月，果期5～10月。

产于广东、广西和云南。越南、菲律宾有分布，自然生长在密林下。南北各地均普遍栽培。本种叶色四季常绿，为优良的观叶植物。可植于庭园荫处和棚架之下，也可盛水插瓶或盆栽供室内摆设。

耐荫，忌强阳光直射，喜高温多湿，栽培地须湿润，土质须肥沃疏松。繁殖用分株法和扦插法。于春至秋季进行。

本属植物有50余种，大都产于亚洲热带，栽培品种甚多，叶有各种形状及各种图案的花纹，随品种不同而异。浆果多为橙红色。叶及果均十分美丽。在世界热带地区广为栽培。深圳栽培的种也很多，常见的有下列各种:

（1）**斜纹亮丝草** *Aglaonema commutatum* Schott 'San Remo' 叶长圆披针形，深绿色，沿中脉两侧有宽的白色斜斑。栽培品种。

（2）**狭叶亮丝草** *Aglaonema commutatum* Schott 'Treubii' 叶狭披针形，绿色，沿中脉两侧有不规则的白斑。栽培品种。

（3）**白柄亮丝草** *Aglaonema commutatum* Schott 'White Rajab' 叶柄白色，叶片绿色，中脉和侧脉白色，沿脉两侧有不规则的白斑和白点。栽培品种。

（4）**白肋亮丝草** *Aglaonema costatum* N. E. Br. 叶深绿色，中肋白色。原产马来西亚。

（5）**白雪亮丝草** *Aglaonema crispum* (Pitoher et Manda) D. H. Nicolson 叶长圆形，中脉及边缘有不规则的绿斑，其余部分为灰白绿色。原产菲律宾。

（6）**西姆王亮丝草** *Aglaonema* 'King of Siam' 叶柄白色；叶片狭长圆形，中脉及侧脉乳黄色，侧脉较密，弧形，沿中脉及侧脉间有不规则的乳黄色斑。栽培品种。

（7）**箭羽亮丝草** *Aglaonema nitidum*

广东万年青

狭叶亮丝草

白雪亮丝草

斜纹亮丝草

白柄亮丝草

西姆王亮丝草

斜纹亮丝草的花序

白肋亮丝草

箭羽亮丝草

Kunth 'Curtisii' 叶绿色，侧脉粗细相间，白色，呈弧形弯。栽培品种。

（8）**中银亮丝草** *Aglaonema* 'Pattaya Beauty' 叶长圆形，淡绿色，沿中脉两侧为不规则的淡绿白色。栽培品种。

（9）**银王亮丝草** *Aglaonema* 'Silver King' 叶灰绿色，侧脉之间有不规则的深绿色斑或道。栽培品种。

（10）**银后亮丝草** *Aglaonema* 'Silver Queen' 叶淡绿色，侧脉间有稀疏的深绿色斑块。栽培品种。

中银亮丝草

银王亮丝草

银后亮丝草

黑叶观音莲　　天南星科

Alocasia amazonica Andre

多年生常绿草本。有肉质块根。植株高约30厘米，具短缩的茎。叶柄长20～30厘米；叶箭状盾形，长25～40厘米，上面浓绿色，幼时色淡，下面紫褐色，先端长渐尖，基部2深裂，边缘有5～7个波状缺刻，主脉三叉状，侧脉羽状，直达叶缘，边缘、主脉及侧脉均白色。

园艺杂交种。本种叶色明亮，叶形奇雅，叶脉与叶片色泽对比分明，为高级的观叶植物。可植于荫棚和庭园的林下，供观赏。幼株可盆栽供室内摆设。

耐半荫，忌强阳光直射，喜高温多湿，不耐干旱和寒冷，栽培土质须为疏松、肥沃和排水良好的沙质壤土。在干燥的季节须常喷雾，保持空气湿度。繁殖用分株法。于春至夏季进行。

尖尾芋（假海芋）　　**天南星科**

Alocasia cucullata (Lour.) Schott

多年生草本。地下有肉质块茎。茎圆柱形，黑褐色，通常由基部发出许多新枝，形成丛生状。叶柄长25～30厘米，盾状着生；叶片纸质，深绿色，宽卵心形，长10～16厘米，先端骤尖，基部圆形。佛焰苞管部绿色，长4～8厘米，檐部内卷，淡黄色，长0.5～1厘米；肉穗花序比佛焰苞短。浆果近球形，直径6～8毫米，成熟时红色。花期3～5月。

黑叶观音莲

尖尾芋

产于浙江、福建、广东、广西、四川、贵州和云南。斯里兰卡、缅甸和泰国有分布。自然生于溪边、田边等湿地，也常有栽培作药用，仙湖植物园也有栽培。本种植株丛生，叶色翠绿亮泽，为良好的观叶植物。宜植于庭园荫处、林下或花棚及花廊下，有美化环境的功效，也可盆栽供室内摆设。

耐半荫，可耐温和的日照，忌强阳光直射，喜温暖多湿，耐高温，栽培土质须为肥沃、湿润和排水良好之壤土。繁殖用分株法，于春至夏季进行。

同属植物有**海芋** *Alocasia macrorrhiza* (Linn.) Schott 大型常绿草本，高2～5米。叶柄长可达1.5米，盾状着生；叶片箭状卵形，长50～90厘米，有的长达1米。产于我国南部各地，在深圳的沟谷林中、村落旁及荒地十分常见，公园内也常有栽培。自繁力甚强。

香港魔芋　　天南星科

Amorphophallus oncophyllus Prain ex Book. f.

多年生草本。有球形块茎，块茎直径可达25厘米，可长出小球茎。叶柄长达90厘米，粗2.5厘米，绿色，具淡绿白色斑块；叶1枚，具3小叶；小叶长可达60厘米，三次羽状全裂，Ⅰ、Ⅱ、Ⅲ级裂片基部有小球芽；小裂片披针形，长约15厘米，先端渐尖。花序柄长40～50厘米；佛焰苞长30厘米，浅绿白色，具斑纹，檐部先端及边缘为赭红色；肉穗花序比佛焰苞长1/3。

产于香港。印度、安达曼群岛、泰国

海芋，右下为其花序

香港魔芋

花 烛

花 烛

南蛇棒

花 烛

花 烛

和马来半岛有分布。自然生长在山林中。深圳有栽培。本种的叶柄斑驳似蛇，给人以惊异之感觉，叶片翠绿，形似小伞，颇为别致。为良好的观茎及观叶植物。宜植于庭园稍荫处、棚架或花廊之下供观赏，也可作大型盆栽。

耐半荫，喜高温多湿气候，不耐干旱，不耐寒冷，栽培土质须为肥沃、疏松和排水良好的沙质壤土。繁殖用分株法，将小块茎挖出另植，于春季及夏初进行，也可用播种法，将成熟种子沙藏至翌年春季播种即可。

同属植物还有**南蛇棒** *Amorphophallus dunnii* Tutcher 叶柄长50～90厘米，粗约1厘米，赭褐色，有暗绿色小斑块；叶1片，具3小叶；小叶长约30厘米，3次羽状全裂，在Ⅰ级裂片离基10厘米处有Ⅱ级分裂；小裂片椭圆形，一侧稍下延；顶生小裂片其下2个小裂片外侧基部下延，下延部分与叶轴联合成翅。佛焰苞绿白色，长12～26厘米；肉穗花序短于佛焰苞。产于湖南、广西、广东南部、海南和香港。深圳的沟谷林中有分布。仙湖植物园有栽培。3～4月开花，7～8月果熟。

花 烛　　天南星科

Anthurium andraeanum Linden ex Andre

多年生草本，株高40～50厘米。具肉质根，茎短缩。叶自根颈生出，具长柄，单生，心形。花单生；花梗长达50厘米；佛焰苞广心形，有大有小，鲜红色、桃红色、粉红色、白色、乳黄色，随栽培品种而异；肉穗花序圆柱形，黄色或黄白相间。有长、有短。全年均可开花。

原产南美洲雨林下，热带地区广为栽培，栽培品种很多。本种花期持久，花姿奇特美妍，色彩丰富，并具有蜡质的光泽，极似人造胶质的假花，有很高的观赏价值。适宜在庭园荫处丛植或盆栽置花架上或室内供观赏，亦为插花的高级花材。

耐半荫，忌强阳光直射，在寒冷季节可直晒柔和阳光，喜高温多湿，在干旱季节应常向叶面喷水，栽培土质须为富含腐殖质和排水良好的沙质壤土。繁殖用组织培养法、播种法、分株法及扦插法等。除组织培养法外，其他各种繁殖方法均宜在春至夏季进行。

有相同用途的还有下列2种：

（1）**火鹤花** *Anthurium scherzerianum* Schott 佛焰苞鲜红色；肉穗花序橙红色，长而扭曲。原产哥斯达黎加。

（2）**绿苞红心花烛** *Anthurium* garden hybrid 佛焰苞椭圆形，先端圆，基部心形，革质，周边亮绿色，中心鲜红色；肉穗花序淡黄色。园艺杂交种。

花 烛

花 烛

花 烛

火鹤花

绿苞红心花烛

绒叶花烛

水晶花烛

水晶花烛　　天南星科

Anthurium crystallinum Linden et Andre

多年生草本，植株高40～60厘米。叶心形或宽卵状心形，长约15厘米，上面幼时紫褐色，后变成碧绿色，有丝绒质的光泽，中脉、侧脉及网脉均银白色，下面淡玫红色。佛焰苞条形，绿色，檐部反折。

原产秘鲁及哥伦比亚，热带地区多有栽培。深圳也有栽培。本种叶色高雅，四季绿意悦人，叶脉花纹酷似图案。为高级的观叶植物。宜在庭园荫处、花棚或花廊下的花槽内丛植，也可盆栽，为优雅的室内观叶植物。

耐半荫，忌强阳光直射，但可接受柔和光照，喜高温多湿，不耐干旱和寒冷，在干燥季节要常向叶面及地面洒水，以提高空气的湿度，尤其在春、夏季的生长季节，更要保湿，栽培土质须为富含腐殖质、保水力强的腐殖土。繁殖用扦插法。于春至夏季进行。

具相同用途的有**绒叶花烛** *Anthurium magnificum* Hort. ex Gard. 叶心形或卵心形，长15～18厘米，幼叶黄绿色，成熟时绿色，上面有丝绒般的光泽，沿中脉及侧脉两侧为宽的白色。原产美洲热带。热带地区有栽培，深圳也有栽培。

密林丛花烛

密林王花烛

密林丛花烛　　天南星科

Anthurium 'Jungle Bush'

多年生常绿草本，株高50～80厘米。茎短缩。叶自根颈生出，叶片带形，长50～70厘米，宽约10厘米，绿色，厚纸质，边缘波状。佛焰苞披针形，淡绿色，初时直立，后反折；肉穗花序圆柱形，长约10厘米，初时黄色，后变灰褐色。夏季为开花期。

栽培品种。本种植丛密集翠绿，叶边缘呈不规则的波状，颇雅致，为良好的观叶植物。宜植于庭园较荫处作点缀。深圳公园也常见栽培。

耐半荫，但在柔和的阳光下生长理想，忌强阳光直射，喜高温多湿，露地栽培须注意浇水，以保持土壤湿度，栽培土质须为富含有机质、保水力强的疏松的壤土或腐殖土。繁殖用分株法，于春、秋两季进行。

具相同用途的有**密林王花烛** *Anthrium* 'Jungle King' 叶大，宽椭圆形，长达1米，宽达30厘米，两端尖，色翠绿。佛焰苞绿色，长达20厘米，反折或卷曲；肉穗花序褐色，长约15厘米。夏季为开花期。深圳常有栽培，可植于露地荫处或盆栽供室内摆设。

掌叶花烛　　天南星科

Anthurium pedato-radiatum Schott

多年生常绿草本，茎上升，高约1米余。叶柄圆柱形，长几达1米；叶片的轮廓近圆形，直径40～50厘米，亮绿色，有7～13深裂，裂片披针形，各裂片基部1/5～1/4联合。花序柄长40～60厘米；佛焰苞长约15厘米，披针形，初时直立，淡绿色或淡粉红色，后期反折；肉穗花序长约10厘米，初时黄褐色，后变绿色。花期春季（深圳），春末至夏季果熟。

掌叶花烛

掌叶花烛的花序

密林王花烛的花序

原产墨西哥，热带地区多有栽培。我国台湾、福建、广东和云南也有栽培。本种叶色常年翠绿，叶形奇特，有图案之美，为良好的观叶植物。宜在庭园荫处露地丛植或植于花廊和花棚下的花槽中。

耐荫性强，但在柔和光照射下生长理想，喜高温多湿，不耐干旱和寒冷，栽培须经常保持空气湿度和土壤的湿度，土质须为肥沃、疏松、保水的腐殖土或沙质壤土。繁殖用扦插法。于春至夏季进行。

具相同用途的种类有**深裂花烛** *Anthurium variabilis* Kunth 攀援植物。叶片7～9全裂；裂片相互分离，狭披针形，长约20厘米。佛焰苞披针形，深绿色，反折，长约6厘米；肉穗花序青紫色，长约10厘米。原产巴西，热带地区有栽培，我国福建夏门和广东（广州、深圳）也有栽培。

深裂花烛

黛粉叶

大王黛粉叶

彩叶芋　　天南星科

Caladium hortulanum Birdsey

多年生草本。块茎扁圆形。叶卵状三角形或卵状心形，长13～20厘米；叶柄盾状着生；叶片有多种色彩，有红色绿脉，绿色红脉，白色绿脉，白色红脉，粉色绿脉，红心绿边或全白色，还有各种彩色的网纹或斑点镶嵌其间，随品种而变化不一。佛焰苞外面淡绿色，内面白色，基部带紫色；肉穗花序黄色或橙黄色。浆果白色。

原产美洲亚马孙河流域，热带地区普遍栽培，深圳也常有栽培。栽培品种甚多，叶色丰富，极为雅致。为优良的观叶植物。最佳观赏期自4月至8月，9月开始色泽渐退，至10月进入休眠期。适宜在庭园荫处露地栽培或盆栽，置于花架、花棚和花廊之下及室内摆设。

耐半荫，忌强阳光直射，喜高温和高湿，不耐干旱和寒冷，栽培须多浇水，对土质不择，但以疏松、肥沃、保湿之沙质壤土或壤土最佳。繁殖用分株法，全年均可进行。

高傲黛粉叶

夏雪黛粉叶

黛粉叶　　天南星科

Dieffenbachia maculata (Lodd.) G. Don

多年生半灌木状常绿草本，株高30～90厘米。茎直立，节间短，下部倾斜生根，上部生叶。叶片长圆形，长20～28厘米，绿色，光亮，上面沿中脉及侧脉之间密布不规则的和大小不一的乳白色斑，边缘以内约1厘米为纯绿色，全缘，下面全绿色，顶端骤尖，基部圆形。很少开花。

原产南美洲，热带地区广为栽培，我国南方栽培相当普遍。本种叶形、叶色及株形均十分优美高雅。为著名的观叶植物。宜在庭园阴处丛植或植于花廊、棚架下的花槽内，亦可盆栽供室内摆设。

耐荫，喜高温多湿，不耐干旱，不耐寒，冬季遇寒流应置避风处以免冻伤叶片，在干旱季节要注意喷雾及浇水，栽培土质宜为富含腐殖质、疏松和排水良好之沙质壤土。繁殖以扦插法为主，也可用分株法，于春至夏季进行。

本属植物共30余种，常见的有下列各种及栽培品种：

（1）**高傲黛粉叶** *Dieffenbachia maculata* (Lodd.) G. Don 'Superba' 叶狭长圆形，顶端尾状渐尖，基部楔形。园艺品种。

（2）**大王黛粉叶** *Dieffenbachia amoena* Nichols. 叶长椭圆形，中脉绿，在中脉两侧及侧脉间有宽的白色或乳黄色条斑。原产哥伦比亚和哥斯达黎加。

（3）**夏雪黛粉叶** *Dieffenbachia amoena* Nichols.'Tropic Snow' 叶狭长圆形，中脉绿色，在中脉两侧至边缘内1～2厘米处，几乎全为乳黄色或白色斑。栽培品种。

（4）**白玉黛粉叶** *Dieffenbachia* 'Camilla' 叶椭圆形，顶端骤尖，基部圆，除边缘和顶端为绿色外，其余全为乳黄

彩叶芋

白玉黛粉叶

细玉黛粉叶

革叶黛粉叶

绿玉黛粉叶

绿叶黛粉叶

喷雪黛粉叶

维苏威黛粉叶

色。栽培品种。

（5）**革叶黛粉叶** *Dieffenbachia daguensis* Engl. 叶大型，长圆形，长可达1米，近革质，深绿色。原产美洲热带，热带地区多有栽培，仙湖植物园也有栽培。

（6）**喷雪黛粉叶** *Dieffenbachia* 'Exotica' 叶长圆形，顶端尾状渐尖，基部圆，表面布满白色或乳黄色斑，间以少数绿色斑块。栽培品种。

（7）**细玉黛粉叶** *Dieffenbachia* 'Pinatubo' 叶较小，长圆披针形或长圆形，顶端渐尖，基部圆，具不规则的绿色边缘，中心部分全为白色。栽培品种。

（8）**绿玉黛粉叶** *Dieffenbachia* 'Marianne' 叶长圆形，嫩叶边缘绿色，中脉及侧脉白色，其余为乳黄色，随着叶的老化，渐变为全部嫩绿色。栽培品种。

（9）**绿叶黛粉叶** *Dieffenbachia seguinae* (Jacg.) Schott 叶卵状椭圆形，全部亮绿色。原产美洲热带。

（10）**维苏威黛粉叶** *Dieffenbachia* 'Vesuvius' 叶狭长圆形，先端渐尖，基部圆形，叶面布满乳黄色斑，仅有少数绿斑镶嵌其间。栽培品种。

春雪芋　　天南星科

Homalomena wallisii Regel

多年生草本，茎短缩。叶卵状长圆形，长约15～20厘米，近革质，上面橄榄绿色，其间散布着绿白色斑块，下面淡绿色，先端渐尖，基部圆。佛焰苞浅绿色，下部卷，上部展开成檐部；肉穗花序白色，稍短于佛焰苞。开花期5～6月，7～8月果熟。

原产哥伦比亚，热带地区多有栽培。我国台湾、福建、广东等地有栽培，仙湖植物园也有栽培。本种株形及叶色均十分和谐及洒脱，花序细小，形状奇特，为良

春雪芋

好的观叶和观花植物。宜在庭园荫处丛植或植于花廊、花棚下的花槽内，美化效果甚佳，也可盆栽供摆设。

耐半荫，在柔和光照下生长理想，不耐干旱，故须常浇水及喷雾，不耐寒，冬季须置温暖及避风处，栽培土须为富含有机质、疏松、肥沃的腐殖土。繁殖用分株法，春至夏季进行。分株时将成株长出的幼株分出种植即可成活。

刺 芋　　天南星科

Lasia spinosa (Linn.) Thw.

多年生常绿草本，高可达1米。根状茎甚短，具皮刺。叶柄长20～50厘米，有刺；叶片形状多变，幼株上的叶为戟形，长10～15厘米，至成年植株过渡为鸟足状羽状深裂，长20～40厘米，上面绿色，下面淡绿，脉上生皮刺。花序柄长20～35厘米，有刺；佛焰苞长15～30厘米，褐红色，管部长3～5厘米，檐部长25厘米，仅基部张开，上部席卷；肉穗花序黄绿色。花期5～6月，果期6～8月。

产于亚洲热带地区，我国台湾、广东、广西和云南有分布。自然生长在沟旁、阴湿草丛和竹丛中。深圳仙湖植物园有栽培，生长良好。本种的异型叶颇奇特，肉穗花序细长，似一株红烛，很有趣。宜植于庭园阴蔽处，也可植于花廊和花棚之下作点缀。

耐荫，在柔和的光照下生长理想，忌强阳光直射，喜高温多湿，不耐寒冷和干旱，栽培地宜经常保持空气和土壤的湿度，土质须富含有机质、疏松和排水良好之壤土。繁殖用分株法，于春、夏两季进行。

孔叶龟背竹　　天南星科

Monstera oblique (Miq.) Wall. var. *exilata* Engl.

常绿藤本。茎粗，有气生根。叶互生，椭圆形，长13～15厘米，绿色，沿中脉两侧有多个大小不等的穿孔，顶端渐尖，基部圆，边全缘。

原产美洲热带。热带地区普遍栽培，深圳亦有栽培，生长旺盛。本种叶形奇妙，为良好的观叶植物。宜植于庭园中山石旁，花架或花棚下，让其自然攀援而上。有较高的观赏价值。

耐半荫，不耐干旱和寒冷，栽培须保持土壤的湿度，土质须为肥沃、富含有机质和排水的壤土。繁殖用扦插法，于春、秋两季进行。

具相同用途的本属植物还有**斑叶小龟背竹** *Monstera adensonii* Schott 'Variegta' 叶羽状深裂叶上面有不规则的白斑。栽培品种。

立叶喜林芋　　天南星科

Philodendron martianum Engl.

直立多年生常绿草本，株高约0.8～1米。叶长椭圆形至披针形，长20～30厘米，革质；叶柄膨大，肉质，中部比两端更粗壮，长约20厘米，基部可长出气根。佛焰苞长椭圆形，长12～14厘米，革质，基部互叠，上部展开，外面淡绿色，内面白色，1/3以下红色；肉穗花序白色，与佛焰苞近等长；夏季为开花期。

原产圭亚那和巴西。热带地区广为栽培，深圳也有栽培。本种四季葱翠，绿意宜人，佛焰花序美丽可爱，可观叶又可赏花。是高级的室内观赏植物。宜植于庭园荫处或作大型盆栽，供室内摆设。

耐荫，忌强阳光直射，栽培地应荫蔽，喜高温高湿，故须经常保持空气和土壤的湿度，忌干旱和寒冷，土质以富含腐殖质、疏松通气和湿润的腐殖土为佳。繁殖用扦插法。于春、秋两季进行。

本属植物有270余种，栽培品种甚多，常见的种类如下：

（1）**波缘红柄喜林芋** *Philodendron* × *corsinianum* 直立草本。叶巨大，卵心形，长可及1米或以上，幼叶黄色，成熟叶绿色，边缘有波状齿；叶柄紫红色，原产美洲热带。

（2）**绿宝石喜林芋** *Philodendron* 'Emerald Duke' 藤本。叶卵状长圆形，长

刺 芋

斑叶小龟背竹

孔叶龟背竹

立叶喜林芋

立叶喜林芋的佛焰花序

波缘红柄喜林芋

绿宝石喜林芋

金黄锄叶喜林芋

团扇喜林芋

红柄喜林芋

洒金喜林芋

紫黑叶喜林芋

红公主喜林芋

15～18厘米，革质，深绿色并有光泽。原产美洲热带。

（3）**金黄锄叶喜林芋** *Philodendron* 'Lemon Lime' 攀援草本。全株均为金黄色。叶长椭圆形，长15～20厘米。因叶色黄，没有叶绿素，栽培时，须明亮光照，但不须强阳光直射，若光照不足则叶色暗黄无光泽。栽培品种。

（4）**团扇喜林芋** *Philodendron grazielae* Bunting 攀援草本。叶圆心形，直径约12厘米，深亮绿色。原产秘鲁和巴西。

（5）**红柄喜林芋** *Philodendron imbe* Schott ex Engl. 攀援草本。叶柄红色；叶片长圆状披针形，长20～23厘米，先端渐尖，基部心形。原产巴西。

（6）**洒金喜林芋** *Philodendron mandaianum* 'Golden Spotted' 攀援草本。叶卵状椭圆形，长约20厘米，深绿色，密布大片的金黄色的斑块、点或条纹，全缘，先端渐尖。栽培品种。

（7）**紫黑叶喜林芋** *Philodendron mandaianum* 'Red Duchess' 攀援草本。茎、叶柄和幼叶紫红色，成熟叶暗紫绿色，叶片长圆形，长达30厘米，基部几圆形或微凹。佛焰苞紫红色，椭圆状披针形，下半部席卷，上半部展开，厚革质；肉穗花序略短于佛焰苞。栽培品种。

（8）**红公主喜林芋** *Philodendron mandaianum* 'Red Emerald' 茎、叶柄、嫩叶均为紫红色，成熟叶暗绿色，叶片长圆形或长圆披针形，先端急尖，基部浅心形。栽培品种。

（9）**明脉喜林芋** *Philodendron melinonii* Brongn et Regel 叶长圆形状心形，长达30厘米，绿色，先端急尖，基部深2裂，侧脉密，上面凹入，下面明显凸起。原产圭亚那。

（10）**琴叶喜林芋** *Philodendron panduraeforme* (HBK) Kunth 攀援草本，

叶提琴形，亮绿色。原产墨西哥。

（11）**羽叶喜林芋** *Philodendron pittieri* Engl. 直立丛生草本，叶的轮廓为椭圆形，长约15厘米，革质，羽状深裂；叶柄细，长20～25厘米，绿色，原产哥斯达黎加。

明脉喜林芋

（12）**圆叶喜林芋** *Philodendron hederacerum* (Jacq.) Schott 攀援草本。叶圆心形，长约15厘米，先端骤急尖，基部心形。原产中美洲、巴西及牙买加。

（13）**神锯喜林芋** *Philodendron pluto* Hort. 叶的轮廓为长圆形或椭圆形，长约15厘米，革质，边缘有不规则的粗锯齿，叶脉明显。园艺杂交种。

（14）**心叶喜林芋** *Philodendron oxycardium* C. Koch 攀援草本。叶深绿色，卵状心形，长13～16厘米，先端尾状渐尖，基部心形。原产哥斯达黎加。

（15）**密叶喜林芋** *Philodendron* 'Temptation Ⅱ' 直立草本。叶密生，绿色，狭长圆形，长约13～15厘米，先端急尖或渐尖，基部阔楔形。栽培品种。

（16）**飞燕喜林芋** *Philodendron squamiferum* Poepp. et Engl. 攀援草本。叶绿色，轮廓为椭圆形，长15～18厘米，3深裂，中间的裂片顶端又2浅裂，基部裂片外侧呈波状，形似飞燕。原产美洲热带。

（17）**三裂喜林芋** *Philodendron tripartium* Schott 攀援草本。叶绿色，3裂几达基部，中裂片狭椭圆形，长12～15厘米，两枚侧裂片均略小。原产美洲热带。

（18）**丛叶喜林芋** *Philodendron wendlandii* Schott 直立草本。幼芽红色。叶椭圆披针形，长20～30厘米，革质，浓亮绿色；叶柄长约15厘米，绿色，肉质。佛焰苞椭圆形，长约10厘米，革质，外面红色，里面粉红色；肉穗花序白色，与佛焰苞近等长。原产巴拿马。

琴叶喜林芋

圆叶喜林芋

心叶喜林芋

羽叶喜林芋

神锯喜林芋

密叶喜林芋

飞燕喜林芋

丛叶喜林芋

三裂喜林芋

大薸　天南星科

Pistia stratiotes Linn.

多年生水生漂浮草本。茎短，基部有多数长而悬垂的根。叶簇生呈莲座状；叶灰绿色，叶片常因生长阶段不同而异，倒三角形、倒卵状披针形或扇形，长1.3～10厘米，先端圆或截形，中部微凹，两面被毛，叶脉扇形。佛焰苞绿白色，长0.5～1.2厘米。花期4～11月。

原产热带美洲，全球热带地区广布。栽培或野生。我国华东、华中、华南及西南各地均有栽培或野生。本种株形奇雅，群植则成片飘浮水面，十分可爱。宜在水池栽培或用容器盛水栽培，置于庭园点缀或作室内摆设。

喜光，喜高温潮湿、不耐寒，在容器中栽培要定期施肥，并要及时除去老叶和枯叶，保持水质清洁。繁殖用分株法。于春至秋季进行。分株时将成株生出的小株分离再放入水中即可。自我繁殖力甚强。

狮子尾　天南星科

Rhaphidophora hongkongensis Schott

攀援或匍匐藤本。茎粗壮，肉质，粗0.5～1厘米，节间生气根。叶片近革质，长椭圆状披针形，长15～30厘米，先端长渐尖，基部渐狭，两侧稍不对称，上面深绿色，下面淡绿色，侧脉多数。花序顶生和腋生；佛焰苞椭圆形，绿色，长5～10厘米，开花时脱落；肉穗花序圆柱形，长8～12厘米，粗1.5～3厘米，淡绿色或淡黄色。花期4～8月，翌年春季果熟。

产福建南部、广东、香港、海南、广西、贵州南部及云南。缅甸、越南、老挝和泰国有分布。自然生长在沟谷雨林中，常攀附于树干上或岩石上，深圳也有分布。本种攀附力强，叶大而色浓绿，佛焰花序形态奇特美观，为优良的观叶植物，也可观花。适宜作庭园中的棚架植物。福建（厦门）、广东（广州、深圳）有栽培，生长良好。

耐荫，在明亮处生长亦佳，喜高温高湿，栽培宜植于荫蔽处，要经常保持空气和土壤的湿度，土质宜为富含腐殖质、排

大 薸

狮子尾

毛过山龙

黄金葛下部和幼枝上的叶

黄金葛成熟株上部的叶

翠 藤

金叶葛

水良好、肥沃的腐殖土或壤土。繁殖用扦插法。于春季进行。

有相同用途的本属植物有**毛过山龙** *Rhaphidophora hookeri* Schott 叶长圆形，不等侧，长30～45厘米，宽15～25厘米，先端渐尖，基部圆形。产于广东南部、广西、贵州、四川和云南。自然生长在沟谷密林中。广州有栽培。

黄金葛　　天南星科

Epipremnum aureum (Linden et Andre) Bunting

攀援草本，多分枝，枝攀援于树上或悬垂。叶二型，幼株的叶卵形，长8～20厘米，边全缘，成熟株的叶逐渐变大，越上部的叶越大，长50～60厘米，边缘两侧羽状中裂，或一侧全缘，另一侧羽状裂，或两侧均不裂，全部叶翠绿色，有纯黄色的斑块。

原产所罗门群岛。热带地区广为栽培。我国台湾、福建、广东和广西等地区也普遍栽培。仙湖植物园也有栽培。本种枝条悬垂，叶富光泽，黄绿相间，色彩协调，宜植于庭园的棚架边或户外较荫处的墙边，让其枝条攀援而上或悬垂，富自然之美，也可盆栽。

耐半荫，过于荫蔽则叶色不亮，光照过强，则叶色浑黄，故植于半荫处或有柔和阳光之处为佳，喜高温高湿，不耐干旱和寒冷，栽培地须经常保持空气和土壤的湿度。繁殖用扦插法，于春至夏季进行。

本属植物有10余种，常见栽培的有下列栽培品种:

（1）**翠藤** *Epipremnum aureaum* (Linden et Andre) Bunting ‘Virens’ 叶卵状披针形或长卵形，长约10厘米，翠绿色，有些叶片散生黄色斑点。栽培品种。

（2）**金叶葛** *Epipremnum aureaum* (Linden et Andre) Bunting ‘All Gold’ 叶卵形，长8～10厘米，金黄色，如植于过荫蔽处则叶色不黄。栽培品种。

白鹤芋　　天南星科

Spathiphyllum wallisii Regel

多年生常绿草本，株高0.8～1米。具短根状茎。叶纸质，长椭圆形，长13～15厘米，深绿色，先端长渐尖，基部楔形。佛焰苞椭圆形或长圆形，长10～12厘米，白色，老后变为淡绿色；肉穗花序黄白色，长为佛焰苞的2/3。夏季为开花期。

原产中美洲，热带地区广为栽培。本种叶色四季常绿，花色雪白，持久不败，清雅脱俗，远看酷似在大海上游弋的片片白帆，饶富趣味，故又名“一帆风顺”。宜植于庭园荫处，美化环境，又可盆栽作室内摆设。

耐荫，在半荫处亦生长良好，忌强阳光直射，喜高温多湿，不耐干旱，栽培地应保持空气和土壤的湿度，土质须为富含有机质的腐殖土或疏松肥沃的沙质壤土。繁殖用分株法，全年均可进行。

常见栽培的有下列各种：

（1）**绿巨人白鹤芋** *Spathiphyllum candicans* Poepp. et Endl. 植株高可达1.5米。叶大型，长40～50厘米。花序的佛焰苞长达20厘米。原产热带美洲。

（2）**矮白鹤芋** *Spathiphyllum* 'Mauna Loe' 植株矮小，高约30厘米；叶小，长约12厘米。原产热带美洲。

（3）**宽叶白鹤芋** *Spathiphyllum patinii* N. E. Br. 植株高约30厘米。叶倒卵状披针形，长12～15厘米。原产热带美洲。

绿巨人白鹤芋

绿巨人白鹤芋的花序

矮白鹤芋

宽叶白鹤芋

合果芋　　天南星科

Syngonium podophyllum Schott

多年生常绿蔓性草本，茎在节处生气根，植物体有乳汁。叶绿色，幼叶与成熟叶形态有变化，幼叶为单叶，箭形，长约12～15厘米，成熟叶3～5裂或多裂，很少开花。

原产墨西哥与哥斯达黎加。热带地区广为栽培。本种四季常绿，又为优良的观叶植物。其攀援能力甚强，为良好的垂直绿化植物，也是立交桥下良好的地被植物，亦可作小盆栽用于室内摆设。

白鹤芋

合果芋

耐半荫，但对光照适应能力较强，明亮的光照对其生长最理想，忌全天强日光直射，喜高温多湿，栽培须保持空气和土壤的湿度，不耐寒冷和过度干旱，土质以富含腐殖质、排水良好之壤土最佳。繁殖用扦插法。春至秋季均可进行。

本属植物有20余种，栽培品种也很多，常见栽培的有下列各种和园艺品种：

（1）**五指合果芋** *Syngonium angustilobum* 叶掌状5～7裂。原产牙买加。

（2）**红叶合果芋** *Syngonium erythrophyllum* Bairdsey ex Bunting 叶长12～15厘米，紫红色。原产美洲热带。

（3）**大叶合果芋** *Syngonium macrophyllum* Engl. 叶椭圆状心形或卵状心

五指合果芋

红叶合果芋

大叶合果芋

形，长15-25厘米，先端骤急尖，基部心形，亮绿色。原产美洲热带。

（4）**锦叶合果芋** *Syngonium podophyllum* Schott ‘Pinky’ 叶宽椭圆状心形，长10～13厘米，粉红色，主脉、侧脉及边脉均为红色，老叶变为淡绿色。栽培品种。

（5）**粉蝶合果芋** *Syngonium podophyllum* Schott ‘Pink Butterfly’ 叶粉红色，老叶变淡绿色。栽培品种。

（6）**白纹合果芋** *Syngonium podophyllum* Schott ‘Albolineatum’ 叶3全裂或不裂，长12～15厘米，绿色，主脉、侧脉及边脉均白色。栽培品种。

（7）**黄纹合果芋** *Syngonium podophyllum* Schott ‘Atrovirens’ 叶长12～15厘米，上面微带淡黄色，主脉、侧脉、边脉及网脉也为淡黄色。栽培品种。

（8）**爱玉合果芋** *Syngonium podophyllum* Schott ‘Gold Allusion’ 叶面淡黄色，主脉及侧脉红色。栽培品种。

（9）**绿精灵合果芋** *Syngonium podophyllum* Schott ‘Pixie’ 叶宽椭圆状心形，中脉两侧白色，侧脉白色，在侧脉间或有白斑点。栽培品种。

（10）**白叶合果芋** *Syngonium podophyllum* Schott ‘Silky’ 叶白绿色。栽培品种。

（11）**白蝶合果芋** *Syngonium podophyllum* Schott ‘White Butterfly’ 叶淡黄绿色，主脉及侧脉白色。栽培品种。

（12）**翠叶合果芋** *Syngonium podophyllum* Schott ‘Variegatum’ 叶一半绿色，另一半为白色或绿色而有大块白斑，也有全叶片为乳白色。栽培品种。

（13）**绒叶合果芋** *Syngonium wen-*

锦叶合果芋

粉蝶合果芋

白纹合果芋

黄纹合果芋

爱玉合果芋

绿精灵合果芋

白叶合果芋

白蝶合果芋

翠叶合果芋

绒叶合果芋

dlandii Schott 叶深绿色，箭头形，叶面有绒的质感，中脉及侧脉下部的1/3为白色。原产哥斯坦黎加。

犁头尖　　天南星科

Typhonium blumei Nicolson

多年生草本。有球形块茎。叶基生，箭状心形或戟状心形，长5～10厘米；叶柄长约10厘米。花葶长约3厘米；佛焰苞暗紫色，全长10～12厘米，下部筒状，上部宽卵状披针形，顶端长尾状；肉穗花序长达10厘米，上部有暗紫色长圆柱状附属体。开花期4月～5月。

产于台湾、福建及广东。日本和东南亚有分布。自然生长在林下或草丛中，深圳山野间有野生，仙湖植物园有栽培。本种叶形与合果芋近似，但其花序的佛焰苞及肉穗花序形状奇异，有观赏价值。宜植于花廊下的花槽中或在庭园较荫蔽处种植或盆栽供室内摆设。

耐荫，在半荫处亦可正常生长，忌强阳光直射，喜高湿多湿，不耐寒冷和干旱，栽培土质宜为富含有机质和排水良好之壤土。繁殖用分株法或播种法。于早春进行。

犁头尖

犁头尖的花序

雪铁芋　　天南星科

Zamioculcas zamifolia (Lodd.) Engl.

多年生常绿草本，株高25～50厘米。有块根。茎极短缩。羽状复叶，有小叶17～21片；小叶对生，卵形或长圆形，长8～10厘米，先端急尖，基部楔形、宽楔形或近圆形，厚革质，深绿色，有光泽。花序由地下的块根抽出；佛焰苞披针形，长8～10厘米，厚革质，外面绿色，里面白色；肉穗花序短，长2.5～3厘米，黄褐色。春季为开花期。

原产热带非洲，热带地区常有栽培。我国台湾、福建、广东、香港等地也有栽培。本种株形秀丽，叶色富光泽。适合在庭园荫蔽处种植，或植于花廊、花棚之下，美化环境，但盆栽较普遍。

耐半荫，在较荫蔽处亦能生长良好，喜高温多湿，耐干旱，不耐寒，栽培土质以富含腐殖土、排水良好的沙质壤土为好。繁殖用分株法。于春至秋季进行。剪取叶片进行扦插也能发根成苗。

雪铁芋

马蹄莲　　天南星科

Zantedeschia aethiopica (Linn.) Spreng.

多年生草本，株高0.7～1米，具块茎。叶基生；叶柄长0.4～1米；叶片绿色，箭状心形，长15～45厘米，先端锐尖或渐尖，具尾尖头，全缘。花序柄长40～50厘米；佛焰苞长10～25厘米，亮白色；肉穗花序圆柱形，长3～4厘米，黄色。冬春季为开花期。

原产南非，各热带地区多有栽培。本种花姿奇异美丽，花色洁白淡雅，为珍贵的花卉。可植于池畔或湖边供观赏，也可用盆栽供庭园和室内摆设，也是插花良材。

喜光，也耐半荫，喜温暖和湿润，耐寒，忌干旱，土壤须疏松、肥沃和排水良好。繁殖用分株法。于秋末进行。

本属约有8～9种，我国栽培的还有下列3种：

（1）**黄花马蹄莲** *Zantedeschia elliottiana* (Wats.) Engl. 株高0.6～1米。叶片卵心形，具半透明的白色斑点；叶柄短于花序梗。佛焰苞黄色。原产南非。

（2）**紫心黄花马蹄莲** *Zantedeschia melanoleuca* (Hook. f.) Engl. 佛焰苞黄色，内面基部深紫色，长圆形，长8～9厘米，先端锐尖，后仰。肉穗花序下部绿色，上部橙黄色。原产南非。

（3）**红花马蹄莲** *Zantedeschia rehmannii* Engl. 株高20～30厘米。叶片狭披针形，长20～30厘米，基部向叶柄下延。佛焰苞粉红色至红色，长7～11厘米。原产南非。

马蹄莲

紫心黄花马蹄莲

黄花马蹄莲

红花马蹄莲

紫大芋

紫大芋　　天南星科

Xanthosoma violaceum Schott.

多年生草本，地下有块根。叶柄长可达1米或更长，深紫色，被白粉；叶戟状卵形或戟状宽披针形，长25～35厘米，上面绿色，下面灰绿色，叶脉带紫色。

原产美洲热带，热带地区时有栽培，我国福建（厦门）、广东（广州）等地也有栽培，生长良好。本种叶色浓绿，其叶柄及叶脉均带深紫色，为良好的观叶植物。在庭园中可植于湖边及林下阴湿处，亦可用作大型盆栽，摆设于花廊及长廊之下。

耐半荫，喜高温多湿气候，不耐干旱，不耐寒，栽培土质宜为富含腐殖质的疏松的壤土，须经常保持一定的湿度。繁殖用分株法。于春季换盆时进行。

香 蒲　　香蒲科

Typha orientalia Presl.

多年生水生或沼生草本。根状茎乳白色；株高1.5～2米。叶条形，排成2列，扁平，长40～70厘米，宽不及1厘米，无毛。花单性，雌雄同序，雄花序在上部，长3—10厘米，与下部的雌花序连接，雄花开放后脱落；雌花序圆柱形，呈褐色的绵毛状，长5～15厘米，具极多数雌性小花。花果期5～8月。

香 蒲

百子莲

产于东北、华北、华东、华中、台湾、广东及云南。俄罗斯（远东地区）、日本、菲律宾及大洋洲有分布。自然生长在湖泊、池塘、沼泽及河流缓流带。本种叶丛坚挺、叶色翠绿，其花序酷似由褐色的驼绒组成的香烛，形态独特别致。适宜在庭园的湖泊、池塘及水景园中种植或盆栽。花序及叶为插花的良材。

喜光，喜温暖水湿环境，耐寒冷，对土质不择但须经常保持水湿或有浅水，不耐干旱。繁殖用播种或分株法。于春季进行。

百子莲　　石蒜科

Agapanthus africanus Hoffmgg.

多年生草本，地下有鳞茎。叶自鳞茎生出，全部基生，排成2列，带状，长30～40厘米，浓绿色，有光泽。花葶直立，高30～80厘米；伞形花序有花20～50朵；花淡蓝色或白色；花被片6，联合成钟状漏斗形花冠。花期夏至秋季。

原产南非，热带地区多有栽培，深圳仙湖植物园也有栽培。本种叶色浓绿光亮，淡蓝色或白色的伞形花序风姿卓约。适于在半荫处布置花坛、花径、岩石园或盆栽在花廊下或室内摆设。

耐半荫，在半日照或明亮处生长良好，忌强阳光直射，性喜温暖湿润，夏季忌高温潮湿，宜放在凉爽通风处，不耐寒，冬季宜放温暖避风处，栽培土质须肥沃、疏松和排水良好之沙质壤土。繁殖用分株法为主，于春季取分蘖子株另植或将大丛分为2～3小丛另植。

大花君子兰　　石蒜科

Clivia miniata Regel

多年生常绿草本，具短的块状鳞茎。叶基生，排成2列，带状，革质，浓绿色，光亮。花葶直立，粗壮，与叶丛等高；花10～30朵或更多，在花葶顶端排成2列；花冠漏斗形；花被片6，下部金黄色，上部橙色。浆果球形，成熟时红色。全年均可开花，但以春、夏季最盛。

原产南非，我国各地广为栽培。本种

大花君子兰

黄花君子兰

花叶君子兰

叶片终年亮绿，开花期持久，花色亮丽，花姿高雅华贵。是观叶、观花并举的高级花卉，观赏价值极高。适在庭园荫处栽培或盆栽作室内摆设。

耐半荫，喜温暖湿润，不耐夏季高温和阳光直射，宜在阴凉通风处种植。栽培土质须富含有机质和排水良好之腐殖土。繁殖用分株法为主，挖取母株自根茎周围生出子株另植。于春末夏初进行。

栽培品种甚多，常见的有下列2种:

(1)**黄花君子兰** *Clivia miniata* Regel var. *aurea* Regel 花黄色。

(2)**花叶君子兰** *Clivia miniata* Regel ‘Variegata’ 叶有淡黄色纵纹。

斑叶文殊兰，右上为其花序

斑叶文殊兰　　石蒜科

Crinum asiaticum Linn. var. *japonicum* Baker ‘Variegatum’

多年生常绿草本，株高约1～1.5米。有球形鳞茎。叶带状披针形，长达1米，有白色的纵纹。花葶粗壮，腋生；伞形花序生于花葶顶端，有花10～20多朵；花白色，花被片6，长4～10厘米，下部连合为细筒状，上部为带形。花期夏至秋季。

原产日本，我国南方多有栽培。本种株形优雅，四季常绿，叶有斑纹，花色洁白淡雅，花期持久，为观叶、观花并举的优良花卉。适宜于庭园美化。

喜光，耐半荫，喜温暖至高温湿润气候，不耐干旱和寒冷，栽培土质须为富含有机质和排水良好之壤土。繁殖用分株法，将鳞茎生出的子株挖出种植。于春秋两季进行。

粉垂筒花

粉垂筒花　　石蒜科

Cyrtanthus mackenii Hook. f. var. *cooperi* (Baker) Dyer

多年生草本，地下有鳞茎。叶线形，宽约1厘米。花葶自鳞茎生出，长约20厘米；花3～10余朵生于花葶的顶端；花冠长筒状，长约3厘米，顶端有6裂片，下面粉红色，上面白色。花期2～4月。

原产南非。热带地区常有栽培，深圳也有栽培。本种叶形似韭，花姿典雅秀美，色彩清纯，花期持久，栽培容易。为优良的草本花卉。适于盆栽。

喜光，在半日照条件下生长亦佳，喜温暖，亦耐高温，在夏季土壤湿度不宜过大，栽培须用肥沃、疏松和排水良好之壤土。繁殖用分株法，花后挖取鳞茎生出的小球或幼株另植即可。

南美水仙　　石蒜科

Eucharia grandiflora Planch. et Linden

多年生常绿草本，有球形鳞茎。叶基生，宽椭圆形，长12~15厘米，绿色，亮泽。花葶自叶丛中心抽出，高50~60厘米；伞形花序顶生，有花3~6朵；苞片2片；小苞片3~6片；花白色，直径7~8厘米，芳香；花被片6，卵形，中央有淡黄色筒状副花冠。一年多次开花。

原产哥伦比亚和秘鲁，热带地区常见栽培，我国南方多有栽培，深圳仙湖植物园也有栽培。本种叶色终年翠绿亮泽，花色洁白，芳香馥郁，一年多次开花，为庭园美化的高级花卉，也可盆栽和作切花。

耐半荫，忌强阳光直射，性喜高温多湿，不耐寒冷、干旱和瘠薄，栽培须用疏松、肥沃和排水良好之壤土。繁殖用分株法。将母株鳞茎小心挖起，分离周围生出的小鳞茎种植。于秋季进行。

南美水仙

网球花　　石蒜科

Haemanthus multiflorus Martyn

多年生草本，植株高60~90厘米。鳞茎扁球形。叶3~6片自鳞茎上部的矮茎生出；叶柄鞘状；叶片椭圆形，长达20厘米，先端渐尖，基部渐狭，边全缘。花葶通常先叶生出，粗壮；伞形花序顶生，有花30~100余朵；花朱红色；花被片6，线形。花期春至夏季。

原产热带非洲，世界热带地区多有栽培，我国南方常有栽培。本种花色艳丽，小花多而密集，放射状排列呈球形，形态别致。适于庭园美化、布置花坛或盆栽。

耐半荫，喜高温湿润气候，不耐寒，耐干旱，栽培土质须为富含腐殖质和排水良好的沙质壤土。繁殖用分株法，将母株的鳞茎小心挖起，取下周围生出的小鳞茎种植。全年均可进行。

网球花

花海克朱顶兰

杂交朱顶兰　　石蒜科

Hippeastrum hybridum Hort.

多年生草本，地下有肥大的鳞茎。叶自鳞茎顶端生出，排成2列，叶丛高20~30厘米，叶片带形，近革质，绿色，有光泽。花葶自叶丛中央生出，圆筒形，中空，高可达50厘米；伞形花序顶生，有花2~6朵；花冠漏斗状，花被片6，花色因品种而异，有橙红、粉红、白、红、桃红和带条纹等多种色彩，有单瓣也有重瓣。春季至夏初为开花期，花先叶而出。花后结果，蒴果3爿裂。

杂交朱顶红是目前广泛栽培的园艺杂

拉斯维加斯朱顶兰

粉皇后朱顶兰

红狮子朱顶兰

交种的总称，花色繁多，花姿俊俏悦目，适合于庭园丛植，列植或盆栽，也可作切花。

喜光，在半日照环境下生长亦佳，性喜温暖至高温湿润，较耐寒，耐干旱，忌积水，栽培土质须为疏松、肥沃和排水良好之沙质壤土。繁殖用分株法，可将母株的鳞茎切成数块斜插于沙床，也可将母株鳞茎生出的小鳞茎带叶取下另植，于春季进行。

常见栽培的有下列园艺杂交种:

（1）**花海克朱顶兰** *Hippeastrum* 'Floris Hekker' 花橙色。

（2）**拉斯维加斯朱顶兰** *Hippeastrum* 'Las Vegas' 花粉红色，花被片中央有一条白道。

（3）**粉皇后朱顶兰** *Hippeastrum* 'Pink Queen' 花桃红色。

（4）**红狮子朱顶兰** *Hippeastrum* 'Red Lion' 花红色。

花叶蜘蛛兰　　石蒜科

Hymenocallis littoralis (Jacq.) Salisb. 'Variegata'

多年生常绿草本，株高30～60厘米。地下有球形鳞茎。叶自鳞茎生出，剑形，长40～50厘米，中央绿色，有白色纵纹，两侧边缘亦为白色。花葶自叶丛中央生出，扁，高50～60厘米；伞形花序有花3～8朵；花序下有一总苞片；花白色，花被管长5～8厘米，花被片6，线形，短于花被管；雄蕊杯宽漏斗状，长约2.5厘米，有齿。夏、秋两季为开花期。

栽培品种。热带地区多有栽培。本种叶丛绿中带白，形态清秀悦目，花形仿若蜘蛛，十分别致，为观花赏叶的优良花卉。适在庭园丛植，片植或盆栽。

喜半荫，忌强阳光直射，性喜高温多湿，耐干旱也耐湿，不耐寒，栽培土质须为肥沃和排水良好之沙质壤土。繁殖用分株法，挖取母株鳞茎生出的小鳞茎另植。于春至夏季进行。

具相同用途的还有**长叶蜘蛛兰** *Hymenocallis caribaca* Herb.'Variegata' 叶中心绿色，有乳黄色纵纹，叶缘为宽的乳黄色。栽培品种，原种产于中美洲。

韭莲（风雨花）　　**石蒜科**

Zephyranthes grandiflora Lindl.

多年生常绿草本，地下有卵球形鳞茎。叶自鳞茎生出，线形，长达30厘米，宽约1厘米，绿色。花葶自叶丛中生出，顶生1花；花下有1枚佛焰苞状的苞片；花被片6，筒部长约1厘米，裂片长4～6厘米，粉红色，平展，先端略下弯。蒴果近球形。夏秋季为开花期。

原产墨西哥，热带地区多有栽培，我国华南地区普遍栽培。本种叶丛碧绿，夏秋季粉红的花衬托其间，色彩绚丽，品味高雅。适在庭园中片植、列植、布置花坛或盆栽。

喜光，忌荫蔽，性喜温暖湿润，耐高温，耐干旱，不耐寒，栽培土质须为疏松、肥沃和排水良好之沙质壤土。繁殖用分株法，将母株的鳞茎挖起，分出周围的小鳞茎另植，每3～5球一穴为好。全年均可进行。

同属植物有**小韭兰** *Zephyranthes rosea* Lindl. 花较小，花被片长约3厘米，深桃红色，斜向开展，先端不下弯。原产巴西。本种在《深圳园林植物》一书中，误订为**红花葱兰** *Zephyranthes carinata* Herb. 应予更正。

花叶蜘蛛兰

长叶蜘蛛兰

韭莲，右上为其花

小韭兰

雄黄兰

射 干　　鸢尾科

Belamcanda chinensis (Linn.) DC.

多年生草本，根状茎块状。茎高1～1.5米。叶互生，嵌叠式排成2列，剑形，长20～60厘米，基部鞘状抱茎。二歧伞房花序顶生，每一分枝顶端有花数朵；花橙红色，散生紫褐色斑，直径4～5厘米；花被片6，排成2轮；雄蕊3。蒴果长圆形。花期6～8月。

产于东北、华北、华东、华中、华南、西南及陕西、甘肃，自然生长于山坡草地、沟谷及滩地。朝鲜半岛、日本、印度、越南及俄罗斯（远东地区）有分布。各地普遍栽培，深圳仙湖植物园也有栽培，生长良好。本种叶丛翠绿，花姿端丽。适在庭园中丛植、列植、布置花坛或作大型盆栽。叶和花均是插花的良材。

喜光，在半日照条件下生长亦佳，性喜温暖湿润，耐高温，耐干旱，不甚耐寒，栽培土质须为肥沃和排水良好的沙质壤土。繁殖用分株法为主，将成株或幼株分开另植即可长成丛生状。于春、秋二季进行，也可用播种法，于春季进行。

雄黄兰　　鸢尾科

Crocosmia crocosmiiflora (Burb. et Dean) N. E. Br.

多年生草本，植株高0.5～1米。地下有球茎。叶嵌叠式排成2列，多生于基部，剑形，长40～60厘米，基部鞘状，茎生叶较短。圆锥花序生于花茎之上部；花橙红色，直径3.5～4厘米；花被片6，倒卵形，长约2厘米；雄蕊3，偏向一侧。蒴果三棱状球形。花期7～9月。

原产南非，我国南方多有栽培或逸为半野生状态。仙湖植物园有栽培。本种叶丛翠绿，花色绚丽，花姿秀美。适在庭园丛植、列植及布置花坛。

喜光，在半日照条件下生长良好，性喜温暖湿润，亦耐高温，栽培须肥沃及排水良好之壤土。繁殖可挖取母株生出的小球茎另植，或用分株法，将丛生的植株分开另植即可。于春至秋季进行。

香雪兰（小苍兰）　　鸢尾科

Freesia hybrida Bailey

多年生草本，株高20～40厘米。地下有卵圆形球茎。叶基生，排成2列，剑形，长15～40厘米。花茎自叶丛中生出，上部有数分枝；穗状花序有5～10余朵花；花偏向一侧，芳香；花冠漏斗状，有红、白、黄、橙、紫红等色，有单瓣和重瓣，花被管长约3厘米，花被片长约2厘米，开展。开花期春至夏季。

园艺杂交种，各地多有栽培。本种花色丰富，明艳悦目，盛花期着花甚丰，芳香宜人。适宜在庭园中布置花坛或盆栽，也可作切花。

耐半荫，性喜凉爽通风环境，忌高温多湿及强阳光直射，栽培土质须为富含腐殖质的沙质壤土。繁殖可分出小球茎栽植。在深圳由于气温偏高，母株的球茎通常不生小球茎，故花期过后，即弃置，再从外地购进小球茎于秋季种植。

射干，右下为其花序及蒴果

香雪兰

唐菖蒲

唐菖蒲　　鸢尾科

Gladiolus gandavensis Van Houtte

多年生草本，地下有球茎。叶剑形，长40~60厘米，排成2列，互相套叠。花茎直立，高50~80厘米，下部有数叶，上部生穗状花序；花交互着生，直径6~8厘米，有红、黄、白、橙、桃红、紫和紫红等色或一朵多色；花被6，上部3片较大，雄蕊3。开花期因种植时间不同而异，通常可全年开花。

为园艺杂交种，品种多达数百。世界各地普遍栽培。本种花色丰富，五彩缤纷，花形多姿多采，为著名的观赏花卉。是作切花的良材。可露地栽培。

喜光，喜温暖至高温湿润气候，不耐寒，不耐水湿，栽培土质须为富含有机质和排水良好的壤土。繁殖用球茎生出的小球茎另植。全年均可进行。

蝴蝶花（日本鸢尾）　　**鸢尾科**

Iris japonica Thunb.

多年生草本，株高20~40厘米。地下具直的和横走的根状茎。叶基生，相互套叠，排成2列，剑形，长25~60厘米，暗绿色，有光泽。花茎直立；总状花序生于花茎上部，有5~12分枝；花淡蓝紫色，直径4.5~5.5厘米，花被管长约1.5厘米，外花被椭圆形，长2.5~3厘米，有鸡冠状附属物，中部有黄色和蓝色斑点，内花被狭椭圆形，顶端微凹。蒴果圆柱形，长2.5~3厘米。开花期3~4月。

产于华东、华中、华南及西南各地。日本有分布。自然生长在湿润草地、疏林下和林缘。也常见栽培，深圳仙湖植物园也有栽培。本种叶丛葱绿，花姿端丽，色彩素雅，适在庭园荫处种植或盆栽，也可作切花。

耐半荫，忌强阳光直射，性喜温暖、湿润，在夏季炎热高温地区宜植凉爽通风处，栽培土质须为富含有机质和排水良好的沙质壤土。繁殖用分株法或取地下根茎另植。全年均可进行。

下列2种与本种有相同的用途：

（1）**鸢尾** *Iris tectorum* Maxim. 根状茎肥大。叶宽剑形，长15~50厘米。花茎高20~40厘米，上部有1~2分枝；花蓝紫色，花被管长约3厘米，外花被长5~6厘米，中部有不规则的鸡冠状附属物及白色的缝状裂，内花被椭圆形，长4~5厘米。产于山西、陕西、甘肃及华东、华中和西南各地。自然生长在林缘及水边湿地。也常有栽培，深圳仙湖植物园也有栽培。

（2）**巴西鸢尾** *Neomarica gracilis* Sprague 叶剑形；花茎扁平，高20~40厘米，形态与叶十分相似，上部有分枝；花从苞片中生出，直径6~8厘米，外花被白色，长椭圆形，内花被倒卵形，较短，蓝紫色，有白色花纹。原产巴西。热带地区广为栽培。

参薯　　薯蓣科

Dioscorea alata Linn.

多年生缠绕草质藤本，地下有肥厚的肉质块根。茎右旋，有4狭翅。单叶，在下部的互生，中部以上的对生，叶片卵形，长6~15厘米，顶端渐尖或尾尖，基部心形；叶腋有大小不等的珠芽（零余子）。花单性，雌雄异株；雄花序排列为圆锥花序，雌花序穗状。蒴果三棱状扁圆形，有翅。

可能原产于孟加拉湾。世界各地多有栽培。我国长江以南各地均有栽培或野化。本种枝叶密集，攀援力甚强，适在庭园中作栅栏、花架等的垂直绿化。块根食用。

喜光，喜温暖至高温湿润气候，忌积水，较耐寒，栽培土质须为疏松、肥沃和排水良好的壤土或沙质壤土。繁殖用播种、分植珠芽或分切块根种植等方法。于春末夏初进行。

具同用途的该属植物还有下列4种：

（1）**白薯良** *Dioscorea hispida* Dennst. 叶为具3小叶的掌状复叶，顶生

鸢尾

蝴蝶花，右上为其花

巴西鸢尾

参 薯

白薯良

小叶倒卵形或倒卵状椭圆形，长6～12厘米，侧生小叶较小，偏斜。蒴果三棱状长圆形。产于福建、广东、广西、云南和西藏，自然生长在林边或沟谷灌丛中。印度至马来西亚有分布。我国南方常有栽培，仙湖植物园也有栽培。块根有剧毒，不可食用。

(2)**薯蓣** *Dioscorea opposita* Thunb. 单叶，下部的互生，中部以上的对生，叶形变化大，三角状卵形，广卵形或耳状3浅裂至深裂。雄花序2～8个生于叶腋；雌花序1～3个也生于叶腋。蒴果三棱状圆形，外有白粉。产于东北、华北、华东、西南、华中各地。自然生长于山谷林下或灌丛中。朝鲜半岛和日本有分布，各地多有栽培，仙湖植物园也有栽培。

(3)**五叶薯蓣** *Dioscorea pentaphylla* Linn. 茎有皮刺。掌状复叶具3～7小叶，小叶倒卵状椭圆形，长6.5～15厘米。蒴果三棱状长椭圆形。产台湾、江西、福建、湖南、广东、广西、云南和西藏南部，自然生长在林边或灌丛中。亚洲和非洲亚热带地区有分布。华南地区有栽培。仙湖植物园也有栽培。

(4)**龟甲龙** *Dioscorea elephantipes* (L'Herit.) Engl. 块茎生于地面，暗灰色，表面龟裂，形态奇特。单叶互生，心形，长约10厘米，亮绿色。除可作棚架、栅栏等的垂直绿化外，其块茎也有观赏价值。原产于南非，仙湖植物园有栽培。

薯 蓣

龟甲龙

五叶薯蓣

龟甲龙的块茎

黑仔树

黑仔树开花，右上为其花序的一部分

黑仔树　　禾木胶科

Xanthorrhoea australis R. Br.

乔木状，植株从茎甚短至高达7米。树干粗壮，黑色，不分枝或上部多分枝，有明显叶痕。叶密生于分枝的顶部，细线形，长1~1.5米，革质，绿色，横切面呈四边形。花序圆柱形，在茎顶叶丛中生出，连花梗长2~6米；序轴1/2以上着生无数的白色小花；花的直径约6毫米，有5枚细线形的花瓣。开花期4~5月，果熟期7~10月。

原产澳大利亚东南部，热带地区有栽培。我国台湾、福建（福州、厦门）、广东（广州、深圳）等地也有栽培。本种树形俊美英气，细线形的叶柔中带刚，品味高雅，是珍贵的庭园观赏树。因树干呈黑色，在原产地称为"黑仔树"（Blackboy）。寿命极长。若遇火烧，仍会再生。

喜半日照，喜温暖至高温湿润气候，不耐寒，栽培土质须为富含有机质和排水良好的沙质土。繁殖用播种法。于春季及夏初进行。生长十分缓慢，在我园于温室内栽培的，其生长状况及叶色均较在露地栽培的要好。

狐尾龙舌兰　　龙舌兰科

Agave attenuata Salm-Dyck

株高约1.5米，茎粗约10余厘米。叶狭椭圆形，长可达70厘米，翠绿色，肥厚，边缘无刺。花序长达2米，弯垂似狐尾；花黄绿色。开花后种子在脱离母株前即发芽长成小植株，最后母株死亡，小植落地后在周围长出子株。

原产墨西哥。热带地区多有栽培。本种以观叶为主，其叶色终年翠绿，树姿美观。适于庭园美化，可在温室栽培，亦可露地栽培，小株可盆栽。

喜光，在半日照的环境生长亦佳，性喜凉爽干燥环境，极耐旱，冬季生长最好，但不耐低温，忌滞水，栽培土质须为富含有机质和排水良好的沙质土。繁殖用分株法。于春、秋二季进行，主要是挖取母株的子株另植。用组织栽培养育法育苗可繁殖大量幼株。

龙舌兰属植物约有300余种，常见栽培的有下列8种（栽培品种）：

（1）**银心龙舌兰** *Agave americana* Linn.'Medio-picta'茎短缩。叶剑形，厚，中心银白色，两侧近蓝绿色，边缘有三角

狐尾龙舌兰

狐尾龙舌兰

银心龙舌兰

异齿龙舌兰

形锯齿，齿尖有褐色硬刺。栽培品种。

(2)**异齿龙舌兰** *Agave bovicornuta* Gentry 茎极短缩。叶长椭圆形，较厚，长60～80厘米，宽约15厘米，深绿色，边缘有大小不同的三角形重锯齿，齿端具大小二型的褐色硬刺。原产墨西哥。

(3)**菲洛克龙舌兰** *Agave ferox* C. Koch 植株高大。叶大型，厚，暗绿色，倒披针形，长达1米以上，宽达20厘米，边缘有灰色三角形硬刺。原产墨西哥。

(4) **雷神** *Agave potatorum* Zucc. var. *verschaffeltii* Bgr. 茎短缩，植株较小。叶倒卵状匙形，长20～25厘米，肥厚，深绿色，边缘有波状齿，齿尖有褐色刺，顶端有长尖刺。花葶高达3米，上部生7～10余个扁球形的花序；小花黄色。花期夏季。原产墨西哥东南部。繁殖用分株法及播种法，其种子在离开母株前即发芽长成小植株。

菲洛克龙舌兰

雷 神

(5) **白丝龙舌兰** *Agave schidigera* Lemm. 茎极短缩。叶紧密呈莲座状，为细而长的线状披针形，边缘有卷曲的白丝，顶端有紫黑色的尖刺。原产墨西哥。世界各地植物园的温室多有栽培，仙湖植物园也有栽培。繁殖用播种或分株法。

(6) **剑麻** *Agave sisalana* Perr. et Engelm. 茎高约1米。叶剑形，绿色或灰绿色，长达1.5米，边缘有紫褐色小刺，尖端有短硬刺。原产墨西哥东部，世界热带地区广为栽培作纤维植物。在庭园中可单植，丛植或作绿篱。极易产生子株，通常用子株繁殖。

(7) **蓝长序龙舌兰** *Agave stricta* Salm-Dyck 茎极短缩。叶甚密，略扁的线状柱形，长30～40厘米，质坚，绿色，边缘有刺。花序梗长可达3米。直立，上部生多数绿色的花，花药褐色。花期夏季。原产墨西哥。用分株法繁殖或播种繁殖。

(8) **锦叶龙舌兰**（鬼脚掌） *Agave victoriae-reginae* T. Moore 植株呈半球形莲座状。叶多，绿色，有不规则的白纹，长10～15厘米，上面扁平，下面有龙骨状突起，横切面呈扁三角形，边缘全缘，顶端有硬刺，刺的两侧各有一小短刺。30年以上的植株才能开花，通常以观叶为主。繁殖用分株法，通常在母株生出子株时，掰取其子株另植。

雷神开花

白丝龙舌兰

剑 麻

蓝长序龙舌兰的花

蓝长序龙舌兰的花序

蓝长序龙舌兰

锦叶龙舌兰

梦幻朱蕉　　龙舌兰科

Cordyline fruticosa (Linn.) Goeppert 'Dreamy'

常绿灌木，高约1米。有匍匐根状茎。茎直立，无分枝。叶近革质，在茎上部螺旋状排列成2列；叶片披针状椭圆形，长30～50厘米，有红、白、乳黄和绿4种色彩的斑纹。

栽培品种。世界热带和南亚热带地区广为栽培。本种植株清秀，叶色多彩，明艳瑰丽，为优良的观叶植物。适于庭园美化。

耐半荫和明亮的环境，在全日照的条件下，生长亦佳，过于荫蔽则叶色不亮，性喜高温湿润，甚耐干旱，忌过湿，栽培土质须为富含有机质和排水良好之沙质壤土。繁殖用扦插法，切茎段或茎顶扦插，生根易，但生长缓慢。

具较高观赏价值的还有下列4个栽培品种：

（1）**银边狭叶朱蕉** *Cordyline fruticosa* (Linn.) Goeppert 'Angustamarginata' 叶细长，宽1.5～2厘米，绿色，有白色的边缘。

（2）**白马朱蕉** *Cordyline fruticosa* (Linn.) Goeppert 'Hakuba' 叶狭椭圆形，绿色，有不规则的大小不等的白色斑。

（3）**银边翠绿朱蕉** *Cordyline fruticosa* (Linn.) Goeppert 'Youmeninsihiki' 叶绿色，有宽窄不等的白色边缘。

（4）**绿叶朱蕉** *Cordyline fruticosa* (Linn.) Goeppert 'Ti' 叶在茎上部排列呈螺旋状上升，亮绿色，椭圆形，较宽大。

银边狭叶朱蕉

梦幻朱蕉

绿叶朱蕉

白马朱蕉

银边翠绿朱蕉

密叶竹蕉　　龙舌兰科

Dracaena deremensis Engl. 'Compacta'

小灌木状，成株高可达1米，无分枝。叶狭长圆形，长约15厘米，甚密生，浓绿色，有光泽。

栽培品种。本种以观叶为主，其叶色终年浓绿亮泽，植株圆柱形，酷似一支绿色的鸡毛掸子，美观潇洒。适于盆栽，置室内或花廊下摆设，观赏价值较高。

耐半荫，忌强阳光直射，喜高温湿润，不耐干旱和寒冷，栽培土质须为富含腐殖质的沙质壤土，经常保持湿润，但排水要良好。繁殖用扦插法。春、秋二季均可进行。

具相同用途的还有下列3个栽培品种：

（1）**金边竹蕉** *Dracana deremensis* Engl.'Roehrs Gold' 株高1～2米，无分枝。叶带状，较软，绿色，边缘黄色。

（2）**银线竹蕉** *Dracaena deremensis* Engl.'Warneckii' 株高达2米，无分枝。叶带形，绿色，中部具不规则的白色或绿白色斑纹，近边缘内侧具两条直的白纹。

（3）**黄绿纹竹蕉** *Dracaena deremensis* Engl.'Warneckii Striata' 株高1.5～2米，无分枝。叶带状披针形，中部绿色并有白色纵纹，两侧有宽的黄色边缘。

香龙血树　　龙舌兰科

Dracaena fragrans (Linn.) Ker-Grawl.

茎直立，高可达6米。叶螺旋状排列，叶片带形，外弯，绿色，长30～40厘米，边缘全缘，微呈波状。少见开花。

原产南非，各地广为栽培。本种株形雅致，叶色清纯，为优良的观叶植物。适于庭园美化和盆栽供室内摆设。

耐半荫，忌强阳光直射，性喜高温多湿，不耐寒冷和干旱，栽培土质富含有机质、湿润而排水良好之壤土或腐殖土。繁殖用扦插法，剪取带叶的茎之上端或取茎的一段，长约20厘米，插于沙床即可生根。于春、秋二季进行。

具相同用途的有下列2个栽培品种：

（1）**金边香龙血树** *Dracaena fragrans* (Linn.) Ker-Grawl.'Lindenii' 叶中部绿色，两侧黄色。

（2）**金心香龙血树** *Dracaena fragrans* (Linn.) Ker-Grawl.'Massangeana' 叶中部黄色，两侧绿色。

密叶竹蕉

银线竹蕉

香龙血树（地栽）

香龙血树（盆栽）

金边竹蕉

黄绿纹竹蕉

金边香龙血树

金心香龙血树（地栽）

金心香龙血树（盆栽）

星点木

白中道星点木

白斑星点木

油点木

星点木　　龙舌兰科

Dracaena godseffiana Hort. ex Baker

半灌木，株高约1米。分枝纤细，稍下垂，四棱形。叶对生或3片轮生，革质，椭圆形，长7~9厘米，顶端尾状渐尖，基部圆，边缘全缘，绿色，上面有黄色或白色斑点。总状花序具长梗，下垂；小花长筒形，长1.5~2厘米，淡黄绿色，有香味。浆果红色。花期秋季。

原产非洲（刚果、新几内亚），热带地区普遍栽培。本种因叶面的斑点似繁星，故而得名。为优良的观叶植物。适在庭园较荫处丛植或盆栽。

耐半荫或明亮环境，忌全日强阳光照射，性喜高温多湿，耐干旱，不耐寒，栽培须用富含有机质和排水良好的沙质壤土或腐殖土。繁殖用扦插法。于春、秋两季进行。

具相同用途的有下列3个栽培品种：

（1）**白中道星点木** *Dracaena godseffiana* Hort. ex Baker 'Bausei' 叶中部有一宽的白色斑带。

（2）**白斑星点木** *Dracaena godseffiana* Hort. ex Baker 'Florida Beauty' 叶面有密而大的白色或黄白色斑块。

（3）**油点木** *Dracaena surculosa* Lindl.'Maculata' 株高1~2米。分枝细长而下垂。叶对生或3片轮生，椭圆披针形，长7~10厘米，绿色，上面有黄色油渍般的斑点。伞形花序具长梗，下垂，小花长筒状，白色。

岩　棕　　龙舌兰科

Dracaena loureri Gagnep.

乔木状。茎干圆柱形，高达4米，直立，无分枝，灰褐色。叶密生于茎顶，绿色，带状披针形，革质，嫩叶坚挺斜上开展，老叶下垂。

原产地不详。本种树干通直挺拔，长剑形的叶密集茎顶，似一把绿色的圆伞，形态别致，为优良的庭园风景树。厦门、广州和深圳等地植物园均有栽培。

耐半荫和明亮的环境，忌强阳光直射，性喜高温湿润。不耐干旱。繁殖用播种法，于春、秋二季进行。

在《深圳园林植物》一书第257页和258页左上图，误将本种认为是**巨丝兰** *Yucca elephantipes* Hort. ex Regel 在此予以更正。

岩　棕

百合竹　　龙舌兰科

Dracaena reflexa Lam.

株高可达数米，成长植株其茎通常弯曲，无分枝。叶螺旋状着生，密集，叶片带状披针形，长15～20厘米，近革质，绿色，有光泽，不易脱落，近无柄，基部抱茎。少见开花。

原产非洲马达加斯加，热带地区多有栽培。我国台湾、福建和广东等亦常有栽培。本种叶色终年亮绿，株形秀美，为优良的观叶植物。适植于庭园有遮荫之地或盆栽供室内摆设。

耐半荫，植于明亮或半日照的环境生长亦佳，但不宜过于荫蔽，性喜高温多湿，耐旱亦耐湿，不耐寒，栽培土质须为富含有机质之沙质壤土或腐殖土，排水须良好。繁殖用播种法。于春至夏季进行，也可用扦插法，于春、秋二季进行。

具相同用途的还有下列2个栽培品种:

（1）**金心百合竹** *Dracaena reflexa* Lam.'Song of Jamaica' 叶绿色，中部有黄色纵纹。

（2）**黄边百合竹** Dracaena reflexa Lam.'Variegata' 叶中部绿色并带黄色条纹，两侧边缘为宽的黄色。

银边万年竹蕉(银边富贵竹)　　龙舌兰科

Dracaena sanderiana Sander ex Mast.

株高1.5～2米，通常不分枝。叶互生，长披针形，长10～15厘米，中部绿色兼有白色线纹，两侧边缘白色；叶柄长7～8厘米，基部抱茎。少见开花。

原产非洲西部。热带地区多有栽培。本种叶色艳美调和，株形秀雅，为良好的观叶植物。在庭园中植于楼前后的花槽或有遮荫之地，亦可盆栽供室内摆设。将植株切断，插于盛水的花瓶中亦能发根生长。

耐半荫，在明亮处及半日照环境生长亦佳，过于荫蔽则叶色变淡，夏季忌强阳光直射，冬季可有适当光照，性喜高温湿润，栽培土质须为富含有机质之沙质壤土或腐殖土。繁殖用扦插法。全年均可进行。

具相同用途的还有下列2个栽培品种:

（1）**金边万年竹蕉** *Dracaena sanderiana* Sander ex Mast.'Celica' 叶中间绿色，具宽的黄色边缘。该栽培种须较明亮环境，过于荫蔽则黄色不显或变为淡绿色。

（2）**万年竹蕉**（富贵竹）*Dracaena sanderiana* Sander ex Mast.'Virans' 株高2～4米；叶绿色。栽培十分普遍。

百合竹

金心百合竹

黄边百合竹

银边万年竹蕉

金边万年竹蕉

万年竹蕉

长柄竹蕉

长柄竹蕉开花

黄纹万年麻

长柄竹蕉　　龙舌兰科

Dracaena thalinoides Morr.

株高达1.5米。茎直立，通常不分枝。叶披针形，长13~15厘米，顶端长渐尖，基部圆，略下延，绿色，有光泽，具平行叶脉；叶柄与叶片等长或长为叶片的2倍。穗状花序腋生；小花白色。开花期春末夏初。

原产斯里兰卡和热带非洲。热带地区多有栽培。在我国台湾及华南地区有栽培，仙湖植物园也有栽培。本种叶色亮泽浓绿，株形秀美，为优良的观叶植物。适在庭园有遮荫之地种植或盆栽供室内及花廊摆设。

耐半荫及明亮环境，忌强阳光直射，性喜高温多湿，不耐干旱及寒冷，栽培土质须为富含有机质的沙质壤土或腐殖土。繁殖用扦插法。于春至夏季进行。

万年麻　　龙舌兰科

Furcraea foetida (Linn.) Haw.

株高约1米。茎不明显。叶放射状密丛生，叶片剑形，边缘无刺，并呈波状弯曲。通常要栽培10多年方可开花，花序大型；开花后种子在脱离母株前萌发，并长成幼株。

原产热带美洲。热带地区多有栽培，本种植丛四季苍绿，洁净幽雅，为优良的观叶植物。适在庭园中片植，或植于花槽及盆栽。观赏效果良好。

喜光，在全日照或半日照的条件下均能生长良好，性强健，甚耐旱，喜高温。繁殖用分株法，挖取母株周围萌生的子株另植，如见开花，可待种子在母株上萌芽并生出数片叶后再剪下栽培。

常见栽培的有下列3种:

（1）**中斑万年麻** *Furcraea foetida* (Linn.) Haw.‘Mediopicta’叶幼嫩时中部具乳黄色宽的纵纹，边缘无刺，成熟后，纵纹渐变为灰绿色和灰白色。栽培品种。

（2）**黄纹万年麻** *Furcraea foetida* (Linn.) Haw.‘Striata’叶具乳黄色的纵纹。边缘无刺。栽培品种。

（3）**金边万年麻** *Furcraea selloa* C. Koch‘Marginata’叶质坚，劲直斜上，剑形，绿色，边缘黄色，有密的黄色短刺。栽培品种。

万年麻

中斑万年麻

金边万年麻

晚香玉　　龙舌兰科

Polianthus tuberosa Linn.

多年生草本，株高0.8～1米，具块状地下根状茎。茎直立，不分枝。基生叶簇生，线形，长40～60厘米，在花茎上的叶疏生，向上渐变小。穗状花序顶生，每一苞片内有2花，共有花20～30朵，花乳白色，夜间散发浓香，长4～7厘米，花被管长2.5～4.5厘米，花被裂片长圆披针形，长1.5～2.5厘米，花型有单瓣花和重瓣。开花期春至夏季。

原产墨西哥，我国各地多有引种栽培。本种植株清秀，花色洁白淡雅，馥郁芳香，单瓣花的品种香气更浓，而重瓣花的品种观赏价值较高。为美化庭园的优良花卉。可露地栽培或作大型盆栽，也可作切花。

喜光，性喜高温湿润，不耐寒冷和干旱，栽培土质须为肥沃而湿润、既能保水又排水良好之壤土。繁殖用分球法，挖起根状茎切开，晾干后另植。可在春、秋二季进行。

虎尾兰　　龙舌兰科

Sansevieria trifasciata Prain

多年生草本，具匍匐根状茎。叶基生，厚革质，坚挺，直立，剑形，长50～80厘米，扁平，基部内凹呈圆筒状，两面均具绿、白相间的横斑纹。花葶自叶丛中生出，直立，稍短于叶；花序总状，每3～8花簇生；小花淡黄色，具香味，花被片6，花被管稍长于裂片。花期夏至秋季。

原产非洲西部。本种叶形似剑，具绿白相间虎皮状的斑纹，成株每年均可开花。为良好的观叶植物。适合庭园美化及盆栽供室内摆设。

耐半荫及明亮环境，性喜高温多湿，耐旱、耐湿，不耐寒，栽培不择土质。繁殖用分株法或叶插法。于春至夏季进行。

常见栽培的本属植物有下列5种:

（1）**金边虎尾兰**　*Sansevieria trifasciata* Prain 'Laurentii' 叶有宽的金黄色边缘。栽培品种。

（2）**银纹虎尾兰**　*Sansevieria trifasciata* Prain 'Argentea-striata' 叶狭长剑形，中间绿色具白色的纵纹，两侧边缘白色。栽培品种。

（3）**短叶虎尾兰** *Sansevieria trifasciata* Prain 'Hahnii' 植株矮生，高约15厘米。叶近椭圆形，顶端急尖，有绿白相间的横带纹。

（4）**金边短叶虎尾兰**　*Sansevieria trifasciata* Prain 'Golden Hahnii' 株形与短叶虎尾兰相似，但叶具宽的金黄色边缘。栽培品种。

（5）**柱叶虎尾兰** *Sansevieria cylindrica* Bojer 叶圆柱形，高达1米，绿色，具浅绿色条纹。原产热带非洲。

金边丝兰　　龙舌兰科

Yucca aloifolia Linn. 'Marginata'

茎高可达10米，直立，粗壮，无分枝。叶剑形，螺旋状密生于茎的上部，坚挺，硬革质，绿色，边缘黄色。圆锥花序顶生，大型，具多数花；花白色，下垂，花被片6，长3～4厘米。开花期夏至秋季。

晚香玉的花序

虎尾兰

虎尾兰结果

金边虎尾兰

银纹虎尾兰

柱叶虎尾兰

短叶虎尾兰

金边短叶虎尾兰

金心丝兰

栽培品种。各地多有栽培。仙湖植物园也有栽培。本种树姿挺拔，叶绿色镶黄边，呈放射状开展，植株仿若一巨型的绿刷子，姿态美异，开花期大型的圆锥花序自茎顶生出，花色洁白素雅，可观花又可观叶。为优良的庭园美化植物。可露地栽培也可盆栽。

喜强光、耐半荫、性喜高温湿润，耐干旱又较耐寒，栽培对土质选择性不严。繁殖用扦插、分株或茎体栽植等方法。春至秋季均可进行。若将生长点切去，下部能生出子株，再将子株挖起另植。花开后，种子在母株上发芽生成小植株，可取下种植。

观赏价值较高的种类很多，在深圳有栽培的还有下列3种:

(1) **金心丝兰** *Yucca aloifolia* Linn. 'Quadricolor' 叶较金边丝兰宽，老叶平展或弯垂，大部分为黄色，有狭窄的绿色边缘。栽培品种。仙湖植物园有栽培。

(2) **象腿丝兰** *Yucca elephantipes*

金边丝兰

象腿丝兰（盆栽）

象腿丝兰

Linn. 又称巨丝兰。茎粗壮，高可达10米，形似大象之腿，故而得名。叶绿色，剑形，坚挺，革质，长可达1米。原产墨西哥。在《深圳园林植物》一书第258页左上图应是**岩棕**（*Drocaena loureri* Gagn.）而非本种，在此更正。

（3）**鸟喙丝兰** *Yucca rostrata* Engelm. ex Trelease 叶灰绿色，线形，坚纸质，老叶由平展逐渐下垂。大型圆锥花序顶生。花白色。原产北美洲。仙湖植物园有栽培。

沼地棕　　棕榈科

Acoelorraphe wrightii (Griseb. et H. Wendl.) H. Wendl. ex Becc.

茎丛生，直立，细，高可达12米，被浓密棕红色的叶鞘纤维。叶叶圆形，宽

沼地棕

鸟喙丝兰

60～90厘米，掌状半裂；裂口几达叶中部，裂片先端尖锐、硬直，有撕裂，内向摺叠；叶面有光泽，背面银灰色；叶柄长约90厘米，叶柄两侧有带橙黄色锯齿状锐刺。肉穗花序细长，结实后稍下弯。果小，熟时漆黑色，有光泽；种子种皮质硬，有光泽。花期7～8月，果期9～11月。

产中美洲。我国华南及东南有引种。稍耐寒，适于开阔、向阳的低湿地区或湖边生长。可供南方庭园栽培，供观赏。

香花棕　　棕榈科

Allagoptera arenaria (Gomes) O. Kuntze

近无茎植物，叶长60厘米以上，羽状全裂，每侧羽片约50枚，在叶轴上常2～4(～5)片成组聚生，不完全排成一平面，羽片剑形或披针形，先端急尖，常2折叠，老时先端常开裂，叶缘基部反卷；叶面有蜡质，背面苍白色，有白色茸毛，叶鞘具纤维。肉穗花序，花淡黄色，芳香。果长椭圆形，被毛状褐色秕糠，内果皮厚；种子1枚。

产巴西、巴拉圭、阿根廷、玻利维亚；生长在海滨沙地、疏林、矮林、砾质坡地

香花棕

鸟喙丝兰的花序

或在干旱的稀树草原地区。我国华南地区有引种，供庭园栽培观赏，生长良好。果肉可食用并可用于酿酒；叶可刮取植物蜡。

阔叶假槟榔　　棕榈科

Archontophoenix cunninghamii (H. Wendl.) H. Wendl. et Drude

茎单生，高可达20米，深绿色，有明显的“冠茎”，“冠茎”下有明显的环状叶痕。叶长可达3米，聚生茎端，羽状全裂，羽片多数，狭披针形，长30～45厘米，在叶轴上排列整齐，单折叠，先端尖或稍分裂，中肋明显，叶轴长，具沟漕；叶柄短，叶鞘长，圆筒状，包围茎部，基部膨大；两面绿色，背面叶脉上有稀疏的褐色条状秕糠。肉穗花序淡紫色，稍具香气。果球形，直径约1.3厘米；果球形或

阔叶假槟榔

椭圆形，熟时淡红或红色，中果皮纤维质，种子1粒，球形。

产澳大利亚东部。我国华南及东南地区有引种。在庭园栽培，供观赏。植株不及假槟榔粗壮。与假槟榔 *A. alexandrae* (F. v. Muell.) H. Wendl. et Drude 的区别是本种叶背面无灰白色秕糠。

细籽棕（小花桄榔）　　**棕榈科**

Arenga microcarpa Becc.

茎丛生，密被棕黑色的叶鞘与纤维网。叶大型，长3～4米，羽状全裂，羽片极多数，长线形，长75～80厘米，宽3～4厘米，向内折叠，先端啮蚀状，基部有1～2个耳形附属物，在叶轴上成2列排列，有时4～5片成组聚生；中肋明显，并具多数射出侧脉；叶柄长。肉穗花序，花芳香。果近球形，直径1.2～2厘米，熟时红色，有种子2枚。

产东南亚及印度尼西亚。我国华南及东南地区有引种，供庭园栽培观赏。本属植物供观赏的还有：

（1）**鱼骨葵** *Arenga tremula* (Blanco) Becc. 茎中等大，丛生。叶直伸，较少下弯，羽状全裂，羽片狭长。花序结实后下弯。花黄色。果近球形，直径1.5～2厘米，熟时紫红色，每果内含种子2～3粒。种子卵圆形。产菲律宾。我国华南及东南省区有引种，供观赏。茎、叶优美，花黄色，芳香。

（2）**南椰**（桄榔、莎木）*Arenga westerhoutii* Griff. 茎单一，高约米10米，常有黑色叶柄残基和粗纤维。叶长可达7米，羽状全裂，裂片多数，长线形，叶面深绿色，背面灰绿色。产我国海南、广西和云南等地；东南亚国家也有。喜阳光，也耐荫和耐寒，适于南方地区庭园栽培，供观赏。

细籽棕

鱼骨葵

大果直叶榈　　**棕榈科**

Attalea macrocarpa Lind.

茎单生，粗壮或近无茎。叶大型，常聚生茎端，直立，或中上部至末端下弯成拱形，长9～10米，羽状全裂，羽片多数，每侧90～100片，长线形，宽约3.2厘米，在叶轴两侧排列整齐；叶柄粗壮，基部扩展成叶鞘，半抱茎，有少量纤维，背面有锈色糠秕。肉穗花序。果大，卵圆形；内含1～6粒种子。

产巴西。我国华南地区有引种。植株雄伟壮观，供庭园栽培或作行道树。叶供盖茅屋，嫩叶可作蔬食，编织日用工艺品。果可作蜜饯；种子可榨油，食用或工业用。

本属供观赏的还有：**美丽直叶榈** *Attalea spectabilis* Mart. 近无茎或茎极短。叶长8～10米，直立或披散，羽状全裂，羽片长线形，先端渐尖，基部羽片长1～1.2米，上部裂片长30～40厘米，宽1.2厘米。花序直立。果大，卵圆形。产于巴西。我国华南地区有引种。宜栽培于水湿地区。叶可供编织和作棚盖；种子可榨油。

南　椰

马岛刺葵　　**棕榈科**

Beccariophoenix madagascariensis Jum. et H. Perrier

乔木，茎单生、高可达12米，直径约30厘米。叶聚生于茎端，长可达5米以上，羽状全裂，羽片数可达230片，长可达1.8米，幼株叶片不完全分裂，具窗

大果直叶榈

美丽直叶榈

马岛刺葵

扇叶糖棕

单穗鱼尾葵

菲岛鱼尾葵

单穗鱼尾葵的果

孔状缝隙，羽片先端急尖。肉穗花序长。果卵形，长约3.5厘米，熟时紫色。

原产马达加斯加，喜高湿高温的热带气候。我国华南及东南地区有引种，生长良好，也适干旱地区及海滨地区种植。幼株叶片具窗孔状缝隙，作盆栽观赏；大树树形挺拔，叶片宽大，可栽植作行道树或作庭园观赏树。

扇叶糖棕　　棕榈科

Borassus flabellifer L.

茎单生，高18～21米，直径粗90厘米，有环状叶痕。叶常聚生茎端，近扇形，长、宽2.5～3米，掌状深裂，裂片80多枚，裂片内向折叠，披针形或剑形，先端2裂，有明显中肋；叶柄长达2米，有刺，半圆筒形，基部扩大，成“人”字形开裂，半抱茎，坚韧，有短的褶扇状的鞘，边缘有刺齿，叶舌突起，坚硬。肉穗花序长1.5米。果球形，直径15～20厘米，熟时棕色，中果皮海绵质或纤维状；种子1～3粒，心形，褐色。

产印度、缅甸、柬埔寨等地；喜生于干燥地区。我国华南、东南及西南地区有引种，供庭园栽培或作行道树。未开放的花序汁液称“椰花汁”，可鲜饮或制糖、酿酒，或酿醋等；种子鲜食或制蜜饯；未成熟种子的胚乳可食用；叶作遮盖屋顶、编织物；古时羽片也用作刻写“贝叶经”材料；叶柄基部纤维可制刷及地毯等；根入药，用于治肝炎。

菲岛鱼尾葵　　棕榈科

Caryota cumingii Lodd. ex Mart.

茎中等大，单生，高达7.5米，直径约20厘米，有叶柄残基及明显的环状叶痕。叶为大型的二回羽状全裂，并呈二回羽状复叶状，小羽片(小叶)斜菱形，伸展芽时外向摺叠，先端偏斜，有不规则的齿刻，形似鱼尾状；叶轴、叶柄极长，均有鳞秕；叶鞘有少量纤维。肉穗花序极大型，被毛。果球形，直径约1.1～1.9厘米，熟时黑色；种子扁球形。

产菲律宾。我国华南及东南地区有引种，作庭园栽培或作行道树。茎髓部含淀粉，亦称“桄榔粉”，可供食用和药用。

本属供观赏的还有：**单穗鱼尾葵** *Caryota monostachya* Becc. 茎丛生，高1～3米，直径25～30厘米，细长，被软绒毛。叶长2.5～3.5米，二回羽状全裂，小羽片(小叶)宽楔形，长12～18厘米，宽4～8厘米，顶端1片长6～8厘米，不对称，外缘近平直，内缘有圆形啮蚀状；叶鞘有条纹，边缘有少量纤维。肉穗花序长30～60厘米，下垂，通常不分枝。果球形，直径2.4～2.5厘米，熟时青紫色；种子1～2粒，扁椭圆形，棕褐色，有网纹。产我国广东、广西、云南、贵州；生于山地沟谷中。印度支那半岛及印度等国家也有。华南、东南及西南地区常引种。作庭园栽培或作行道树。喜阴湿的环境。种子入药有退烧作用，治高烧抽搐。

缨珞椰

裂坎棕

鱼尾坎棕

节坎棕

马岛散尾葵

缨珞椰　　棕榈科

Chamaedorea cataractatum Mart.

茎丛生，矮，有明显的环状叶痕。叶羽状分裂，叶轴每侧有羽片13～16片，羽片排列整齐，主脉在叶面上平，侧脉明显下凹，在背面主脉、侧脉均明显凸起，内向数折叠，通常斜或弯弓形，先端尖；叶柄短或长，上面平，背面圆，叶鞘短或伸长，开裂，有少量纤维，包裹茎，基部开裂。肉穗花序，花小，黄色。果卵球形，长约1厘米，熟时淡红色。花期5月，果期7至翌年1月。

产墨西哥。我国华南及东南地区有引种。南方盆栽及庭园栽培，供观赏。

本属供观赏的还有:

（1）**裂坎棕**（竹茎玲珑椰）*Chamaedorea erumpens* H. E. Moore 茎丛生，高可达3米。叶长45～50厘米，羽状分裂，羽片每侧约20枚，长椭圆状披针形，顶端一对羽片较短、而宽，长13～15厘米，叶面浓绿色，背面白色；叶质薄、柔软，稍下弯。果椭圆形或卵圆形，长约1厘米，熟时黑色。花期4～5月。果期10月至翌年2月。产墨西哥，洪都拉斯，危地马拉。我国华南、东南及西南地区有引种。茎绿色，节明显，如翠竹。供观赏。耐寒性较强。喜阴蔽、通风和湿润、肥沃、排水良好的土壤上生长。

（2）**鱼尾坎棕**（鱼尾椰子）*Chamaedorea metallica* Cook ex H. E. Moore 茎单一，高0.5～1.2米。叶大，先断2深裂，裂片先端分裂，形状似鱼尾，质厚，浓绿，有光泽，中肋明显，侧脉多数。肉穗花序。果熟时橙红色。原产墨西哥。喜温暖湿润环境和排水良好的沙质土壤。我国南方地区有引种。株形清新素雅；叶形奇特，叶色浓绿、光泽；耐荫性强，是室内盆栽观赏的好盆景。

（3）**节坎棕**（墨西哥玢椰子）*Chamaedorea tepejilote* Liebm. 茎丛生，高1.2～1.8米，直径4～5厘米，有紧密的环状叶痕，绿色。叶长约1.2米，羽状分裂，羽片长32～37厘米，宽约3.5厘米，互生，狭披针形，稍呈镰刀状，末端尖锐。果卵球形到长圆形，长约1.6厘米，熟时褐色。花期5～6月。产墨西哥。我国华南及东南地区有引种。形态优美，适于园林栽培，供观赏。花序幼嫩时供食用，味似芦笋。

马岛散尾葵（卡巴达散尾葵）　　**棕榈科**

Chrysalidocarpus cabadae H. E. Moore

茎直立、丛生，高达7米，粗约12.5厘米，无刺。常有不规则萌裂枝，常形成

老人葵

根刺棕

宽5米的树丛；上端有小型的“冠茎”，“冠茎”下有环状叶痕，绿色。叶羽状全裂，每侧羽片24～60片，线形，长约60厘米，宽约2.5厘米，单折叠，先端弯曲，在叶轴上排列规整；中轴有时有秕糠和蜡，羽片中肋处常有小秕糠，横脉不明显；叶柄伸展，上面有沟，背面圆形，叶鞘深绿色，常有秕糠或蜡状物。果卵圆形，长约1.1厘米，直径约10.5厘米，熟时鲜红色；种子长椭圆形。

产马达加斯加。我国华南地区有引种。在无霜冻地区栽培，供观赏。

老人葵　　棕榈科

Coccothrinax crinita Becc.

茎单生，高可达9米，直径达15厘米或更粗，通常被浓密的褐色纤维所包裹。叶圆形，掌状深裂，裂片内向折叠，裂片宽1.9～3.5厘米，有多数狭窄的细裂，背面有鳞秕，质薄而脆；叶柄近圆形，两面有脊，叶鞘常撕裂，纤维不折屈。肉穗花序。果球形，直径约1.9厘米，有厚的纵纹。种子种子1粒，球形，具皱折。产古巴；生长于石灰岩和蛇纹岩地区发育的土壤上，通常生长在干旱地及多阳光的高地处。我国华南、东南地区有引种。生长慢。为庭园良好的观赏棕榈。

金丝棕（金丝葵、吕宋糖棕）　　**棕榈科**

Corypha utan Lam.

茎单生，高大，直立，高25～30米，直径约50厘米，上端有叶柄残基，脱落后在茎上留有环状叶痕。叶大，近圆形，长3.5～5米，直径3.5～4.5米，聚生茎端成一大伞形树冠，掌状半裂，裂片多数，先端钝或微凹，厚革质，内向折叠；亮绿色，常有褐色斑块；中肋明显，粗壮，长30～50厘米或更长；叶柄粗壮，两侧有细密的刺齿，叶鞘有时有开裂，常有纤维。肉穗花序大型，花乳黄白色，有不愉快的气味。果球形，直径约2.5厘米，外果皮橄榄绿色；种子1粒，球形或卵球形，棕褐色。

产菲律宾、印度、缅甸。我国华南及东南地区有引种。适于南方地区无霜冻地区栽培，供观赏。花序液汁可制酒精、糖和糖浆或醋；茎髓含淀粉；嫩芽可作凉拌菜食用；成熟种子硬可作钮扣、念珠；叶片用作覆盖或包装材料；未张开嫩叶纤维质优，用于编织高级带、绳等；叶大型，干后仍坚实和有柔性，并且有光泽，可用于防雨，遮荫等；中肋纤维称“金丝绳”，用作制造高级帽子的材料。

金丝棕

一次性开花，约生长40～80年开花、结实后植株逐渐死亡。

根刺棕　　棕榈科

Cryosophila albida H. H. Bartl.

茎单生，细或粗壮，高2.5～3米，常被叶柄残基及纤维所包裹，并被密或疏长皮刺，下部有支柱根及根刺。叶大，近圆形，直径约1.8厘米，掌状深裂或浅裂，裂片32～40片，中间全裂至基部，少数为浅裂，或有1～2裂片合生，在叶柄端成放射状展开，裂片长短、宽窄不一，通常长35～60厘米，宽4.5～6厘米，先端钝尖，每裂片有纵肋1～2条，内向1至数摺，叶面绿色，背面银灰色，被绵毛及鳞秕；叶柄长1.5～2米，上面有凹槽，顶端叶舌钝尖。肉穗花序。果球形或卵球形，熟时白色。种子卵球形。

原产哥斯达黎加、巴拿马。我国华南地区有引种。作园林观赏树种。

红柄椰　　棕榈科

Cyrtostachys renda Blume

茎丛生，高约10米，有小的“冠茎”，“冠茎”下有环状叶痕，基部有大量支柱根。叶长约2米，羽状全裂，裂片剑形或长椭圆状线形，单折叠，先端钝，常2浅裂；叶面绿色，背面灰绿色，幼时橄榄绿色；叶柄及叶鞘深红色或红褐色。肉穗花序长达1米，下垂。果椭圆形，直径约1厘

红柄椰

米，熟时呈黑色；种子卵圆形。

产马来西亚及印度尼西亚苏门答腊。华南地区有引种，南方无霜冻地区栽培作庭园观赏树。叶柄及叶鞘显深红色，美丽。

龙血藤（麒麟竭、唐本草、、血竭花、血竭、麒麟血竭）　　**棕榈科**

Daemonorops draco (Willd.) Blume

茎丛生，近直立或初时直立，后稍呈攀援状，长可达60米，具多刺，有分枝，节膨大，节处有刺。叶鞘基部的茎节处常有刺状突起及细长的针状刺。叶羽状全裂，羽片多数，线状披针形，长30厘米，宽约2厘米，单折叠，稀叶2裂，先端尖，排列规整，先端渐尖，边缘有纤毛，纵向主脉3条，脉两面具刚毛，叶轴上有细刺，背面刺呈爪状；叶柄上具细长、倒生的刺。肉穗花序下垂，长60～75厘米，花梗上有叉状的刺。果卵球形，上部较窄，直径约2厘米，外被倒生褐色或黄色的覆瓦状鳞片所覆盖；种子1粒。

产马来半岛、印度尼西亚。我国南方地区有引种，生长良好。果分泌树脂，作“麒麟血竭”的原料。有活血、行瘀、止血、消炎、生肌之效，用于治跌打，去瘀血等。

两广石山棕　　**棕榈科**

Guihaia grossefibrosa (Gagnep.) J. Dransf. ex S. K. Lee et F. N. Wei

茎丛生，高0.5～1.4米，直径2～3厘米，被浓密的叶鞘纤维及针刺所包裹，脱落后有环状叶痕。叶扇形，长30～50厘米，宽3～5厘米，掌状或指状深裂，裂片3枚，间有5～7枚，披针形，中间一片稍宽，外向1、稀2折叠，背面有白粉，末端有短齿；叶脉放射状；叶柄无刺，顶端叶舌突起。长40～50厘米，切面倒三角状，边缘有微齿，基部有网状粗纤维。肉穗花序。果椭圆形，熟时蓝黑色。花期5～7月间，果期8～9月。

产我国广东、广西南部，南方地区有种植。越南北部也有。

龙血藤

两广石山棕

平叶椰（金帝葵）　　**棕榈科**

Howeia forsteriana (F. v. Muell.) Becc.

茎单生，粗壮，高约20米，有环状或斜向叶痕，基部膨大。叶近平展，羽状全裂，羽片多数，在中轴上排列规整，先端尖，或微2裂，单折叠；叶脉两面明显；叶柄长，叶鞘开裂，具纤维，直伸。肉穗花序长约90厘米。果长椭圆形，长约3.2厘米，熟时棕红色；种子卵圆形。

产澳大利亚的洛德豪岛；多生长于沙地森林中。我国华南及东南地区有引种。植株稍耐寒。

平叶椰（金帝葵）

马来葵

窄叶马来葵

马来葵　　**棕榈科**

Johannesteijsmannia altifrons (Reichb.f. et Zoll.) H. E. Moore

几无茎。单叶，大，长椭圆状菱形或倒卵状菱形，长约2.4米，宽约60厘米，不分裂，有内向多折叠脊，先端锯齿状，中肋明显；羽状脉，侧脉明显延长；叶基部边缘有钝刺和钩状齿，亮绿色；叶柄长约90厘米，基部有刺。肉穗花序长约15厘米，下弯，花白色，有恶臭味。果球形，直径约3.7厘米，有凹槽。

产马来半岛及印度尼西亚。我国华南及东南地区有引种。形态特异，叶不分裂。可在南方地区栽培，供观赏，本属供观赏的还有：**窄叶马来葵** *Johannesteijsmannia lanceolata* Dransf. 无明显的地上茎，叶长约2.4米，宽0.45米，叶柄长约1米。果球形，直径约3.5厘米。产马来半岛及印度尼西亚。我国华南及东南地区有引种栽培，供观赏。

毛花轴榈

刺轴榈

毛花轴榈　　棕榈科

Licuala dasyantha Burr.

茎高1～2米，直径2～3厘米。叶近半圆形，掌状深裂至几全裂，裂片7～9片，长楔形，先端截形，有波状齿，中央的裂片长40～45厘米，宽45～50厘米，具微缺，纵向平行脉多条直达裂片顶端，横脉细；其余裂片较短狭，蓝绿色；叶柄长约60厘米，基部两侧面有稀疏短刺，背面被褐色鳞秕。肉穗花序，花密被深褐色鳞秕。果球形或卵球形，小。花期4～5月。

产我国广西南部和云南东南部。南亚各国至澳大利亚也有。我国华南、东南地区有种植。叶形美丽，适于南方地区栽培，供观赏。

狭叶轴榈

本属供观赏的还有：

（1）**刺轴榈** *Licuala spinosa* Thunb. 茎丛生，高2～5米，常被叶鞘纤维所包裹。叶肾形，直径40～100厘米，掌状几全裂，裂片8～16片，长楔形，先端截形，有小裂齿，中央的裂片长30～50厘米，纵向平行脉4～5条直达裂片顶端，横脉细；叶柄基部两侧面有稀疏短刺。肉穗花序，花密被深褐色鳞秕。果球形或倒卵形，小，熟时橙黄色。花期4～5月，果期8～10月。产我国海南。东南亚、南亚各国也有。我国华南、东南地区有种植。叶形美丽，适于南方地区栽培，供观赏。

（2）**狭叶轴榈** *Licuala thoana* L. G. Saw et J. Dransf. 灌木。茎单生，高2～3米，具地下茎。叶狭扇形，不分裂，折皱状，稀掌状3裂，裂片为楔形。边缘具小齿，叶脉放射状；叶柄具刺。肉穗花序长于叶片。果球形。原产亚洲东南部，尤其菲律宾最多；喜温暖湿润、荫蔽的环境。我国南方地区有引种。是棕榈类植物中叶形最秀美的种类之一。供庭园观赏或作盆景栽培，供观赏。

澳洲蒲葵　　棕榈科

Livistona australis (R. Br.) Mart.

茎单生，高可达18米以上，有褐色的叶柄残基和纤维，有不明显的环状叶痕。叶多聚生茎顶端，近圆形，直径1～1.2米，掌状浅裂，裂片先端2裂、下垂，中肋明显；黄色，质地柔软；叶脉放射状；叶柄长1.5～1.8米，边缘有扁三角形、下弯的硬刺，顶端叶舌突起，中肋自叶柄顶端伸入叶片中部。肉穗花序大型。果球形，直径1.2～2厘米，熟时淡褐红色；种子球形。

产澳大利亚。我国华南与东南地区有引种，作庭园栽培，供观赏，亦可作人行道树。

本属供观赏的还有：

（1）**裂叶蒲葵**（迷惑蒲葵）*Livistona decipiens* Becc. 茎单生，高达12～14米。叶直径1～1.3米，掌状深裂，裂片40～60枚；线形，先端长2裂，下垂；叶柄两侧有宽锐刺。肉穗花序，结实后稍下垂。果椭圆形或卵圆形，直径约1.5厘米，熟时黑色，有光泽；种子球形。果熟期8月。原产澳大利亚。极耐旱，在热带半荒漠地区生长，耐短期低温，不耐水渍。我国华南与东南地区有引种栽培，作园林观赏树种。

（2）**封开蒲葵** *Livistona fengkaiensis* X. W. Wei. et M. Y. Xiao 茎单生，高

澳洲蒲葵

裂叶蒲葵

封开蒲葵

越南蒲葵（东京蒲葵）

菲律宾蒲葵

大蒲葵

美丽蒲葵

5～20米，直径约20厘米，有宿存叶柄残基。叶圆心形，直径约1.2米，革质，掌状深裂，裂片80～90枚，长线形，长70～80厘米，基部宽0.8～1厘米；叶柄粗壮，长约1.3米，上面微凹，背面凸起，半圆形，两侧密生黑褐色下弯的锐刺。果椭圆形，长约3.5厘米；种子椭圆形。产广东（封开）、海南、福建西南部及云南南部。我国南方地区有引种。供南方地区庭园栽培或作人行道树。

（3）**越南蒲葵**（东京蒲葵）*Livistona tonkinensis* Magalon 茎单生，高达8米以上，粗壮，被叶柄残基及纤维。叶圆形，开展，掌状浅裂，裂片多数，先端2裂；叶柄长，两侧有粗刺。果椭圆形，常不规整，长约3.5厘米，直径约2.5厘米，熟时淡灰紫黑色；种子长椭圆形，稍扁。产越南。我国华南与东南地区有引种。适于南方地区栽培，作人行道树和庭园观赏树。

（4）**菲律宾蒲葵** *Livistona merrillii* Becc. 茎单生，高而细，树冠开展。叶亮绿色，掌状深裂至叶中部，裂片多数，细，下垂；叶柄长。果球形，直径约1.5厘米，棕褐色；种子球形。产菲律宾。我国华南与东南地区有引种。适于我国南方地区庭园栽培，供观赏。

（5）**大蒲葵** *Livistona saribus* (Lour.) Merr. ex A.Chev. 茎单生，高达15～18米，有叶柄残基及纤维。叶扇形，宽2.5～3米，掌状分裂，裂片多数，深浅不一，剑形或长线形，先端2深裂；叶柄切面呈钝三棱形，两侧密生粗而压扁和外弯的刺。果球形，直径1.6～2.5厘米，熟时浅蓝色；种子球形。产东南亚国家。我国华南、东南与西南地区有引种。我国南方地区庭园栽培，供观赏或作人行道树。叶可用作简易房屋顶遮盖用；嫩叶可编织日用品。果可食用。

（6）**美丽蒲葵** *Livistona speciosa* Kurz，茎单生，高可达15～20米，直径10～15厘米。叶扇形，直径1.8～2米，掌状半裂，裂片长线形，先端2裂；中轴缩短而突出，裂片中肋明显；叶柄基部有刺，刺长达3厘米或更长，叶鞘有浓密纤维。花序长60～120厘米。果椭圆形，长1.6厘米，熟时蓝黑色，有光泽；种子卵圆形，稍扁。花期1～3月，果期3～10月。产我国云南。缅甸也有。常在寺院栽培。华南、东南与西南地区有引种。果加工后可食。

（7）**旱生蒲葵** *Livistona mariae* F. v. Muell. 茎单生，高16～25米，直径达20厘米，有波状纹。叶直径2～2.5米，掌状深裂，裂片窄长，长80～90厘米，幼时呈古铜色，裂片边缘有刺；叶柄长达1米，粗3～4厘米。果球形，直径1.3～1.5厘米，熟时褐色，有光泽，表面有斑点状凸起。种子球形。产澳大利亚中部半干旱地区，在热带、亚热带及温带地区均能生长。我国华南与西南地区有引种。适于南方地区庭园栽培或作行道树。供观赏。

旱生蒲葵

水椰　　棕榈科

Nypa fruticans Wurmb.

茎匍匐，丛生，似根状茎，具匍匐分枝，粗壮。叶长4～7米，羽状全裂，羽片多数，长50～80厘米，宽3～5厘米，外向折叠，全缘，先端尖锐，中肋凸起，背面沿中肋近基部有金黄色的糠秕；叶柄粗壮，长，基部宽，叶鞘开裂。肉穗花序长达1米或更长。聚花果，球形，每果序有32～38颗成熟小果。小果倒卵形，微压扁，长9～11厘米，有6棱，顶端园，基部渐狭，褐色，外果皮有光泽；种子1粒，球形，侧边有沟槽。花期7月。

产我国海南、广东及福建厦门等海边；生在红树林中，为红树林组成树种之一。亚洲琉球群岛、南亚国家及澳大利亚和南太平洋群岛等热带国家海岸边红树林中也有。为“胎生”植物，种子成熟后胚在树上发芽，掉入泥土中着土生长。适应性强，生长于海滩泥沼或池塘、水沟边。可作热带地区海岸防护林。

经济价值大，幼果可生吃或制蜜饯；花序液汁可制糖、酿酒、醋；叶供编织或造纸用。

大刺葵（泰国刺葵、沼泽刺葵）　　**棕榈科**

Phoenix paludosa Roxb.

茎通常丛生或单生，高可达9米或更高，直径9-20厘米，常斜上长，有残存的叶柄残基或环状叶痕。叶羽状全裂，羽片多数，成对簇生，并从不同方向射出，基部羽片排列整齐，上端排成一平面上，羽片长剑状，内向折叠，先端丝裂状，中肋明显；叶面绿色，被灰白色蜡质，背面被粉质；叶脉上有4～8条褐色线状鳞秕，叶中轴基部有蜡质的鳞秕，基部退化的尖刺状羽片多数；叶柄伸长，基部叶鞘具纤维，背面突起；叶鞘宽，常有纤维网。肉穗花序长，花橙黄色。果长圆形，长约1.3厘米，橙黄色，熟时黑色；种子椭圆形。

产泰国、马来西亚、印度尼西亚等国；

水椰

多生于河口和海岸边。我国华南、东南及西南地区有引种。适于我国南方地区栽培，供观赏。

本属供观赏的还有：

（1）**非洲刺葵**（非洲海枣、非洲枣椰、塞内加尔刺葵）*Phoenix reclinata* Jacq. 茎丛生，略细，高达6米，倾斜上长，有叶柄残基。叶长达3米，多少成拱形下弯，末端扭转，羽状全裂，羽片每侧80片以上，长线形，长38～45厘米，宽2.5～4厘米，先端渐尖，有细密的叶脉，幼时在中肋背面有灰色鳞秕，基部退化的针刺状羽片长约15厘米；叶柄延长，橙色。花序长

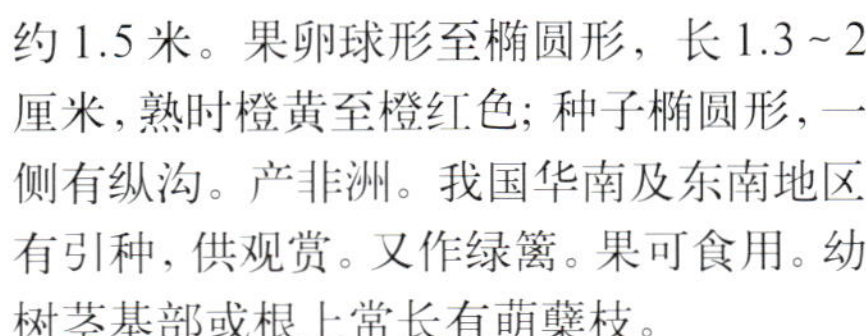

约1.5米。果卵球形至椭圆形，长1.3～2厘米，熟时橙黄至橙红色；种子椭圆形，一侧有纵沟。产非洲。我国华南及东南地区有引种，供观赏。又作绿篱。果可食用。幼树茎基部或根上常长有萌蘖枝。

（2）**岩海枣** *Phoenix rupicola* T. Anders. 茎单生，高达6米，直径18～30

大刺葵

非洲刺葵

岩海枣

银海枣

青　棕

青棕的果

厘米。叶长达3米，羽状全裂，羽片每侧80片以上，线形，长45～50厘米，柔软，整齐地排列在一平面，近顶端的羽片常扭转，下部羽片多少下垂，叶面亮绿色，有灰色浅条纹，背面中肋附近有盾状鳞秕。花序长约1.2米。果长椭圆形，长约2厘米，熟时亮黄色；种子长椭圆形，侧面有一狭的纵沟。花期6～8月，果期9～12月。产喜马拉雅山南坡及印度北部。我国华南及东南地区有引种。是一优美的观赏棕榈。

（3）**银海枣**（枣椰、林刺葵、野海枣）*Phoenix sylvestris* (L.) Roxb. 茎单生，高可达15米，直径约30厘米，有叶柄残基。叶长约4.5米，灰绿色，弯下垂，羽状全裂，羽片多数，成簇排成2～4列，羽片长45～55厘米，宽2.5～3.5 厘米；叶柄短。花序长90～100厘米。果长椭圆形，长3.2厘米，橙黄色；种子棕褐色。产印度北部。我国华南、东南及西南地区有引种。稍耐寒，适于南方地区庭园栽培，供观赏或作人行道树。提取树液作制糖的原料。

斐济金棕　　棕榈科

Pritchardia pacifica Seem. et H. Wendl. ex H. Wendl.

茎单生，直立，高可达9米，直径25～30厘米，光滑，有环状叶痕。叶扇形，长达1.5米，宽达1.2米，掌状浅裂，裂片深内向折叠，质厚，先端尖，不分裂，幼时叶背呈淡黄褐色，后为绿色中肋粗壮；叶柄长90厘米以上，上面扁平，背面圆，有白粉，基部有褐色纤维，叶鞘被绒毛。肉穗花序长90厘米，花淡黄褐色。果圆形，直径约1.2厘米，熟时黑色；种子扁球形。产斐济。我国华南及东南地区有引种，供庭园观赏。

青棕（麦克绉子棕）　　**棕榈科**

Ptychosperma macarthurii (Bess. ex Raderm.) H. Wendl.

茎细，丛生，高3～6米，直径3～7厘米，有“冠茎”，“冠茎”下具灰绿色粗环状叶痕。叶长1～1.3米，羽状全裂，羽片8～12对，披针形，具单折叠，柔软，长15～14厘米，宽约9厘米，先端斜截形，有啮齿，叶面绿色，背面淡绿色，近基部的羽片先端尖，叶脉隆起；叶柄长30～40厘米。肉穗花序长20～30厘米，花淡黄色。果近球形，长1.3～2厘米，熟时鲜红色；种子1粒，有沟槽。

产新几内亚；生长在沿海岸或低地沼泽林中，或在山麓小山丘坡地。我国华南、东南及西南地区有引种。植株形态秀丽，适于南方地区庭园栽培，供观赏。

斐济金棕

本属供观赏的还有：

（1）**奇异绉子棕**（奇异青棕）*Ptychosperma hospitum* (Burr.) Burr. 茎细，丛生，高4～5米，直径约5厘米，有“冠茎”，“冠茎”下有环状叶痕，树皮淡红褐色。叶长1～1.2米，羽状全裂，羽片每侧有24～26枚，长线形，长约35厘米，宽约4厘米，先端斜截形，有啮齿，一侧有尾尖；具单折叠，叶柄被褐色斑点状鳞秕，基部及叶鞘有灰白色秕糠，近托叶鞘处有棕褐色条状秕糠。肉穗花序，花白色。果椭圆形，长2～2.2厘米，熟时黄色；种子椭圆形，稍扁，有8条深沟槽。产澳大利亚及新几内亚。我国华南、东南及西南地区有引种。形态清秀、优美，适于庭园栽培，供观赏。

奇异绉子棕，右下为其果

所罗门绉子棕

（2）**所罗门绉子棕** *Ptychosperma salomonense* Burr. 茎单生，高6～12米，直径7.6～8厘米。叶长1.2～3.5米，羽状全裂，羽片每边有9～25片，先端截形。果长约1.2厘米，熟时红色；种子有浅沟。产所罗门群岛。我国华南地区有引种，生长良好。适于南方地区栽培，供观赏。

象鼻棕（酒椰）　　**棕榈科**

Raphia vinifera Beauv.

茎单生，高约5米，粗壮，有环状叶痕，基部有时有刺状不定根。叶大型，长9～15米，上端下弯，羽状全裂，羽片多数，线形，单折叠，常下垂，先端急尖，在中轴上排列规整，中肋及叶边缘有刺，中肋明显，横脉不明显；叶柄长，基部稍大成叶鞘，叶鞘背面无刺，开裂，通常宿存。肉穗花序多数，长达3米，自叶腋内伸出，下垂，形似"象鼻"。果大型，长约6厘米，中果皮厚椭圆形，外被覆瓦状鳞片所覆盖，棕黄色，有光泽；种子椭圆形。

象鼻棕（酒椰）

产热带西非，生长于海岸边。我国南方地区有引种。在南方无霜冻地区种植，供庭园观赏。花序轴及其分枝汁液可酿酒、制糖或作饮料；叶纤维可加工制日用品及工艺品；果亦可制作工艺品。

一次性开花，花后结实，植株逐渐死亡。

多裂棕竹（金山棕竹）　　**棕榈科**

Rhapis multifida Burr.

茎丛生，高1～1.5米，最高可达3米，被叶鞘细纤维所包裹，茎粗约2厘米。叶扇形，长18～25厘米，掌状深裂，裂片25～31枚，狭线形，近顶部有时下垂，先端渐尖，边缘有小齿，两侧及中间一片最宽，宽1.5～2.2厘米，有2条纵向平形脉，其余裂片宽约1厘米，有1条纵向叶脉，背面横脉明显，叶面暗绿色；叶柄边缘稍锐利，顶端叶舌突起，有淡黄色密绒毛。果椭圆形，长约0.9厘米；种子球形或半球形，侧面扁平。花期3～4月。

产我国云南南部。华南及东南地区有引种。植株秀丽，作石山盆景或庭园配置。常用分株繁殖。

多裂棕竹

多裂棕竹的花序

菜王椰子（菜王棕）　　**棕榈科**

Roystonea oleracea (Mart.) O. F. Cook

茎单生，高可达40米，直径50～60厘米，干灰色，上端有长的"冠茎"，"冠茎"下有环状叶痕，基部膨大。叶长3～7米，羽状全裂，有羽片100～200对，在中轴上成4列排列，羽片长线状披针形，长68～100厘米，宽约4厘米，先端有不规则的2裂，尖锐，下垂；叶轴上面有纵沟，背面凸起。肉穗花序大。果椭圆形，长1.2～2厘米，近基部略偏斜，表面有小纵纹；种子1枚，卵圆形。

产南美洲。我国华南及东南地区有引种。可在南方地区庭园栽培，供观赏或作行道树。

墨西哥箬棕　　**棕榈科**

Sabal mexicanum Mart.

茎单生，高11～20米，直径35厘米，常有老叶柄残基及环状叶痕。叶大型，圆扇形，长约2米，基部楔形，掌状深裂，裂

菜王椰子（菜王棕）

墨西哥箬棕

片线状披针形，内向折叠，先端2裂，边缘常有丝状物，中肋粗壮，向后弯；叶柄上面稍凹，边缘光滑，无刺，叶舌短，贴生于叶轴上，叶鞘短。肉穗花序。果球形或扁圆形，直径1.5 ~ 1.9厘米。

产墨西哥、危地马拉；生长在沿海岸的沙地或干旱地。我国华南地区有引种；较耐寒，可供南方地区栽培，供观赏。

迤逦棕　　棕榈科

Scheelea liebmannii Becc.

茎单生，高10 ~ 20米，粗壮，上部有宽厚的老叶柄残基及纤维，脱落后有明显的环状叶痕。叶近直立，长6 ~ 8厘米，羽状全裂，羽片多数，线状披针形，在叶轴上排列整齐，单折叠，先端钝，2裂，下部羽片多下垂，两面深绿色，中肋明显，突起；叶鞘稍扩大、粗厚，边缘有纤维。肉穗花序总苞片宽大，厚革质，内弯成船形，宿存。果长卵圆形，长3 ~ 4厘米，外果皮薄，中果皮纤维状肉质，熟时由黄转褐色；

迤逦棕

迤逦棕的花序

凤尾棕

种子1 ~ 3粒，椭圆形。果期6月。

产墨西哥；通常生长在干旱开阔的草原地区。我国华南及东南地区有引种，树冠形状美丽，作人行道树或庭园栽培，供观赏。果味甜，可食。

凤尾棕　　棕榈科

Syagrus amara (Jacq.) Mart.

茎单生，直立，高可达18米，或更高，直径约20厘米，有明显或不明显的环状叶痕。叶长1.8 ~ 3米或更长，羽状全裂，羽片约30对，长90 ~ 100厘米，宽3.8 ~ 4厘米，单折叠，先端2裂，墨绿色，在叶轴上成规则地螺旋状排列，叶脉在叶面凸起；叶柄长90 ~ 180厘米。肉穗花序长60 ~ 90厘米。果卵圆形，长约5厘米，熟时橙色；种子1(~ 2)枚，坚硬。

产多米尼加和圣法兰西斯群岛，耐盐。我国华南地区有引种。适于南方地区无霜冻地区栽培，尤其在海岸边作防护林与园林绿化，供观赏。

本属供观赏的还有：

（1）**旋叶凤尾棕** *Syagrus coronata* (Mart.) Becc. 茎单生，高达10米，直径达25厘米，具密的叶柄残基。叶在茎端螺旋状排列，长约3米，直或弯拱，羽状全裂，羽片约有100对，长线状披针形，长约30厘米，在叶轴上2 ~ 3枚聚生，成多列排列，两面深绿色，革质，有蜡质；叶柄短。花序长70 ~ 90厘米，约有60条分枝，花黄色。果卵圆形，长3 ~ 4厘米，熟时橙色；种子棕褐色。产巴西。我国华南、东南及西南地区有引种。在广州地区栽培

旋叶凤尾棕

旋叶凤尾棕的花序

秘鲁凤尾棕

生长良好，能经受寒潮冻害。适于南方地区庭园栽培，供观赏或作人行道树。

（2）**秘鲁凤尾棕** *Syagrus tessmanni* Burr. 茎单生。叶羽状全裂，羽片多数，在叶轴两侧排成2列，两面浓绿色，有光泽。种子椭圆形到卵圆形，长约2.3厘米。产秘鲁。我国华南地区有引种，树形优美，适于南方地区庭园栽培，供观赏。

圣诞椰

扶摇榈

扶摇榈的花序

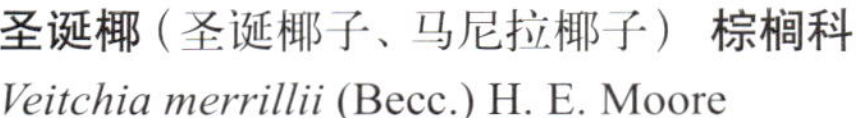

圣诞椰（圣诞椰子、马尼拉椰子）　**棕榈科**

Veitchia merrillii (Becc.) H. E. Moore

茎单生，高4.5～6米，直径约16厘米，基部粗约22～25厘米，上端有“冠茎”，“冠茎”下有环状叶痕。叶长1.7～2米，羽状全裂，羽片约有50对，长约40厘米，宽1.4～1.5厘米，先端宽0.4厘米，下垂，单折叠，先端有斜向啮蚀状齿，有时有明显的尖头，中肋明显，背面被灰至褐色脱落性膜片状秕糠；两面亮绿色；叶脉背面被疏条状糠秕；叶柄长10～15厘米，叶鞘长50～100厘米。果卵球形，长2.7～3.3厘米，熟时红色，有光泽，中果皮有数束纤维束；种子长圆形，顶端微凹，褐色至淡褐色。果期1～12月。

产菲律宾。我国华南及东南地区有引种。在南方无霜冻地区种植，供庭园观赏。

扶摇榈（竹马椰子）　**棕榈科**

Verschaffeltia splendida H. Wendl.

茎单生，高达25米，直径约15厘米，幼时有刺，后脱落，上端“冠茎”不明显，“冠茎”下具不明显的环状叶痕，茎基部有裸露、密生的支柱根。叶长1.5～2.5米，叶早期几不分裂，后边缘具不规则的羽状深裂，或2浅或深裂或不分裂，具若干个折叠和羽状肋，叶轴上面有深沟，基部有苍白或绿色颗粒；叶柄长15～30厘米，幼时有刺，后渐无刺。肉穗花序长90～180厘米。果近球形，直径约2.5厘米，熟时绿褐色，内果皮有一明显加厚并成鸡冠状突起的“胚盖”；种子1粒，近圆形，坚硬，有脊。

产塞舌尔群岛，多生在低海拔山坡上，也见于山谷中。华南地区有引种，在南方地区无霜冻地区庭园栽培，供观赏。叶常被大风吹成撕裂状。

红刺露兜树　**露兜树科**

Pandanus utilis Bory

常绿乔木状，高可达20余米。根上部裸露，支柱根（气生根）斜插于土中，粗壮，长可达2米以上。茎有少数分枝。叶呈螺旋状上升，带形，长1～1.5米，宽5～6厘米，革质，边缘及主脉下面有红色锐刺。花单性，雌雄异株；雄花排成穗状花序，无花被；雌花排成紧密的椭圆球形的穗状花序。聚花果圆球形或椭圆球形，长可达20厘米，由多数核果组成。

原产非洲马达加斯加，热带地区多有栽培。我国台湾、福建、广东等省栽培日盛。本种叶色亮绿，叶片的排列似图案般的层叠有序，支柱根群放射状斜插土中，十分壮观。为优良的庭园风景树。

喜光，在半日照环境生长亦佳，性喜高温多湿，不耐寒冷和干旱，如遇大风叶易折。栽培须为富含有机质的壤土或沙质壤土，排水要良好。繁殖用分株法，将成株旁边分蘖的小株挖起另植，成活率颇高。

同属植物还有下列3种：

红刺露兜树

红刺露兜树的支柱根

红刺露兜树的聚花果

金边矮露兜

露兜树

（1）**簕古子** *Pandanus forceps* Martelli 灌木，高1～3米。茎有分枝，基部无支柱根。叶带形，长约1米，宽3～4厘米。聚花果椭圆形，具多数核果；核果2～3个联合成束。产广东南部和海南。自然生长于海边及林中。越南有分布。常被引种作绿篱。

（2）**金边矮露兜** *Pandanus pygmaeus* Thouars 'Golden Pygmy' 株高30～60厘米，茎多分枝，基部有支柱根。叶带形，长30～60，宽约1厘米，绿色，边缘黄色。栽培品种。适在庭园中丛植或盆栽。

（3）**露兜树** *Pandanus tectorius* Sol. 株高可达6米。茎有分枝，基部生支柱根。叶带形，长0.8～1米，宽5～6厘米。聚花果圆球形，直径约15厘米，由多数核果组成；核果5～12个联合成束。产于台湾、福建、广东、海南和广西。亚洲热带及澳大利亚有分布。自然生长于海边沙地。热带地区多有栽培。深圳有栽培及野生。

大叶仙茅　　仙茅科

Curculigo capitulata (Lour.) O. Kuntze

多年生粗壮草本，植株高1米多。地下根状茎块状并有细长的匍匐茎。叶基生，长圆形或长圆状披针形，长40～90厘米，宽10～14厘米，绿色，具折扇状脉；叶柄长30～80厘米。花茎短于叶，腋生；总状花序呈圆球形，俯垂，具多数密生的花；花黄色，花被裂片6。浆果球形，白色，直径4～5毫米。花期5～6月，8～9月果熟。

产于台湾、福建南部、广东、海南、广西、四川、贵州、云南南部和西藏东南部。自然生长在林下阴湿处。南亚和中南半岛各国以及马来西亚有分布，在台湾、福建和广东等地植物园和公园时有栽培。本种生性强健，植丛葱绿，叶面呈折扇状，形态秀美，适在庭园的疏林下片植。美化和绿化效果均理想。

耐半荫，忌强阳光直射，性喜高温湿润，不耐寒冷和干旱，栽培须为肥沃的沙质壤土，排水要良好。繁殖用分株法，春至秋季均可进行。

具相同用途的有**光叶仙茅** *Curculigo glabrescens* (Ridl.) Merr. 与大叶仙茅的区别在于植株较矮小，高60～80厘米。叶披针形或长圆披针形，长20～40厘米，宽6～8厘米；叶柄很短，长及叶片的1/5

露兜树的聚花果

大叶仙茅

簕古子

大叶仙茅在疏林下作地被

光叶仙茅

箭根薯

或1/4。产于广东南部和海南，自然生长在林下或溪边湿地。马来西亚和印度尼西亚有分布。仙湖植物园有栽培。

箭根薯（老虎须）　**蒟蒻薯科**

Tacca chantrieri Andre

多年生草本，株高约80厘米。有圆柱形根状茎。叶基生，长圆形，长20～50厘米，顶端短尾尖，基部楔形，两侧不等，绿色；叶柄长10～30厘米。花葶自叶丛中生出；伞形花序有花5～10朵；小苞片线形，长达15厘米；花被片6，紫褐色，长约1厘米。浆果椭圆形，长约3厘米，紫褐色，顶端有宿存花被片。花果期4～11月。

产于湖南南部、广东、广西和云南。自然生长于林下、水边或山谷阴湿处。中南半岛各国、泰国、新加坡和马来西亚有分布。本种叶色翠绿，线形的小苞片长达15厘米，似虎类动物两侧的长须，故又名"老虎须"，形态十分奇异。适在庭园阴湿处种植或盆栽供室内摆设。华南地区各地植物园多有栽培。

耐荫，在明亮处生长旺盛，忌强阳光直射，性喜温暖至高温多湿，不耐干旱，栽培须为土层深厚和富含腐殖质之壤土，排水要良好，但须经常保持土层湿润。繁殖用分株法，于春至夏秋进行。

具相同用途的有**裂果薯**（水田七）*Tacca plantaginea* (Hance) Drenth 植株高20～30厘米。叶狭椭圆形，长10～15厘米，顶端渐尖，基部下延成狭翅。花葶高6～13厘米；伞形花序有花8～15朵；小苞片线形，长5～7厘米；花被片淡紫色、淡绿色或青绿色。果为一蒴果，倒卵形，长6～8毫米。产于湖南南部、江西南部、广东、广西、贵州和云南。自然生长于林下、沟边、田边等阴湿处。泰国、越南和老挝有分布。华南地区各地植物园多有栽培。

田　葱　**田葱科**

Philydrum lanuginosum Banks et Sol. ex Gaertn.

多年生水生草本，株高0.3～1.5米。有短的根状茎。基生叶排成紧密的2列，剑形，横切面为半圆形，长30～60厘米，绿色，海绵质，茎生叶互生，条状披针形，长5～15厘米，基部有长的叶鞘。穗状花序单一，顶生或数枚分别单生于叶腋，长30～60厘米；花两性，黄色，花被片4，外轮2片卵形，长0.8～1厘米，外面有长毛，内轮2片较小，匙形。蒴果三角状长圆形，长0.8～1厘米，密被白色绵毛。开花期6～7月，9～10月果熟。

产于福建、台湾、广东和广西。日本、中南半岛各国、泰国、缅甸、马来西亚和澳大利亚有分布。自然生长于池塘、沼泽或水田中。本种株形独特奇异，金黄色的小花玲珑可爱，适在庭园的水池中或池塘边种植，也可盆栽。

裂果薯

喜光，在半日照或明亮处生长亦佳。性喜高温多湿，忌干旱和寒冷，栽培须用肥沃的壤土，在土层之上，必须保持一定的水分。繁殖用分株法，于春季进行。

多花脆兰　**兰　科**

Acampe rigida (Buch.-Ham. ex J. E. Smith) P. F. Hunt

大型附生草本。茎粗壮，长达1米，不分枝，下部节上疏生粗壮的气生根。叶多数，排成2列，肉质，带状，长17～40厘米，顶端具不等侧的2圆裂。花序腋生或

田葱，右上为其花序

多花脆兰

双柄兰

与叶对生，直立，长7~30厘米，有多花；花黄色，带紫褐色横纹，有香气，萼片和花瓣均近狭倒卵形，前者较长，长1~1.2厘米；唇瓣白色，3裂；蕊柱两侧紫红色。蒴果圆柱形，长约6厘米。花期8~9月，果期10~11月。

产于广东南部、香港、海南、广西西南部、贵州南部和云南南部。广泛分布于喜马拉雅山的热带地区、印度、缅甸、泰国、中南半岛各国、马来西亚、斯里兰卡至热带非洲。自然生长在林中树干上或林下岩石上。热带地区多有栽培，深圳偶见野生，仙湖植物园有栽培。本种植株形态奇异，花有芳香，适植于庭园林下和荫处的岩石边。

耐半荫，忌强阳光直射，性喜高温多湿，不耐寒冷和干旱，栽培土质须为富含有机质的腐殖土。繁殖用分株法，取母株分蘖出的幼株另植，或在开花以后剪取一段带气根的茎扦插，余下的茎能继续长出新芽。于春、秋二季进行。

竹叶兰

竹叶兰　　兰科

Arundina graminifolia (D. Don) Hochr.

地生或附生草本，株高40~80厘米。地下根状茎呈球形。茎直立，丛生或成片生长，圆柱形，似细竹秆，通常被叶鞘所包。叶茎生，互生，线状披针形，长8~20厘米。总状花序顶生，长5~8厘米，具2~10朵花，每次仅开一朵花；花粉红色或白色；萼片狭椭圆形，长2.5~4厘米，花瓣与萼片等长但较宽；唇瓣卵状长圆形，3裂，有淡紫色条纹，前端深紫色。花期9~11月。

产于华东、华中、华南和西南各地。亚洲热带地区广布。自然生长在草坡、溪边、灌丛中或林下。本种株形似竹，花姿秀丽，花色美艳，为优良的草本花卉。适植于庭园荫湿处或盆栽。热带地区多有栽培。深圳也有栽培，各地山谷常见有野生。

疣点长萼兰

耐半荫，忌强阳光直射，性喜温暖至高温多湿环境，喜水湿，忌干旱，不耐寒，栽培土质须为富含有机质、湿润的沙质壤土。繁殖用分株法，于春、秋二季进行。

双柄兰　　兰科

Bifrenaria harrisoniae Rchb. f.

附生或地生草本。根状茎匍匐。假鳞茎近圆柱形，四棱状，长5~6厘米，顶生1叶；叶宽椭圆形或椭圆，长约10厘米，近革质。花序自假鳞茎生出，具2~3花；花的直径6~7厘米，芳香；萼片与花瓣均为倒卵形，白色，基部淡黄色；唇瓣紫色，3裂，2侧裂片直立，具深紫色纹，中裂片顶端2裂，裂片三角形。花期4~5月。

原产巴西，热带地区常有栽培，仙湖植物园也有栽培。本种花姿端丽，色彩素洁淡雅，为优良的草本花卉。适在庭园林荫下和岩石边栽植。观赏效果甚佳。

耐半荫，忌强光曝晒，性喜高温湿润，不耐干旱和寒冷，栽培须用富含有机质和湿润的腐殖土。繁殖用分株法，于春季进行。

疣点长萼兰　　兰科

Brassia verrucosa Lindl.

附生草本，具根状茎。假鳞茎密生，椭圆形，略扁，生1~2片叶。叶革质，带形。花葶自假鳞茎基部生出；花序梗细长；总状花序具数朵至十数朵花；花排成2列，萼片细长线形，淡黄绿色，花瓣亦为细长线形，但长仅为花萼的1/2，萼片花瓣的基部均具黑褐色斑点；唇瓣上部3裂，裂片三角形。开花期夏季。

原产美洲热带。热带地区常有栽培。仙湖植物园亦有栽培。本种的花芳香，花形奇异，整个花序酷似一队排列整齐的蜘

节茎伯沙舞兰

二列叶虾脊兰，右上为其花序

蛛，十分有趣和可爱。为美丽的草本花卉。适在庭园的林荫下或湿润的岩石边种植。

耐半荫，忌强阳光直射，喜高温多湿，不耐寒冷和干旱，栽培须为富含有机质、湿润的腐殖土。繁殖用分株法，于春季进行。

节茎伯沙舞兰　　兰 科

Brassavola nodosa (Linn.) Lindl.

地生草本，株高20～30厘米。叶带状披形针形，革质。花序顶生，甚短，具2～4朵花；花具长梗；花萼线状披针形，长约5厘米，白色，花瓣与萼片同形，但稍短而略宽；唇瓣大而显著，中部以下内卷呈圆筒状，上部扩展呈圆形，有紫色斑点。开花期4～5月。

原产热带美洲。热带地区多有栽培。本种开花期持久，花形十分美丽，色彩素雅悦目。为优良的草本花卉。适合盆栽，置花廊下或室内摆设，有极高的观赏价值。

耐半荫，忌强阳光直射，性喜高温多湿，不耐干旱和寒冷，栽培须用富含有机质和排水良好的腐殖土。繁殖用分株法，于春季进行。

银线虾脊兰　　兰 科

Calanthe argenoteo-striata C. Z. Tang et S. J. Cheng

地生草本，植株高60～80厘米。无明显的根状茎。假鳞茎圆锥形，生3～7片叶。叶片椭圆形，长18～27厘米，深绿色，有5～6条银灰色的条带。花葶从叶丛中生出；总状花序有10余朵花；萼片和花瓣均为黄绿色，长9～10毫米；唇瓣白色，具3条金黄色瘤状物，顶端3裂，侧裂片斧头状，中裂片2深裂，小裂片与侧裂片等大。花期4～5月。

产于广东、广西、贵州西南部和云南东南部。自然生长在林下或阴湿的岩缝中。华南地区各植物园均有栽培，仙湖植物园也有栽培，生长良好。本种在开花期可赏花，花期前后可观叶，为赏花观叶并举的优良花卉。适在庭园较荫蔽湿润的林下及假山或岩石边栽培，也可盆栽供室内及花廊下摆设。

耐半荫，性喜温暖至高温多湿环境，不耐干旱，稍耐寒，栽培须为富含有机质的腐殖土。繁殖用分株法，将植株基部萌生的小植株挖起另植。于春季进行。

全属有150余种，在深圳有栽培的还有下列2种：

银线虾脊兰

（1）**二列叶虾脊兰** *Calanthe formosana* Rolfe 植株粗壮。高0.6～1米。根状茎粗壮；假鳞茎圆柱形，生3～5片叶。叶2列，椭圆状披状形，长30～90厘米，绿色，有不明显的褶。花葶自假鳞茎基部生出；总状花序圆柱形，长50～60厘米；花黄色，直径约1.5厘米；唇瓣深黄色，3裂，侧裂片近卵形，中裂片矩形，顶端近截形，边缘波状。花期10～11月。产于台湾、广东南部、香港和海南。自然生长在山谷林下阴湿地。仙湖植物园有栽培，生长良好。

（2）**三褶虾脊兰** *Calanthe triplicata* (Willem) Ames 根状茎不明显。假鳞茎卵状圆锥形，生3～4片叶。叶绿色，椭圆披针形，长达30厘米。花葶自叶丛中生出；总状花序具多数花；花白色，长约4厘米；唇瓣3裂，侧裂片横展，倒卵状椭圆形，顶端近截形，中裂片2深裂，小裂片带形，向两侧叉开，上弯呈镰状。产于台湾、福建、广东、香港、海南、广西和云南，自然生长在林下。广泛分布于日本、东南亚各国、

银线虾脊兰的花

三褶虾脊兰

印度、澳大利亚和马达加斯加。深圳有零星分布。华南地区各植物园有栽培。花期夏季，可持续2个月之久。

卡特兰　　兰 科

Cattleya spp.

地生草本。地下根状茎粗壮，匍匐，节上生出多数气生根并生出数枚假鳞茎。假鳞茎棍棒状，生1片叶，其花序通常着生2朵较大的花。假鳞茎如为圆柱形，则生2片叶，其花序着花较多，而花也较小。叶片革质，长圆状带形。总状花序由假鳞茎顶端生出，萼片与花瓣不同形，通常萼片较花瓣狭而长；唇瓣中部以下呈筒状，包围蕊柱，上部扩展呈各种形状，色彩十分丰富美艳。开花期因品种不同而异，通常每年只开1次花。

全属约有60多个原生种。产于热带美洲，全世界广泛栽培。经过长期的人工栽培，园艺杂交种繁多。新的品种不断产生。因花大，色彩艳丽，姿态万千，是目前世界上栽培最普遍的兰花之一。盆栽或在庭园的疏林下和凉台的荫处均可栽培。

耐半荫，忌强阳光直射，性喜高温多湿，耐干旱，不耐寒冷，栽培土质须为富含有机质的腐殖土，排水要良好。繁殖用生长点组织培养和分株法，后者于春秋二季进行，切取带3个假鳞茎为一段的地下根状茎种植，即可长成新株。

在深圳有栽培的原生种和园艺杂交种很多，下面仅介绍常见的种和园艺杂交种：

（1）**橙黄卡特兰** *Cattleya citrina* Lindl. 花橙黄色，萼片狭椭圆形，花瓣宽椭圆形，唇瓣3裂，中裂片上部边缘有皱褶。

（2）**玫红卡特兰** *Cattleya labiata* Lindl. 花淡玫红色，萼片线状椭圆形，花瓣短于萼片，倒卵状宽椭圆形，边缘有波状褶，唇瓣中裂片的顶端有多而密的波状褶，中间有一块黄色斑。

（3）**黄花卡特兰** *Cattleya* garden hybrid 花黄色，唇瓣边缘有密褶，中裂片顶立2深裂。

（4）**粉瓣红唇卡特兰** *Cattleya* garden hybrid 花粉红色，唇瓣紫红色，边缘有褶，与翼瓣的基部均为黄色，有紫红色条纹。

（5）**玫紫卡特兰** *Cattleya* garden hybrid 花暗紫红色，唇瓣带褐紫色，中心黄色有褐紫色条纹，沿蕊柱周围有一圈紫红色密纹，边缘有密褶，中裂片顶端2裂。

（6）**黄瓣红唇卡特兰** *Cattleya* garden hybrid 花金黄色，唇瓣中心黄色，有宽的褐红色边缘，并有皱褶。

（7）**紫红卡特兰** *Cattleya* garden

橙黄卡特兰

玫红卡特兰

黄花卡特兰

粉瓣红唇卡特兰

玫紫卡特兰

黄瓣红唇卡特兰

紫红卡特兰

绿瓣紫唇卡特兰

白瓣紫唇卡特兰

hybrid 萼片和花瓣淡紫红色，基部白色，唇瓣紫红色，中裂片顶端2浅裂，边缘有波状褶，中心有黄色条纹。

（8）**绿瓣紫唇卡特兰** *Cattleya* garden hybrid 花淡绿色，唇瓣中裂片中心黄色，上部1/3及边缘紫红色，并有密的皱褶，顶端2裂。

（9）**白瓣紫唇卡特兰** *Cattleya* garden hybrid 花白色，花瓣顶端有一条紫红色短纵纹，唇瓣的中裂片紫红色，2侧裂片中心至基部为黄色。

栗鳞贝母兰　　兰 科

Coelogyne flaccida Lindl.

附生草本。根状茎横走，粗壮。假鳞茎长圆形，长6～13厘米，顶端生2片叶；叶片革质，长圆状披针形，长13～20厘米；叶柄长5～8厘米。花葶自根状茎生出；总状花序下垂，长10～20厘米，具8～10朵疏生的花；花淡黄色或白色，芳香；萼片长圆形，长2～2.5厘米；花瓣狭披针形，略小于萼片；唇瓣近卵形，长1.5～2厘米，黄色，有淡褐色斑，3裂，中裂片边缘皱波状。花期3月。

产于贵州南部、广西西北部和云南南部，自然生长在林中树上。仙湖植物园有栽培，生长良好。本种花序柔美，色彩洁净淡雅，为优良的花卉。适在庭园的荫蔽处种植，也可盆栽置厅堂或花廊下摆设。

耐半荫，忌强阳光直射，喜温暖多湿环境，不耐干旱，稍耐寒，栽培土质须为富含有机质的腐殖土，要经常保持湿润，排水要良好。繁殖用分株法。于春季进行。

栗瓣贝母兰

建 兰　　兰 科

Cymbidium ensifolia (Linn.) Sw.

地生草本。假鳞茎卵球形，包藏在叶鞘之内，生2～4片叶。叶近革质，带形，长30～60厘米，亮绿色。花葶自假鳞茎基部

建兰（彩心）

建兰（荷花素）

冬凤兰

生出，直立，长20～35厘米，通常短于叶；总状花序具3～10朵花；花芳香，色泽因品种不同而变化较大，通常为淡黄绿色，具紫色的条纹；萼片和花瓣均近狭椭圆形，前者长2.5～3厘米，后者较短；唇瓣近卵形，长约1.5厘米，有褐色斑，侧裂片直立，中裂片外弯，边缘波状。花期6～10月。

产于华东、华南和西南各地。广布于东南亚各国至日本。自然生长于林下，山谷或溪涧边草丛中。热带和亚热带地区广为栽培。本种花色淡雅，具幽幽的清香，令人神往，具有很高的观赏价值，在我国有悠久的栽培历史，栽培品种甚多，均是名贵的观赏花卉。通常作盆栽，点缀于书斋、客厅、走廊等处。

耐荫，忌强阳光直射，喜温暖湿润环境，要求柔和的短时间日照，栽培须为土层深厚、疏松肥沃和富含有机质的腐殖土。繁殖以分株法为主。于春、秋两季进行。

国产兰花均有较高的观赏价值，种和栽培品种或杂交种繁多，常见栽培的有下列各种：

（1）**冬凤兰** *Cymbidium dayanum* Rchb. f. 附生草本。假鳞茎菱形，生4～9片叶。叶带形，长30～60厘米。花葶自假鳞茎基部穿叶鞘而出，长18～35厘米，下弯或下垂；总状花序有5～10多朵花；花无香味，直径约4厘米；萼片和花瓣奶黄色，中间有1条栗色的纵带，后者长及前者的1/2或稍多；唇瓣近卵形，3裂，栗色，中央有黄色“V”形斑，边缘白色。开花期8～12月。产于台湾、福建南部、广东、海南、广西和云南，自然生长疏林中树上或溪涧旁岩石上。福建、广东和云南等地植物园有栽培。

（2）**墨兰** *Cymbidium sinense* (Jackson ex Andr.) Willd. 地生草本。假鳞茎卵球形，生3～5片叶。叶革质，暗绿色，带形，长45～80厘米。花葶自假鳞茎基部生出，直立，长50～90厘米，通常长于叶；总状花序具10～20多朵花；花色因品种不同而异，较常为暗紫色、紫褐色而具浅色唇瓣，也有黄绿色、淡黄色、桃红色或白色等；萼片狭长圆形；花瓣狭卵形，短于萼片；唇瓣卵状长圆形，不明显3裂，被短毛，侧裂片直立，中裂片外弯。花期10月至翌年3月。产于华东、华中、华南及西南各地，自然生长在林下、灌丛中或溪旁阴湿处。印度、缅甸、泰国、越南和日本（琉球）有分布。本种在我国有悠久的栽培历史，栽培品种很多，均是名贵的观赏花卉。

（3）**文山红柱兰** *Cymbidium wenshanense* Y. S. Wu et F. Y. Liu 附生草本。假鳞茎卵形，生6～9片叶。叶带形，长60～90厘米。花葶明显短于叶；总状花序具3～7朵花；花较大，有香气，萼片与花瓣均为倒披针形，长6～6.5厘米，白色，背面微带淡紫色；唇瓣宽倒卵

白墨兰

墨兰（江南金剑）

墨兰（落山）

文山红柱兰

兔耳兰

形，有紫褐色的斑点及条纹。产于云南东南部，自然生长于林中树上。云南地区的植物园时有栽培。仙湖植物园自2002年引进栽培，生长良好，业已开花，观赏价值甚高。

（4）**兔耳兰** *Cymbidium lancifolium* Hook. 附生草本。假鳞茎狭菱形，长2～7厘米，有节，顶端生2～4片叶。叶狭椭圆形，长8～17厘米，有叶柄。花葶从假鳞茎下部节上发出，直立，长10～30厘米；总状花序具2～6花 花白色或淡绿色，萼片倒披针状长圆形，长约2.5厘米，花瓣近长圆形，长约2厘米，有紫褐色中脉；唇瓣卵状长圆形，长1.5～2厘米，3浅裂，侧裂片直立，中裂片外弯，有紫褐色斑。花期春至夏季，在深圳为秋至冬季。

产浙江南部、台湾、福建及华南和西南各地。自然生于疏林下或溪旁岩石上或树上。喜马拉雅山区、东南亚各国及日本南部有分布。华南地区有栽培。仙湖植物园也有栽培。

大花蕙兰（园艺杂交种）　　**兰 科**

Cymbidium garden hybrids

大型附生草本。假鳞卵球形或椭圆形。包藏于叶基部的鞘内。叶数枚，自鳞茎的基部生出，排成2列，带状，绿色。花葶粗壮，长可达1米或更长；总状花序具十数朵或数十朵花；花大型，有香味，花色有黄、白、红、粉红、桃红、褐、绿等

兔耳兰（萼片和花瓣淡绿色）

大花蕙兰（园艺杂交种）

大花蕙兰（园艺杂交种）

大花蕙兰（园艺杂交种）

大花蕙兰（园艺杂交种）

大花蕙兰（园艺杂交种）

大花蕙兰（园艺杂交种）

大花蕙兰（园艺杂交种）

大花蕙兰（园艺杂交种）

大花蕙兰（园艺杂交种）

大花蕙兰（园艺杂交种）

大花蕙兰（园艺杂交种）

大花蕙兰（园艺杂交种）

大花蕙兰（园艺杂交种）

或混合色；萼片与花瓣同色，二者同形或前者较狭；唇瓣椭圆形，3浅裂，中裂片圆扇形，通常为混合色，较少与花被片同色。盛花期在春季。

原种产于喜马拉雅山区。本种花序多花，花大，色彩缤纷，明艳耀目，雍容华贵，花期可持续1～2月。是洋兰中最受欢迎的种类之一。近年来，园艺学家培育的新品种层出不穷，品种之多，难以统计。为庭园、大堂和居室美化的优良花卉，也可作切花。

耐半荫，在春、夏、秋三季须遮光50%左右，冬季可不遮光或少遮光，忌强阳光直射，亦不宜过于荫蔽，否则影响开花，要求空气湿度高和充足的水分，栽培土质须为富含有机质、疏松的腐殖土。繁殖用分株法为主，分株时将母株切成数丛，每丛保持3个以上的假鳞茎，再进行盆栽。大量生产可用种子无菌播种及生长点组织培养法。

兜唇石斛（天宫石斛）　　**兰 科**

Dendrobium aphyllum (Roxb.) C. E. Fischer

附生草本。茎丛生，细长而下垂，长30～60厘米，有节。叶茎生，2列互生，披针形，长2～3.5厘米，在结蕾前脱落。花1～3朵为一束，从老茎上生出，下垂；萼片披针形，长约2.5厘米；花瓣椭圆形，与萼片近等长，两者均为淡紫红色或粉红色；唇瓣宽倒卵形，下部粉红色，上部淡黄色，两面密被短柔毛。花期春季。

产于广西、贵州和云南，自然生长于疏林下树干上或山谷湿润岩石上。喜马拉雅山南坡、中南半岛和马来西亚有分布。我国南部多有栽培，深圳也有栽培。本种在开花时全茎密生花朵而不见叶，十分秀美典雅。适庭园荫处或花廊下种植。

耐半荫，在明亮处生长亦佳，忌强光曝晒，喜阴凉通风和湿润环境，极耐旱。繁殖用扦插法，花期过后，切取数节为一段的茎，放在蕨板或松软的木板上，用湿润的苔藓盖上，再用铁丝固定，并经常保持湿润，即可成活，也可用盆栽或植在树干上。

全属约有1000多种，大多数种类都有较高的观赏价值。近年来，园艺学家还培育了丰富的园艺杂交种。为国产兰和洋兰类栽培较普遍的兰花之一，深受人们的喜爱。常见栽培的还有下列各种和园艺杂交种：

（1）**翅萼石斛** *Dendrobium cariniferum* Rchb. f. 茎直立，圆柱形或膨大呈纺锤形，有节。叶二列，长圆形，长达10厘米。总状花序出自茎端，具1～2花；花具橘子香味；萼片淡黄白色，中萼片背面中肋隆起呈翅状；花瓣白色；唇瓣喇叭状，3裂，中央至基部橘红色，其余淡黄色。开花期春季。产于云南南部，自然生长在林中树干上。印度、缅甸、泰国和中南半岛各国有分布。仙湖植物园有栽培。适合于盆栽。

兜唇石斛

（2）**鼓槌石斛** *Dendrobium chrysotoxum* Lindl. 茎直立，纺锤形，长6～30厘米，有2～5节，近顶部生2～5片叶。叶革质，长圆形，长15～20厘米。总状花序自茎顶发出，下垂，长约20厘米；花疏生，金黄色；萼片长圆形，花瓣倒卵形，二者长均为1.5～2厘米；唇瓣近肾状圆形，

翅萼石斛

鼓槌石斛

细叶石斛

美花石斛的花序

长约2厘米，中央橙红色，先端2裂，边缘波状。花期3～4月。产于云南，自然生长在林中树干上或湿润岩石上。印度、缅甸、泰国和中南半岛各国有分布。仙湖植物园有栽培。适于盆栽。

(3)**细叶石斛** *Dendrobium hancockii* Rolfe 茎细长，上部有分枝，质硬，长达80厘米，斜垂，有多数节。叶3～6片生于茎和分枝的上部，线状长圆形，长6～10厘米。总状花序自茎节上生出，具1～2花，花黄色，萼片披针形，长2～2.5厘米；花瓣斜卵形；唇瓣长1～2厘米，3裂，中裂片近圆形。开花期4～6月。产于陕西南部、甘肃南部、河南南部、湖北、湖南、广西、贵州、四川和云南。自然生长在山地林中树干上或山谷湿润岩石上。仙湖植物园有栽培。

(4)**美花石斛** *Dendrobium loddigesii* Rolfe 茎细圆柱形，长20～45厘米，下垂，有多节。叶茎生，2列互生，长圆状披针形，长4～5厘米。花淡紫红色或白色，每束1～2朵，生于老茎上部；萼片披针形，长1.7～2厘米；花瓣椭圆形，与萼片等长；唇瓣近圆形，直径1.7～2厘米，中央黄色，周边淡紫红色或粉红色，具短流苏。花期2～5月。产于广东、香港、海南、广西西北部、贵州西南部、云南东南部和西藏南部，自然生长密林下树干上。印度、缅甸、泰国、越南有分布。仙湖植物园有栽培。

（5）**蝴蝶石斛** *Dendrobium phalaenopsis* Fitzg. 茎高30～60厘米。总状花序下垂，具5～10朵花；花的直径6～7厘米；花萼长圆形，白色，有淡紫红色晕；花瓣倒卵状匙形，与萼片等长，紫红色，基部黄白色；唇瓣长圆形，3裂，侧裂片直立，与中裂片的下半部同为淡黄白色，中裂片上部紫红色，边缘微波状。园艺杂交种。开花期8～9月。

（6）**牙刷石斛** *Dendrobium secundum* (Blume) Lindl. 花序密生多数花；花生在花序轴的一侧，形似刷子；花萼与花瓣均白色，两者均近卵状长圆形，顶端

美花石斛的花与叶

渐尖，近等长。原产马来西亚。

（7）**球花石斛** *Dendrobium thyrsiflorum* Rchb. f. 茎直立，圆柱形，长15～45厘米，有数节。叶3～4片互生于茎的上部，革质，长圆披针形，长10～15厘米。总状花序生于老茎的上部，下垂，长10～15厘米，密生多数花；萼片和花瓣白色，中萼片和侧萼片分别为卵形和卵状披针

蝴蝶石斛

牙刷石斛

球花石斛

密花石斛

形，长约1.6厘米，花瓣近圆形，长1.4厘米；唇瓣金黄色，中心黄褐色，半圆形，长约1.5厘米，两面被毛。花期4～5月。产于云南，自然生长于山地林中树干上。印度、缅甸、泰国、越南、老挝有分布。华南地区植物园多有栽培。

（8）**密花石斛** *Dendrobium densiflorum* Lindl. 茎纺锤状。长25～40厘米。叶、花序及花与球花石斛十分相似，区别仅在于本种的萼片和花瓣淡黄色；唇瓣金黄色，中心橙黄色。开花期4～5月。产于广东、海南、广西和西藏南部，自然生长林中树干上或山谷湿润岩石上。喜马拉雅山区、印度东北部、缅甸、泰国有分布。华南地区各植物园有栽培。

（9）**黄翼石斛** *Dendrobium* garden hybrid 形态与白翼石斛同，区别在于本种的萼片与花瓣黄色，唇瓣紫褐色。

（10）**白翼石斛** *Dendrobium* garden hybrid 花的直径6～7厘米，花瓣与萼片白色，萼片椭圆形，花瓣椭圆状披针形，比萼片长而稍狭；唇瓣紫红色，长圆形。

（11）**玫蝶石斛** *Dendrobium* garden hybrid 花的直径7～8厘米；萼片狭长圆形，紫红色，基部白色或白色有紫红色晕，花瓣菱状宽卵形，紫红色；唇瓣长圆形，基部白色，其余深紫红色，为目前栽培最普遍的栽培品种之一，多用于室内布置、插花、菜肴的装饰等用。

（12）**玫红石斛** *Dendrobium* garden hybrid 除萼片、花瓣与唇瓣基部为白色外其余为玫红色。

（13）**红鸟石斛** *Dendrobium* garden hybrid 花淡紫红色，萼片狭椭圆形，花瓣倒卵状披针形，前者稍短；唇瓣长度超过花瓣，中裂片扩展呈圆扇形，边缘波状。

（14）**玫瑰石斛** *Dendrobium* garden hybrid 花瓣与萼片玫瑰紫色，萼片长圆形，染粉红色晕，花瓣圆扇形，两者近等长；唇瓣深紫红色。

黄翼石斛

白翼石斛

玫蝶石斛

玫红石斛

红鸟石斛

玫瑰石斛

足茎毛兰　　兰科

Eria coronaria (Lindl.) Rchb. f.

附生草本，具根状茎。假鳞茎密集，圆柱形。叶2枚生于假鳞茎顶端，1大1小，长椭圆形，长6～16厘米，无柄。花序自两叶片之间发出，长10～30厘米，具2～6朵花；花白色，唇瓣中心黄色，上有紫色斑纹；中萼片椭圆披针形，长约1.7厘米，侧萼片镰状披针形，长约1.5厘米；花瓣长圆状披针形，与中萼片等长；唇瓣轮廓长圆形，3裂，侧裂片半圆形，直立，中裂片近矩形，上面具3条褶片。在深圳的开花期为1～2月。

产于海南、广西、云南南部和西藏南部。喜马拉雅山南坡、印度和泰国有分布。自然生长于林中树干上或岩石上。仙湖植物园有栽培。本种花色淡雅，花姿美丽，为高级的观赏花卉，宜植于林下湿润的树干上或岩石上，也可盆栽供室内摆设。

耐半荫，性喜高温湿润，忌干旱和强阳光曝晒，可接受短时间柔和的光照，栽培须用富含有机质、疏松、湿润和排水良好的腐殖土。繁殖用分株法，于夏至秋季进行。

足茎毛兰

高斑叶兰，左上为其花序

高斑叶兰　　兰科

Goodyera procera (Ker-Gawl.) Hook.

地生草本。地下根状茎短圆柱形。植株高20～80厘米。茎直立，具6～8片叶。叶互生，长圆形，长7～15厘米，绿色，上面常有杂色斑块。花茎顶生，长20～50厘米，有5～7片鞘状苞片；总状花序具多数密生的小花；花白带淡绿色，芳香，中萼片长约3.5毫米，与花瓣粘合呈兜状；花瓣匙形，长约3.5毫米；唇瓣宽卵形，长约2.5毫米。开花期3～4月。

产于华东、华南及西南各地，自然生长在林下。亚洲热带地区和日本有分布。深圳山坡林下和河岸多石处有野生。仙湖植物园有栽培。本种叶丛翠绿，叶面常有斑块，密生小花的圆柱形花序似一白色的小型毛刷子，玲珑可爱，花有芳香，品味高雅，为良好的观赏花卉。适于在庭园林下较荫湿处或岩石和假山旁种植。

耐半荫，忌强阳光直射，性喜温暖多湿，不耐干旱，栽培土须为富含有机质、疏松的腐殖土，在生长期注意保持湿润。繁殖用分株法。于春季进行。

橙黄玉凤花　　兰科

Habenaria rhodocheila Hance

地生草本。根状茎块状，长圆形。茎直立，下部生4～6片叶。叶线状披针形，长10～15厘米。花茎高约10厘米，生1～3片苞片状小叶；总状花序具5～12朵花；花向一侧排列；萼片和花瓣绿色，中萼片与花瓣粘合呈兜状，长约1厘米；唇瓣向前扩展，轮廓为卵形，长约2厘米，橙黄至橙红色，3裂，侧裂片长圆形，长约7毫米，中裂片顶端2深裂，裂片长圆形，长约4毫米，向两侧斜展。开花期4至5月。

产于江西、福建、湖南、广东、香港、

橙黄玉凤花

蕊丝羊耳蒜

海南、广西和贵州，自然生长在山谷林下荫处或岩石上。深圳山林下有野生。本种花姿端丽如蝶，花色丰富，除常见橙红或橙黄外，还有粉红色，观赏价值较高。适在庭园林下阴湿处、湿润的岩旁或假山上种植。

耐半荫，性喜温暖湿润环境，忌干旱和强阳光直射，栽培须为疏松、富含有机质、湿润的腐殖土。繁殖用分株法。于春季进行。

蕊丝羊耳蒜　　兰 科

Liparis resupinata Ridl.

附生草本。假鳞茎密集，近圆柱形，上部生3～4片叶。叶带状披针形，长20～30厘米。花葶下垂，长15～20厘米；总状花序具多数花；花淡绿色，萼片长圆形，长约4毫米；花瓣线形，长约3.5毫米；唇瓣宽椭圆形，长2.5～3毫米，基部上方两侧有裂口，形成上下唇。花期冬至春季。

产于云南南部和西藏东南部。喜马拉雅山南坡及印度有分布。自然生长在林中的树干上。华南地区有栽培。本种植丛端丽，一串串绿色的小花精致惟美，有很高的观赏价值，适植于庭园林下的树干上或岩石上。

耐荫或半荫，喜温暖至高温湿润，尤其是保持空气的湿度，忌干旱和强阳光直射，栽培土质须为湿润、肥沃的壤土。繁殖用分株法。春、夏、秋三季均可进行。

横纹齿舌兰　　兰 科

Odontoglossum sp.

附生草本。假鳞茎直立，扁球形，密生，其上生数片叶，花茎自假鳞茎基部生出。总状花序长，横展，生多数花；花长约3厘米；萼片与花瓣均为长圆形，黄色，有褐色横纹；唇瓣3裂，基部有齿状突起，侧裂片卵形，较小，中裂片近圆形或圆肾形，褐色，有白色图案般的花纹。开花期秋季。

原产美洲热带。全属约140余种。热带地区多有栽培。仙湖植物园栽培的本属植物仅此一种。本种花瓣的色斑似虎及猫类皮毛，奇特俊俏，气质高雅。适宜盆栽，置花廊下摆设或在林荫下和岩边及假山上种植。

耐半荫，性喜凉爽通风和湿润环境，不耐高温，亦不耐寒，尤其不宜强阳光直射。栽培须用疏松、富含有机质、湿润的腐殖土。繁殖用分株法。于春季进行。

文心兰　　兰 科

Oncidium spp.

附生草本。假鳞茎卵形，顶端长出2片叶。叶革质，绿色，狭长圆形。花茎从假鳞茎基部生出，长0.5～1米，常弯垂；花生于花茎的分枝上，有大型花品种和小型花品种。花色也因品种不同而异，通常为黄色、白色、棕色、粉红色、黄绿色等；萼片与花瓣长圆形，几等长，有深色的横纹；唇瓣扩展，通常为圆形或圆肾形，单色或有深色的花纹，基部有一肉质的瘤状突起，顶端2裂。几乎全年都可开花。

全属有750种以上，产于美洲热带。园艺杂交种不断产生，数量难以计算。本属植物因花多，花姿俊俏英气，花色缤纷，看上去每一朵花都象是一名美丽的少女在翩翩起舞，一串花就似是一群少女在起舞，

横纹齿舌兰

白裙文心兰

凤凰文心兰

跳舞文心兰

因此又名“跳舞兰”。适于盆栽和插花。

常见栽培的有下列园艺杂交种:

（1）**白裙文心兰** *Oncidium* garden hybrid 萼片与花瓣均为倒卵状披针形，棕色，顶端白色；唇瓣白色，3裂，侧裂片很小，倒卵形，中裂片圆肾形，顶端2浅裂。

（2）**凤凰文心兰** *Oncidium* garden hybrid 萼片与花瓣均为黄色，有深褐色横纹；唇瓣3裂，侧裂片近三角形，细小，褐色，中裂片圆肾形，有深褐色小点，顶端2裂。

（3）**跳舞文心兰** *Oncidium* ‘Taka’ 萼片与花瓣细小，黄色，下半部有数条褐色横纹；唇瓣3裂，侧裂片甚小，卵形，基部有褐色斑块，中裂片扁圆形，黄色，顶端2裂。

（4）**野猫文心兰** *Oncidium* garden hybrid 萼片与花瓣黄色，有褐色粗横纹；唇瓣白色，有褐色斑，侧裂片细小，椭圆形，中裂片轮廓为扁圆形，顶端及两侧凹入，小裂片卵形。

（5）**斑唇文心兰** *Ocidium* garden hybrid，萼片与花瓣紫褐色，唇瓣3裂，侧裂扁圆形，细小，紫红色，边缘白色，中裂片扁圆形，白色，有紫红色斑块。

（6）**褐瓣文心兰** *Oncidium* garden hybrid 萼片与花瓣均为暗褐色，顶端黄色；唇瓣3裂，侧裂片细小，褐红色，中裂片扁圆形，上部两侧褐红色，其余白色，顶端2裂。

（7）**棕斑文心兰** *Ocidium* garden hybrid 萼片与花瓣黄色，有棕色斑块；唇瓣3裂，侧裂片近矩形，细小，有紫红色斑及边缘，中裂片扁圆形，黄色。

（8）**红唇文心兰** *Ocidium* garden hybrid，萼片与花瓣深棕色，顶端黄色，唇瓣红色，3裂，侧裂片近矩形，甚短，中裂片扁圆形，边缘波状。

野猫文心兰

斑唇文心兰

褐瓣文心兰

棕斑文心兰

红唇文心兰

兜兰（拖鞋兰）　　兰 科

Paphiopedilum spp.

地生草本，较少附生。根状茎不明显。茎极短。叶基生，数片至多片排成2列，对折；叶片带形或狭长椭圆形，绿色，有些种类具深色或浅色的斑块或斑纹。花葶从叶丛中生出，通常具单花，较少有数花或多花；花大而艳丽，色彩缤纷；中萼片显著，直立，两枚侧萼片完全合生为合萼片；花瓣形状多样；唇瓣深囊状，球形或椭圆状球形，囊口宽大，口的两侧各有1枚呈耳状的侧裂片，囊内有毛，蕊柱下垂，具2枚雄蕊，柱头下弯。

全属有60余种，分布于热带亚洲及太平洋岛屿。全部都是珍贵的花卉，均有很高的观赏价值。近年来不断有园艺杂交种产生，种类极丰富。适用于盆栽，置花廊及室内摆设。

耐荫或半荫，喜温暖湿润和通风环境，忌高温干燥及强阳光直射，也不耐低温，栽培须使用如水苔、木屑、腐殖质、碎蕨根和泥炭土等有机质之混合物，排水要良好。繁殖用分株法。于开花后进行。母株基部长出的幼株如长出3条根以上的，即可切离另植。也可用无菌播种和组织培养法繁殖。

常见栽培的有下列各种:

（1）**小叶兜兰** *Paphiopedilum babigerum* Tang et Wang 地生草本。叶片狭长圆形，长8～20厘米。花葶直立或下垂，长10～20厘米，有紫褐色斑，密被短毛，顶端生1花；中萼片中央黄绿至黄褐色，其余白色，近圆形，长约3厘米，花瓣褐色，边缘淡黄绿色，狭长圆形，长3～4厘米；唇瓣褐色，倒盔状，基部具1.5～2厘米长的柄，囊近卵形，长约2厘米，囊口甚宽。开花期10～12月。产于广西和贵州，自然生长在荫蔽多石之地。我国南方有栽培。仙湖植物园也有栽培。

（2）**巨瓣兜兰** *Paphiopedium bellatulum* (Rchb. f.) Stein 地生草本。植株矮小。叶狭长圆形，长14～18厘米，上面有深、浅绿色相间的网格斑，下面密布紫色斑点。花葶直立，长不及10厘米，紫褐色，有毛，顶端生1花。花直径6～7厘米，白色或淡黄色，具紫褐色粗斑点；中萼片横向椭圆形或宽卵形，长约3厘米，顶端有短尖，背面有毛；花瓣大，宽椭圆形，长5～6厘米；唇瓣深囊状，椭圆形，长2.5～4厘米，囊口边缘内卷。花期4～6月。产于广西和云南，自然生长于石灰岩隙积土中。缅甸和泰国有分布。仙湖植物园有栽培。

（3）**同色兜兰** *Paphiopedium concolor* (Lindl.) Pfitz. 地生草本，植株矮小。根状茎短而粗。叶狭椭圆形，长10～18厘米，上面有深、浅绿色相间的网格状斑，下面紫色或具极密的紫点。花葶直立，长6～10厘米，紫褐色，被毛，上生1～2花；花直径5～6厘米，淡黄色，具紫褐色

小叶兜兰

巨瓣兜兰

同色兜兰

带叶兜兰

小点；中萼片宽卵菱形，长约3厘米，两面被毛；花瓣斜椭圆形，长3～4厘米；唇瓣深囊状，长约3厘米，囊口边缘内卷。开花期4～6月。产于广西、贵州和云南。自然生长在石灰岩多腐殖土之地或岩隙积土中。缅甸、泰国和中南半岛各国有分布。仙湖植物园有栽培。

（4）**带叶兜兰** *Paphiopedium hirsutissimum* (Lindl. ex Hook.) Stein 地生草本。叶革质，带形，长20～40厘米，上面深绿色，下面淡绿色，有紫色斑点。花葶直立，长20～30厘米，被棕色长毛，顶端生1花；中萼片轮廓为宽倒卵形，长约4厘米，边缘波状，中央至基部有浓密的褐绿色斑点，边缘淡黄绿色；花瓣狭长圆状匙形，长6～7.5厘米，微扭转，下部与中萼片中央同色，上部淡玫瑰红色，边缘波状；唇瓣倒盔状，基部具1.5厘米长的宽柄，囊椭圆形，长3～3.5厘米，淡褐绿色。开花期4～5月。产于广西、贵州和云南，自然生长在林缘岩缝中或湿润之地。印度东北部、越南、老挝和泰国有分布。仙湖植物园有栽培。

（5）**灰叶兜兰** *Paphiopedilum glaucophyllum* J. J. Sm. 地生草本。叶带状长圆形，长20～25厘米，绿色。花葶略斜弯，长约20厘米，顶端生一花，但花的上部又孕育着一枚待开的花蕾，所以花总是一朵接一朵地开，全年都在开花；中萼片近菱状圆形，直径约3.5厘米，中央褐绿色，边缘淡黄色，花瓣线状长圆形，长约3.5厘米，粉红色，有褐红色斑，边缘深波状；唇瓣椭圆形，长约3厘米，淡玫瑰红色，囊口边缘白色。原产亚洲热带，仙湖植物园有栽培。

（6）**硬叶兜兰** *Paphiopedilum micranthum* Tang et Wang 地生草本，具细长而横生的地下根状茎。叶片狭长圆形，长10～15厘米，坚革质，上面有深绿和浅绿相间的网格斑。花葶直立，长10～20厘米，紫红色，被长毛，顶端具1花；花大，中萼片宽卵形，长2～3厘米，淡黄色，有紫红色脉纹；花瓣卵状椭圆形，长约3.5厘米，粉红色有黄色晕和紫红色脉纹；唇瓣深囊状，长5～6.5厘米，粉红色，退化雄蕊黄色，囊口近圆形，边缘内卷。开花期3～5月。产于广西、贵州和云南。自然生于石灰岩林下覆有腐殖土的岩壁上或

灰叶兜兰

硬叶兜兰

飘带兜兰

紫纹兜兰

石隙中。仙湖植物园有栽培。

（7）**飘带兜兰** *Paphiopedilum parishii* (Rchb. f.) Stein 附生草本。叶宽带形，厚革质，长15～25厘米。花葶近直立，长30～40厘米；花序总状，生2～5花；中萼片宽椭圆形，长3～4厘米，白色或淡黄色，基部绿色；花瓣长带形，长8～9厘米，下垂，初时平展，以后呈螺旋状扭曲，淡黄绿色；唇瓣倒盔状，基部有1.5厘米长的柄，囊宽卵形，长2～2.5厘米，绿色，有栗色晕，囊口宽阔。开花期6～7月。产于云南南部，生于林中树干上。缅甸和泰国有分布。仙湖植物园有栽培。

（8）**紫纹兜兰** *Paphiopedilum purpuratum* (Lindl.) Stein 地生草本。茎极短。叶狭椭圆形，长10～18厘米，上面有暗绿和浅黄绿相间的网格纹。花葶直立，长10～20厘米，紫色，被短毛，顶端生1花；花的直径7～8厘米，中萼片宽卵形，长2.5～4厘米，白色有紫色粗纹；花瓣长圆形，长4～5厘米，紫红色有深色纵纹；唇瓣倒盔状，基部具长约1.5厘米的宽柄，紫褐色，囊宽长圆形，长2～3厘米，囊口宽阔。开花期10月至翌年1月。产于广东南部、香港和广西南部，自然生长于林下腐殖质丰富的石隙中或溪旁岩缝中。越南有分布。热带地区有栽培。深圳有野生并有栽培。

（9）**紫毛兜兰** *Pahiopedium villosum* (Lindl.) Stein 地生或附生草本。叶基生，二列，带形，深绿色，花葶直立，长10～25厘米，密被长柔毛和紫色斑点，顶端生1花；花大，中萼倒卵形，长4.5～6厘米，白色，中央有紫栗色纵带，两侧有淡红色晕，顶端3裂，花瓣倒卵状匙形，长5～6.5厘米，中脉紫褐色，上侧淡褐色，下侧黄褐色，边缘波状；唇瓣倒盔形，基部具长约2厘米的柄，囊椭圆状倒圆锥形，长约3厘米，黄褐色，囊口宽阔，两侧各有1直立的耳。产于云南南部。华南地区有栽培。花期11月至翌年3月。

（10）**彩云兜兰** *Paphiopedilum wardii* Summerh. 地生草本。叶狭长圆形，长10～17厘米，先端有3浅裂，上面有深浅蓝绿色相间的网格纹，背面有密的紫色点。花葶直立，长12～25厘米，紫红色，密被短毛，顶端生1花；中萼片宽卵形，长4～5厘米，白色，有绿色粗纹；花瓣狭长圆形，长5～6.5厘米，淡黄绿色，有密的暗褐色点及条纹；唇瓣倒盔状，基部有2厘米长的柄，囊长圆形，长约3厘米，黄绿色，具褐色脉、小点及斑晕。开花期12月至翌年3月。产我国云南南部及缅甸。华南地区有栽培。

（11）**红彩兜兰** *Paphiopedilum* sp. 地生草本。花葶直立，紫红色，顶端生1花；中萼片横向长圆形，长约2厘米，宽约4厘米，淡紫红色，有紫红色脉纹，基部有淡绿色晕，花瓣狭倒披针形，长约4厘米，粉红色，有黑褐色粗点并有淡绿色

紫毛兜兰

彩云兜兰

红彩兜兰

晕，近顶端淡紫红色；唇瓣倒盔形，基部有1.5厘米长的柄，囊椭圆形，长约3厘米，褐红色。可能是园艺杂交种。仙湖植物园有栽培。

鹤顶兰　　兰 科

Phaius tankervilliae (Banks ex L'Herit.) Blume

地生草本，植物体高可达1米。假鳞茎圆锥形，长6厘米或更长。叶2～6片互生于假鳞茎的上部，长圆状披针形，长50～70厘米，具褶，有长柄。花葶从假鳞茎基部或叶腋发出，直立，长0.5～1米；疏生大型鳞片状鞘；总状花序具多数花；花大，下垂，直径7～10厘米，下面白色，上面褐色，萼片与花瓣近相似，长圆披针形，长4～6厘米；唇瓣两侧内卷呈喇叭状，背面上部有紫色晕，内面紫色，有白纹，顶端3浅裂，基部有距。开花期4～5月。

产于台湾、福建、广东、香港、海南、广西、云南和西藏，自然生长在林缘或沟谷阴湿处。广布于亚洲热带、亚热带和大

鹤顶兰

洋洲。我国南方多有栽培。深圳常见野生并有栽培。本种花大，花密而多，开花期持久，形态端丽，色彩美艳。适作盆栽作室内装饰或在庭园较荫处、池边、岩边或花坛中种植。

耐半荫，喜温暖和湿润环境，不耐寒冷和干旱，栽培须为富含有机质、疏松和排水良好的沙质壤土。繁殖用分株法，于春、秋二季进行。

具相同用途的还有**紫花鹤顶兰** *Phaius mishmensis* (Lindl. et Paxt.) Rchb. f. 植株高达80厘米。假鳞茎圆柱形，长30～80厘米，下部被3～4枚筒状鞘，上部互生5～6片叶，具多数节。叶狭椭圆形，长15～30厘米，基部抱茎。总状花序由假鳞茎中部的节上或上部叶腋生出，长约30厘米；花淡红色，不甚张开；萼片椭圆形，花瓣

紫花鹤顶兰

倒披针形，两者均长约3.5厘米；唇瓣长圆形，3裂，中裂片顶端微凹。开花期10月至翌年1月。产于广东、广西、云南和西藏。自然生长于林下荫湿处。印度东北部、喜马拉雅山区、中南半岛各国、泰国、菲律宾和日本（琉球）有分布。仙湖植物园有栽培，生长旺盛。

蝴蝶兰（园艺杂交种）　　兰 科

Phalaenopsis garden hybrids

附生草本。根长而扁。茎不明显。叶基生，质厚，通常为椭圆形至各式披针形。总状花序侧生于茎的基部，具少数或多数花；花大，3枚萼片近等大，花瓣似萼片但较宽；唇瓣基部具爪，顶端3裂，侧裂片直立，中裂片伸展；花色有红、黄、粉红、白、紫红、桃红、橙黄等，有的有条纹或疏密不等的斑点，因品种不同而异。几乎全年均可开花。

全属的野生种约40多种。原产于亚洲热带至澳大利亚。由于园艺学家利用种间

蝴蝶兰（园艺杂交种）

蝴蝶兰（园艺杂交种）

蝴蝶兰（园艺杂交种）

蝴蝶兰（园艺杂交种）

蝴蝶兰（园艺杂交种）

蝴蝶兰（园艺杂交种）

蝴蝶兰（园艺杂交种）

蝴蝶兰（园艺杂交种）

蝴蝶兰（园艺杂交种）

蝴蝶兰（园艺杂交种）

蝴蝶兰（园艺杂交种）

蝴蝶兰（园艺杂交种）

与属间杂交的技术，培育出的新品种数量极多。因其花大，花期持久，花形似蝶，姿态万千，色彩缤纷，深受人们的喜爱，是目前世界上栽培最广的兰花之一。

耐半荫，忌烈日照射，性喜高温高湿和通风环境，栽培须用富含有机质、疏松和排水良好的腐殖土。繁殖用无菌播种法、叶片组织培养法及切取母株花茎上长出的幼芽培育等方法。

蝴蝶兰（园艺杂交种）

蝴蝶兰（园艺杂交种）

蝴蝶兰（园艺杂交种）

蝴蝶兰（园艺杂交种）

海南钻喙兰　　兰 科

Rhynchostylis gigantea (Lindl.) Ridl.

附生草本。根肥厚。茎直立，长5 ~ 15厘米，有数节，不分枝。叶肉质，排成紧密的2列，宽带形，长20 ~ 40厘米，外弯，先端不等侧2圆裂，基部抱茎。总状花序腋生，下垂，圆筒形，密生多数花；花白色，带紫红色点；萼片长圆形，长1.2 ~ 1.5厘米，花瓣倒卵状长圆形，比萼片略短小；唇瓣深紫红色，近提琴形，长约1.7厘米，3裂，侧裂片椭圆形，中裂片较侧裂片小得多。开花期1 ~ 4月。

产于海南。自然生于疏林中的树干上。亚洲热带地区有分布。深圳有栽培。本种的花序大而下垂，花多而密，有芳香，每朵花绽开后，能维持2个月以上，花姿清秀，品味高雅。适于盆栽，在庭园

海南钻喙兰

中植于荫棚之下或作吊盆，均有较高的观赏价值。

耐半荫，忌强阳光直射，性喜温暖、湿润和通风环境，不耐寒冷和干旱，栽培须用疏松、富含有机质之腐殖土，排水要良好。繁殖用扦插法，其母株能长出粗大气根，待气根长出2～3枝以上，可将茎上部切下另植，即可长成新株，随后母株又可长出新芽。

紫花苞舌兰

紫花苞舌兰　　兰 科

Spathoglottis plicata Blume

地生草本，无根状茎。假鳞茎卵状圆锥形，长约3厘米，顶端生3～5片叶。叶剑形，长30～80厘米，绿色，有褶；叶柄长10～20厘米。花葶由假鳞茎基部生出，长30～80厘米，直立；总状花序有10余朵花；花紫色，萼片长1.5～1.7厘米，花瓣比萼片片稍大；唇瓣长约1.5厘米，3裂，侧裂片长约6毫米，直立，中裂片长约1厘米。花期春末至夏季。

产于台湾，自然生长于山坡草丛中。广泛分布于日本（琉球）至东南亚各国、新几内亚至澳大利亚和太平洋岛屿。台湾及华南地区有栽培，深圳也有栽培。本种开花期持久，花姿秀美，色泽绚丽，适合于庭园美化及盆栽。

喜光，耐半荫，夏季忌强阳光曝晒，性喜高温多湿，不耐寒冷。栽培须用富含腐殖质和排水良好的沙质壤土。繁殖用分株法，春至秋季均可进行。

香荚兰　　兰 科

Vanilla fragrans (Salisb.) Ames.

攀援藤本，长达数米。茎肉质，有节，每节生1片叶及1条气根。叶厚，肉质，椭圆形，长8～10厘米，绿色，顶端尾状渐尖，基部圆，边缘全缘；叶柄很短。总状花序腋生，具少数花；花淡白绿色，萼片倒卵状长圆形，长约3厘米，花瓣椭圆形，与萼片等长；唇瓣呈喇叭状，长3～4厘米，背面有紫红色条纹及宽的褐色的边缘。开花期春季至夏初。

香荚兰

本种为热带地区广泛栽培的香料植物。我国海南、云南（西双版纳）栽培较多，厦门、广州、深圳等地也有引种。本种除作香料植物外，因叶色亮绿，花大而美丽，色彩淡雅，又可植于庭园供观赏。适植于林下或花廊下及假山等地让其攀援而上。

耐半荫，性喜高温多湿，不耐干旱和寒冷，忌强阳光曝晒，栽培须为富含有机质，疏松和排水良好之腐殖土。繁殖用扦插法，于春、秋二季进行。

万带兰　　兰 科

Vanda spp.

附生和气生草本。无假鳞茎。茎直立或斜生，质硬，具短的节间和多数叶，下部节上有发达的气根。叶带状，扁平，肉质，排成2列，彼此紧靠，先端具不整齐的缺刻，基部抱茎。总状花序从叶腋发出；花疏生，少数或多数，因种或品种不同而有各种色彩和大小；萼片和花瓣近相似，基部常收狭而扭曲，边缘皱波状，通常具方格状斑纹；唇瓣3裂，侧裂片小，直立，基部下延与中裂片基部共同形成距，中裂片大，向前伸展。

香荚兰的花

全属约有40个原生种，主要分布在亚洲热带。我国有9种，分布在南方热带地区，常附生于疏林的树上。此外还有许多园艺杂交种，为著名的观赏花卉，是目前世界上栽培较多的兰花之一。

喜光，在半荫环境生长甚佳，性喜高温、通风良好和空气湿度高的环境，较耐旱，除夏季不宜在阳光下曝晒外，其他三季均可置于阳光充足处。繁殖用无菌播种、生长点组织培养和扦插法，扦插于春、秋二季进行。将带有3条以上气根的茎上部剪下另植于花盆即可长成新株，余下的母株会渐渐长出新芽，亦可将母株生出的新芽剪下另植。

常见栽培的有下列2原生种和4个园艺杂交种：

（1）**白柱万带兰** *Vanda brunnea* Rchb. f. 附生草本，茎长约15厘米。叶长20～25厘米。总状花序疏生3～5朵花；花质地厚；萼片倒卵形，长约2.3厘米，先端圆，基部渐狭呈爪，花瓣与萼片相似而较小，两者背面均为白色，内面黄褐色带紫褐色网格脉纹；唇瓣3裂，中裂片提琴形，长1.8厘米，浅褐色；蕊柱白色。产于云南东南至西南部，自然生长于林中树干上。仙湖植物园有栽培。

（2）**纯色万带兰** *Vanda subconcolor* Tang et Wang 附生草本，茎长15～20厘米。总状花序疏生3～6朵花；花质地厚；萼片倒卵状匙形，长2.5～2.8厘米，边缘皱波状，先端钝，中部以下变狭；花瓣椭圆形，稍长于萼片，两者下面均为白色，上面褐色或黄褐色，有网格脉纹；唇瓣3裂，中裂片的轮廓为长圆形，中部缢缩，先端向两侧扩展，基部白色，有5～6条褐色条纹；蕊柱白色。产于海南和云南南部，自然生长于林中树上。云南、福建、广东等地的植物园多有栽培。

（3）**桃红万带兰** *Vanda* garden hybrid 气生草本。花桃红色。

（4）**粉紫万带兰** *Vanda* garden hybrid 气生草本。花紫堇色。

（5）**橙黄万带兰** *Vanda* garden hybrid 气生草本。花橙黄色。

（6）**粉花万带兰** *Vanda* garden hybrid 附生草本。花粉红色。

纯色万带兰

白柱万带兰

桃红万带兰

粉紫万带兰

橙黄万带兰

粉花万带兰

花葶苔草

花葶苔草　　莎草科

Carex scaposa C. B. Clarke

多年生草本，具粗状的匍匐根状茎。秆丛生，高20～80厘米。叶狭椭圆形，长10～35厘米，绿色，有三条隆起的脉及多条细脉。花序为复圆锥花序，具3至多枚支花序；支花序圆锥状，轮廓为三角状卵形，长2～3.5厘米。具多数小穗；小穗两性，长0.5～1.4厘米，雄花在上，雌花在下；鳞片初时淡紫红色后变为粉红色，最后为褐白色并有深色斑点。果囊椭圆形，长3～4毫米，三棱状，花果期5～11月。

产于浙江、江西、福建、湖南、广东、广西、四川南部、贵州和云南。自然生长于林下、山坡荫处或岩壁上。华南地区有栽培。深圳仙湖植物园也有栽培。本种植丛密集，叶色终年翠绿，开花期持久，淡粉红色的花与绿叶相衬，十分调和雅致，有一定的观赏价值。在庭园中宜植于林下、草地边和岩边等阴湿处。

耐半荫，忌烈日曝晒，性喜高温湿润和通风环境，栽培土质须为肥沃和排水良好的沙质壤土。繁殖用分株法。春、夏、秋三季均可进行。

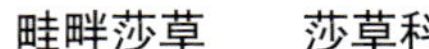

畦畔莎草　　莎草科

Cyperus haspan Linn.

多年生草本。秆丛生，直立，三棱状，高0.2～1米。叶线形，基生，短于秆。聚伞花序顶生，具许多细长的辐射枝；辐射枝斜展，放射状排列，最长的可达17厘米，每一辐射枝顶端生3～6个小穗；小穗淡褐色。开花期夏至秋季。

产于台湾、福建、广东、广西、四川和云南，自然生长在水田或池塘浅水中。华东及华南地区多有栽培，深圳仙湖植物园也有栽培。本种的茎叶幽雅，花序纤细的辐射枝放射排列如倒伞，姿态潇洒。适于盆栽或植于庭园湿地、池边等处或盆栽后再放入水中，淹水至茎基。

耐半荫，性喜高温多湿，不耐干旱，栽培须用肥沃之壤土，经常保持水湿。繁殖用播种和分株法。春、夏、秋三季均可进行。

具相同用途的有下列2种：

（1）**纸莎草** *Cyperus papyrus* Linn. 秆圆柱形，高1～3米。花序的辐射枝纤细如线，下垂，形如少女披散的秀发，风韵雅致。原产于埃及。台湾、福建及广东等地有栽培，深圳也有栽培。相传在古埃及法老时代，人们均以本种的茎秆为造纸的原料，“纸莎草”由此得名。

（2）**水葱** *Scirpus tabernaemontani* Gmel. 具匍匐根状茎。秆圆柱形，基部具3～4个叶鞘，仅最上部1叶鞘具叶片。苞片为秆的延长；聚伞花序有多条辐射枝；

畦畔莎草

纸莎草

水葱，左上为其花序

斑叶芦竹

小穗单一或2～3个生于辐射枝顶端，褐色。开花期春末至夏季。产于华北、西北、和西南各地，各地多有栽培供观赏。

芦竹　　禾本科

Arundo donax Linn.

多年生草本，根状茎粗壮而多节。秆粗壮，高2～6米，有或无分枝。叶片扁平，宽2～6厘米，绿色。圆锥花序大型，长30～60厘米；小穗多数，长1～1.2厘米，每一小穗含2～4小花，淡褐色。开花期春季。

产于江苏、浙江、台湾、湖南及华南和西南各地，自然分布于河岸或道旁草丛中。亚洲热带、亚热带及地中海沿岸有分布。本种植丛高大而密集，叶色浓绿，为优良的护提植物，在庭园中宜植于池边或河渠边等地。

芦竹

喜光，在稍遮荫或半日照处生长亦佳，性喜温暖至高温湿润，栽培不择土壤。繁殖用分株法。春、夏、秋三季均可进行。

本种有一个变种**斑叶芦竹** *Arundo donax* Linn.var. *versicolor* (Mill.) Stockes 其叶的中心绿色，其间有白色的细纵纹，两侧具宽的白色边缘。原产地中海沿岸。为良好的观叶植物。热带和亚热带地区多有栽培。深圳也有栽培。

薏苡　　禾本科

Coix lacryma-jobi Linn.

多年生草本，株高约1～1.5米。茎粗壮，多分枝，具数节。叶带状披针形。长达30厘米。总状花序2～3个成束，腋生，长6～10厘米，直立或下垂；小穗单性，雌小穗2～3，位于花序下部，其中仅1个发育，长7～9毫米，外面包以骨质珠状的总苞；雄小穗由骨质的总苞口中生出。果实扁球形或卵球形，成熟时黄色、灰色或紫蓝色。

广布于全世界热带、亚热带地区，我国有野生和栽培。自然生长于河边、涧边或山谷阴湿之地。深圳常见野生或栽培。仙湖植物园也有栽培。本种的株植秀美，果实似珐琅质的念珠，玲珑可爱，适在庭园中列植或丛植，也可盆栽。

斑叶芦竹幼株作盆栽

喜光，喜温暖至高温湿润环境，喜水湿，不耐干旱，栽培须用肥沃的壤土或沙质壤土。繁殖用播种或分株法。于春至夏季进行。

象草　　禾本科

Pennisetum purpureum Schum.

多年生丛生大型草本，植株高达4米。有地下根状茎。秆直立，高2～4米，有节。叶片线形，扁平，质较硬，长20～50厘米，宽约2厘米，上面疏生刺毛，下面无毛，圆锥花序圆柱状，长10～30厘米，宽1～3厘

薏苡，右下为其花序

象 草

象草的花序

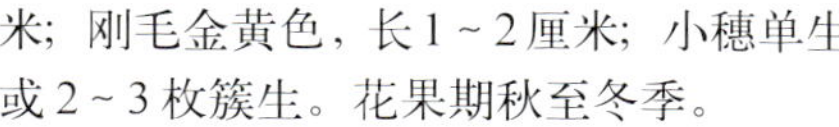

米；刚毛金黄色，长1～2厘米；小穗单生或2～3枚簇生。花果期秋至冬季。

原产非洲。亚洲热带和亚热带地区、美洲及大洋洲均有引种。我国华东、西南和华南各地均有引种。通常栽培作牧草。本种的花序紫褐色，叶绿色有时带紫色，植丛密集，美观。在庭园中可植作绿篱或植于溪流两旁和池边。

喜光，性喜温暖至高温多湿气候，喜水湿，也极耐干旱，较耐寒，不抗强风吹袭，否则易倒伏，栽培不择土质，如为湿润或水湿壤土和沙质壤土则生长甚旺。繁殖用分株法。于春至夏季进行。

钝叶草　　禾本科

Stenotaphrum secundatum (Walt.) Kuntze

多年生草本。具匍匐根状茎。秆高约10余厘米，扁。叶线形，长10～15厘米，扁平，绿色，顶端钝。穗状花序劲直，具8～10多个小穗；小穗具2朵小花，嵌陷于圆柱形的穗轴各凹穴内。花期夏季。

原产于美洲热带。我国华南地区多有栽培，深圳也有栽培。本种叶丛密集，四季葱绿，叶姿优雅，在庭园中适植于园道两侧、花坛边缘或作大面积草坪。

喜光，在半日照、明亮或稍遮荫处生长良好，喜高温湿润，稍耐干旱，栽培土质须为肥沃、富含有机质之壤土，排水须良好。繁殖用分株法。春、夏、秋三季均可进行。极易成活，生长快速旺盛。

具相同用途的有栽培品种：**条纹钝叶草** *Stenotaphrum secundatum* (Walt.) Kuntze 'Variegatum' 叶片有乳白色或宽或细的纵纹。

香根草　　禾本科

Vetiveria zizanioides (Linn.) Nash

多年生高大草本。根有挥发性浓郁的香味。地下根状茎粗壮。秆丛生，高1～2.5米，粗约5毫米，中空。叶线形，质硬，长30～70厘米，宽0.5～1厘米，上部扁平，向下渐对折与叶鞘相连。圆锥花序大型，顶生，长20～30厘米；分枝轮生；每一分枝有3至多节，每节有2枚小穗，一枚小穗有柄，另一枚无柄。花果期8～12月。

原产于印度。热带亚洲和热带非洲均有引种栽培，我国华东及华南地区有栽培，深圳也有栽培。本种的根含紫罗兰香型的香精油，香味浓郁，植丛密集，四季常绿。适宜在庭园中的池边、溪流两旁及浅水中种植。其根有吸收水中有害物质的功能，有净化水的作用。

喜光，喜温暖至高温水湿环境，不耐干旱和寒冷，栽培须为多湿和疏松的壤土。繁殖用分株法。于春至夏季均可进行。

香根草

钝叶草

条纹钝叶草

香根草的花序

植物汉语名称索引

A

B

C

D

H

T

W

X

植物学名索引

A

B

D

E

F

I

J

M

O

P

R

S